CAD/CAM 软件精品教程系列

UG NX6.0 实用教程

主 编 应 华 熊晓萍 王升科

副主编 何 勇

電子工業出版社

Publishing House of Electronics Industry

北京 • BEIJING

内 容 简 介

目前随着三维设计应用的普及，机械类专业或近机械类专业的学生在校学习期间，至少要熟练掌握一种三维设计软件，以便为将来的工作打下良好的基础。本书以机械行业应用广泛的三维设计软件 UG 为蓝本，介绍了软件的操作界面、操作方法及常用模块的相关命令。

本书包含 UG NX6.0 的基础知识、建模基础、草图、装配、工程图、曲线曲面等内容，并通过大量实例讲解了各类命令的应用，使读者能在较短时间里对软件常用模块有深入的了解，使上机练习有据可依。本书以实用为主，可以作为职业院校、高校 CAD/CAM 选修课教材及培训教材，也可以作为广大技术人员快速掌握 UG 软件使用方法的参考资料。

本书配有电子教学资源包，详见前言。

图书在版编目（CIP）数据

UG NX6.0 实用教程 / 应华，熊晓萍，王升科主编. —北京：电子工业出版社，2014.5
CAD/CAM 软件精品教程系列

ISBN 978-7-121-22921-3

Ⅰ. ①U… Ⅱ. ①应… ②熊… ③王… Ⅲ. ①计算机辅助设计—应用软件—教材 Ⅳ. ①TP391.72

中国版本图书馆 CIP 数据核字（2014）第 069264 号

策划编辑：张　凌
责任编辑：张　凌　　特约编辑：王　纲
印　　刷：北京七彩京通数码快印有限公司
装　　订：北京七彩京通数码快印有限公司
出版发行：电子工业出版社
北京市海淀区万寿路 173 信箱　邮编 100036
开　　本：787×1 092　1/16　印张：16.5　字数：422.4 千字
版　　次：2014 年 5 月第 1 版
印　　次：2023 年 8 月第 12 次印刷
定　　价：35.00 元

凡所购买电子工业出版社图书有缺损问题，请向购买书店调换。若书店售缺，请与本社发行部联系，联系及邮购电话：（010）88254888，88258888。

质量投诉请发邮件至 zlts@phei.com.cn，盗版侵权举报请发邮件至 dbqq@phei.com.cn。

本书咨询联系方式：（010）88254583，zling@phei.com.cn。

前言

Preface

内容和特点

在科学技术迅速发展的今天，以 UG 为代表的三维设计软件在各行各业中得到了广泛的应用，已经成为了工程技术人员必须掌握的技能，目前许多高校都开设了讲授三维软件的课程，本书是为适应高校机械类或近机械类专业软件教学需求而编写的。

本书编者是从事多年三维软件教学及培训工作的高校教师，在软件教学和应用方面有着丰富的经验，写作中既结合了以往的教学经验，又充分考虑了软件学习实践性强的特点，因此讲解中在介绍基本操作命令及要点的基础上结合了大量实例，每章末还附有难度合适的习题，供读者练习。

本书以手用虎钳为例介绍各类零件的建模，把装配、工程图等内容贯穿在一起，根据设计要求完成手用虎钳的工作原理图后，进一步对组成零件进行三维建模，分别介绍了手用虎钳钳身、丝杆等典型零件的建模方法。装配章节中介绍了怎样把手用虎钳装配起来，在工程图章节介绍了怎样根据三维装配和三维零件生成满足生产需要的工程图。

主要内容有“相关专业知识”、“软件设计知识”、“实例分析”、“项目实现”和“应用拓展”五个部分。“相关专业知识”部分主要从机械设计角度介绍与该章内容相关的行业知识、建模策略、建模步骤、各种零件加工顺序等；“实例分析”以实例形式对该章相关软件知识予以介绍；“项目实现”是对工程项目的实现，根据章节相关内容介绍手用虎钳中的典型零件；“应用拓展”从专业和软件应用两个方面，更进一步介绍与本书内容相关的行业知识。

本书共 9 章，从行业知识入手，以完成手用虎钳建模及装配、工程图为主线，以实例为引导，按照平推共进的方式，结合介绍 UG NX6.0 的新特性和应用方法，使读者能在较短的时间内，掌握 UG NX6.0 各模块的应用技巧。

本书在内容上通过实例和操作方法的有机统一，使本书既有操作上的针对性，又有方法上的普遍性。本书图文并茂，讲解深入浅出、贴近工程、实例典型，能够使读者开拓思路，提高阅读兴趣，并尽快掌握操作方法，提高对知识综合运用的能力。通过对本书内容的学习、理解和练习，读者能够具备三维建模专家级的水平和素质。

读者对象

- 具有一定 UG 软件基础知识的中级读者
- 机械设计制造等专业的在校大中专学生
- 从事机械设计等工作的工程技术人员
- 从事三维建模的专业人员

本书既可以作为职业院校、高校机械设计、机械制造等专业的三维软件教材，也适合作为自学教程和专业人员的参考手册。

为了方便读者的学习，书中所有实例和练习的源文件，以及用到的素材都包含在本书配套的电子教学资源包中，读者可以直接将这些源文件在 UG 环境中运行或修改。配套的电子教学资源包可在华信教育资源网（www.hxedu.com.cn）上注册后免费下载（注意：请用 IE 浏览器下载），如有问题请与电子工业出版社联系（E-mail：hxedu@phei.com.cn）。

本书由应华、熊晓萍、王升科担任主编，何勇担任副主编。参与编写的还有曲光、杜君龙、周治安、刘嗣杰、宋一兵、管殿柱、赵秋玲、赵景波、赵景伟、张洪信、王献红、王臣业、谈世哲等，他们为本书的编写提供了大量的实例和素材。本书的出版得到了零点工作室的宋一兵、管殿柱等老师的大力支持，从初稿到定稿作了非常认真、细致的校对，并提出多条修改建议，在此作者表示衷心感谢。

感谢您选择了本书，希望我们的努力对您的工作和学习有所帮助，也希望您把对本书的意见和建议告诉我们。

编　者

2014 年 1 月

目录

Contents

第1章 UG NX6.0 概述

UG NX6.0 是 Unigraphics Solutions 公司（简称 UGS）提供的 CAD/CAE/CAM 集成系统，是先进的计算机辅助设计、分析和制作软件之一，集建模、制图、加工、结构分析、运动分析和装配等功能于一体，广泛应用于航天航空、汽车、造船等领域，显著地提高了相关工业的生产率。

1.1 UG NX6.0 功能简介

2007 年，西门子自动化与驱动集团成功并购了 UGS 公司，UGS PLM Software 系列产品更名为 Siemens PLM Software 系列产品。

Siemens PLM Software 公司是全球领先的产品生命周期管理（PLM）软件和服务供应商，在全球拥有近 4.6 万个客户，全球装机量超过 400 万台（套）。公司倡导软件的开发性与标准化，并与客户密切协作，提供产品数据管理、工程协同，以及产品设计、分析与加工的完整解决方案，帮助客户实现管理流程的改革与创新，真正获得 PLM 带来的价值。

2008 年 5 月，Siemens PLM Software 正式发布了新的 NX6.0 软件版本，NX6.0 反映了最新的 CAD/CAE/CAM 技术。

NX6.0 是一个交互的计算机辅助设计、计算机辅助工程系统，在制造业领域中得到了普遍应用，可以提供常规的工程、设计与制图能力；CAM 功能可以利用 NX6.0 描述的零件最终模型，为数控机床提供 NC 编程；CAE 功能跨越广泛的工程学科，提供了产品运动、装配和零件性能的仿真能力。

NX6.0 被划分成不同功能的“应用”（Applications），这些应用均由 NX Gateway 作为应用支持，每个 NX6.0 用户必须有 NX Gateway，而其他的应用是可选项，并可以进行配置以适合不同用户的需求。

NX6.0 是一个全三维、双精度系统，允许用户精确地描述几乎所有的几何形状。通过组合这些形状，用户可以设计、分析、存档和制造其产品。

NX6.0 的同步建模（Synchronous Modeling）是数字化产品开发中的新突破。同步技术提供了一个基于特征的建模技术，这种建模技术支持基于历史或独立于历史两种模式（History Mode and History-Free Mode），大大提高了设计效率。

1.1.1 UG NX6.0 建模方法介绍

实体的三维建模方法目前主要是实体特征的建模方法。从技术基础上看，有参数化技术和变量化技术两种，而 UG 是两种技术的综合。

1．参数化建模

UG 参数化建模的首要步骤是对零部件进行形体分析，从而确定设计变量和建模策略，然后进行参数化建模及参数提取，最后进行模型的验证。根据零部件几何形状及复杂程度的不同，应该选择不同的参数化建模方式。UG 软件提供如下 3 种参数化建模方法。

- 基于草图的零件参数化建模。

  该种方法的思路是：首先绘制带有约束的二维草图，然后通过拉伸、旋转、扫掠等方式生成几何形体。草图约束包括几何约束和尺寸约束，几何约束用来控制二维形体的相互位置，尺寸约束用来驱动草图对象的尺寸。通过草图约束可以利用尺寸参数对二维界面进行尺寸驱动，从而实现参数化设计。
- 基于特征的零件参数化建模。

  特征是指有特定意义的几何形状，特征建模可以分为体素特征建模、成型特征建模、加工特征建模或结构特征建模等方式。体素特征包括长方体、圆柱体、锥体和球等；成型特征包括槽、孔、凸台和凹坑等；加工特征包括倒圆、倒角和螺纹等；结构特征是由部件抽象出结构相似性，也可以成为自定义特征。特征建模时进行参数设计是最简便、应用最广的设计方法，其局限性在于几何模型必须可以分解为数目有限的体素特征或特定的结构特征。
- 克隆装配。

  克隆装配是基于装配的参数化设计。这种建模方式将装配关系引入参数化设计中，可以解决复杂模型某个部分无法定位的难题，同时可以进行部件的整体参数化设计。基于装配的参数化设计主要依托零件参数的跨步检查及连接，即利用零件 2 的参数驱动零件 1 的参数，从而达到两个部件参数的协调变化。

2．复合建模方法

UG 的复合建模方法是基于特征的实体建模方法，是在参数化建模方法的基础上采用了一种“变量化技术”的设计建模方法，对参数化建模技术进行了改进。它保留了参数化技术的主要优点，但同时增加了新的功能，使设计建模过程更加灵活，可以提高设计效率。

在变量化技术中，将参数化技术中的单一尺寸参数分成“形状约束”和“尺寸约束”。形状约束是通过几何对象之间的几何位置关系确定，不需要对模型的所有几何对象进行的约束，可以欠约束、过约束，不影响模型的生成。可以直接修改三维实体模型，而不一定要修改模型的二维几何对象的尺寸。

由于不需要全约束就可以建立几何模型，在产品设计的初始阶段就可以将主要精力放在设计思想和设计方案上，而不必介意模型的准确形状和几何对象之间的严格的尺寸关系，更加符合从概念设计、总体设计到详细设计的设计流程，有利于设计的优化。

3．同步建模方法

NX6.0 的同步建模（Synchronous Modeling）是数字化产品开发中的新突破。同步技术提供了一个基于特征的建模技术，这种建模技术支持基于历史或独立于历史的两种模式（History Mode and History-Free Mode），大大提高了设计效率。

现在几乎所有的 CAD 软件都可以相互交换模型信息。但由于各种软件执行的存储格式和算法相差太大，在读入其他软件创建的模型时会丢失部分特征和原来参数化模型建模的历史记录。

利用同步建模技术，UG 可以读入创建时没有带任何参数与特征的遗留模型或其他系统中的模型，并且可以在模型上加入一个新特征，提供了可以直接修改实体模型表面的工具。

4．超变量几何相关性技术（WAVE）

WAVE（What—if Alternative Value Engineering）是当前 CAD 最新的技术，WAVE 技术起源于车身设计，采用关联性复制几何体的方法控制总体装配结构（在不同的组件之间关联性复制几何体），从而保证整个装配和零部件的参数关联性，最适合复杂产品的几何相关性、产品系列化和变型产品的快速设计。

UG/WAVE 技术提供了一个参数化产品设计的平台，为了维持设计的完整性和意图，此技术把概念设计与详细设计的变化自始至终地贯彻到整个产品的设计过程中。在此平台上，具有创新的 WAVE 工程技术，使其高级产品设计的定义、控制和评估成为了可能。这一被称为“控制结构”的可重复利用的设计模板被用来表达产品设计的概念，这是通过定义几何形体框架和关键设计变量来实现的。因此，总体设计可以严格控制分总成和零部件的关键尺寸，而无须考虑细节设计；而分总成和零部件的细节设计对总体设计没有影响，并无权改变总体设计的关键尺寸。当总体设计的关键尺寸修改后，分总成和零部件的设计自动更新，从而避免了零部件重复设计，使得后续零件的细节设计得到了有效的管理和再利用，大大缩短了产品的开发周期，提高了企业的市场竞争能力。

1.1.2 UG NX6.0 用户界面

NX6.0 用户界面主要包括标题栏、菜单栏、工具栏、提示栏、状态栏、资源条、工作区和坐标系 8 个部分，如图 1-1 所示。

1.2 应用模块简介

NX6.0 功能被划分成一系列“应用”模块，可以采用以下两种方式选择不同应用。

1．使用模板建立新部件文件

如图 1-2 所示，当选择新建文件时，可以选择模板建立新文件，建立文件后，NX6.0 基本模板启动相应的应用。例如，如果选择一个建模模板，NX6.0 将启动建模应用。

在该对话框中注意单位选项，根据需要选择正确的单位，有毫米和英寸两种。

> NX6.0 不支持中文路径和中文文件名，可以采用字母、数字等给零件命名，建议文件名包括产品名、部件名、配置名和版本号，如 car_rear_wheel_dwg_1.prt。

2．选择应用

在新建文件时选择一个应用后，也可以通过模块的下拉菜单，如图 1-3 所示，转换到其他应用，或者在应用工具条上使用模块的快捷按钮，如图 1-4 所示。

图 1-1　有部件的 NX6.0 用户界面

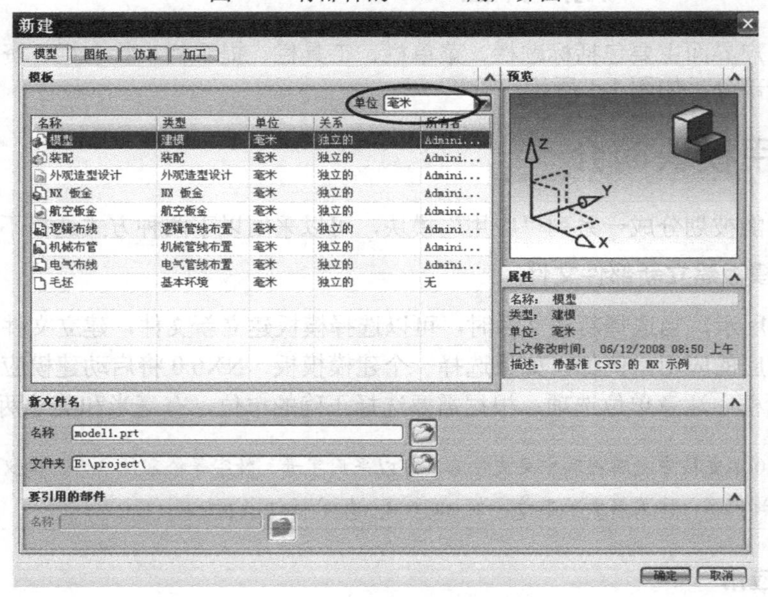

图 1-2　利用模板建立新文件

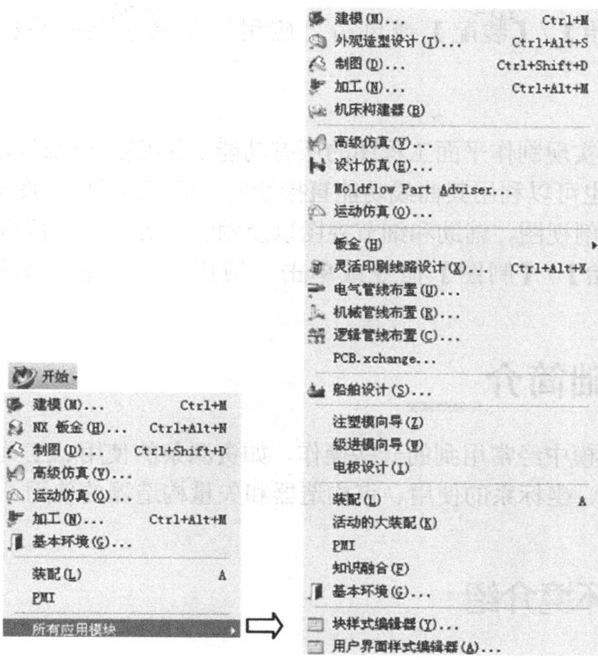

图 1-3　应用下拉菜单

图 1-4　快捷按钮

3. 常用模块介绍

（1）基本环境

基本环境允许打开已存部件文件、建立新部件文件、存储部件文件、绘制工程图和屏幕布局、导入和导出各种类型文件以及其他通用功能。它也提供了统一的视图显示操作、屏幕布局和层功能、工作坐标系（WCS）操作、对象信息、分析及启动在线帮助。

如果系统处在其他应用模块中，可以随时通过选择【开始】/【基本环境】，返回到该模块。

（2）建模

利用产品三维造型模块，设计师可以自由地表达设计思想和创造性地改进设计。包括实体建模、特征建模、自由形状建模、钣金特征建模、用户自定义特征。

通过选择【开始】/【建模】或单击“应用”工具条上的图标，可以进入建模模块。

（3）装配

利用该模块可以进行产品的虚拟装配。该模块支持自底向上和自上而下的装配建模方法，可以快速跨越装配层来直接访问任何组件或子装配的设计模型；支持装配过程的“上下文设计”方法，可以改变任一组件的设计模型。

通过选择【开始】/【装配】或单击“应用”工具条上的图标，可以进入装配模块。

（4）制图

利用该模块可以实现制作平面工程图的所有功能，既可以从已经建立的产品三维模型自动生成平面工程图，也可以利用其曲线功能直接绘制平面工程图。制图支持布局的自动建立，包括正交视图投射、剖视图、辅助和细节视图以及轴测图等，也支持自动消隐线的编辑。

通过选择【开始】/【制图】命令或单击“应用”工具条上的图标，可以进入制图模块。

1.3 建模基础简介

本节主要介绍建模中经常用到的一些操作，如资源条的使用、工具条定制、界面背景色的设置、鼠标的使用、坐标系的使用、点构造器和矢量构造器的使用、图层设置、视图、物体颜色设置等。

1.3.1 建模环境介绍

1．资源条

资源条可以利用很少的用户界面空间联合许多页面，利用资源条可以很方便地对部件或装配进行相关操作。

NX 资源条包括装配导航器、部件导航器，重用库、IE、历史面板等，如图 1-5 所示。

系统默认将资源条放在 NX 窗口的左侧。选择首选项（预设置）下拉菜单，在用户界面首选项对话框中可以设置将它放到右侧，如图 1-6 所示。

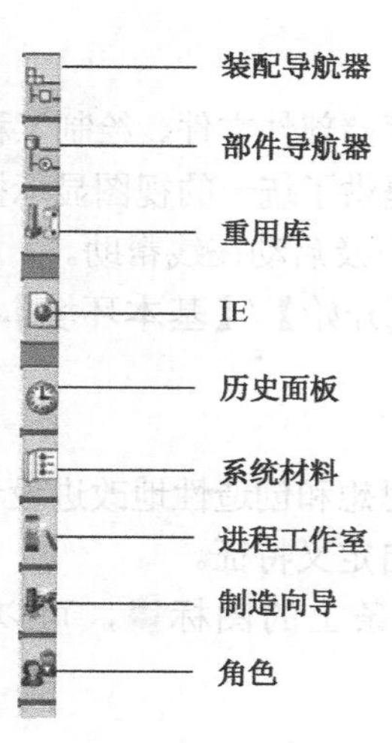

图 1-5　NX 资源条

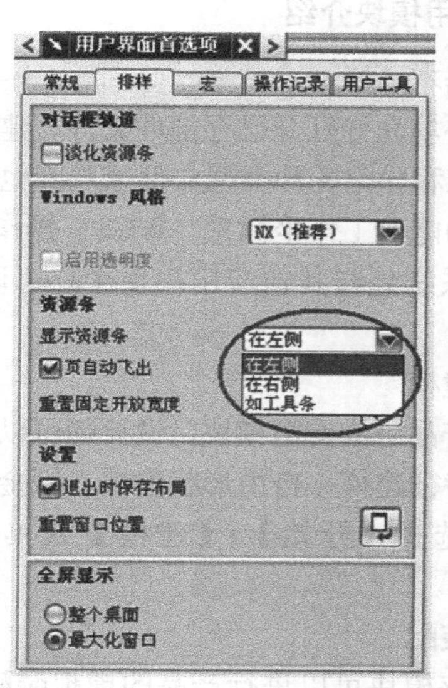

图 1-6　设置资源条位置

- 装配导航器（ANT）：提供所组成部件的装配结构，可以很方便地操纵装配中的组件。例如，改变工作部件、改变显示部件、隐藏和再现组件等，它为树状结构，每个组件是树中的一个节点。
- 部件导航器（PNT）：在窗口中以树状格式提供工作部件中特征的父—子关系，允许在特征上执行各种编辑。例如，可以利用部件导航器抑制或释放特征，改变它们的参数和定位尺寸，特征编辑后，模型立即更新。
- 重用库：可以在分层的树结构中显示可重用的对象，如标准件和用户定义的特征。
- IE：为方便存取公司或项目团队信息，如设计标准等，可以使用该对话框。
- 历史面板：可以对近期打开的文件或其他面板项目进行快速存取，利用它可以加载近期工作的部件。
- 系统材料：对材料提供立即存取，显示材料库、系统和部件面板中的材料。
- 进程工作室：包含了一套专门的环境，使得有经验的人员可以为特殊的流程定义标准程序，并且可以在整个组织内重复使用该程序，从而能够应用专家的专门知识并执行经过验证的方法。
- 制造向导：提供了剩余铣向导、铣削快速启动向导、模具深度加工向导、型腔铣刀具序列向导等。
- 角色：可以用多种方式来控制用户界面的外观，例如菜单条上的显示项目、工具条上显示的按钮、按钮名称是否显示在按钮下方等。

2. 工具条

工具条中包括命令操作按钮，直接单击工具条中的命令按钮，可以使操作方便、快捷。

（1）工具提示

将指针放在工具条图标上，即可显示出该工具的简单说明，如图 1-7 所示。

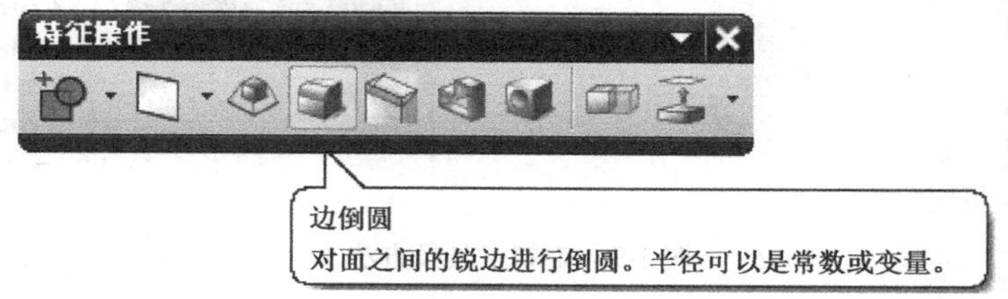

图 1-7　工具条

（2）定制工具条

定制工具条可以满足不同人的习惯，用户可以根据自己的习惯，定制自己风格的工具条，来使自己的操作更加方便，工具条的定制可采用以下两种方法。

方法一：直接利用工具条中的▼，弹出添加或移除按钮，如图 1-8 所示。选中的按钮就出现在工具条上了。

方法二：单击定制按钮，出现定制对话框，在其列表框中包含了 UG 中所有操作命令。选中需要的命令，按左键拖拽图标到工具条即可完成工具条的定制，如图 1-9 所示。

图 1-8　定制工具条方法一

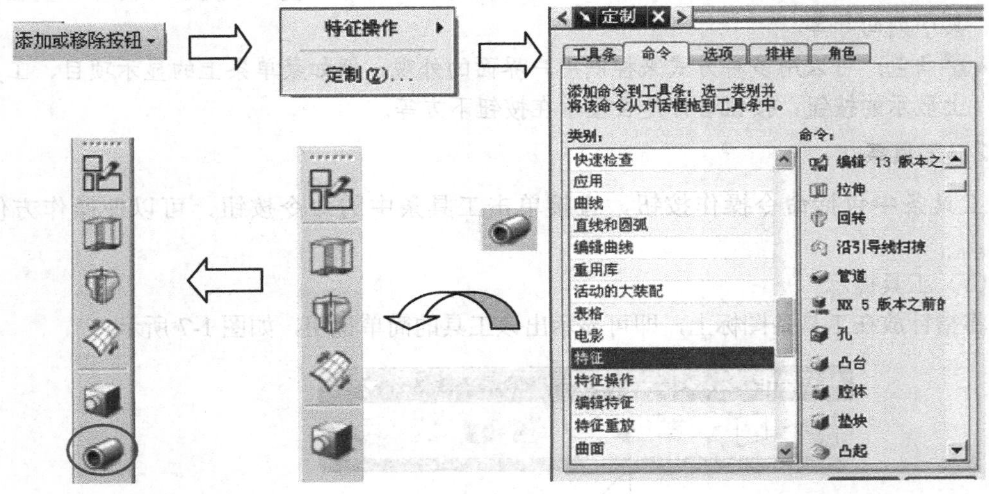

图 1-9　定制工具条方法二

3. 背景色

UG 中提供了普通和渐变两种背景色，用户可以根据情况选择使用。

选择菜单【首选项】/【背景】，出现【编辑背景】对话框，如图 1-10 所示，选择普通，可以继续通过调色板定制颜色，选择渐变；需要定制顶部和底部颜色，这样界面颜色会从顶部颜色过渡到底部颜色。不同背景色的效果如图 1-11 所示。

4. 鼠标

正确使用鼠标对方便操作和提高建模速度都是非常重要的。鼠标的作用如下。

- 左键：点取，选择，拖拽。

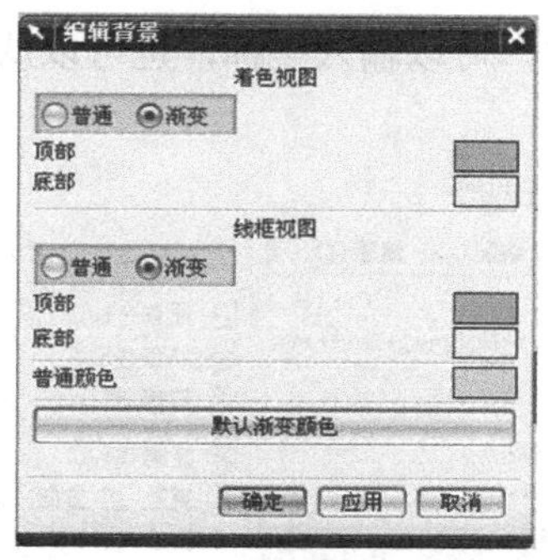

图 1-10 【编辑背景】对话框

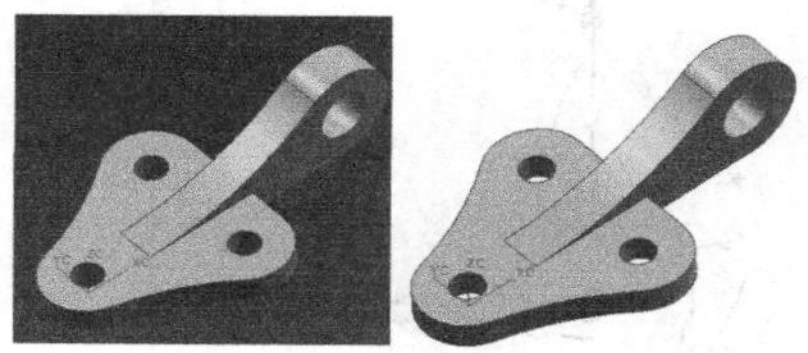

图 1-11 不同背景色效果

- 中键：确认键，同时<Shift>+中键为平移，<Ctrl>+中键为动态放大、缩小等。
- 右键：显示弹出菜单，在文本域中选择内容单击右键可以实现剪切、复制、粘贴等操作。
- <Shift>+左键可以移去多选的对象，同时也可以在列表框中连续选取对象。
- <Ctrl>+左键可以在列表框中非连续选取对象。
- 指针停留单击左键可以预选物体，当选择对象时，在指针的位置处有多个几何对象时，会出现∔图标，单击左键，出现快速选取菜单，可以通过在不同的数字上移动指针，使希望选择的对象成为预选高亮的颜色，单击该数字，则选中了该对象，如图 1-12 所示。

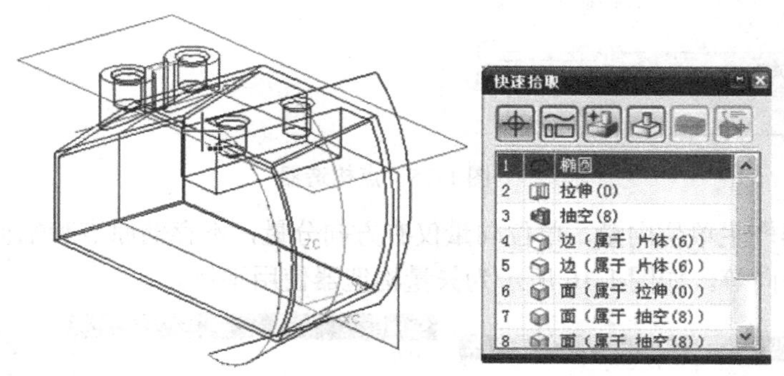

图 1-12 预选物体

5. 坐标系

坐标系用于决定几何对象在模型空间的位置和方位，在 UG 环境中的各类坐标系都遵循右手规则，如图 1-13 所示。建模中的坐标系类型如下。

- 绝对坐标系（ACS）：原点、方位固定，不能改变。
- 工作坐标系（WCS）：当前正在使用的坐标系，默认 WCS=ACS。
- 已存坐标系：若要多次使用某一坐标系，可将其存储。

可以通过单击菜单【格式】/【WCS】，如图 1-14 所示，对坐标系进行相应的操作。

6. 点构造器、矢量构造器

在 UG 环境中，当需要在模型空间确定一个点的位置时，比如画线或移动 WCS 的原点，都会自动弹出点构造器对话框，它提供了定义点的标准方法，可以输入坐标，也可以从已存物体上选择一些特征点，如图 1-15 所示。

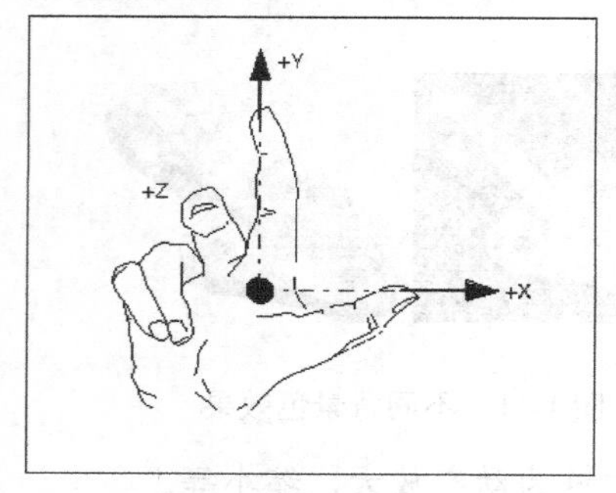

图 1-13　右手规则

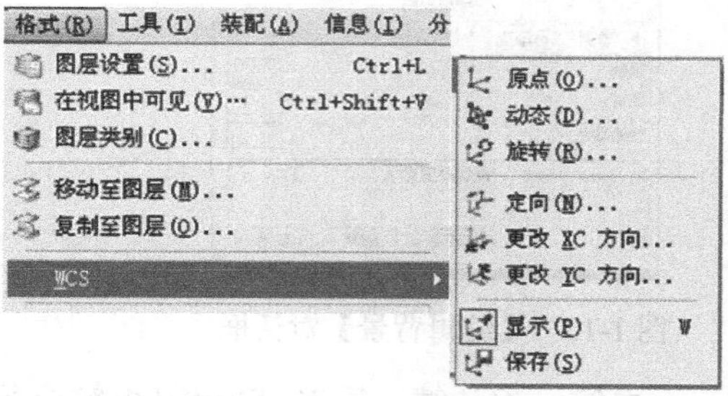

图 1-14　坐标系操作

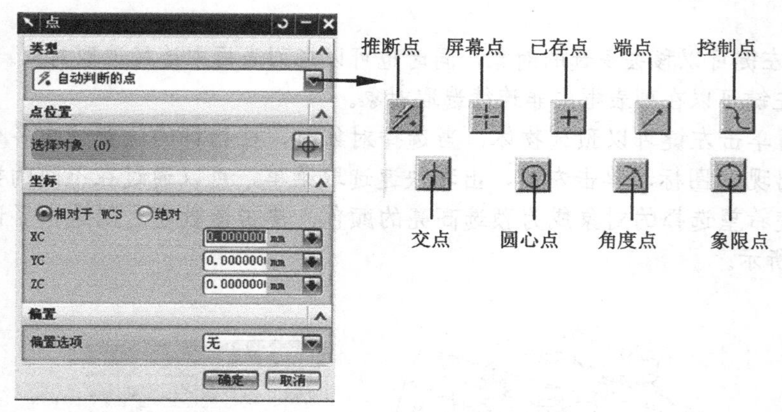

图 1-15　点构造器

矢量构造器产生单位向量，单位向量仅有方向分量，不存储原点和幅值。例如，创建圆柱时确定轴线方向等。如图 1-16 所示为矢量构造器使用举例。

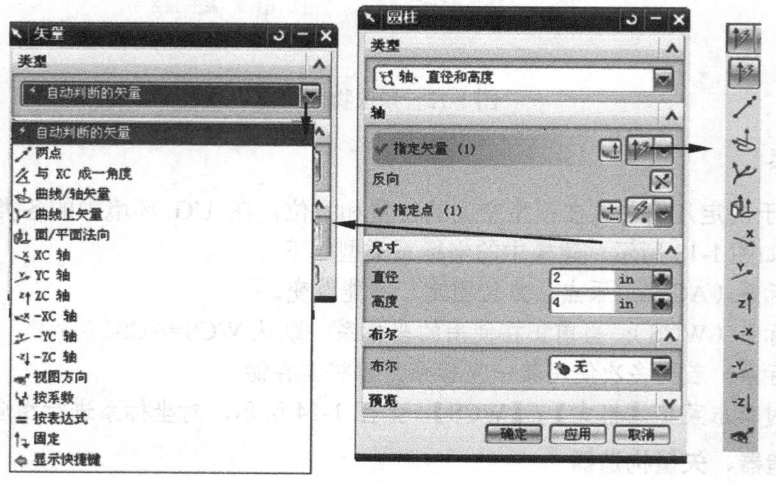

图 1-16　矢量构造器

1.3.2 图层

层在三维造型中是个很重要的概念，主要控制一个部件的几何对象在图形窗口中如何显示。在 UG 每一个 Part 中，都提供了 256 层，用户创建的任何物体都会放在当前工作层上，通过管理这些层的可见与不可见，就可以方便而有效地控制几何对象的显示与不显示。

1. 推荐层

在进行模型设计时，推荐使用如图 1-17 所示的图层设置，这样可以方便、有效地管理图层。

2. 管理图层

单击图层设置图标或【格式】下拉菜单中的【图层设置】，进入图层设置对话框，如图 1-18 所示，层有四种状态，通过图层设置来控制某层上的对象是否可见。

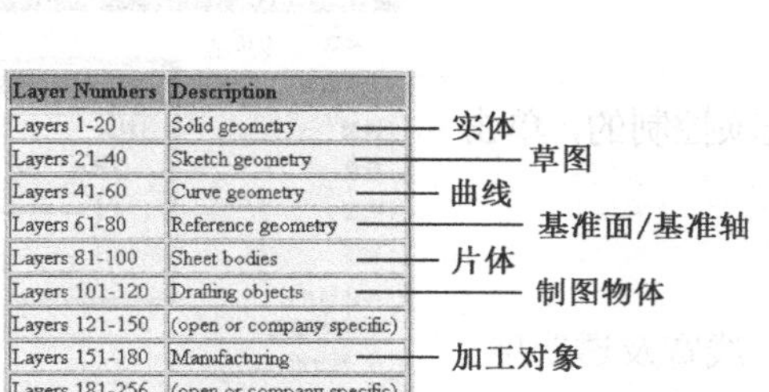

Layer Numbers	Description
Layers 1-20	Solid geometry
Layers 21-40	Sketch geometry
Layers 41-60	Curve geometry
Layers 61-80	Reference geometry
Layers 81-100	Sheet bodies
Layers 101-120	Drafting objects
Layers 121-150	(open or company specific)
Layers 151-180	Manufacturing
Layers 181-256	(open or company specific)

图 1-17　推荐图层设置

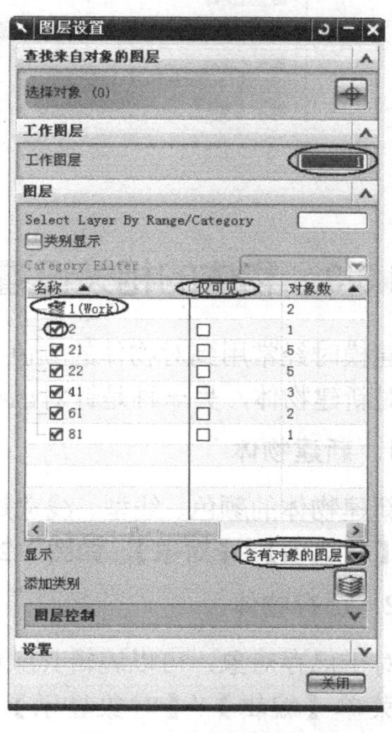

图 1-18　图层设置

- 工作层：工作层只有一个，新创建的物体都被放在当前工作层上，位于工作层上的物体可见、可选。
- 可选层：可选层可有多个，位于可选层上的物体可见、可选。将对话框中的复选框清除就可使该图层不可见。
- 仅可见层：可有多个，位于仅可见层上的物体可见，但不可选。
- 不可见层：可有多个，位于不可见层上的物体不可见，当然也就不可选。

3. 移动/复制层

如果新建对象的图层设置错误，或需要把某些图层中的对象移动或复制到其他层，如图 1-19 所示为移动层的方法，复制层的步骤相同。可以直接从界面中选择要移动的对象或采用类型过滤器。

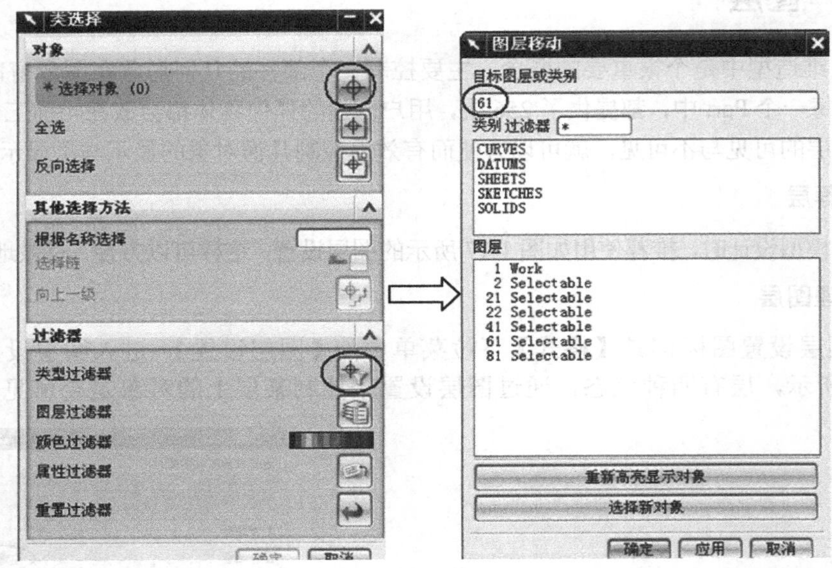

图 1-19 图层移动

1.3.3 物体的相关设置

建模时经常用到对物体的颜色、线型、线宽进行设置。改变物体颜色有两种情况，一种是针对新建物体，另一种是针对已存物体。

1．新建物体

新建物体的颜色、线型、线宽是通过首选项控制的，单击菜单【首选项】/【对象】，如图 1-20 所示。

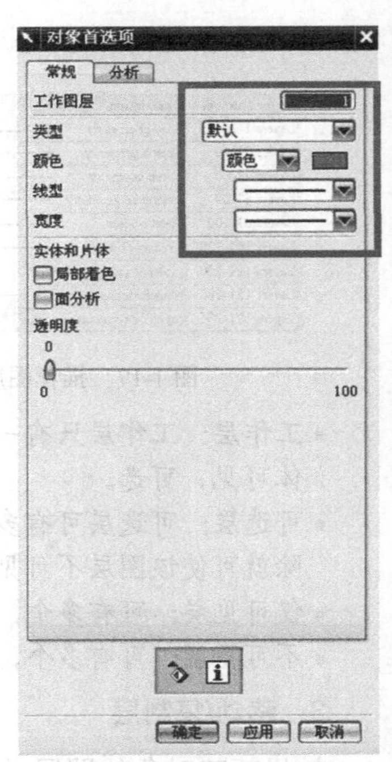

图 1-20 【对象首选项】对话框

2．已存物体

对于已存对象，可以编辑其颜色、线型、线宽及透明度。单击菜单【编辑】/【对象显示】，选择已存对象后弹出如图 1-21 所示【编辑对象显示】对话框，通过单击颜色框，在弹出的调色板中选择其他颜色，同样，线型和线宽也可以编辑。透明度下方的滑动杆可以改变物体透明度，对于采用透明材料的物体，可以设置其透明度。

3．移动物体

建模中如果需要移动已存物体，可以利用菜单【编辑】/【移动对象】，选择需要移动的对象后，弹出如图 1-22 所示的【移动对象】对话框，也可以直接按住鼠标左键拖拽某个方向的箭头实现移动，或拖拽某个方向的转动手柄来实现物体的转动，根据需要选择移动原先的物体或复制原先的物体。

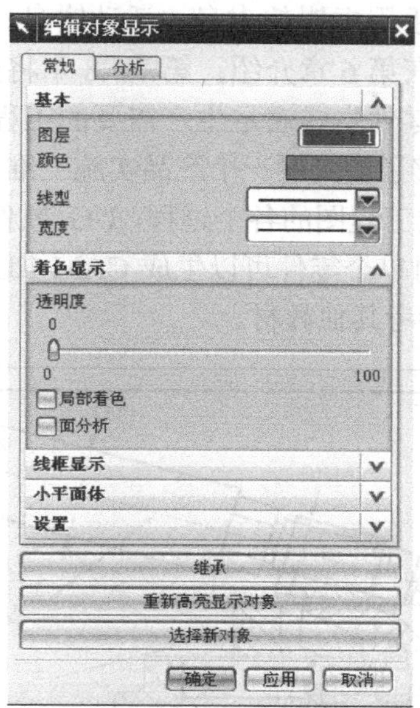

图 1-21 【编辑对象显示】对话框

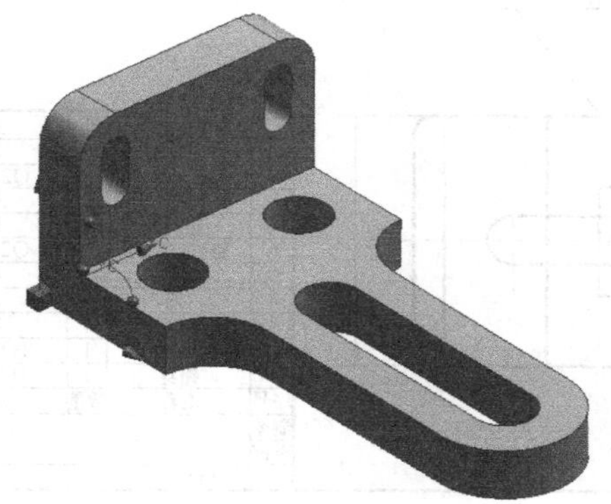

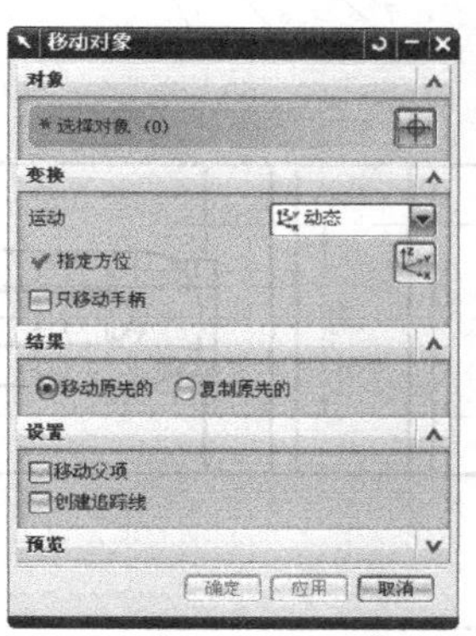

图 1-22 移动对象

1.4 项目实现——手用虎钳介绍

在设计机器或部件时，首先要确定它的工作原理和组成结构。本书将介绍手用虎钳的结构及工作原理。

手用虎钳是带有两个平行夹持面的机床夹具，常用于安装小型工件。它是铣床、钻床的随机附件，是一种通用夹具。使用时将其固定在机床工作台上，用来夹持工件进行切削加工。工作中靠两个工作面来保持工件的平行度、垂直度等形位公差，从而在快速装夹过程中保证了零件的加工精度。

手用虎钳的装配图，如图 1-23 所示，本书各章节将手用虎钳各零件的建模及装配制图等内容贯穿在一起，根据设计要求完成手用虎钳的工作原理图后，进一步对组成零件进行三维建模，后续章节分别介绍手用虎钳的钳身、活动钳身、摇臂等零件建模；对于装配中的标准件，如螺钉、螺母等会在第 6 章介绍；第 7、8 章将介绍怎样把手用虎钳装配起来，以及怎样根据建模好的装配和零件生成满足生产需要的工程图。

通过后续章节的学习，能够了解到对一个产品实施三维设计的过程，也就是从装配图到单个零件三维建模、装配及生成工程图的各个过程，UG 软件的功能很强大，在完成装配后，还可以进行分析、校核，包括对单个零件可以生成 CAM 加工代码等，本书主要介绍的是 CAD 部分，CAE 及 CAM 可以参考其他教材。

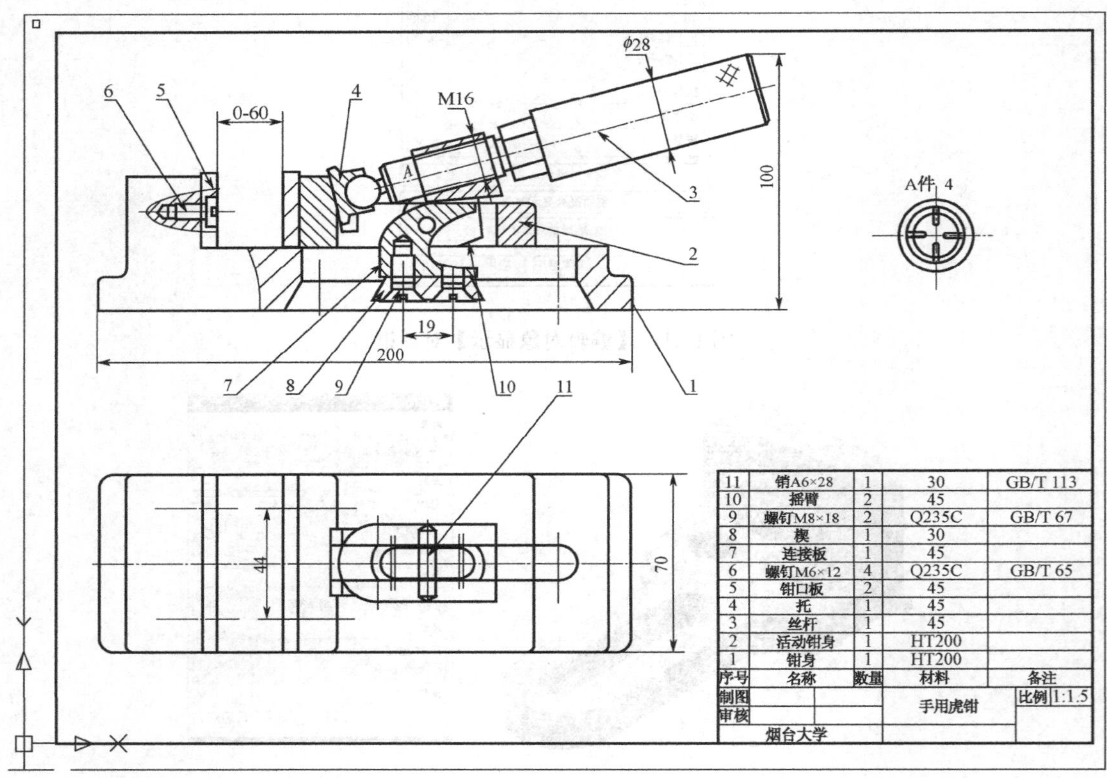

图 1-23　手用虎钳装配图

1.5 思考与练习

1. 思考题

（1）UG 的用户界面主要包括哪些组成部分？

（2）UG 软件各模块是如何有机结合在一起的？举例说明软件在工程上的应用。

2. 操作题

（1）熟悉 UG 软件各模块的工作界面。

（2）打开电子资源包中的某个实例，体会 UG 软件的 CAD 功能，初步了解建模、装配、制图模块。

第 2 章

基础特征建模

UG NX6.0 提供了非常方便的实体建模功能，实体建模是 CAD 模块的基础和核心，功能强大，操作简便，编辑灵活。根据零件的加工顺序，把建模命令分成几部分。

1. 创建模型的实体毛坯

- 由草图特征扫掠形成。

  利用草图模块徒手绘制一草图，并标注曲线外形尺寸，然后利用拉伸或旋转体功能进行扫掠，创建一实体毛坯。
- 由体素特征形成。

  NX 的设计特征功能提供了基于 WCS（工作坐标系）直接生成解析形状的块、柱、锥、球特征的能力，又称体素特征，是创建实体毛坯的另一种方法。

2. 创建模型的实体粗略结构

NX6.0 的设计特征功能提供了在实体毛坯上生成各种类型的孔、型腔、凸台与凸垫等特征的能力，以仿真在实体毛坯上添加或移除材料的加工，从而创建模型实体的粗略结构。

NX6.0 的体素特征也可相关于已存实体创建，然后通过布尔操作来仿真在实体毛坯上添加或移除材料的加工，这是创建模型的实体粗略结构的另一种方法。

3. 完成模型的实体精细加工

NX6.0 的细节特征功能提供了在实体上创建边缘倒圆、边缘倒角、面倒圆、拔模与体拔模特征的能力，以及阵列操作、片体增厚、实体挖空等命令，最后完成模型实体的精细结构设计过程。

4. 特征的相关性

相关性用于指示构建模型的特征间的相互关系，这些关系在设计者利用上述各种功能创建模型时建立。在相关的模型中，在模型创建的同时，系统会自动捕捉相互间的约束，如在相关的模型中，一个通孔与孔穿透的那个面（也称过面）是相关的，如果模型改变了，过面被移动，孔将自动更新，仍然保持是通孔。

2.1 体素特征

体素特征包括长方体、圆柱体、圆锥和球体 4 种简单的实体特征，一般用作实体建模初期的基本形状，在设计初期作为模型的毛坯。

1．长方体

在特征工具条上单击图标或选择【插入】/【设计特征】/【长方体】命令，弹出【长方体】对话框，在“类型”下拉列表框中，提供了三种创建长方体的方式：通过指定原点和边长（长、宽、高）创建长方体，如图 2-1 所示；通过指定两点和高度创建长方体，如图 2-2 所示；通过指定长方体的两个对角点创建长方体，如图 2-3 所示。

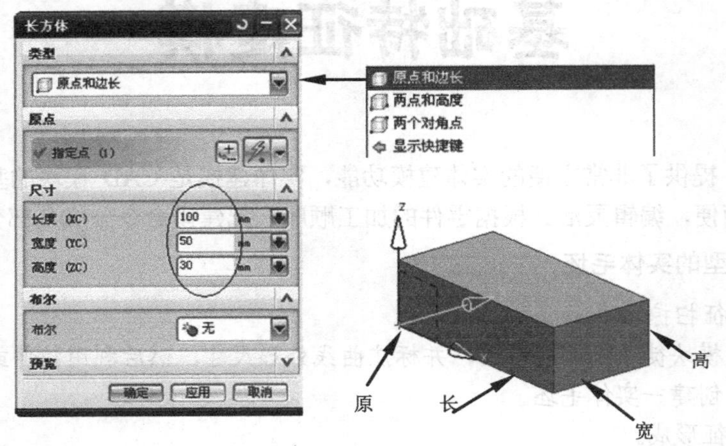

图 2-1 【长方体】对话框（通过原点和边长创建长方体）

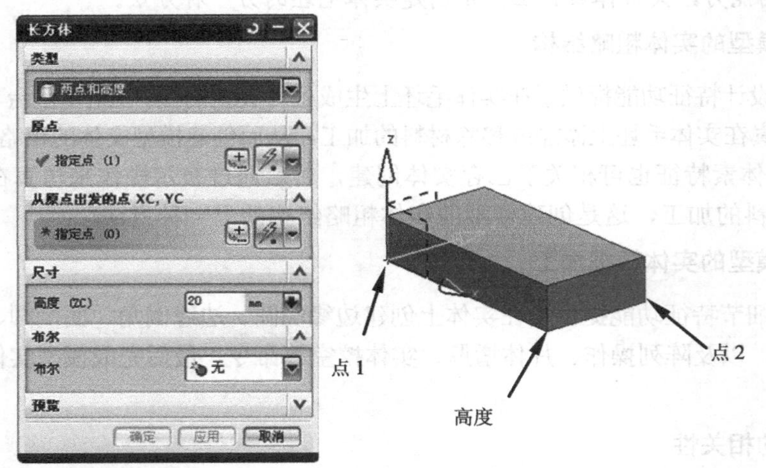

图 2-2 通过两点和高度创建长方体

长方体的底面始终平行于 *XC-YC* 平面，所有边缘长度均为正值（相对于 WCS 测量）。

2．圆柱

在特征工具条上单击图标或选择【插入】/【设计特征】/【圆柱体】命令，弹出【圆柱】对话框，该对话框的“类型”下拉列表框中提供了两种创建圆柱体的方法，即“轴、直径和高度”和“圆弧和高度”。

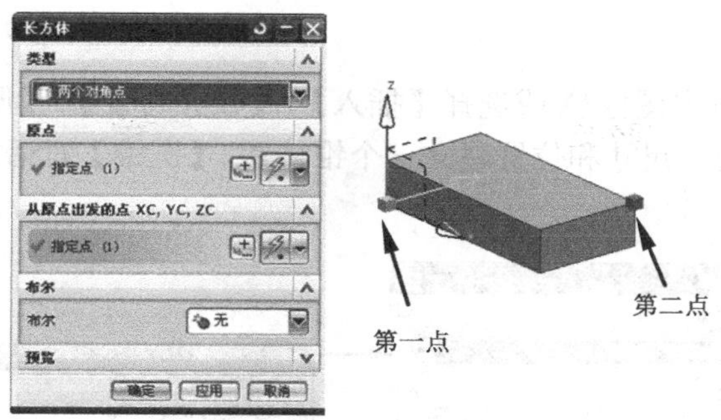

图 2-3　通过两个对角点创建长方体

（1）轴、直径和高度

指定轴矢量方向及圆柱原点安放位置，并设置直径和高度，如图 2-4 所示。

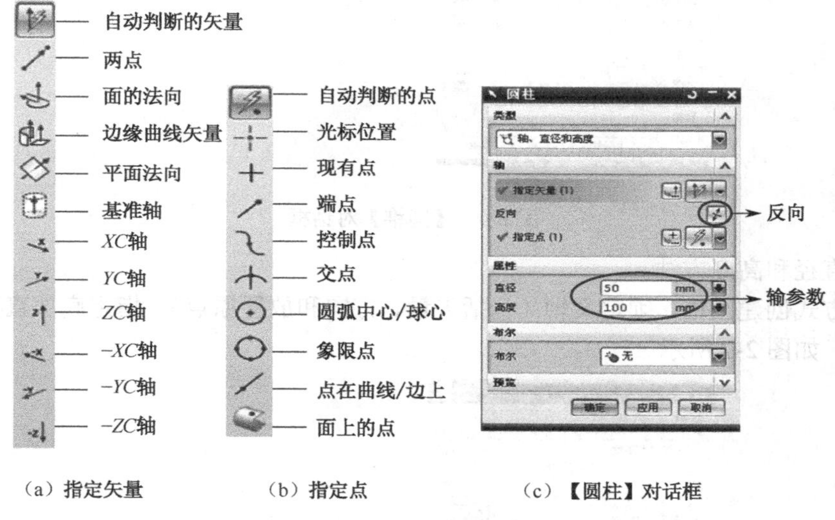

图 2-4　建立圆柱的选项

（2）圆弧和高度

选择已知圆弧，输入高度值，便可创建所需圆柱，如图 2-5 所示。

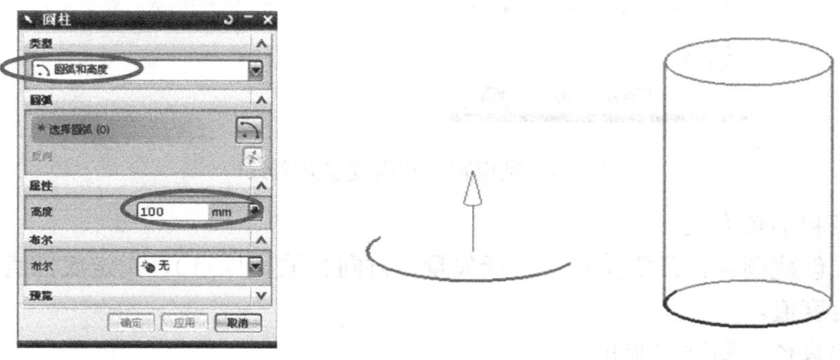

图 2-5　利用圆弧和高度建立圆柱

3. 圆锥

在特征工具条上单击图标或选择【插入】/【设计特征】/【圆锥】命令，通过规定模型空间中圆锥的方位、尺寸和位置建立一个锥体素。【圆锥】对话框如图 2-6 所示，共有五种创建方法。

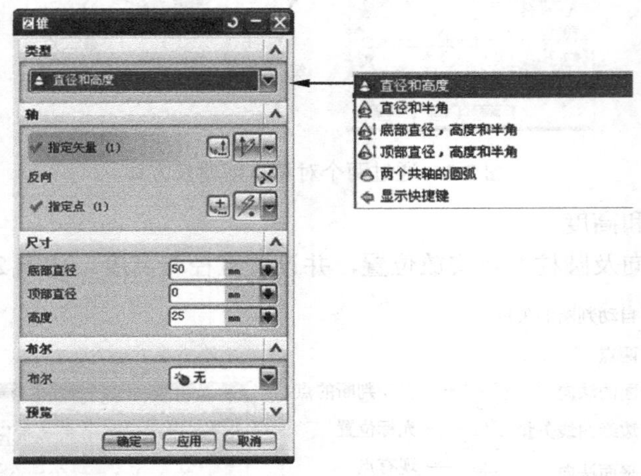

图 2-6 【圆锥】对话框

（1）直径和高度方法

选此方式创建圆锥，须定义轴（包括矢量、方向和放置原点），指定底部直径、顶部直径和高度，如图 2-7 所示。

图 2-7 利用直径和高度建立圆锥

（2）直径和半角方法

选此方式创建圆锥，须定义轴（包括矢量、方向和放置原点），指定底部直径、顶部直径和半角的角度值。

（3）底部直径、高度和半角

选此方式创建圆锥，须定义轴（包括矢量、方向和放置原点），指定底部直径、高度和半角的角度值。

（4）顶部直径、高度和半角

选此方式创建圆锥，须定义轴（包括矢量、方向和放置原点），指定顶部直径、高度和半角的角度值。

（5）两个共轴的圆弧

选此方式创建圆锥，只需要指定圆锥的顶部圆弧和底部圆弧即可创建所需圆锥。

4．球

在特征工具条上单击图标或选择【插入】/【设计特征】/【球】命令，弹出 【球】对话框，有两种创建球的方法，即指定“中心点和直径”确定一个圆球，如图 2-8 所示；过已有圆弧确定一个圆球，如图 2-9 所示。

图 2-8　指定“中心点和直径”创建球

图 2-9　指定“圆弧”创建球

5．体素特征的编辑

体素是参数化特征，其建立时输入的值随模型存储，可以根据需要对其参数进行编辑，体素尺寸的编辑方法有以下几种。

（1）利用部件导航器，如图 2-10 所示。

打开部件导航器，选择体素特征并单击，然后选择【编辑参数】命令，弹出创建特征的对话框，如图 2-11 所示，重新输入参数进行编辑。

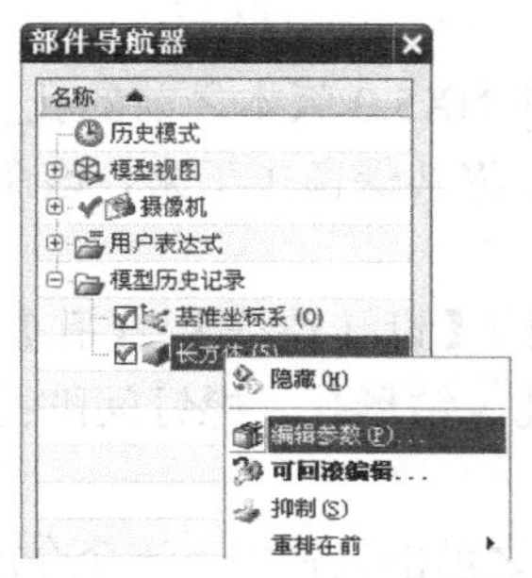

图 2-10　部件导航器

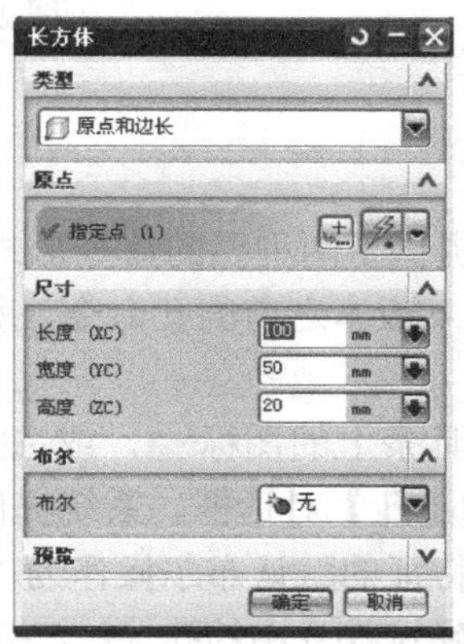

图 2-11　创建特征

（2）利用部件导航器中的细节面板，将参数修改后回车，如图 2-12 所示。

（3）双击特征同样会弹出创建特征对话框，重新输入参数可编辑特征。

（4）选择【工具】/【表达式】命令，弹出的对话框如图 2-13 所示。对相关体素特征进行编辑。

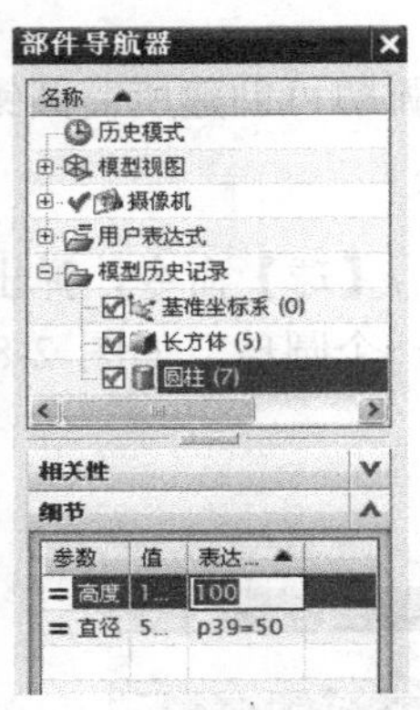

图 2-12 编辑特征

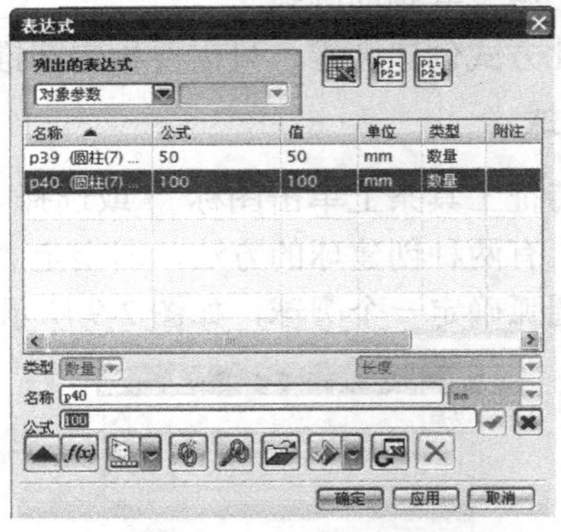

图 2-13 【表达式】对话框

在一个模型中仅仅使用一个体素并且仅用作第一个根特征（毛坯）。

2.2 成型特征

成型特征用于模型的细节设计，包括孔、凸台、腔、垫块、凸起、偏置凸起、键槽、坡口焊和用户自定义特征等，这些特征是创建仿真零件粗加工过程。成型特征只是一个工具实体，本身不能独立存在，必须加在已存的几何体上，用于加一些细部结构到已存物体上。成型特征图标如图 2-14 所示，下面分别讲述。

图 2-14 成型特征

2.2.1 孔

UG NX6.0 提供了两种孔的命令形式，孔和 NX5.0 版本之前的孔，因为好多用户用习惯了 NX5.0 版本之前的孔命令，所以 NX6.0 将其保留了下来，该命令每次只能完成一个孔的操作。

单击特征工具条上的图标，或选择【插入】/【设计特征】/【孔】命令，系统弹出如图 2-15 所示的【孔】对话框。系统提供了常规孔、钻形孔、螺钉间隙孔、螺纹孔和孔系列五种类型，孔特征的默认布尔操作为“求差”。

下面重点讲解 NX6.0 中的孔，相比 NX5.0 之前的孔命令，该命令的功能更强，特别是多个尺寸相同的孔可以使用该命令一次完成。如图 2-16 所示为 NX6.0 中的【孔】对话框。

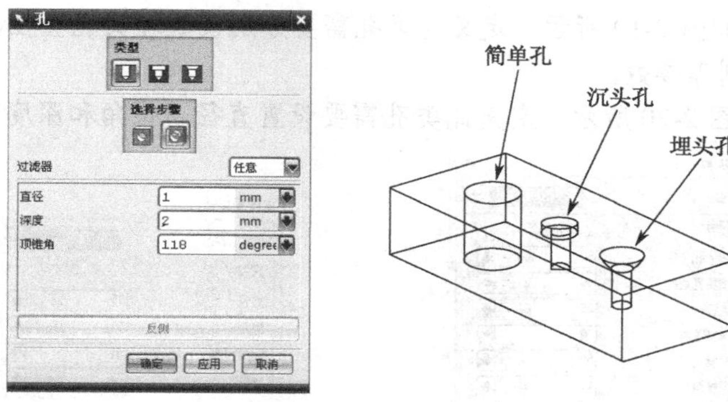

图 2-15　【孔】对话框（NX5.0）

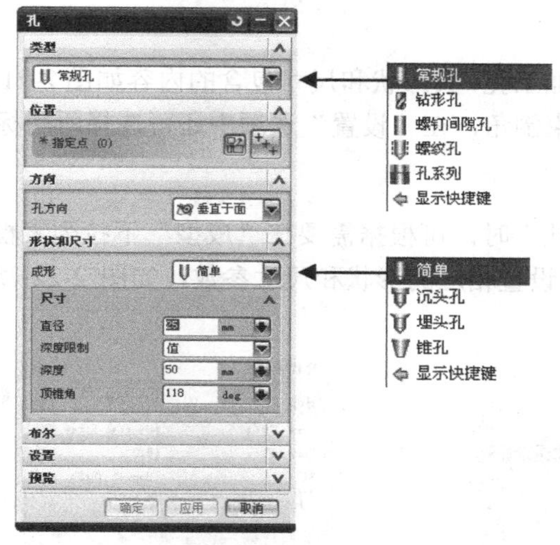

图 2-16　【孔】对话框（NX6.0）

1. 常规孔

常规孔的成型方式包括“简单”、“沉头孔”、“埋头孔”和“锥孔”。

- 简单孔：如图 2-17 所示，简单的常规孔只需要设置直径尺寸和深度限制条件即可。深度限制条件有“值”、“直至选定对象”、“直至下一个”或“贯通体”四种方式。
- 沉头孔：如图 2-18 所示，定义此类孔需要分别设置沉头孔直径、沉头孔深度、直径和深度限制等参数。

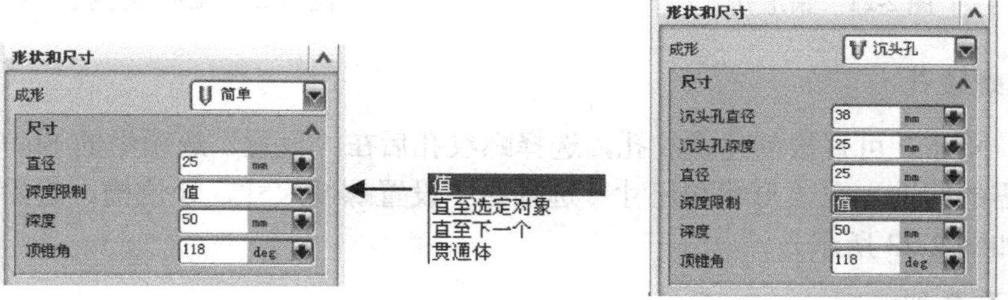

图 2-17　简单孔　　　　图 2-18　沉头孔

- 埋头孔：如图 2-19 所示，定义此类孔需要分别设置埋头孔直径、埋头孔角度、直径和深度限制等参数。
- 锥孔：如图 2-20 所示，定义此类孔需要设置直径、锥角和深度限制这些参数。

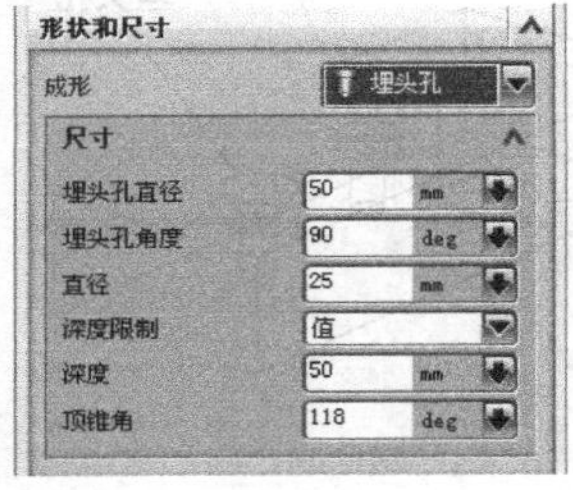

图 2-19 埋头孔

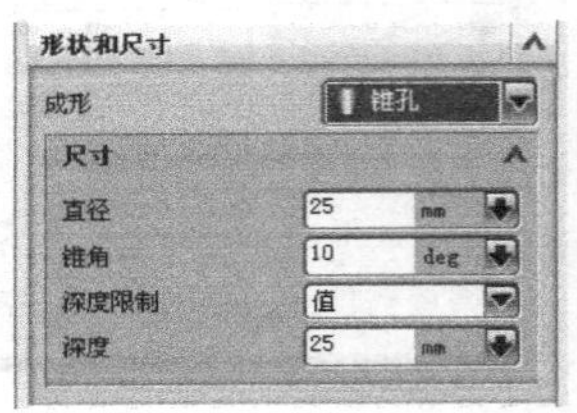

图 2-20 锥孔

2. 钻形孔

钻形孔是仿真钻头加工孔，其形状和尺寸包含的内容如图 2-21 所示，可选择标准钻头，可直接加工出起始和结束倒角，在“设置”选项中还可选择所用标准和加工公差。

3. 螺钉间隙孔

要创建“螺钉间隙孔”时，可根据需要在“成型”下拉列表框中选择“简单”、“沉头孔”或“埋头孔”，然后设置相应的形状和尺寸参数，如图 2-22 所示，在“设置”选项组中可指定标准选项。

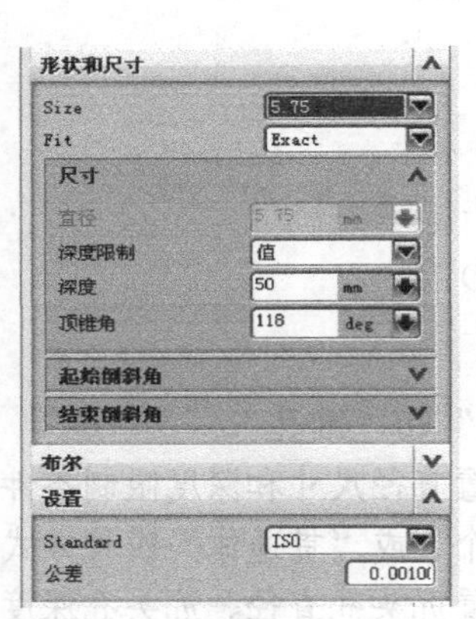

图 2-21 钻形孔

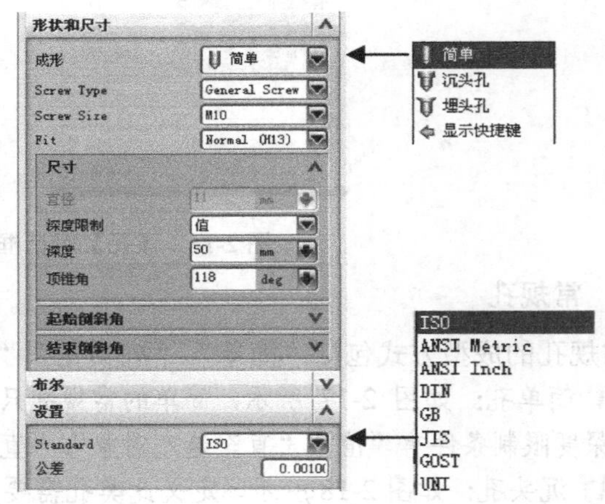

图 2-22 螺钉间隙孔

4. 螺纹孔

UG NX6.0 可直接创建螺纹孔，选择螺纹孔后在“设置”选项组的 Standard 列表中，选择所需的标准，在“形状和尺寸”选项组中设置螺纹尺寸、让位槽、起始倒角和结束倒角等，如图 2-23 所示。

5. 孔系列

创建“孔系列”时，须利用“规格”选项组来分别设置“开始”、“中间”和“结束”3

个选项卡上的内容，如图 2-24 所示。

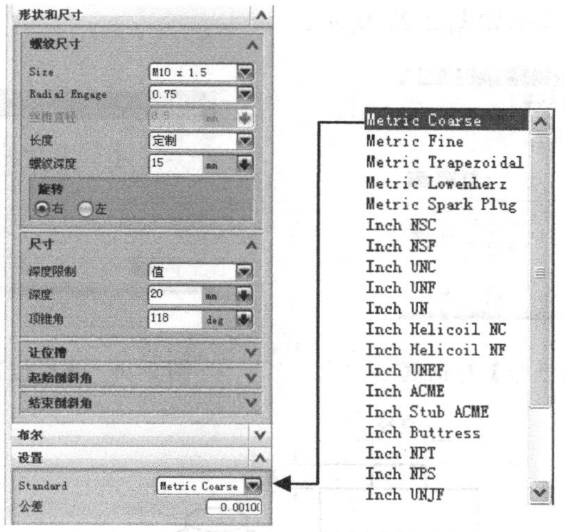

图 2-23　螺纹孔

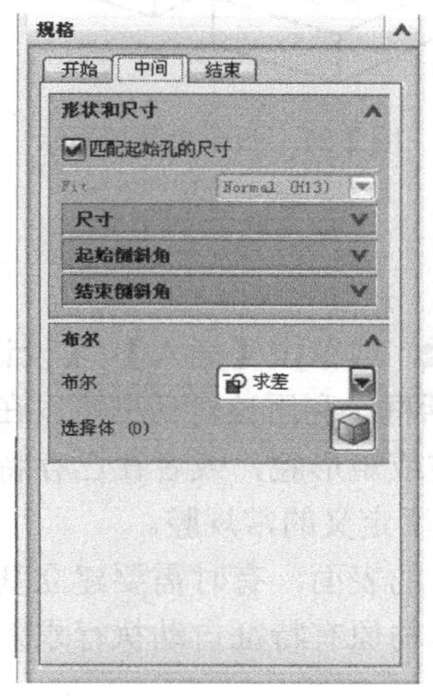

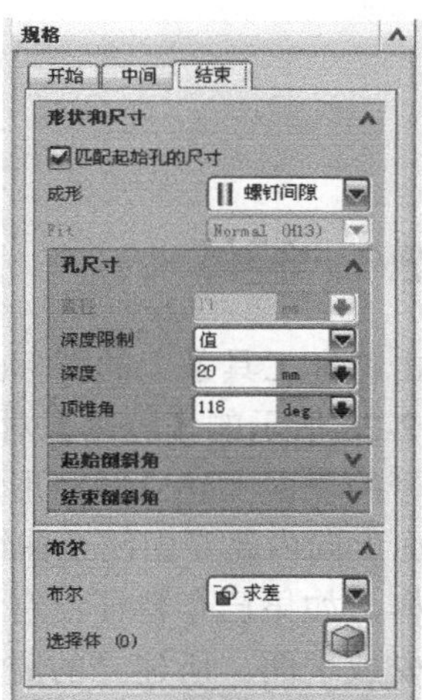

图 2-24　孔系列

孔的创建，除了要指定孔的类型和设置各项参数以外，还需要选择孔的安放位置并加以约束，以及定义孔的方向（默认为垂直于所选安放面，或指定一个方向）。

2.2.2　凸台

选择【插入】/【设计特征】/【凸台】命令，或单击特征工具条上的图标，系统弹出【凸台】对话框，如图 2-25 所示。

选择一个已存平面作为凸台的安放平面，如果已存特征没有平的表面，则要首先建立基准平面，作为安放表面。

设置凸台的直径、高度和拔锥角参数，单击“确定”或“应用”按钮，弹出【定位】

对话框，如图 2-26 所示，对凸台的位置进行约束。所建立的凸台与原有特征自动执行求和布尔运算，凸台参数预显示如图 2-27 所示。

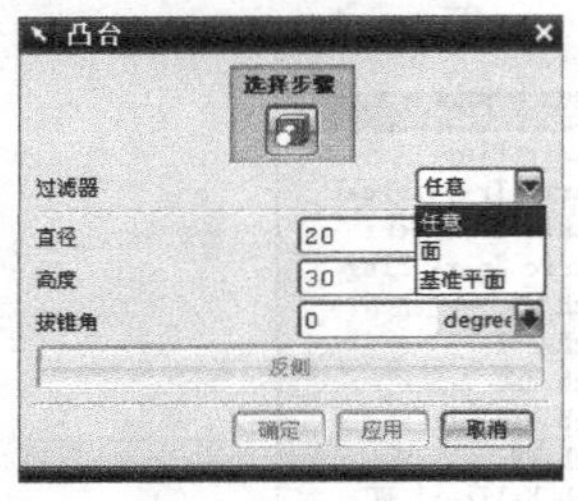

图 2-25 【凸台】对话框

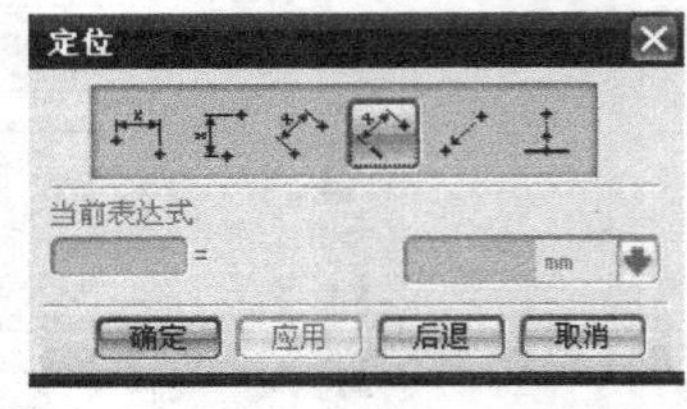

图 2-26 【定位】对话框

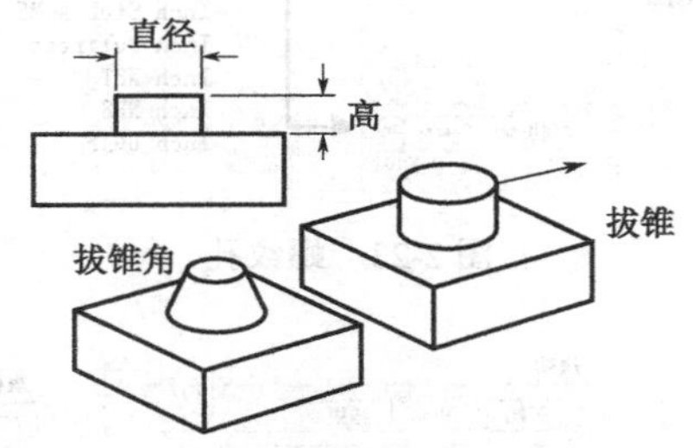

图 2-27 凸台参数预显示

2.2.3 腔体

单击特征工具条上的图标，或单击【插入】/【设计特征】/【腔体】命令，系统弹出如图 2-28 所示的【腔体】对话框。利用该对话框可以在已存特征的平的表面上建立圆柱形腔或矩形腔，或者在已存特征的任意表面上向内建立由闭合曲线所定义的常规腔。

图 2-28 【腔体】对话框

同样，如果已存特征没有平的表面，有时需要建立基准平面作为安放平面。所建立的腔体与原有特征自动执行求差布尔运算。

1. 圆柱形腔体

该功能用于在已存特征的平的表面上创建圆柱形腔体。可同时指定腔体直径、深度、底部的半径及拔锥角。拔锥角用于指定侧壁是否拔锥。如图 2-29 所示为【圆柱形腔体】对话框和实例。

2. 矩形腔体

该功能用于在已存特征的平的表面上创建矩形腔体。如图 2-30 所示为【矩形腔体】对话框和实例，可根据需要设置相关参数值。

创建矩形腔体在确定好安放面后，还需要指定水平参考作为长度方向，可以选择实体的一个边或基准面。

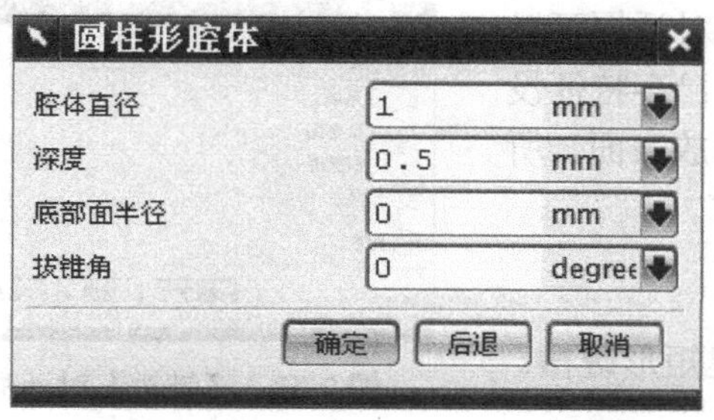

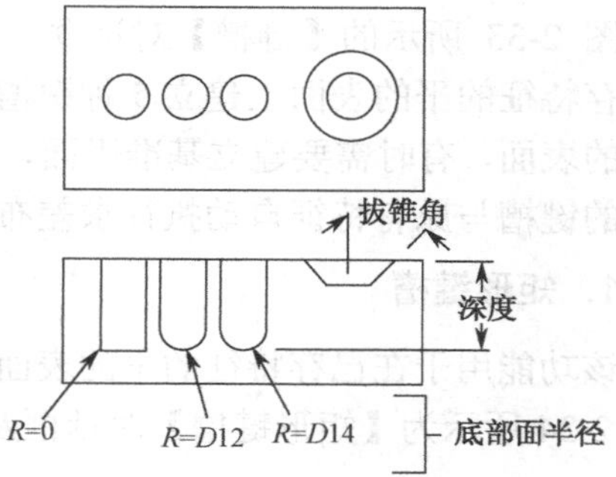

图 2-29 【圆柱形腔体】对话框和实例

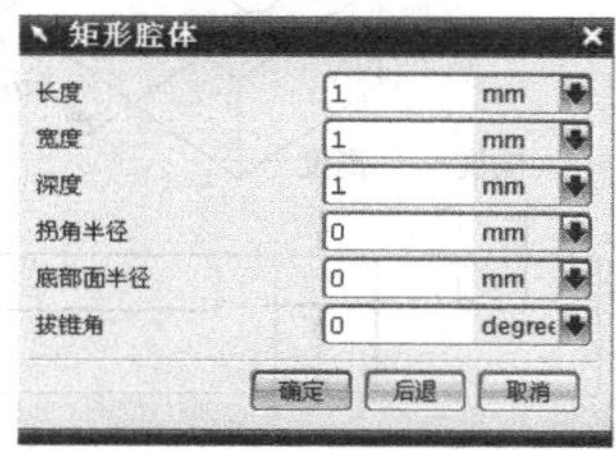

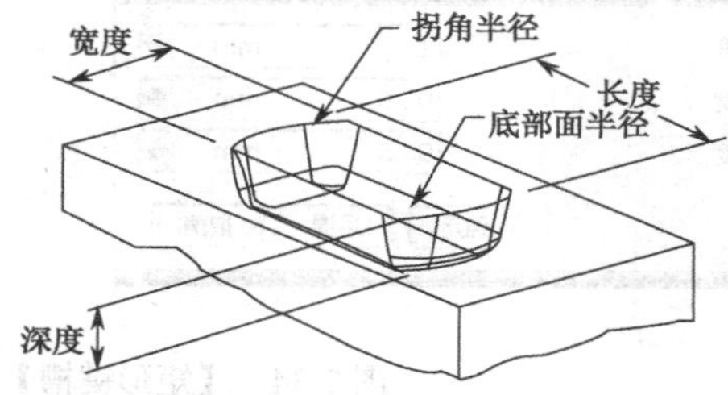

图 2-30 【矩形腔体】对话框和实例

2.2.4 垫块

单击特征工具条上的图标，或单击【插入】/【设计特征】/【垫块】命令，系统弹出如图 2-31 所示的【垫块】对话框。利用该对话框可以在已存特征的平表面上建立矩形垫块，或者在已存特征的任意表面上向外建立由闭合曲线所定义的常规垫块。

同样，如果已存特征没有平面的，有时需要建立基准平面，作为安放表面，以辅助定位。所建立的垫块与原有特征自动执行求和布尔运算。

图 2-31 【垫块】对话框

【矩形垫块】对话框及参数的意义，如图 2-32 所示。

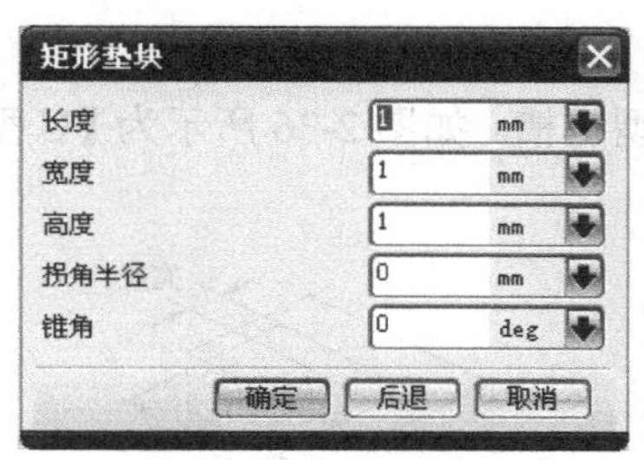

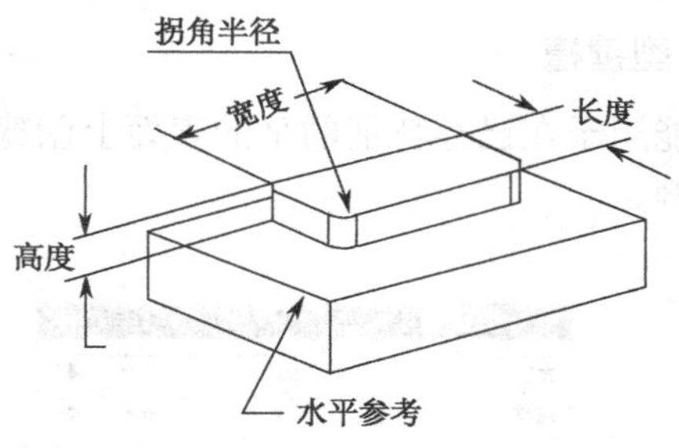

图 2-32 【矩形垫块】对话框及参数

2.2.5 键槽

单击特征工具条上的图标，或单击【插入】/【设计特征】/【键槽】命令，系统弹出如图 2-33 所示的【键槽】对话框。利用该对话框可以在已存特征的平的表面上建立 5 种键槽。如果已存特征没有平的表面，有时需要建立基准平面，作为安放表面。所建立的键槽与原有特征自动执行求差布尔运算。

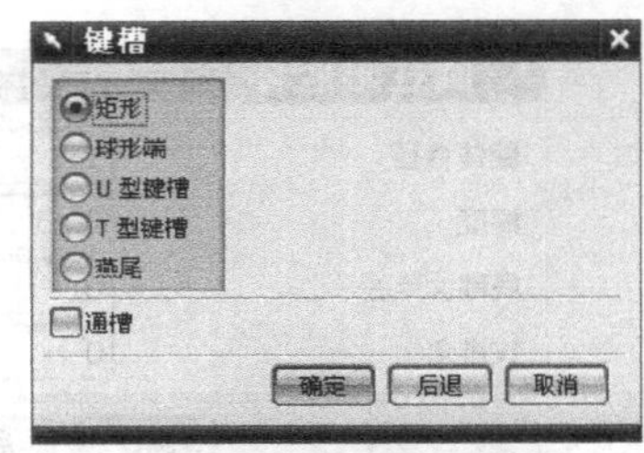

图 2-33 【键槽】对话框

1. 矩形键槽

该功能用于在已存特征的平的表面上创建矩形键槽。如图 2-34 所示为【矩形键槽】对话框及实例。

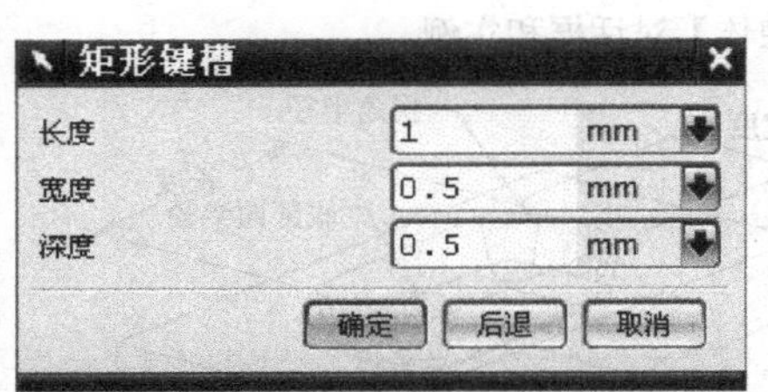

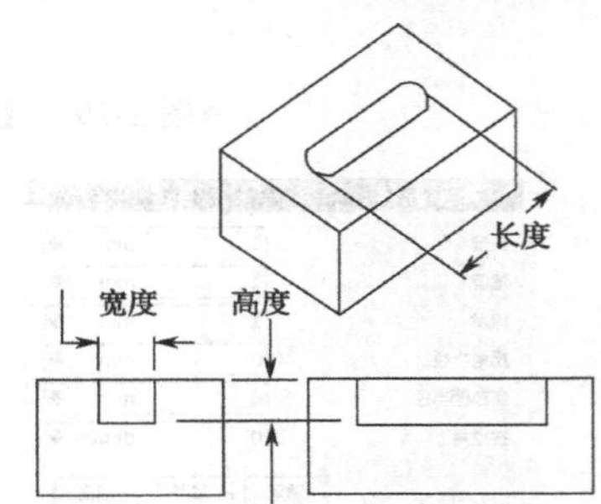

图 2-34 【矩形键槽】对话框及实例

2. 球形键槽

该功能用于在已存特征的平的表面上创建球形键槽。如图 2-35 所示为【球形键槽】对话框及实例。

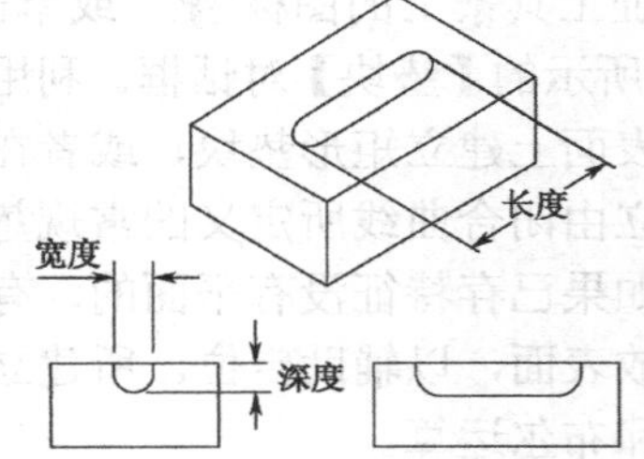

图 2-35 【球形键槽】对话框及实例

3. U 型键槽

该功能用于在已存特征的平的表面上创建 U 型键槽。如图 2-36 所示为【U 型键槽】对话框及实例。

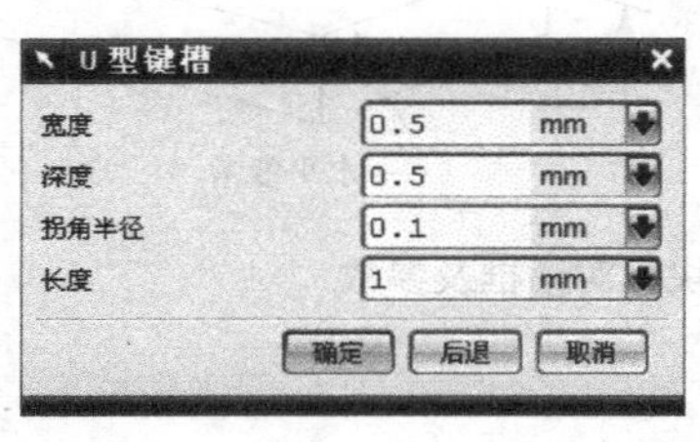

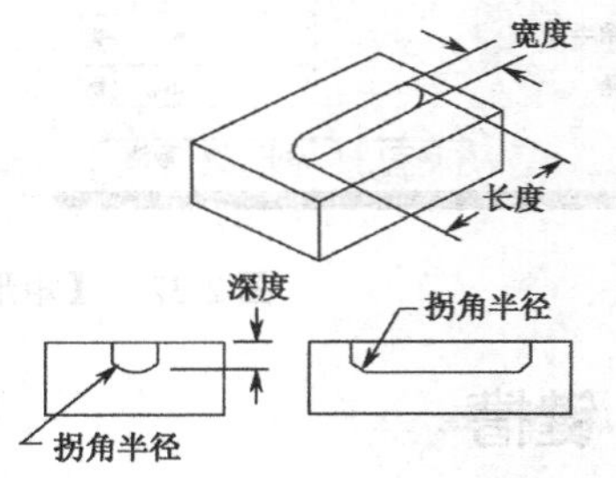

图 2-36 【U 型键槽】对话框及实例

4. T型键槽

该功能用于在已存特征的平的表面上创建T型键槽。如图2-37所示为【T型键槽】对话框及实例。

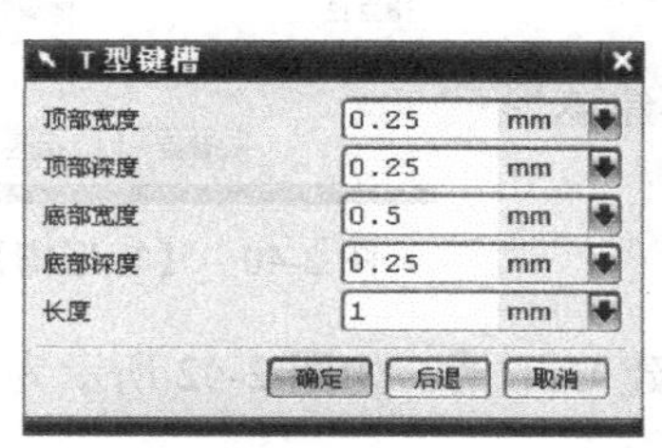

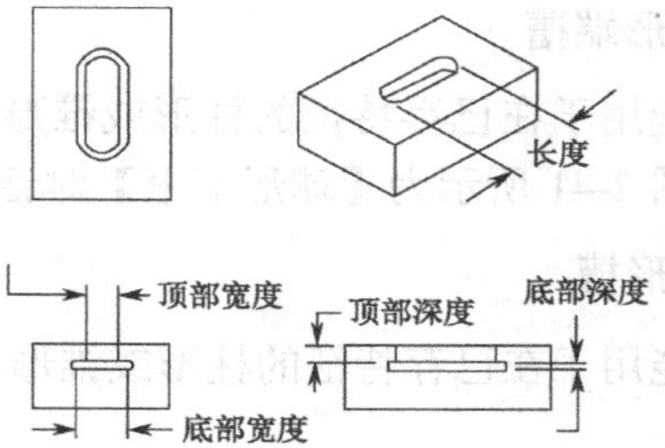

图2-37 【T型键槽】对话框及实例

5. 燕尾形键槽

该功能用于在已存特征的平的表面上创建燕尾形键槽。这种类型的键槽有尖锐拐角和有角度的壁面。如图2-38所示为【燕尾形键槽】对话框及实例。

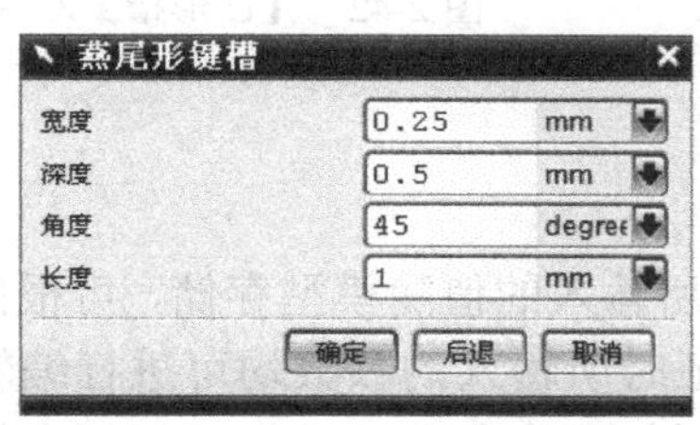

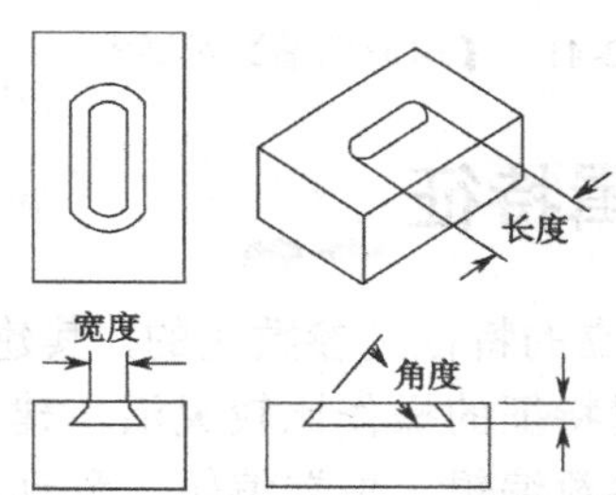

图2-38 【燕尾形键槽】对话框及实例

2.2.6 沟槽（坡口焊）

单击特征工具条上的图标，或单击【插入】/【设计特征】/【坡口焊】命令，系统弹出如图2-39所示的【槽】对话框。利用该对话框可以在已存特征的圆柱形或者锥形表面上建立3种槽。所建立的槽与原有特征自动执行求差布尔运算。

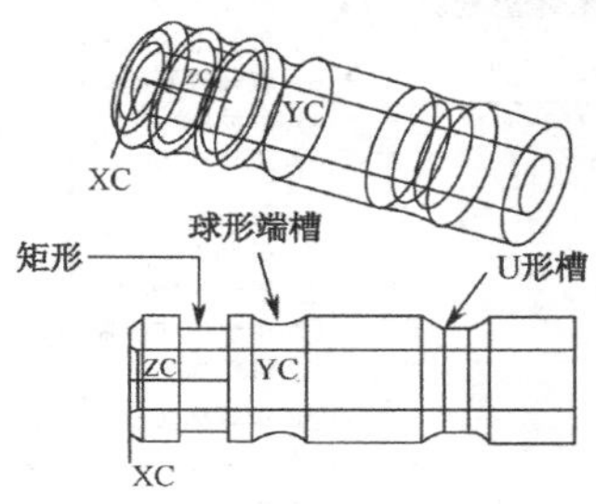

图2-39 【槽】对话框及实例

1．矩形槽

该功能用于在已存特征的柱形或锥形表面上创建矩形槽。如图 2-40 所示为【矩形槽】对话框。

图 2-40 【矩形槽】对话框

2．球形端槽

该功能用于在已存特征的柱形或锥形表面上创建球形端槽。如图 2-41 所示为【球形端槽】对话框。

3．U 形槽

该功能用于在已存特征的柱形或锥形表面上创建 U 形槽。如图 2-42 所示为【U 形槽】对话框。

图 2-41 【球形端槽】对话框

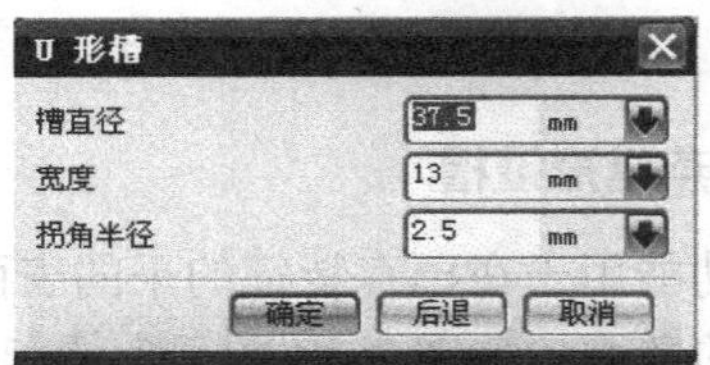

图 2-42 【U 形槽】对话框

2.3 编辑特征

UG 所建立的特征是参数化的，其建立时所输入的值随模型存储，可根据需要对其进行编辑。编辑特征的操作比较灵活，建立特征时所输入的参数均可进行编辑，还可对所建特征进行参数编辑、位置编辑、移动、抑制与移除参数等操作。下面介绍几种常用的方法。

1．【编辑】/【特征】命令

选择菜单栏上的【编辑】/【特征】命令，对应的下拉菜单中列出了编辑特征的各种命令，如图 2-43 所示。选择不同的命令，系统会弹出相应的对话框。比如选择【编辑参数】，然后选择想要编辑的特征后会弹出建立该特征时的对话框，如孔的【编辑参数】对话框如图 2-44 所示，可对其特征参数、附着面和孔的类型进行更改。

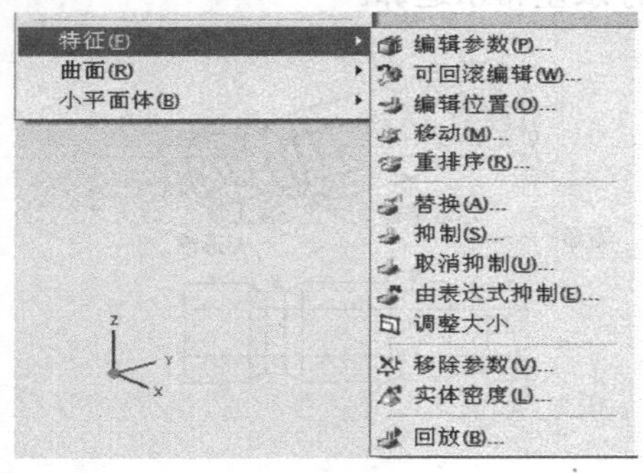

图 2-43 特征下拉菜单

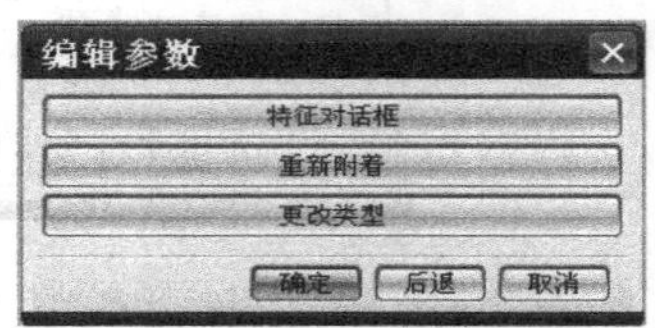

图 2-44 【编辑参数】对话框

2. 部件导航器

打开部件导航器，如图 2-45 所示。选择，单击右键，然后选择【编辑参数】命令，弹出创建特征的对话框，如图 2-46 所示，重新输入参数进行编辑。

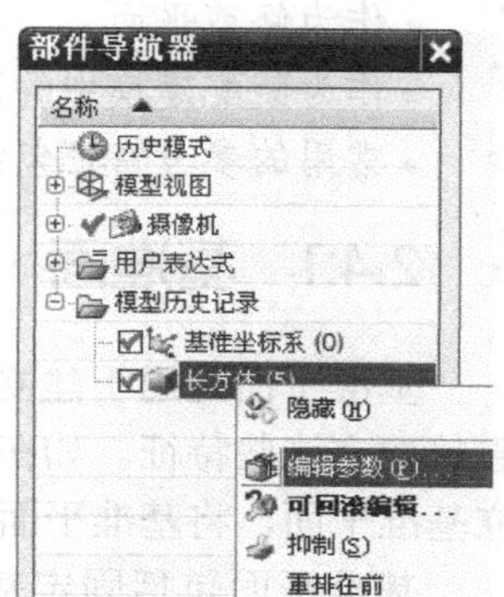

图 2-45 部件导航器

3. 直接修改参数

利用部件导航器中的细节面板，将参数修改后回车，如图 2-47 所示。细节面板可以方便、快速地对特征参数和位置进行编辑。

4. 创建特征对话框

双击特征同样会弹出如图 2-47 所示的创建特征对话框，重新输入参数可编辑特征。

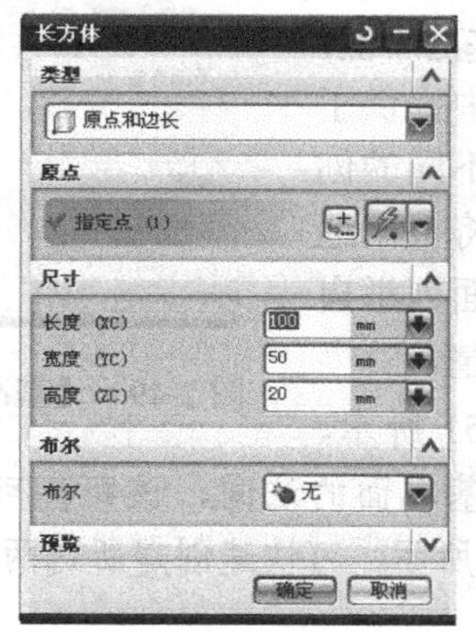

图 2-46 创建特征对话框

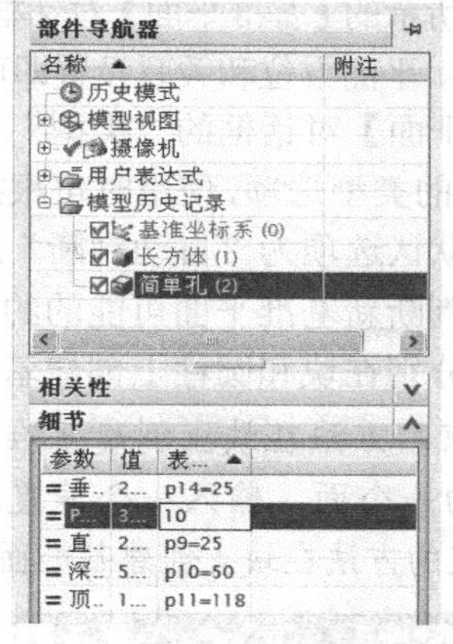

图 2-47 直接修改参数

以上方法可以对参数化的特征进行编辑，对于非参数化的特征或者用【移除参数】命令去除参数的模型，可运用同步建模的命令进行编辑。同步建模工具条，如图 2-48 所示。

图 2-48 同步建模工具条

2.4 参考特征

参考特征是构造工具，辅助你在要求的位置与方位建立特征和草图，参考特征可以是固定的，也可以相对于实体关联建立。参考特征在设计中主要有以下应用。

- 作为安放成型特征和草图的表面。
- 作为成型特征和草图的定位参考。
- 作为扫描特征的拉伸方向或旋转轴。
- 作为通孔通槽的通过表面。

- 作为修剪平面。
- 作为装配建模中的配对基准。
- 常用的参考特征包括基准轴和基准面。

2.4.1 基准面

基准平面是用于建立特征的参考平面。许多特征是基于平面的，因此在非平面上无法直接建立这些特征。如在圆柱面、圆锥面和球面上建立孔、槽、型腔等特征时，必须先建立基准平面，将基准平面作为安放表面。基准平面有法向，法向可以编辑。

基准平面包括固定基准平面和相对基准平面两大类。固定基准平面与实体模型不关联。相对基准平面是根据现有的几何体来建立的，与几何体相关联。

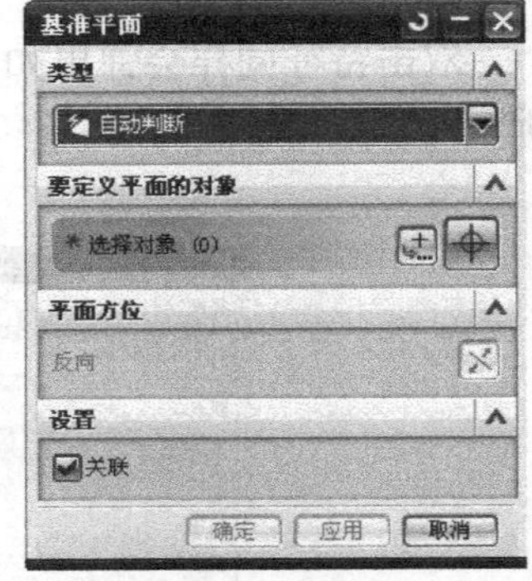

图 2-49 【基准平面】对话框

单击图标或者选择【插入】/【基准/点】/【基准平面】，弹出如图 2-49 所示的【基准平面】对话框。接着根据需要指定类型、参照对象、平面方位和关联设置即可创建一个基准平面。

在【基准平面】对话框的“类型”下拉列表框中提供了如图 2-50 所示的类型选项，使用时可根据需要选择不同的创建方法。其中默认选项为“自动判断”选项，系统将根据选择的对象自动判断新基准平面可能的约束关系。下面列举自动判断的方法分别在块和圆柱上创建基准面的几种情况。

- 用单约束的方法在块上创建基准面，如图 2-51 所示，选择块的一个面，输入一个偏置距离。注意基准面的法向，该距离可以是负值。
- 用双约束的方法在块上创建基准面，如图 2-52 所示，可快速创建所选两面的对称面。

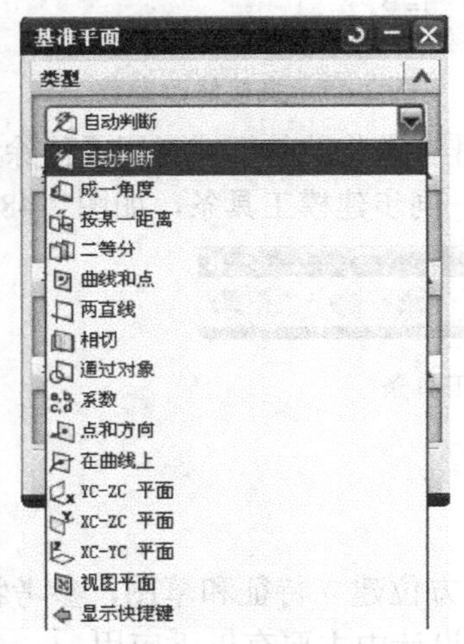

图 2-50 创建基准平面的类型选项

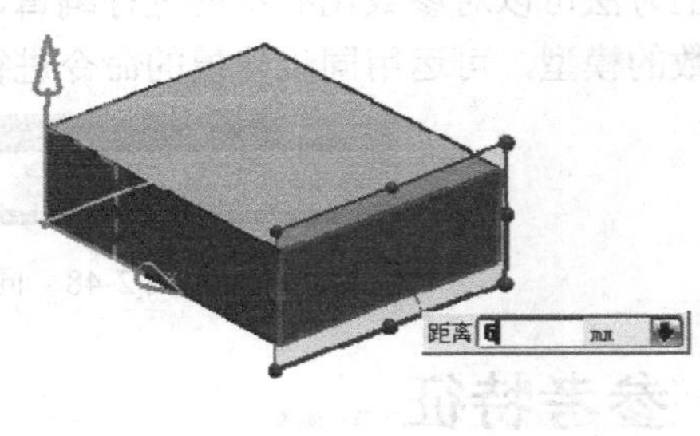

图 2-51 单约束创建基准面

- 用三约束的方法在块上创建基准面，通过选择三个点创建基准面，如图 2-53 所示。
- 用单约束在圆柱上创建基准面，要创建与圆柱表面相切和过圆柱轴线的基准面，需要选择圆柱体的不同位置，如图 2-54 所示。

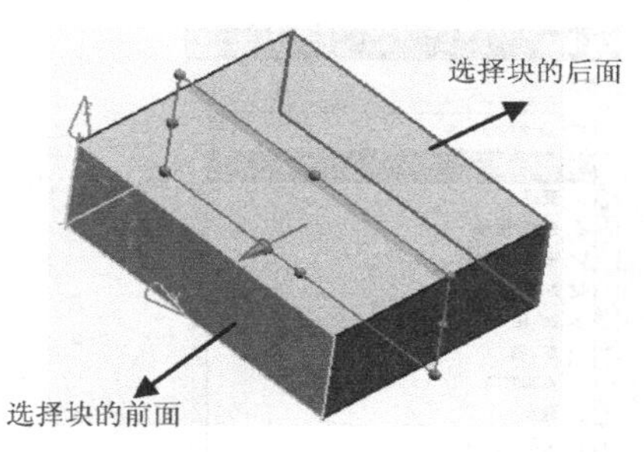

图 2-52　双约束创建基准面

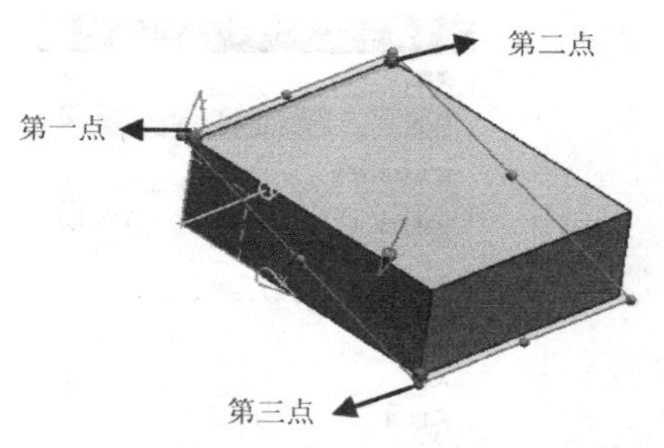

图 2-53　三约束的方法创建基准面

- 用双约束创建基准面，选择已存基准面和圆柱轴线，可创建过轴线与已存基准面成一定角度的基准面，如图 2-55 所示。

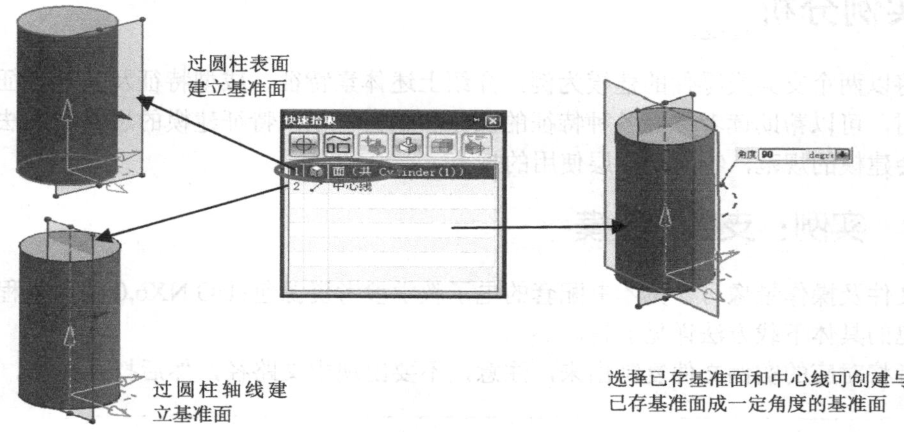

图 2-54　单约束创建回转体基准面　　　图 2-55　双约束创建回转体基准面

2.4.2 基准轴

基准轴主要用于建立特征的辅助轴线、参考方向等。基准轴包括固定基准轴和相对基准轴。相对基准轴依赖于其他几何体，并且与定义基准轴的几何体相关联。

一般尽量使用相对基准面与相对基准轴。因为相对基准是使相关的参数化特征，与目标实体的表面、边缘、控制点相关；定义相对基准的参数，随部件存储，随时可编辑。

单击图标↑或选择【插入】/【基准/点】/【基准轴】命令，弹出如图 2-56 所示的【基准轴】对话框。

同基准平面的“类型”下拉列表框一样，基准轴也有多种创建方法，如图 2-57 所示，根据需要任选一种类型可创建基准轴。其中默认选项为“自动判断”选项，系统将根据选择的对象自动判断新基准轴可能的约束关系。

图 2-56 【基准轴】对话框

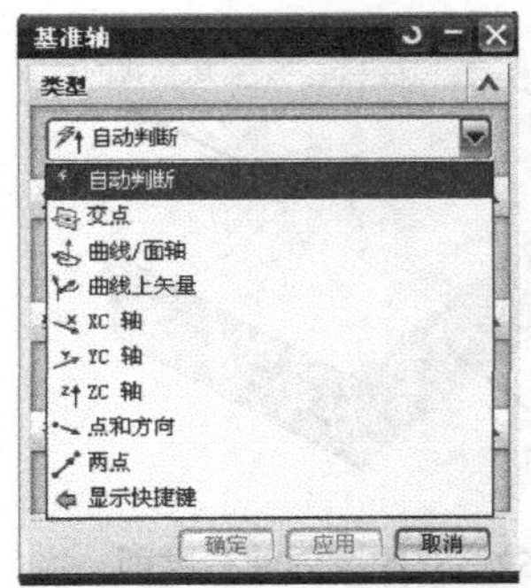

图 2-57 用于创建基准轴的类型选项

2.5 实例分析

本节将以两个支架类零件的建模为例，介绍上述体素特征、成型特征及基准特征在建模中的应用，可以帮助读者掌握各种特征的操作和编辑，以及特征建模的思路和方法。需要读者体会建模的规范，特别是图层使用的规范。

2.5.1 实例：支架 1 建模

实例文件及操作录像可参见本书配套的电子教学参考资源包：UG NX6.0 实用教程资源包。资源包的具体下载方法详见前言。

请读者将对应的实例文件复制出来，注意，不要出现中文路径，然后打开文件。

实例文件 UG NX6.0 实用教程资源包/Example/2/zhijia-1.prt
操作录像 UG NX6.0 实用教程资源包/视频/2/zhijia-1.avi

建模如图 2-58 所示支架，要求用体素特征和成型特征建模，并练习使用参考特征。

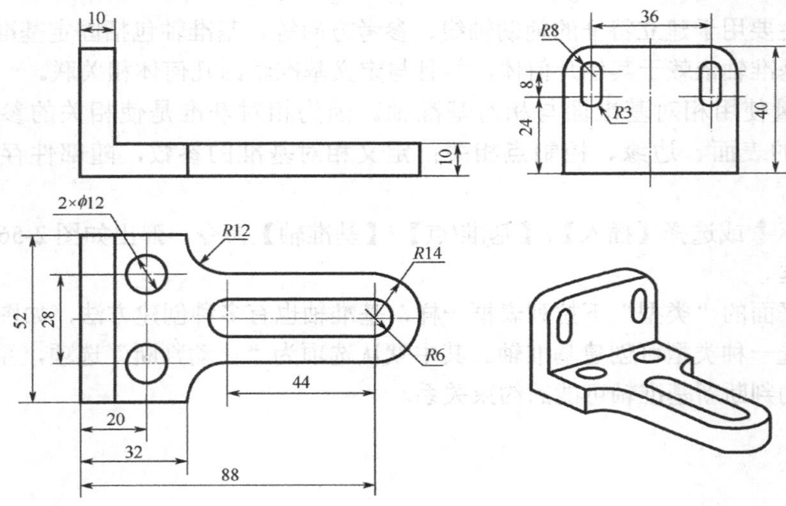

图 2-58 支架 1 相关尺寸

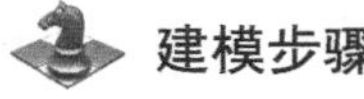

建模步骤

1. 选择长方体作为体素特征

[1] 单击体素特征“长方体”图标，输入参数，如图 2-59 所示。

[2] 将工作层设为 61 层，建立基准面。

[3] 单击图标建立基准面，分别选择左表面和右表面，在两者的对称面处建立一个基准面，如图 2-60 所示，然后将工作层改为 1 层。

图 2-59 【长方体】对话框

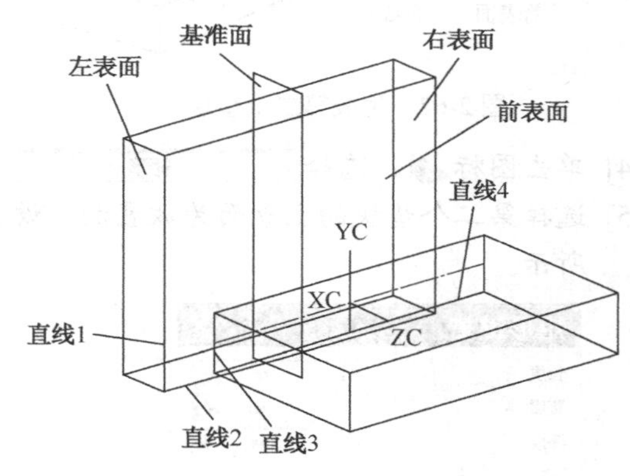

图 2-60 过对称面建立基准面

2. 特征建模

[1] 单击图标，选择 矩形 形式生成第一个垫块。

[2] 选择长方体的前表面为放置面，直线 1 为长度方向，输入参数，如图 2-61 所示。

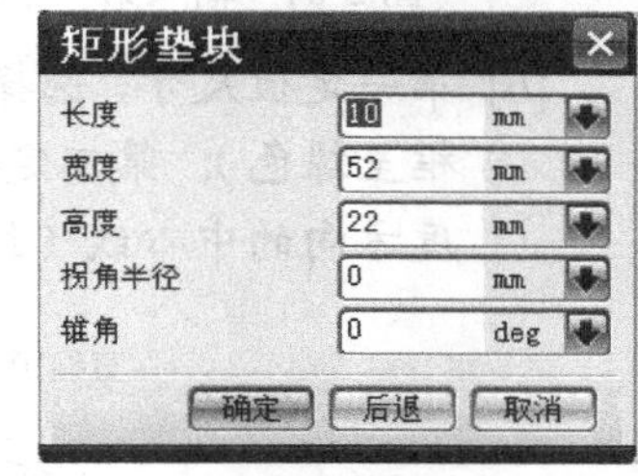

图 2-61 输入矩形垫块参数

[3] 第一定位尺寸，选择（线到线上）形式，首先单击直线 1，然后单击直线 3；第二定位尺寸，选择（线到线上）形式，首先单击直线 2，然后单击直线 4。

[4] 单击图标，选择 矩形 形式生成第二个垫块，如图 2-62 所示。

[5] 选择第一个垫块的前表面为放置面，选择直线 5 为长度方向，输入参数，如图 2-63 所示。

[6] 第一定位尺寸，选择形式，首先选择直线 5，然后选择直线 6；第二定位尺寸，选择形式，首先单击基准面，然后选择直线 7（线框呈绿色）。

3. 键槽的生成

[1] 单击图标，选择 矩形 形式，生成第一个键槽。

[2] 选择长方体的前表面为放置面，设置直线 5 为键长方向，输入参数，如图 2-64 所示。

[3] 第一定位尺寸选择形式，首先选择直线 1，然后，选择键槽的长度方向的中心线，输入参数 8；第二定位尺寸，选择形式，首先选择直线 2，然后，选择键槽的宽

度方向的中心线，输入参数 28。

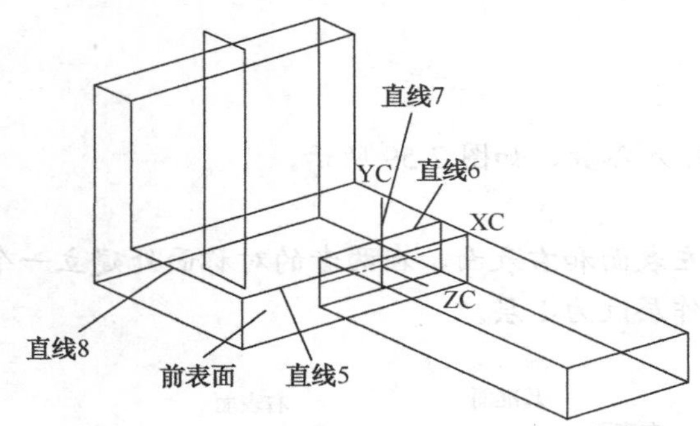

图 2-62 生成第二个垫块

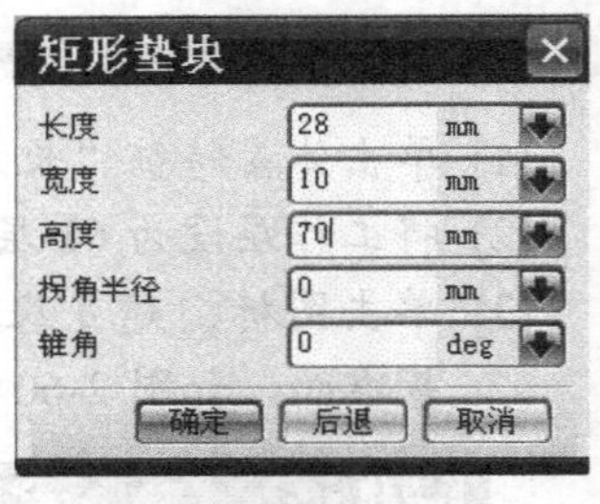

图 2-63 输入垫块参数

[4] 单击图标，选择 矩形 形式，生成第二个键槽。

[5] 选择第二个垫块的上表面为放置面，设直线 8 为键长方向；输入参数，如图 2-65 所示。

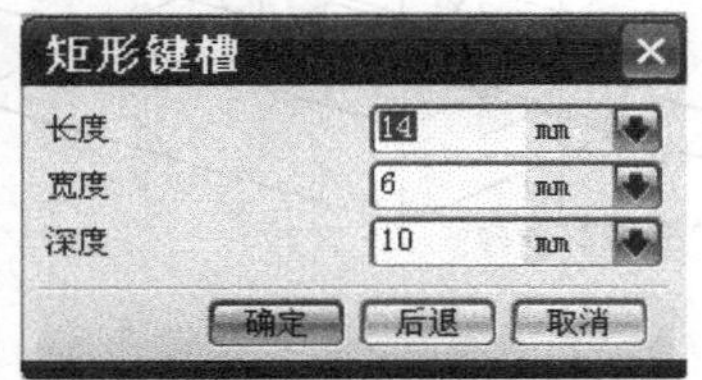

图 2-64 输入第一个键槽参数

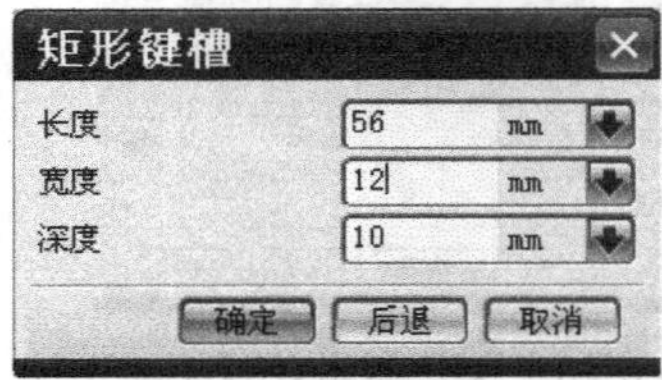

图 2-65 输入第二个键槽参数

[6] 第一定位尺寸，选择形式，首先单击基准面，然后选择键槽宽度方向中心线（线框呈绿色）；第二定位尺寸选择形式，首先选择直线 5，然后单击选择键槽的长度方向的中心线（线框呈绿色），输入参数 34，如图 2-66 所示。

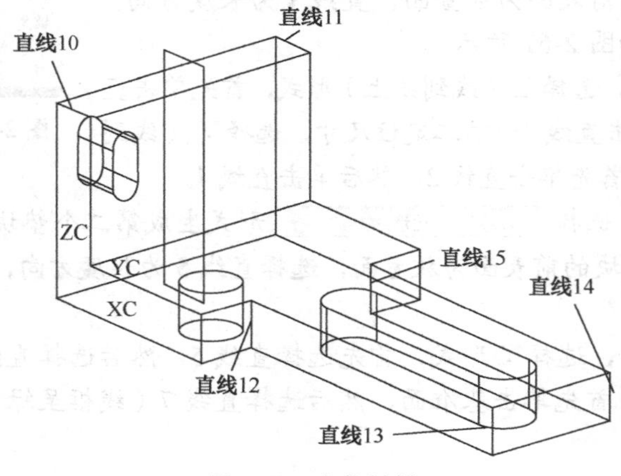

图 2-66 定位键槽

4. 圆孔和倒圆角的生成

[1] 圆孔生成，单击图标，选择形式。

[2] 选择第一个垫块的上表面为放置面，下表面为通过面，输入直径 12。

[3] 第一定位尺寸，选择形式，选择直线 5，输入参数 12；第二定位尺寸，选择形式，选择直线 8，输入参数 12。

[4] 倒圆角，单击边倒圆图标，选择直线 10 和直线 11，输入半径 8，单击应用按钮；再选择直线 12 和直线 15，输入半径 12 单击应用按钮；继续选择直线 13 和直线 14，同样输入半径 14，单击确定按钮，如图 2-66 所示。

5. 镜像特征

[1] 单击图标，如图 2-67 所示。

[2] 在特征列表中选中矩形键槽（6）和简单孔（8）（也可以直接在模型中选择）。

[3] 单击选择平面图标，选择基准面为镜像基准，然后单击确定按钮。

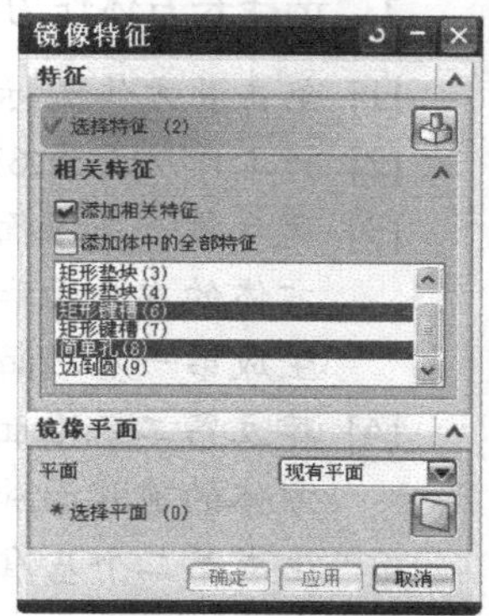

图 2-67　镜像特征

6. 模型显示处理

打开图层设置对话框，关闭基准层 61 层，将显示方式定为带边着色显示，检查尺寸和相关要求。

2.5.2　实例：支架 2 建模

实例文件　UG NX6.0 实用教程资源包/Example/2/zhijia-2.prt
操作录像　UG NX6.0 实用教程资源包/视频/2/zhijia-2.avi

建模如图 2-68 所示支架，在练习体素特征和成型特征建模的同时，体会特征建模的技巧和规范。

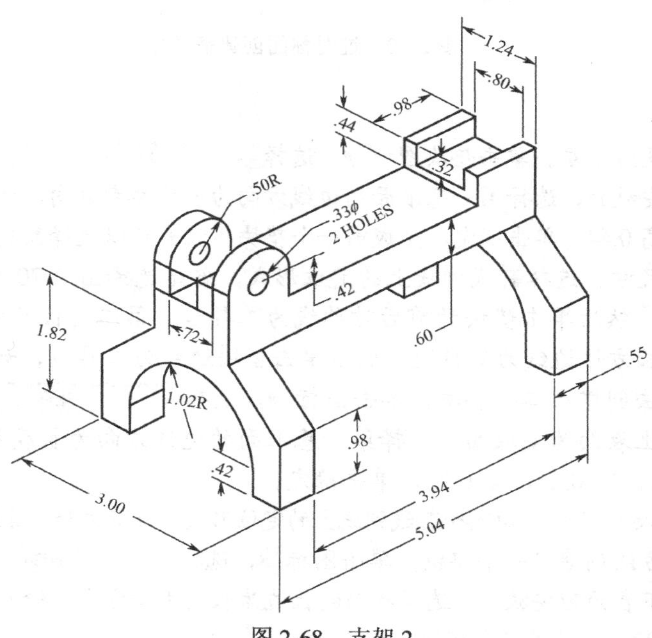

图 2-68　支架 2

如图 2-68 所示，给定的尺寸为英制，新建文件时应选择英寸（inches）单位。选择建模模块，输入文件名和保存路径（文件名和保存路径不能包含中文）。

建模步骤

1. 选择长方体作为体素特征

[1] 单击长方体图标，输入参数，如图 2-69 所示。

[2] 将工作层设为 61 层，建立基准面。

[3] 建立第一基准面，单击基准面图标，分别选择长方体的左端面和右端面，在长方体的左右对称面处生成第一基准面。

[4] 建立第二基准面，单击基准面图标，分别选择长方体的前端面和后端面，在长方体的前后对称面处生成第二个基准面，如图 2-70 所示。

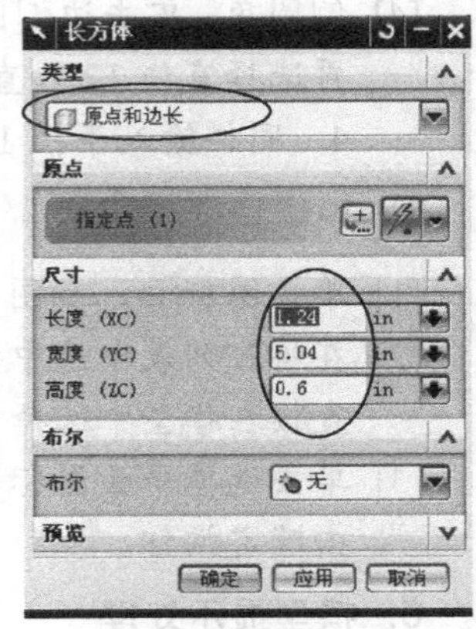

图 2-69 【长方体】对话框

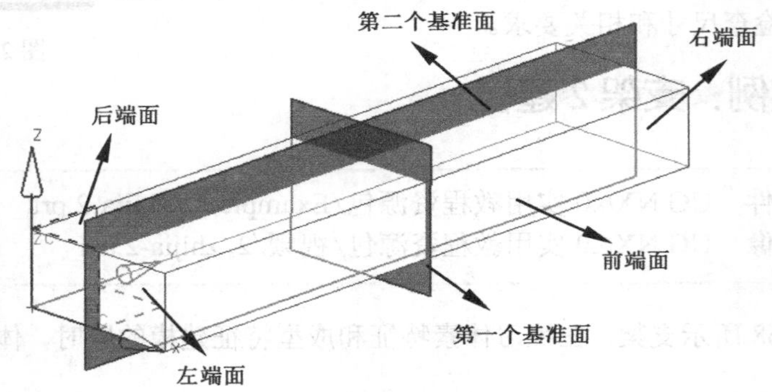

图 2-70 过对称面创建基准面

2. 特征建模

[1] 将工作层设为 1 层。单击垫块图标，选择“矩形”形式，选择长方体的上表面为安放面，选择第一基准面的边线方向为长度参考方向，输入参数，长 0.98，宽 1.24，高 0.44，单击确定，生成第一个垫块，注意可以选择静态线框显示模式。

[2] 第一定位尺寸，选择线到线上的定位形式，首先选择图 2-70 中的第二个基准面为目标边，然后单击垫块的前后对称线为工具边。第二定位尺寸，选择形式，首先选择长方体边线为目标边，然后单击垫块边线为工具边，如图 2-71 所示。

[3] 用同样方法创建第二个垫块，单击图标，选择“矩形”形式，选择长方体的上表面为安放面，选择第一基准面的边线方向为长度参考方向，输入参数，长 1.0，宽 0.26，高 0.92，单击确定。

[4] 第一、第二定位尺寸，均选择线到线上的定位形式，目标边和工具边如图 2-72 所示。

[5] 用同样的方法创建下一个垫块，单击图标，选择“矩形”形式，选择长方体的下表面为安放面，选择底面的长边为长度参考方向，输入参数，长 0.55，宽 3.0，高 1.82，生成第三个垫块。

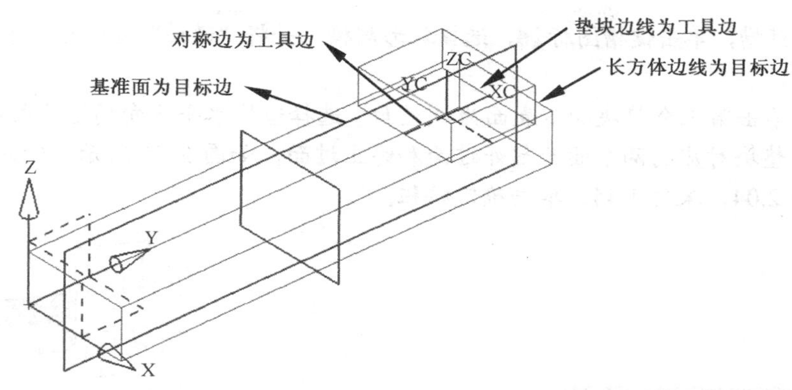

图 2-71　生成第一个垫块

[6] 第一、第二定位尺寸，选择工线到线上的形式，目标边和工具边如图 2-73 所示。

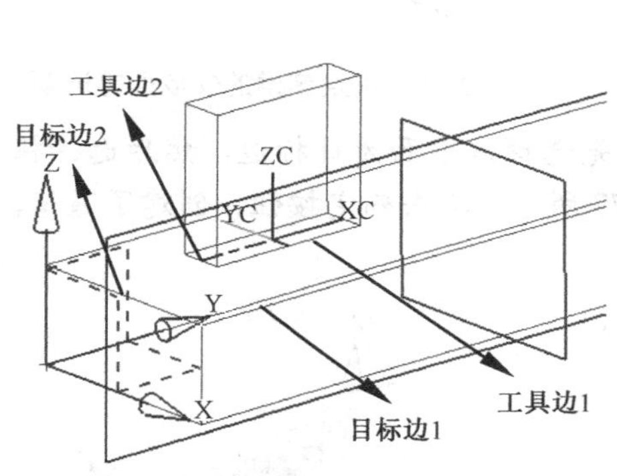

图 2-72　生成第二个垫块

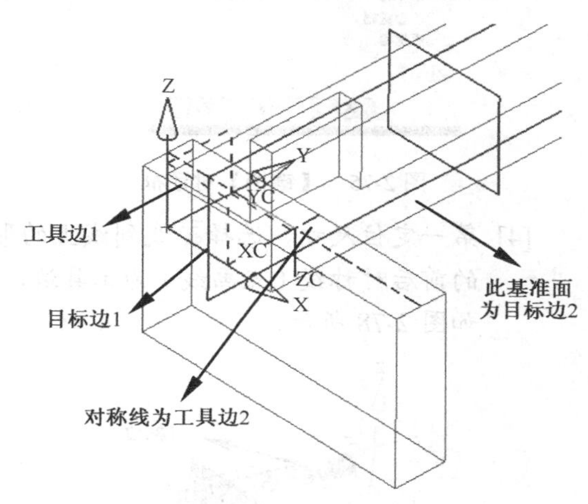

图 2-73　生成第三个垫块

3. 槽、圆孔的生成

[1] 创建腔体，单击腔体图标，选择 矩形 形式，单击第一个垫块的上表面为放置面，选择垫块的一条边为长度方向，输入参数，长 0.98，宽 0.80，深 0.32，单击确定按钮，生成第一个腔体。

[2] 第一定位尺寸，选择工线到线上的形式，首先选择基准面为目标边，然后单击腔体的前后对称线（蓝色的点画线）为工具边。第二定位尺寸，选择工线到线上的形式，首先单击垫块的右边缘为目标边，然后单击腔体的右边缘为工具边，如图 2-74 所示。

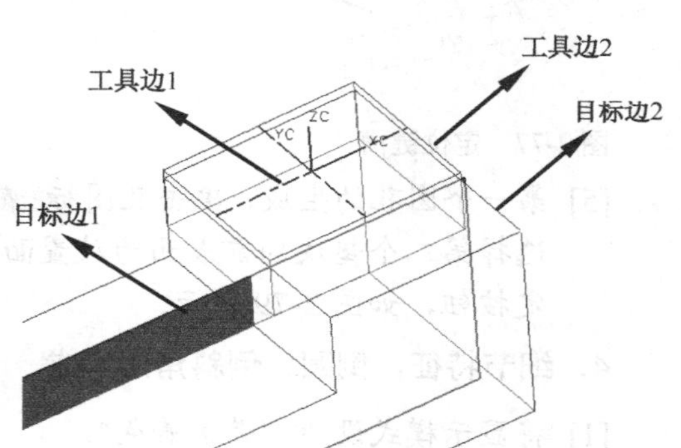

图 2-74　创建腔体

[3] 创建键槽，单击键槽图标，选择球形端槽，并将“通槽”复选框选中，如图 2-75 所示。

单击第三个垫块的下表面为放置面，选择垫块水平方向的边为长度方向参考，选择垫块对应的两个面为起始过面和终止过面，如图 2-76 所示，输入参数，球直径为 2.04，深度 1.44，单击确定按钮。

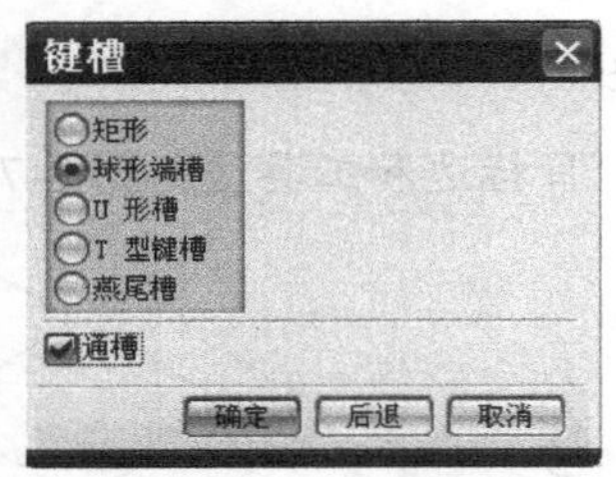

图 2-75 【键槽】对话框

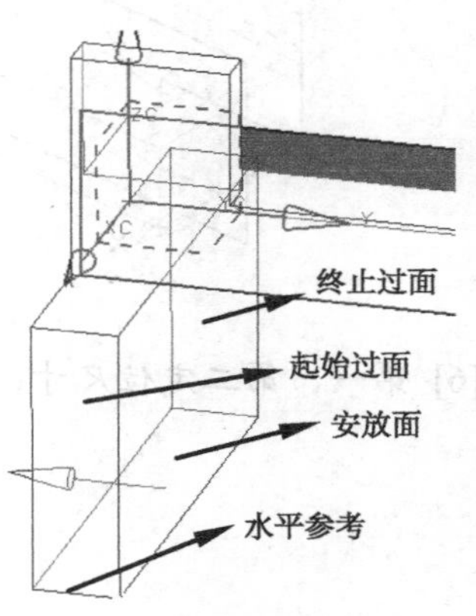

图 2-76 指定键槽的安放面等选项

[4] 第一定位尺寸，选择线到线上的形式，首先选择基准面为目标边，然后选择槽的前后对称线（点画线）为工具边，如图 2-77 所示，单击确定按钮，创建了通槽，如图 2-78 所示。

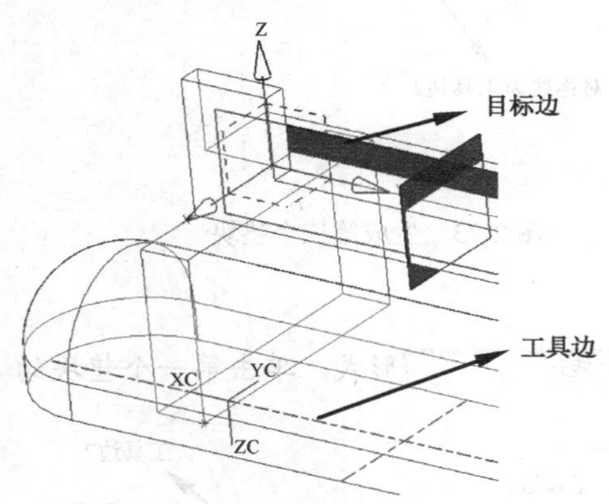

图 2-77 定位键槽

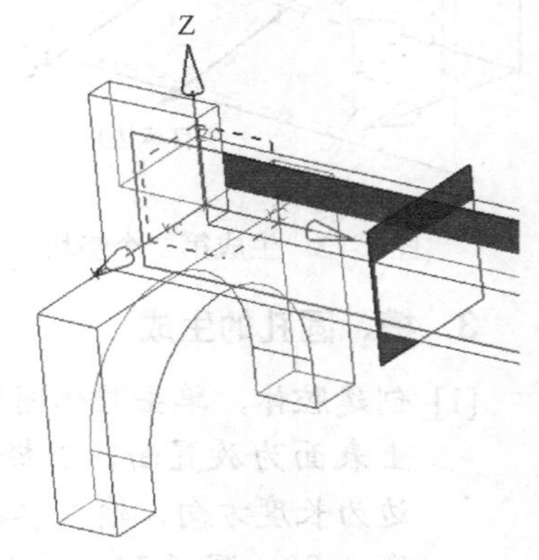

图 2-78 生成键槽

[5] 第一个圆孔的生成，单击孔图标，设置孔的直径为 0.33，深度限制选择贯通体，选择第二个垫块的前表面为放置面，设置一个点到两边的距离均为 0.50，单击确定按钮，如图 2-79 所示。

4．细节特征，倒圆、倒斜角的生成

[1] 将显示模式设为“带边着色”。

[2] 倒垫块 2 上的圆角，单击边倒圆图标，首先选择垫块 2 的两条边线，然后输入半径参数 0.5，单击确定按钮，生成圆角如图 2-80 所示。

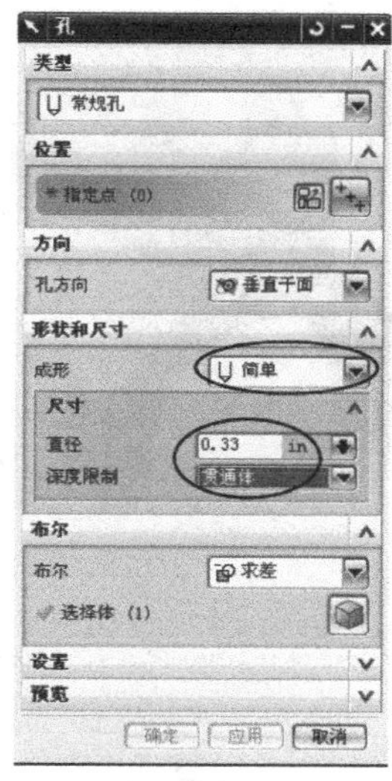

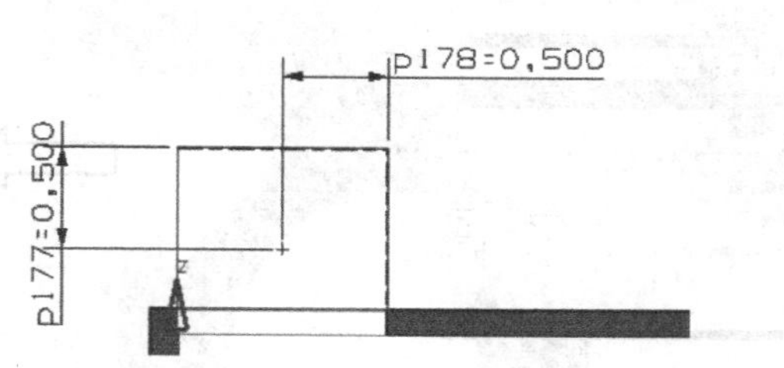

进入草图环境，单击一点，确定其位置，完成草图，单击 OK

图 2-79　创建通孔

[3] 倒斜角，单击图标，选择底部垫块的两条边线的其中一条，设置倒角参数，选择横截面为非对称，设置参数值，如图 2-81 所示，生成倒角，用同样的方法生成另一条边的倒角，若距离 1 和距离 2 相反，可单击反向按钮进行反向。

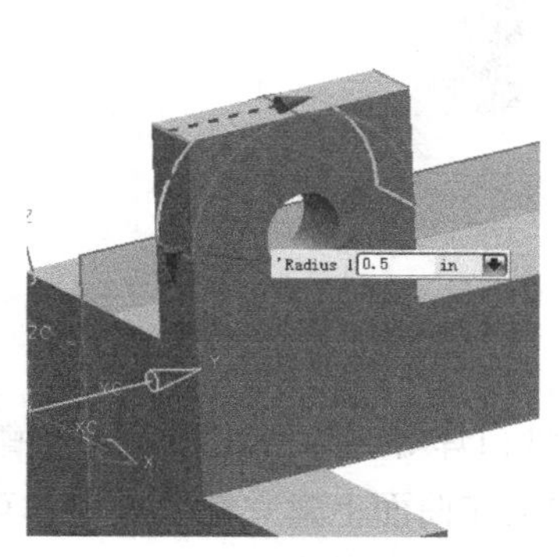

图 2-80　倒圆

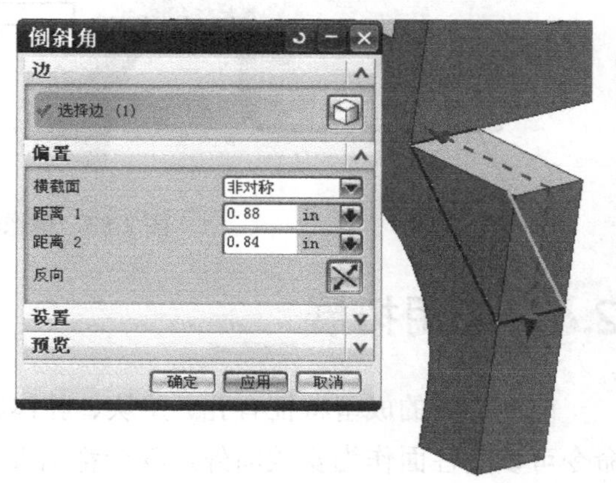

图 2-81　倒角

5. 镜像的应用

[1] 单击“镜像特征”图标，选择镜像特征：矩形垫块（5）、简单孔（9）和边倒圆（10），然后单击镜像平面图标，选择图 2-70 中第二个基准面为镜像平面，单击确定按钮，如图 2-82 所示。

[2] 继续单击“镜像特征”图标，选择镜像特征：矩形垫块（6）、球形端键槽（7）、倒斜角（11）和倒斜角（12），然后单击镜像平面图标，选择图 2-70 中第一个基准面为镜像平面，单击确定按钮，如图 2-83 所示。

[3] 关闭基准层，检查尺寸，保存文件。

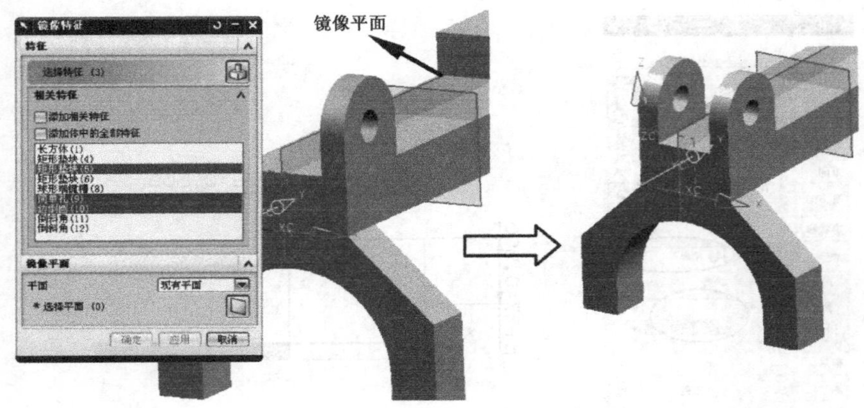

图 2-82　镜像特征操作（一）

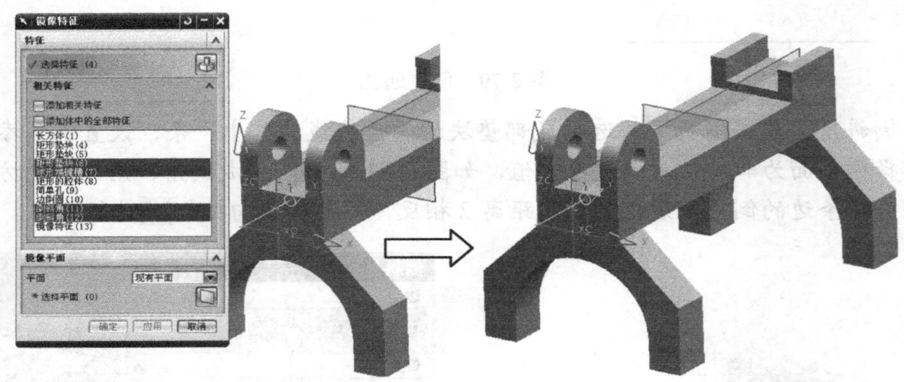

图 2-83　镜像特征操作（二）

2.6 应用拓展

前面介绍的成型特征有孔、垫块、腔体、垫块、键槽、坡口焊等，除了坡口焊（沟槽）命令可以圆柱面作为安放面外，其余都需要平的安放面，如果在曲面上建立垫块或腔体可以采用常规垫块和常规腔体命令实现。

2.6.1 常规腔体

常规腔体的选项比圆柱形腔体和矩形腔体具有更多的灵活性，建立常规腔体的步骤如下。

[1] 指定安放表面，安放表面可以是自由形状表面（一个或多个），腔体的底部可以用一平面来定义，如果需要，也可以是自由形状表面。

[2] 指定安放外形，通过曲线链在顶部和/或底部定义腔体的形状，曲线不必须位于选择的表面上，如果不在表面上，通过控制的方法投射曲线到表面上。

[3] 指定安放外形投射方法。

[4] 指定哪个顶部表面或从安放表面偏置。

[5] 指定顶部外形或从安放外形拔模投射。

[6] 指定外形对准方法。

[7] 指定在安放表面或底表面与腔体的侧面的圆角半径（可选项）规定目标体，单击确定按钮建立常规腔体。

常规腔体实例如图 2-84 所示，在一曲面上生成十字形的腔体。【常规腔体】对话框，如图 2-85 所示。

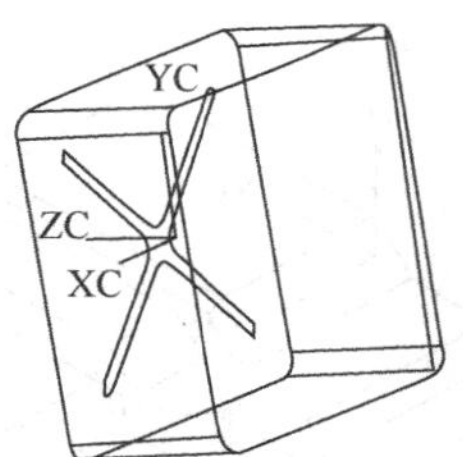

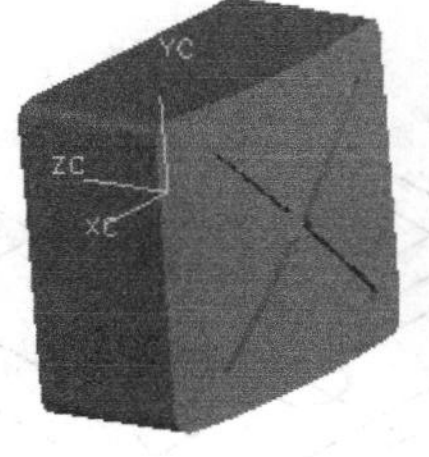

图 2-84　常规腔体实例

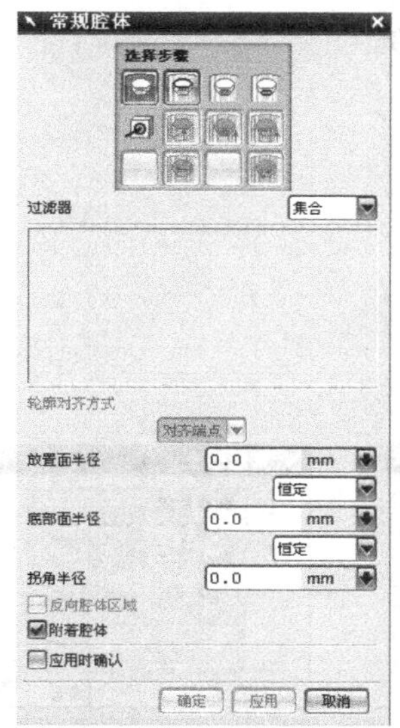

图 2-85　【常规腔体】对话框

2.6.2 常规垫块

常规垫块比矩形垫块具有更大的灵活性，其建立步骤跟常规腔体的步骤相似，具体如下。

[1] 指定安放表面（一个或多个），安放表面可以是自由形状表面，垫块顶部可以用顶表面来定义，如果需要，也可以是自由形状表面。

[2] 指定安放外形，通过曲线链在顶部和/或底部定义垫块形状，曲线不一定位于选择的表面上，如果不在表面上，通过控制方法将曲线投射到表面上。

[3] 指定安放外形投射方法。

[4] 指定哪个顶部表面或从安放表面偏置。

[5] 指定顶部外形或从安放外形拔模投射。

[6] 指定外形对准方法。

[7] 指定安放表面或顶表面与垫块侧面的半径。

[8]（可选项）规定目标体，单击确定按钮建立常规垫块。

常规垫块实例如图 2-86 所示，可以在多个连接面上建立垫块，【常规凸垫】对话框如图 2-87 所示。

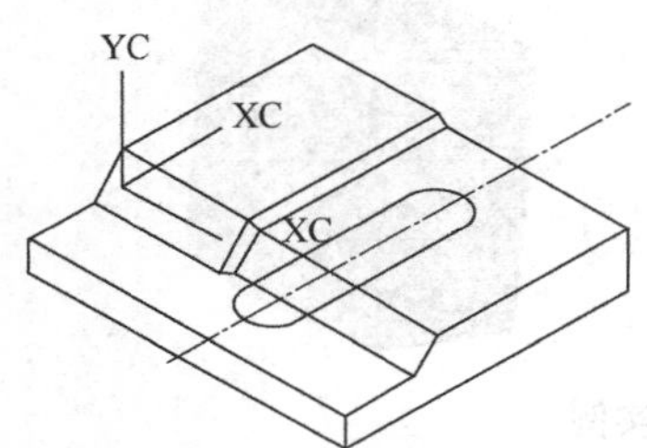

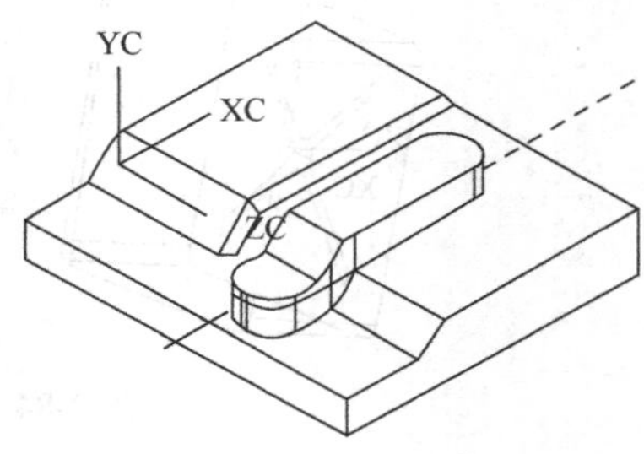

图 2-86 常规垫块实例

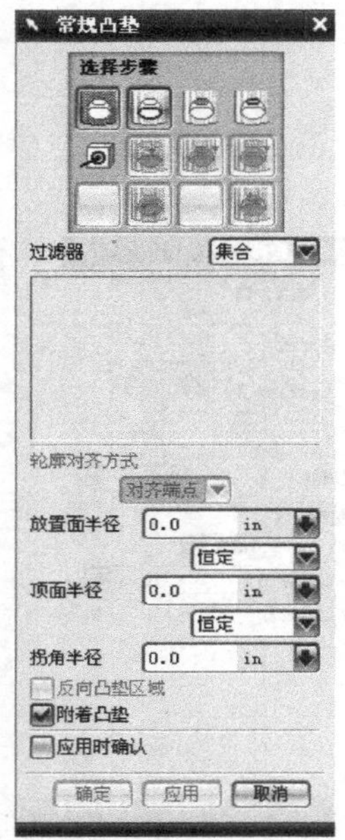

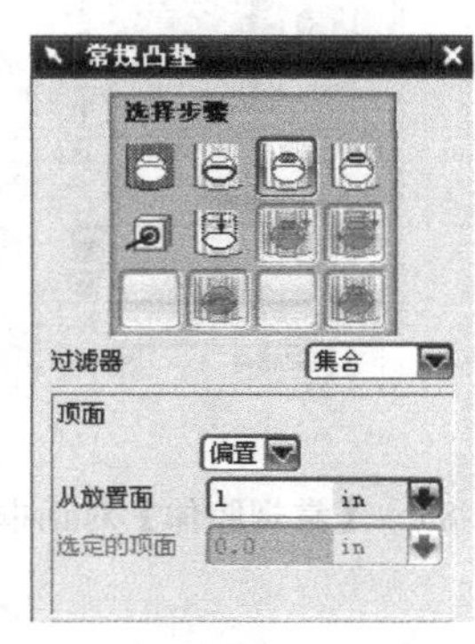

图 2-87 【常规凸垫】对话框

2.7 思考与练习

1. 思考题

（1）什么是体素特征？在 UG NX 中体素特征有几个？

（2）成型特征主要有哪些？根据零件的结构特点分析何时用体素特征和成型特征？

（3）孔的类型主要包括哪些？

（4）什么是坡口焊？如何创建一个 U 形环槽？

（5）基准特征的主要用途有哪些？基准特征包括哪些？

2. 操作题

（1）支架 1 建模练习。根据支架 1 的尺寸完成支架三维建模，如图 2-88 所示。

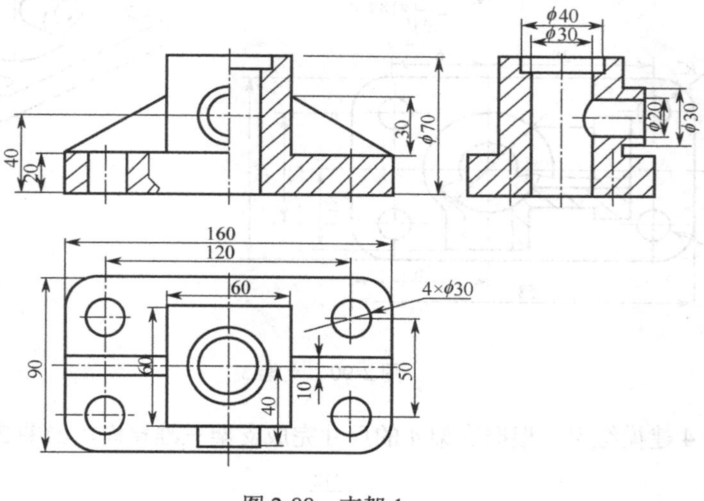

图 2-88　支架 1

（2）支架 2 建模练习。根据支架 2 的尺寸完成支架三维建模，如图 2-89 所示。

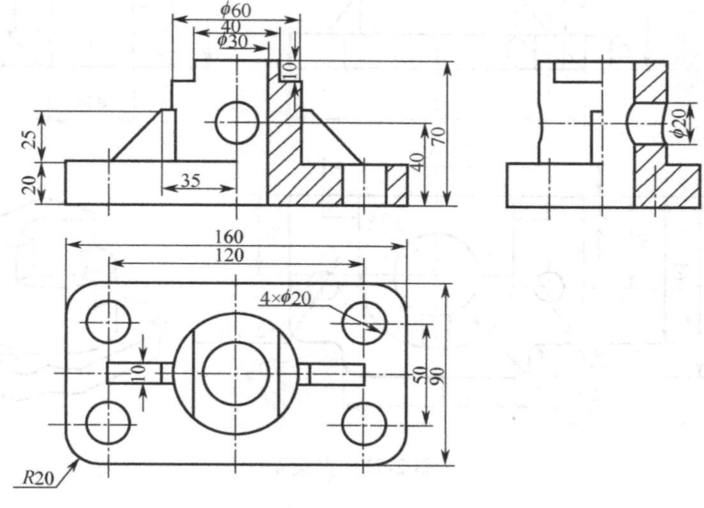

图 2-89　支架 2

（3）支架 3 建模练习。根据支架 3 的尺寸完成支架三维建模，如图 2-90 所示。

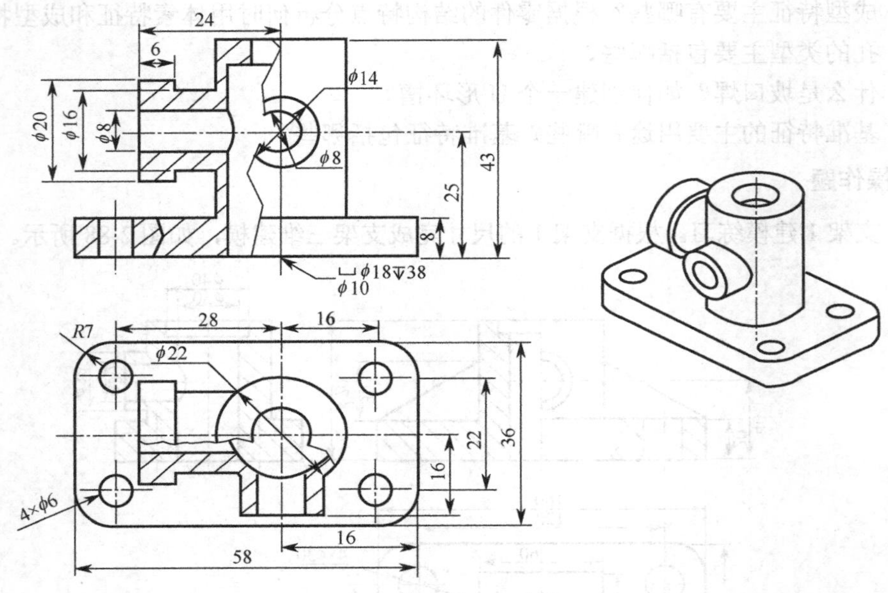

图 2-90　支架 3

（4）支架 4 建模练习。根据支架 4 的尺寸完成支架三维建模，如图 2-91 所示。

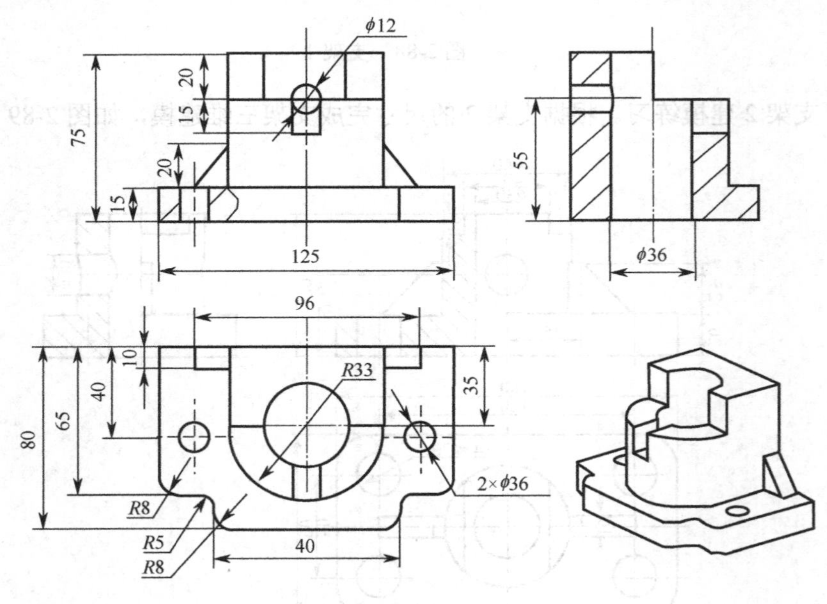

图 2-91　支架 4

第 3 章

草图与曲线

在建立参数化模型之前，应该首先建立部件的设计意图，这将是决定建模策略的一个重要步骤。

建立设计意图时需要考虑以下两个方面。

（1）设计考虑

- 部件的功能需求是什么？
- 部件上的特征间的关系是什么？
- 潜在的变化。
- 模型的什么部分将会改变？
- 改变的范围是什么？期待较大的拓扑改变吗？
- 模型是否将被其他项目复制与修改？

（2）设计意图可以基于多种因素

- 已知信息。
- 外形、配合以及功能需求。
- 外部的方程式。
- 设计意图将决定建模策略和下列类型的任务：

  选择特征类型（特征、特征操作、草图）。

  建立特征关系（尺寸、附着、位置与顺序）。

  定义草图约束。

  建立表达式（方程、条件）。

  建立部件间的关系（部件间表达式、连接的几何体）。

  可以在模型初步创建后再将设计意图添加到该模型，原来所使用的建模技术将会决定返工量的大小。

相对于其他 CAD 软件，NX 的特征建模是其比较大的亮点，对于不太复杂的模型，特征建模完全可以胜任，且可以达到很高的建模效率，但是对于形状、位置复杂或要求实现参数化的模型，单纯的特征建模就显得麻烦或者很难了，这时就需要考虑采用其他方法。

曲线功能是 UG 软件的基础功能，利用曲线功能绘制截面曲线以后，可以通过拉伸、旋转或扫掠等操作创建三维实体或片体。首先用曲线创建曲面，然后再进行复杂形体的造型；曲线还可以用作建模的辅助线等。此外还可以将在模型空间建立的曲线引用到草图中进行参数化设计。

图 3-1　支架

草图特征是安放在规定平面中被命名的二维曲线与点的集合。草图是一个可再使用的对象，其他建模特征可使用它去建立新特征。

草图通常是组成一个轮廓曲线的集合。轮廓可以用于拉伸或旋转特征，也可以用于定义自由形状或过曲线片体的截面。

草图可以施加约束，尺寸和几何约束用于建立设计意图，约束提供参数驱动改变模型的能力。

如图 3-1 所示的支架等立体，利用上一章介绍的建模方法难以构建，可以采用草图建模。

3.1 草图概述

草图特征是安放在规定平面中被命名的二维曲线与点的集合。草图是一个可再使用的对象，其他建模特征可使用它去建立新特征。比如建立了草图后可以构成立体，可以用于定义自由形状特征，如曲面等。

草图可以施加约束，尺寸和几何约束用于建立设计意图，约束提供参数驱动改变模型，使其符合设计要求。

1. 创建草图

三维草图的绘制，需要在指定的草图平面上进行。草图平面是用来放置二维草图对象的平面，它可以是某一个坐标平面（如 *XC-YC* 平面、*XC-ZC* 平面、*YC-ZC* 平面）创建的基准平面，也可以是实体上的某一个平面。通常在创建草图对象之前需要设置所需的草图平面。

单击 按钮，或从菜单栏中选择【插入】/【草图】，打开如图 3-2 所示的【创建草图】对话框。此时，系统出现“选择草图平面的对象或双击要定向的轴”的提示信息。在该对话框中，需要指定草图类型与草图方位。在【创建草图】对话框的“类型”下拉列表框中可选择草图类型，草图类型有“在平面上”、“在轨迹上”和“显示快捷键”，如图 3-3 所示。系统默认草图类型为“在平面上”。

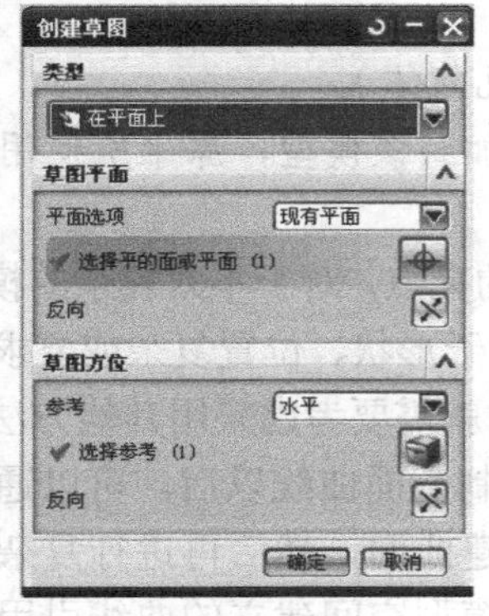

图 3-2　【创建草图】对话框

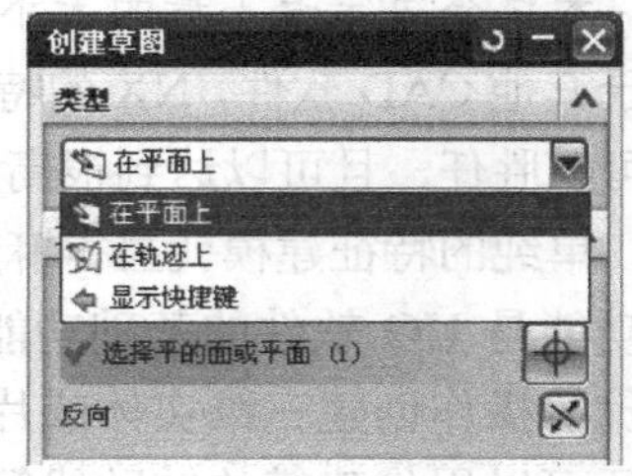

图 3-3　指定草图类型

选好草图平面，然后选择草图方向，单击“确定”按钮，进入草图界面，如图3-4所示。

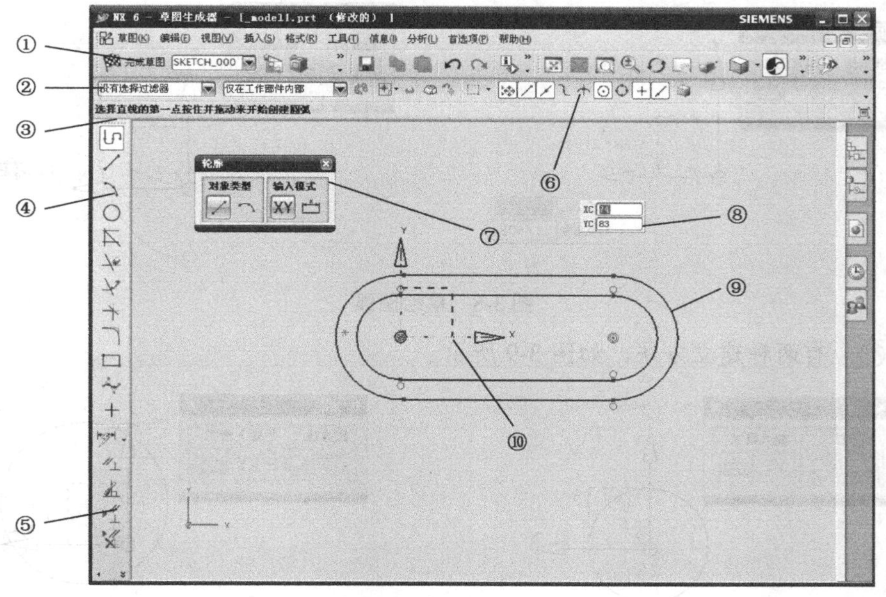

①草图工具条；②选择工具条；③状态信息；④草图曲线工具条；⑤草图约束工具条；
⑥捕咬点工具条；⑦当前命令图标；⑧动态输入框；⑨草图中的曲线；⑩草图平面

图3-4 草图界面

2. 绘制草图

草图工具条如图3-5所示，下面分别介绍几种命令的使用方法。

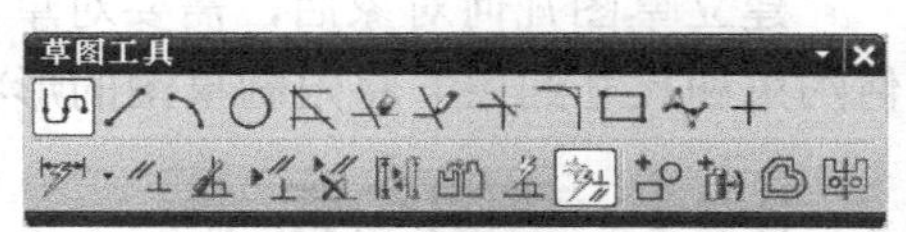

图3-5 草图工具条

- 轮廓：包括线与圆弧，可在图形窗口的动态输入框中输入 *XC*、*YC* 坐标值或长度、角度值，如图3-6所示。
- 直线：可在图形窗口的动态输入框中输入 *XC*、*YC* 坐标值或长度、角度值，如图3-7所示。

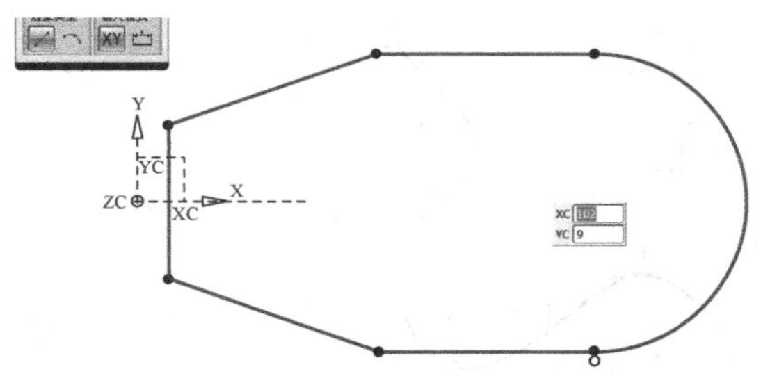

图3-6 草绘轮廓

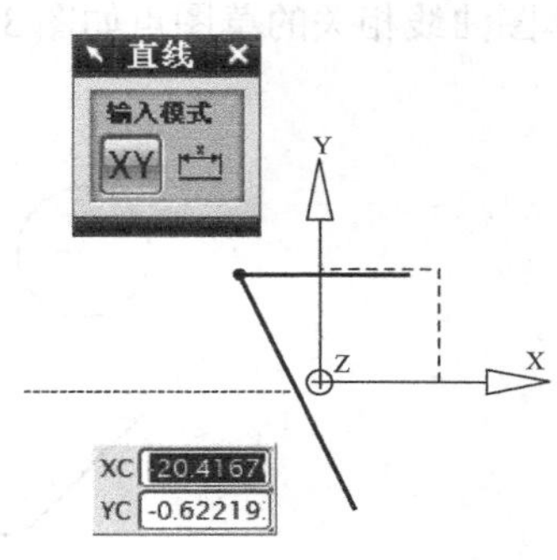

图3-7 草绘直线

• 圆弧：有两种建立方法，如图 3-8 所示。

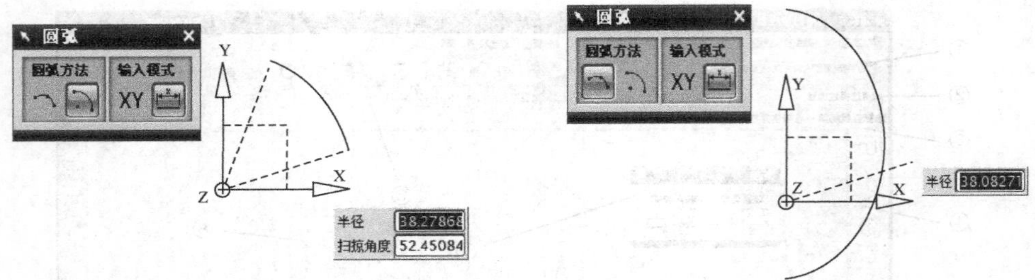

图 3-8 草绘圆弧

• 圆：有两种建立方法，如图 3-9 所示。

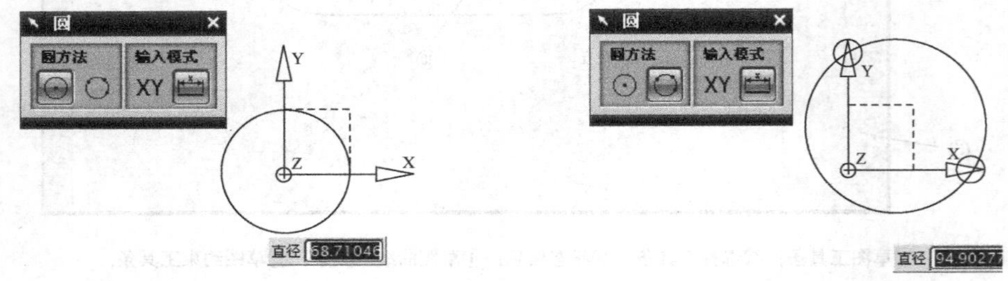

图 3-9 草绘圆

3.2 草图约束和工具

建立草图几何对象后，需要对草图几何对象进行准确约束和定位。草图约束（包括几何约束和尺寸约束）将限制草图的形状，草图定位将确定草图与其他对象的相对位置。

3.2.1 草图约束

1．草图点

草图求解器分析点称为草图点，通过控制这些草图点的位置可以控制草图曲线，不同类型草图曲线相关的草图点如图 3-10 所示。

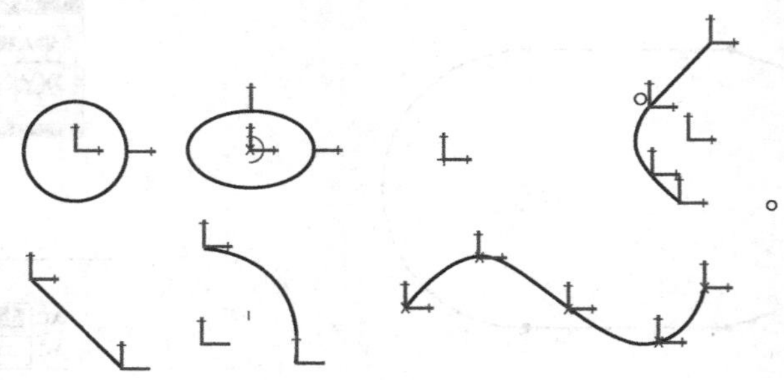

图 3-10 草图点

2. 自由度与约束

如图 3-11 所示，未加约束的草绘曲线，当单击约束图标或时，它们的草图点上显示红色自由度箭头，意味着该点可以沿该箭头方向移动。加约束将消除自由度。

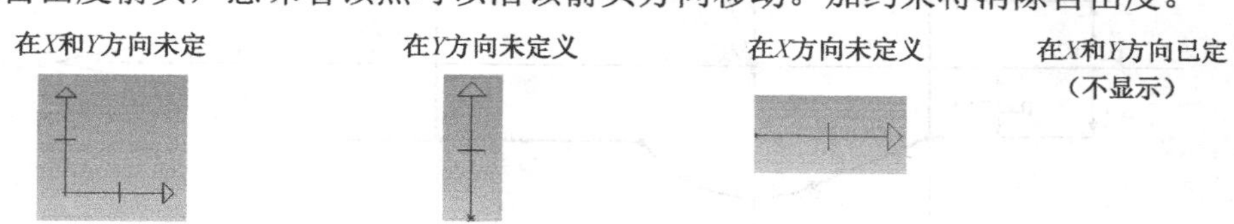

图 3-11 自由度与约束

3. 草图的约束状态

- 欠约束草图。

  单击约束图标时，草图曲线呈暗红色，并且草图上尚有自由度箭头存在，状态行显示“草图需要 N 个约束”。

- 完全约束草图。

  草图上已无自由度箭头存在，状态行显示“草图已被完全约束”，此时单击草图约束图标草图曲线显示绿色。

- 过约束草图。

  多余约束被添加，草图曲线和尺寸变成红色，状态行显示“草图包含过约束的几何体”。

> 每加一个约束，草图求解器及时求解几何体并及时更新。NX 允许欠约束草图进行拉伸、旋转、扫掠等。可通过显示/移去约束去除过约束。

3.2.2 草图工具

约束可以精确控制草图中的对象，草图工具条第 2 行如图 3-12 所示。

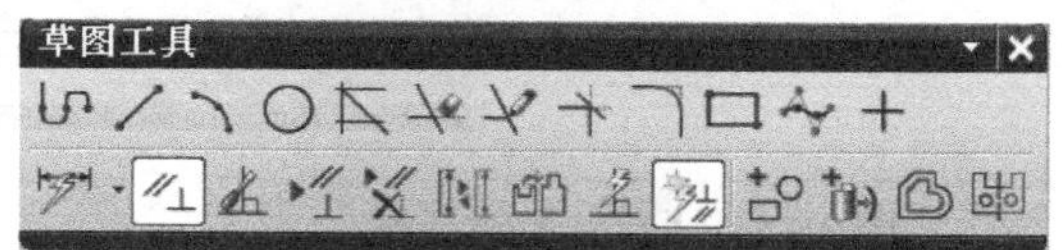

图 3-12 草图工具条第 2 行

1. 尺寸约束（也称草图尺寸）

尺寸约束控制草图对象的尺寸（如一条线段的长度、一个圆弧的半径等）或两个对象间的关系（如两条线段间的距离），如图 3-13 所示。

改变草图尺寸值可以改变草图对象的形状或尺寸，也可以改变草图曲线控制的任一特征，如拉伸或旋转特征。

草图约束中的尺寸约束工具条如图 3-14 所示。

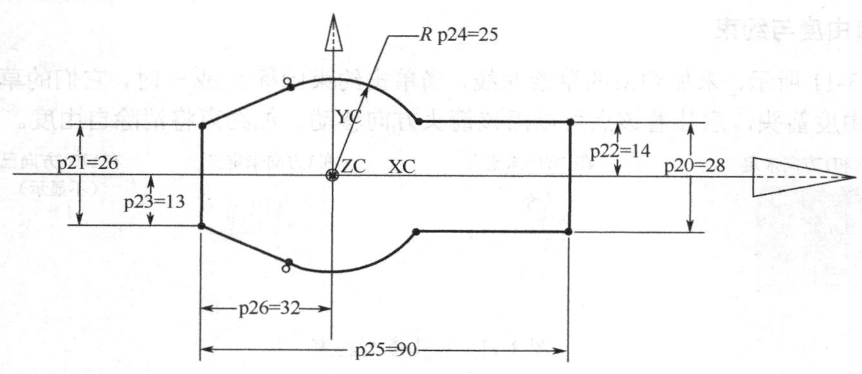

图 3-13 草图尺寸约束

如图 3-15 所示，当建立一个尺寸约束时，同时建立一个表达式，它的名字和值显示在文本框中。

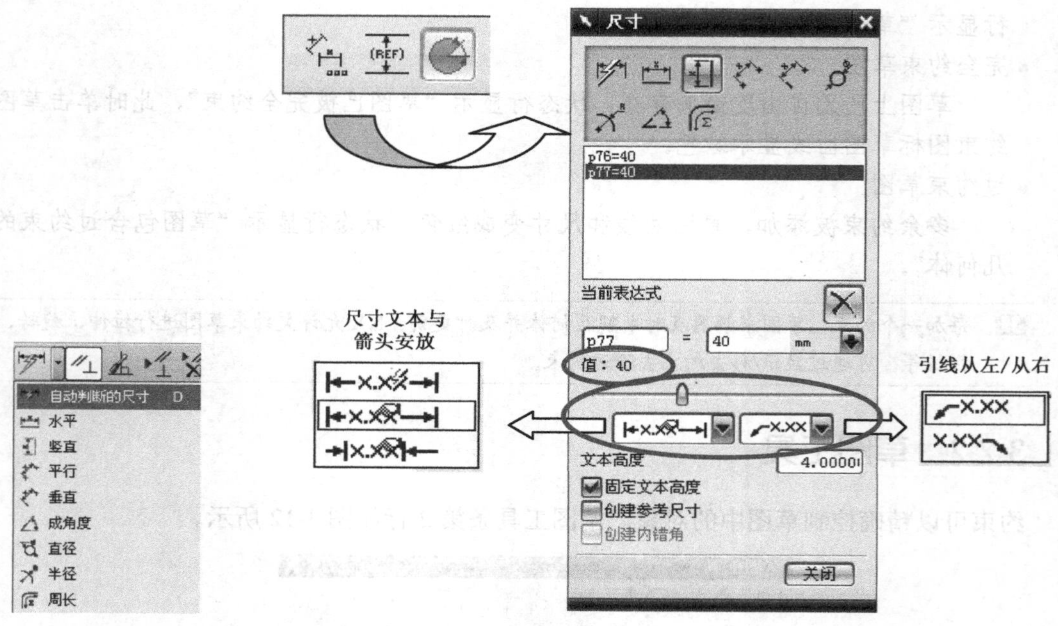

图 3-14 草图约束中的尺寸约束工具条

图 3-15 【尺寸】对话框

2. 几何约束

可以建立草图对象的几何特征（如要求一条线是固定长度），也可以建立两个或更多的草图对象间的关系类型（如要求两条线正交或平行，或几个圆弧有相同的半径等）。

几何约束在图形中是不可见的，但是可以利用显示/移去约束工具来显示它们的信息和标记，如图 3-16 所示。

几何约束的类型如下所示。

- 固定：为几何体定义固定的特性，可以作用到个别点或整个对象。

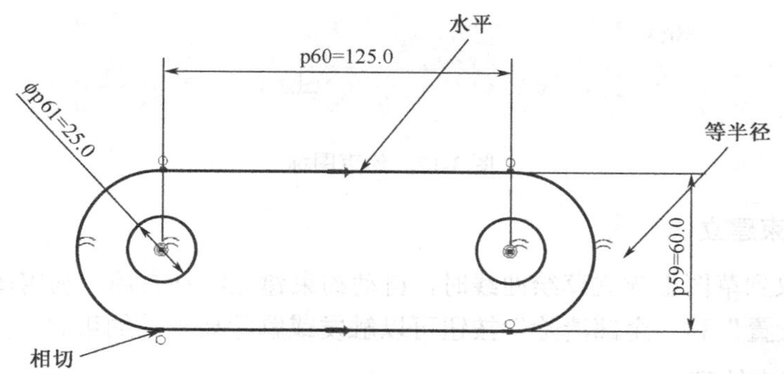

图 3-16　几何约束的例子

- 完全固定：将整个草图完全固定，添加尺寸约束和几何约束不会使草图发生变化。
- 共线：约束两个或多个线性对象位于或通过同一直线。
- 水平：约束一条直线为水平线（平行于草图的 *X* 轴）。
- 垂直：约束为垂直线（平行于草图的 *Y* 轴）。
- 平行：约束两个或多个线性对象彼此平行。
- 正交：约束两个线性对象彼此正交。
- 等长：约束两条或多条直线是同一长度。
- 恒定长：约束一条直线为恒定长度。
- 恒定角：约束一条直线恒定角度。
- 同心：约束两个或多个圆或椭圆有同一中心。
- 相切：约束两个对象彼此相切。
- 等半径：约束两个或多个圆弧有相同半径。
- 重合：约束两个点有同一位置。
- 在曲线上的点：约束一个位于一投射的曲线或路径上的点位置（这是可以作用到一抽取线串上的唯一约束）。
- 在线串上的点：约束一个位于一投射的曲线上的点位置。
- 中点：约束一个点的位置等距离于一条直线或一个圆弧的两端点。
- 曲线的斜率：约束一样条在选择的点上与另一个对象彼此相切。
- 均匀比例：当样条的两个端点被移动时，样条将在水平与垂直两个方向均匀地缩放以保持其原来形状。
- 非均匀比例：当样条的两个端点被移动时，样条将在水平方向缩放，而保持在垂直方向上的尺寸，使样条看起来被拉伸。

单击建立几何约束图标将激活建立几何约束，步骤如下。

- 选择几何对象。
- 从图形窗口左上角单击要求的约束图标（仅显示对所选几何对象可能的约束图标），如图 3-17 所示。

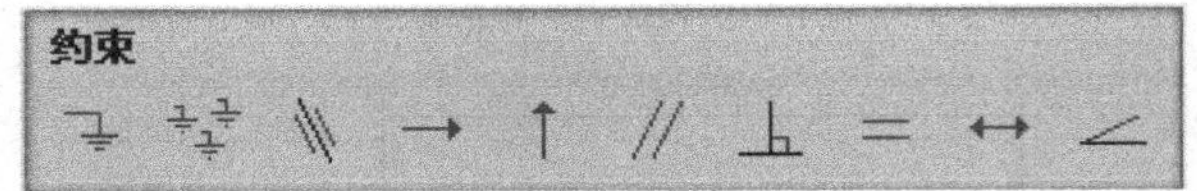

图 3-17　约束图标

3．自动约束建立

当添加对象到草图上建立草绘曲线时，自动约束建立特别有用。利用图 3-18 所示对话框上的“全部设置”和“全部清除”按钮可以触发或解除要求的约束。

4．显示/移去约束

在图形中显示与草图几何体相关的结合约束，也可以移去指定的约束，或在信息窗口中列出关于所有结合约束的信息。【显示/移除约束】对话框如图 3-19 所示。

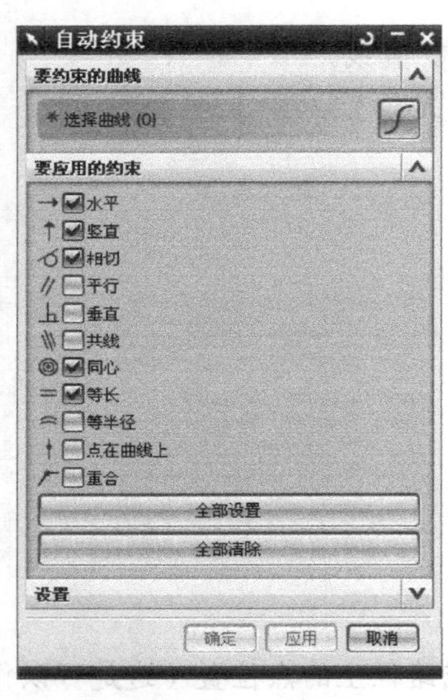

图 3-18　【自动约束】对话框

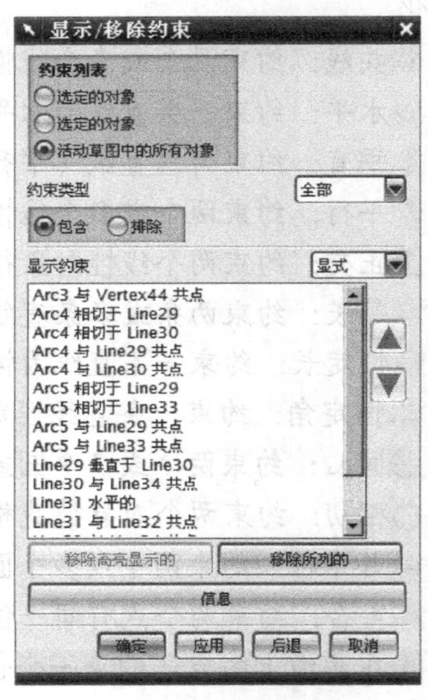

图 3-19　【显示/移除约束】对话框

5．转换至/自参考对象

“转换至/自参考对象”可把曲线或草图尺寸从激活转换到参考，或从参考返回到激活。参考尺寸显示在草图中，但它不控制草图几何体，参考曲线灰色显示。参考曲线不参与拉伸或旋转操作。单击“转换至/自参考对象”图标，弹出如图 3-20 所示的【转换至/自参考对象】对话框。

6．草图的定位

草图定位将确定草图与其对象的相对位置，即确定草图与实体边缘、基准面、基准轴等对象的位置关系。在草图工具条中单击图标右边的箭头，可弹出如图 3-21 所示草图定位图标，可创建定位尺寸、编辑定位尺寸、删除定位尺寸或重新定义定位尺寸。

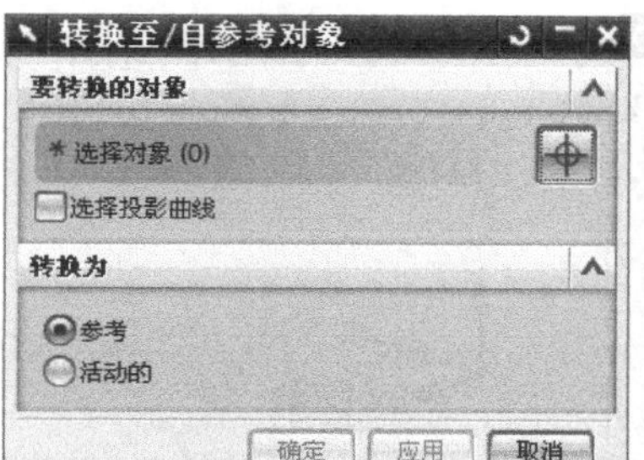

图 3-20 【转换至/自参考对象】对话框

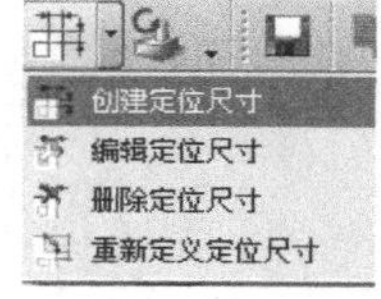

图 3-21 草图定位

注意：用该方法定位的草图和直接定义尺寸约束的作用相同，但二者不可冲突，不能重复定位。

【例 3-1】构造草图曲线（见图 3-22）。

实例文件 UG NX6.0 实用教程资源包/Example/3/3-sketch.prt
操作录像 UG NX6.0 实用教程资源包/视频/3/3-sketch.avi

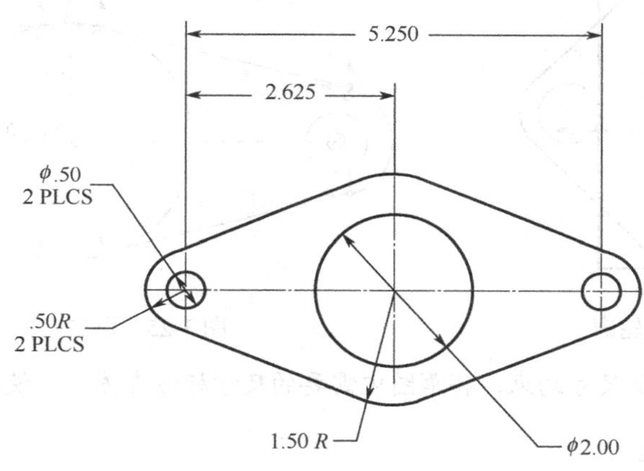

图 3-22 草图曲线

设计过程

[1] 新建文件，图名为 sketch，单位为英寸。

[2] 将工作层设置为 21 层，选择绘制草图平面。单击特征工具条中的草图按钮，系统弹出【创建草图】对话框，在“类型”下拉列表框中选择“在平面上”，在“草图平面”栏中选择“现有平面”，单击“选择平的面或平面”，移动鼠标选择如图 3-23 中④所示的基准面，也就是 *X-Y* 面作为绘制草图平面。单击确定按钮，进入草图绘制界面。

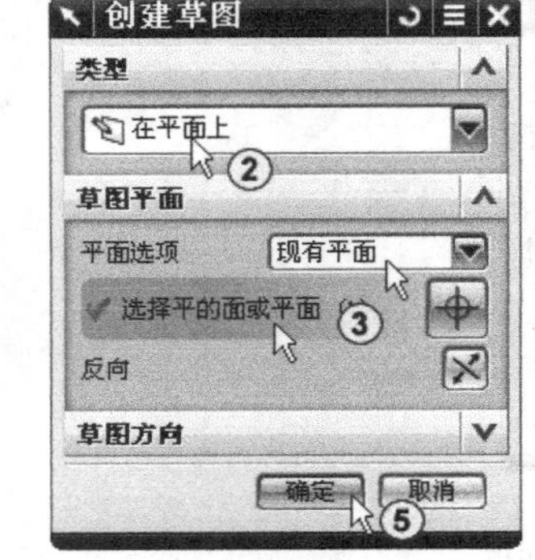

图 3-23　选择绘制草图平面

[3] 利用草图工具条中的相应命令绘制如图 3-24 所示草图的大致轮廓。

[4] 先对草图添加几何约束，包括相切、同心、等半径、点在曲线上等，如果形状上下不对称，可以在左右两个圆的中心加一条连线，约束完成后这条线可以转换为参考线，如图 3-25 所示。

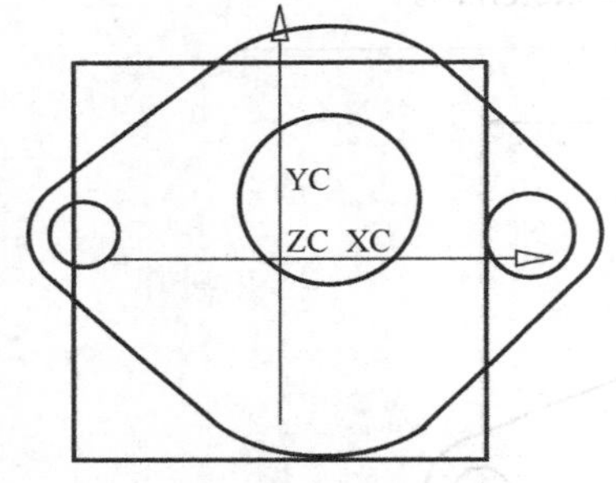

图 3-24　草图大致轮廓

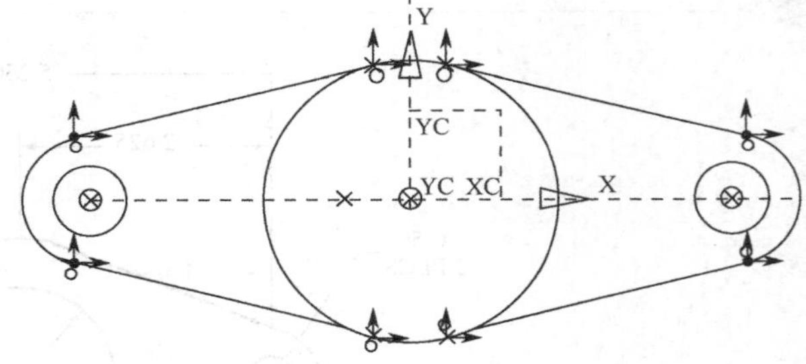

图 3-25　添加几何约束

[5] 最后对草图添加尺寸约束，将草图中需要的尺寸标注在图上，使草图符合设计要求。

3.3 草图操作

草图建立后，可以对草图进行许多操作，如编辑曲线、偏置曲线、镜像草图曲线等，草图操作工具条如图 3-26 所示。

图 3-26　草图操作工具条

下面以镜像曲线和编辑定义线串为例介绍草图操作。

1. 镜像曲线

镜像是对草图对象及已存约束的复制，且镜像体与原几何体相关。在草图操作工具条中单击图标，出现【镜像曲线】对话框，如图 3-27 所示。

在镜像操作过程中，镜像中心自动转换成参考线。镜像操作适用于轴对称图形。通过曲线利用扫描特征生成了几何体，当曲线镜像后几何体也被镜像，如图 3-28 所示。

图 3-27 【镜像曲线】对话框

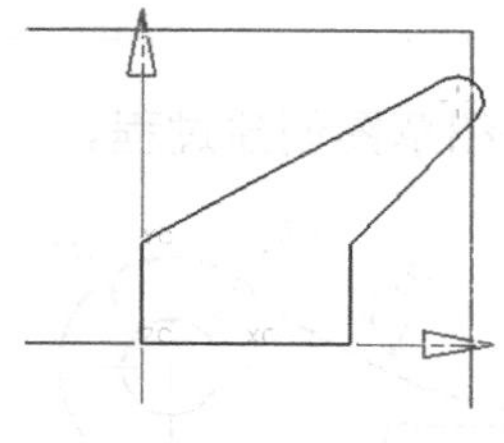
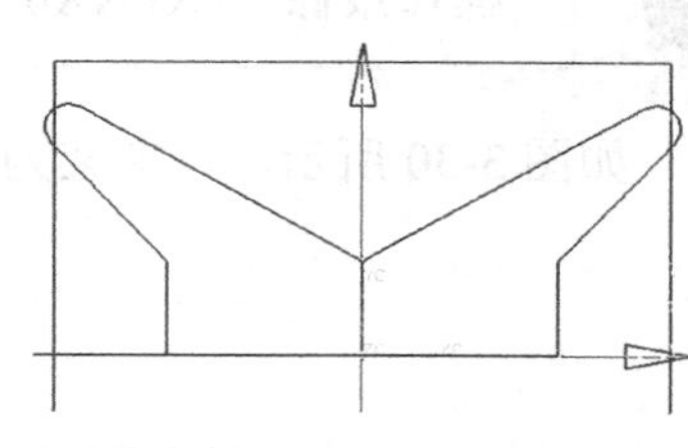

图 3-28 镜像草图

2. 编辑定义线串

编辑一个已用于定义扫描特征的草图线串，可以选择草图后续的拉伸特征，在编辑参数对话框中选择替换定义线串。利用 MB1（鼠标左键）选择被加入的对象，利用 Shift+MB1 选择被移去的对象，如图 3-29 所示。

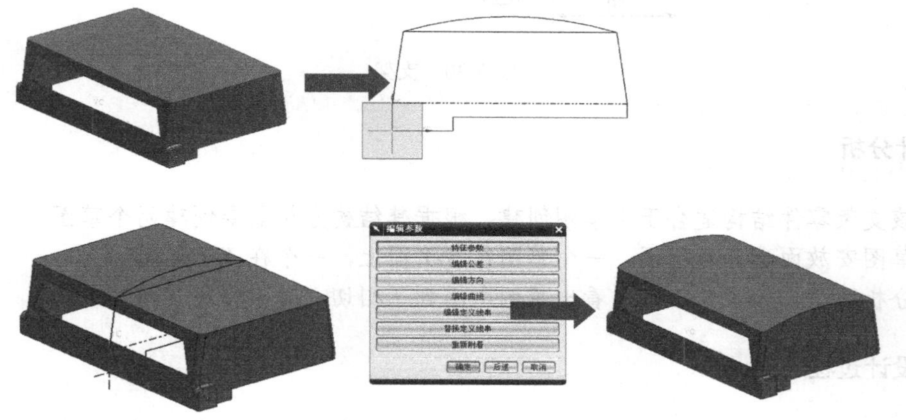

图 3-29 编辑定义线串

3.4 实例分析

实例分析中介绍了草图的创建步骤，特别是添加约束的步骤等问题，为了便于管理文件，草图应该设置在单独的图层。

下面以支架和连杆为例介绍草图创建过程。

3.4.1 创建支架草图

实例文件 UG NX6.0 实用教程资源包/Example/3/3-zhijia.prt
操作录像 UG NX6.0 实用教程资源包/视频/3/3-zhijia.avi

如图 3-30 所示，以支架为例介绍草图创建过程。

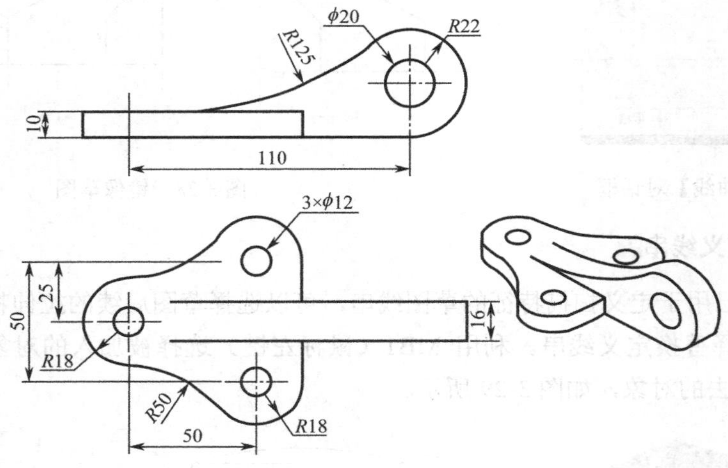

图 3-30 支架

设计分析

- 该支架零件结构适合于用草图创建，根据其结构分析需要创建两个草图。
- 草图安放面选择坐标面，一个草图在 *X-Y* 面上，一个在 *X-Z* 面上。
- 分析两个已知视图，可以看出草图中用到了相切、等半径等几何约束。

设计过程

图 3-30 所给尺寸为米制，新建文件时应选择毫米（mm）单位。选择 model 模块，输入文件名和保存路径（文件名和保存路径不能包含中文），单击确定，进入建模模块。

1. 建立第一个草图工作平面

[1] 将工作层设为 21 层，单击"草图"图标。选择，即 *X-Y* 平面为草图安放平面，单击确定按钮，画出平面内草图形式，如图 3-31 所示。

[2] 单击图标，进行几何约束，选择圆弧 1 和圆弧 2，单击图标进行相切约束，同样选择圆弧 2 和圆弧 3、圆弧 3 和直线、直线和圆弧 4、圆弧 4 和圆弧 5、圆弧 5 和圆弧 1 分别进行相切约束（如果已经具有相切约束关系，图标会显示灰色）。

[3] 选择圆弧 1，圆弧 3 和圆弧 4，单击图标进行等半径约束，同样选择圆弧 2 和圆弧 5 进行等半径约束。

[4] 草图定位，将左边圆弧圆心定位在坐标原点上，选择两次点到线上（点分别在 *X*，*Y* 轴上）。

[5] 单击图标，进行尺寸约束，按给定的几何和尺寸约束完成后，结果如图 3-32 所示。

[6] 完成后单击图标，回到建模状态。

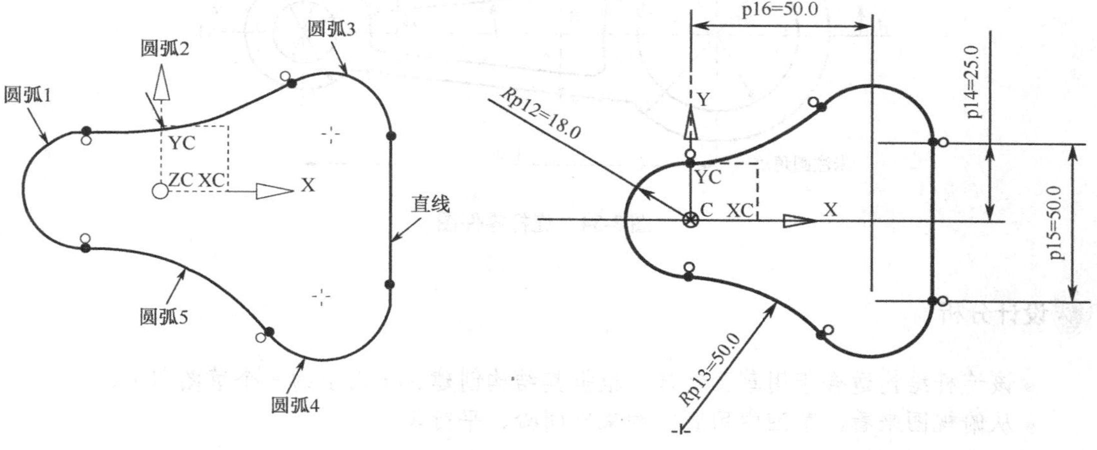

图 3-31　支架草图　　　　图 3-32　完成 *X-Y* 面的草图

2. 建立第二个草图工作平面

[1] 将工作层设为 22 层，单击“草图”图标。选择，即 *X-Z* 平面为草图安放平面，单击确定按钮，画出平面内草图形式，其他步骤同上，设置给定的几何和尺寸约束，结果如图 3-33 所示。

[2] 定位草图，用几何约束“点在线上”将草图中的 A 点定位在坐标原点上。

[3] 完成单单击图标，回到建模状态。

[4] 利用后续扫描特征可以完成支架建模。

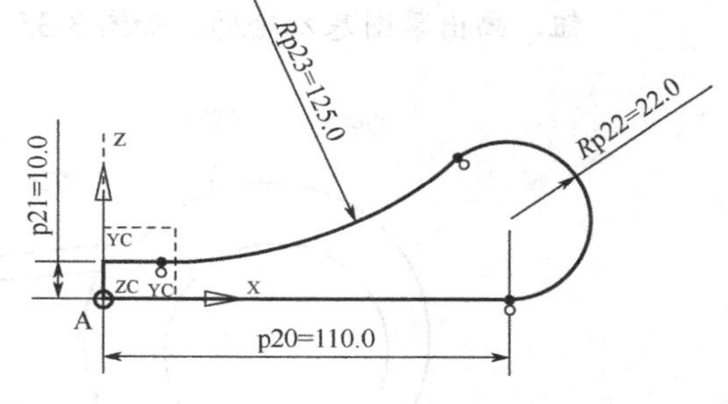

图 3-33　完成 *X-Z* 面的草图

3.4.2 创建连杆草图

实例文件　UG NX6.0 实用教程资源包/Example/3/3-liangan.prt
操作录像　UG NX6.0 实用教程资源包/视频/3/3-liangan.avi

如图 3-34 所示的连杆是曲柄连杆机构中的一个零件，从它的结构来看，也需要用草图建模，下面介绍连杆草图创建步骤。

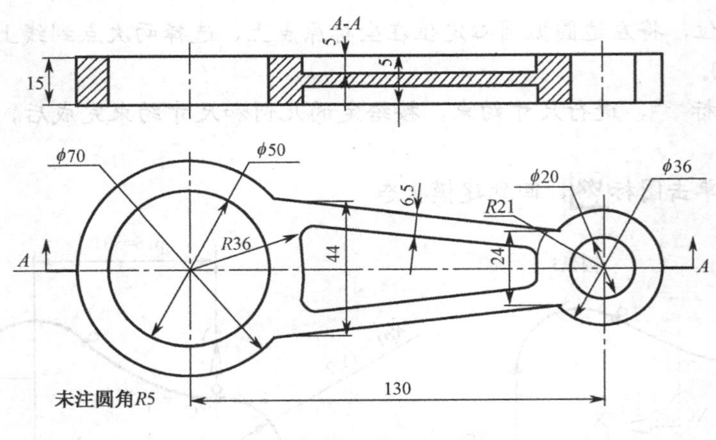

图 3-34　连杆零件图

设计分析

- 该连杆结构适合于用草图创建，根据其结构创建 *X-Y* 面上的一个草图即可。
- 从俯视图来看，草图中用到的约束有同心、平行等。

设计过程

图 3-34 所给尺寸为米制，新建文件时应选择毫米（mm）单位。选择 model 模块，输入文件名和保存路径（文件名和保存路径不能包含中文），单击确定按钮，进入建模模块。

[1] 将工作层设为 21 层，单击"草图"图标。选择平面为草图平面，单击确定按钮，画出草图基本轮廓，如图 3-35 所示。

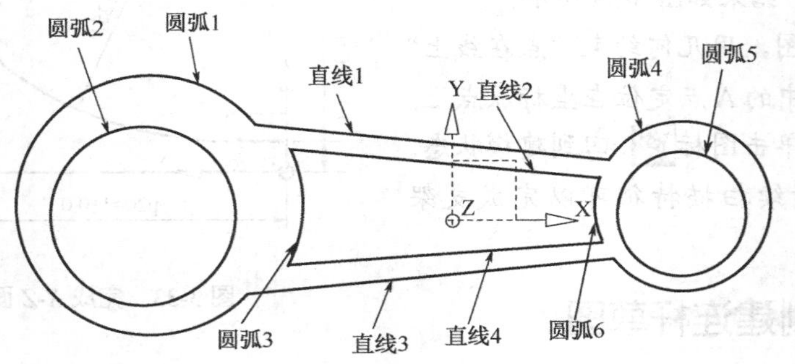

图 3-35　连杆草图轮廓

[2] 单击图标，进行几何约束，选择圆弧 1 和圆弧 2、圆弧 3，单击图标，进行同心约束；同样选择圆弧 4 和圆弧 5、圆弧 6 进行同心约束。

[3] 选择直线 1 和直线 2 进行平行约束，同样选择直线 3 和直线 4 进行平行约束（如果已经具有相切约束关系，图标显示灰色）。

[4] 将圆弧 3 和直线 2 等相交处用草图圆角命令生成圆角，并对圆角添加等半径几何约束。必要时可以在左右圆弧 1 和圆弧 4 的圆心处连接一条直线并进行水平约束，如图 3-36 所示。

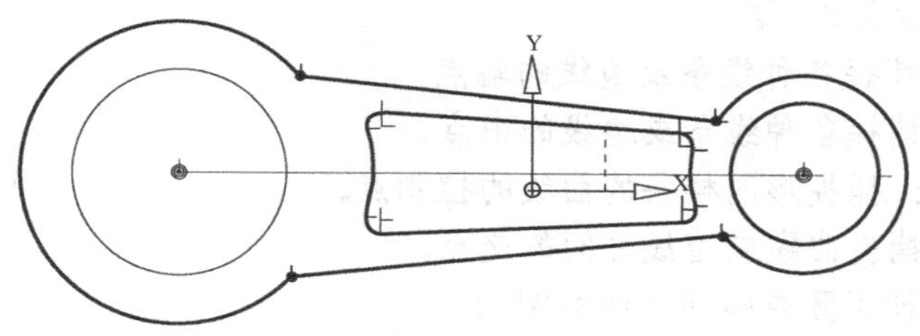

图 3-36　添加几何约束后的草图

[5] 根据连杆零件图，添加必要的尺寸约束，使其满足设计要求。

3.5 曲线

除了前面的草图之外，UG 中还有其他的曲线，建模中经常用到，下面分别介绍。

3.5.1 基本曲线与二次曲线

绘制曲线，特别是平面曲线，是最基本的技能，是建模的基础。有关绘制曲线的命令都集中在【插入】/【曲线】子菜单上，对应的快捷按钮集中在曲线工具条上。

3.5.2 基本曲线

基本曲线包括直线、圆弧、圆。选择【插入】/【曲线】/【基本曲线】命令，或单击曲线工具条上的图标，弹出如图 3-37 所示的【基本曲线】对话框。通过该对话框可以实现绘制直线、圆弧、圆、圆角，剪辑曲线参数等功能。基本曲线不出现在部件导航器（PNT）中，此处仅介绍直线、圆弧、圆的绘制方法，至于倒角、修剪、分割等功能将在编辑曲线中介绍。

在【基本曲线】对话框中有 4 个重要的公共选项，即增量、线串模式、打断线串、角度增量，它们的含义如下。

- 增量：选中该选项，代表给定的增量是相对于上一点的，而不是相对于工作坐标系的；反之亦然。选中无界可以画出无限长的直线。
- 线串模式：选中该选项，可以绘制连续的曲线。
- 打断线串：在线串模式时，单击该按钮可以结束连续绘制。
- 角度增量：确定圆周方向的捕捉间隔。

与曲线绘制等相关操作的点捕捉方式共有 9 种，全部集中在如图 3-38 所示的捕捉点工具条上。

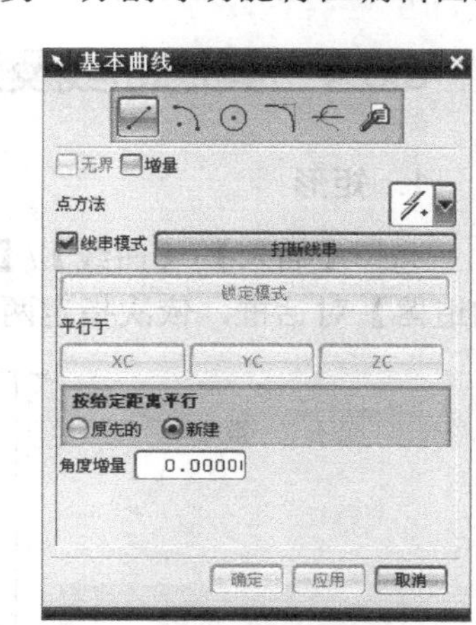

图 3-37　【基本曲线】对话框

当图标按钮呈亮黄色并凸起时，代表该捕捉功能有效，反之亦然。用户可以通过单击相关图标按钮，实现功能的开启与关闭。

图 3-38　捕捉点工具条

各图标按钮的含义如下。

- （端点）：捕捉各种线条或边线的端点。
- （中点）：捕捉各种线条或边线的中点。
- （控制点）：捕捉形同样条的曲线的控制点。
- （交点）：捕捉曲线或边线之间的交点。
- （圆心）：捕捉圆或圆弧曲线的圆心。
- （象限点）：捕捉圆的象限点。
- （存在点）：捕捉孤立存在的点。
- （曲线上的点）：捕捉点位于曲线上。此时在曲线附近移动鼠标，捕捉点也相应移动。
- （点构造器）：利用点构造器设置点。

3.5.3　直线与圆弧

直线与圆弧最方便、最直接的绘制方法是通过如图 3-39 所示的【直线和圆弧】工具条。

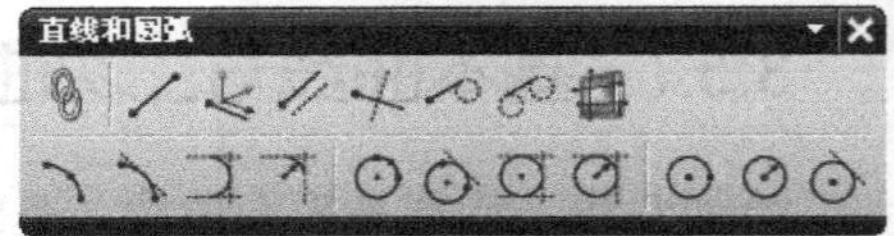

图 3-39　【直线和圆弧】工具条

打开该工具条的方法是单击【曲线】工具条上的图标。该工具条上的图标形象地表示出了具体的绘制方法。此外，当光标停留在某按钮上时，将显示其绘制方法的提示文字。因此，使用起来非常便捷，推荐读者使用该种方法绘制直线、圆弧和圆。

需要注意的是如果单击关联图标，则绘制的直线或圆弧就作为特征出现在了部件导航器（PNT）中，就是参数化的曲线。可以随时通过 PNT，或双击该直线或圆弧进行编辑。如果关联图标弹起，则直线或圆弧就不出现在 PNT 中，可双击该直线或圆弧进入编辑曲线对话框对其进行编辑。

3.5.4　其他曲线及二次曲线

1．矩形

选择【插入】/【曲线】/【矩形】命令，或单击【曲线】工具条上的图标，弹出【点构造器】对话框，依次指定两点作为矩形对角线上的两点，操作示例如图 3-40 所示。

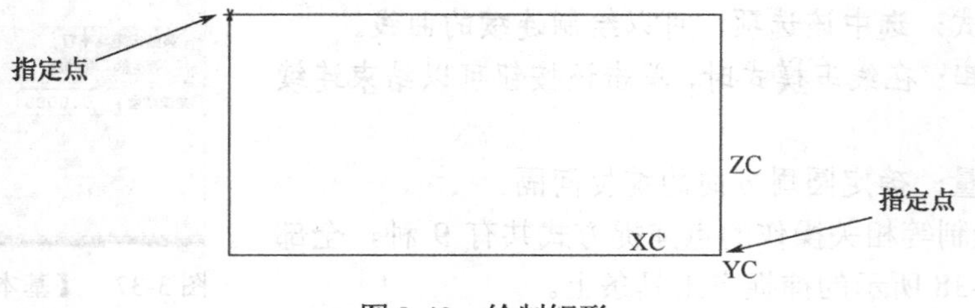

图 3-40　绘制矩形

2. 多边形

选择【插入】/【曲线】/【多边形】命令，弹出如图3-41所示的【多边形】对话框，提示用户输入正多边形的边数（侧面数）。单击确定按钮，接着弹出如图3-42所示的创建多边形方式对话框。该对话框提供了3种确定正多边形参数的方式，即内接半径、多边形边数、外切圆半径。

图3-41 【多边形】对话框

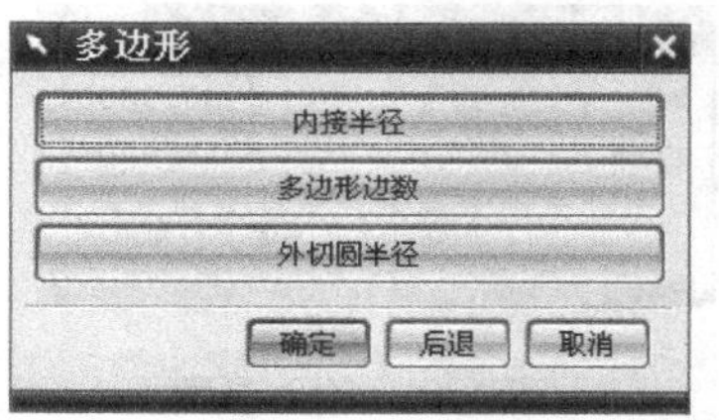

图3-42 创建多边形方式对话框

（1）内接半径、外切圆半径

单击内接半径按钮，弹出【多边形】对话框，提示用户输入正多边形的内接半径、方位角。如图3-43所示，输入参数后，单击确定按钮，系统弹出【点构造器】对话框，要求指定多边形中心，指定中心后，操作结果如图3-44所示。

图3-43 输入参数

其中，多边形对话框上各参数的意义如图3-45所示。

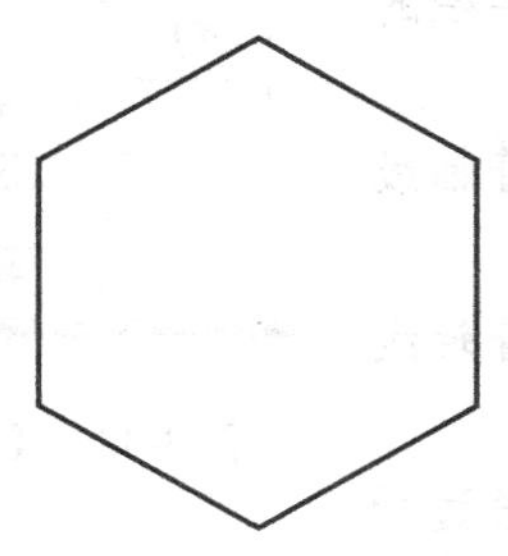

图3-44 绘制多边形

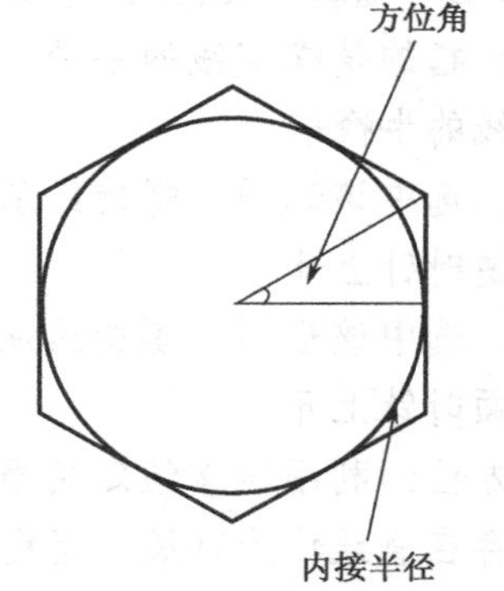

图3-45 多边形各参数的意义

同样的方法，单击外切圆半径按钮，按要求指定外切圆半径、方位角，并指定多边形中心，即可生成所要的多边形。

（2）多边形边数

单击多边形边数按钮，弹出如图3-46所示的【多边形】对话框，提示输入正多边形的侧（即边长）、方位角。输入参数后，单击确定按钮，系统弹出【点构造器】对话框，要求指定多边形中心。指定中心后，即可生成所要的多边形。

其中，多边形对话框上两个参数的意义如图3-47所示。

3. 螺旋线

选择【插入】/【曲线】/【螺旋线】命令，或单击【曲线】工具条上的图标，弹出如图 3-48 所示的【螺旋线】对话框，利用该对话框可以绘制螺旋线。

图 3-46 输入参数

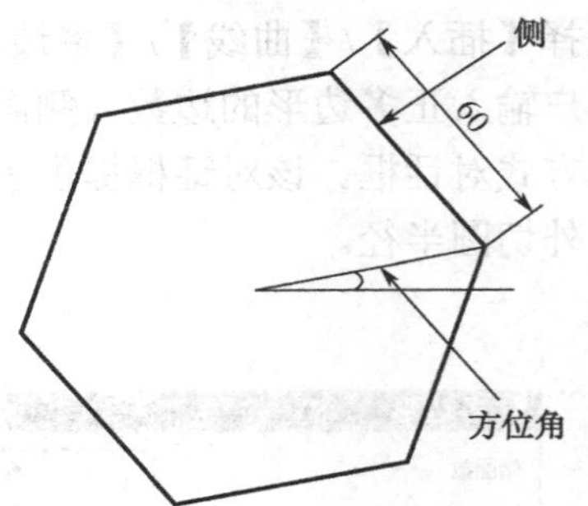

图 3-47 多边形各参数的意义

【螺旋线】对话框上各参数的意义如下。

- 圈数：指的是螺旋线的圈数，应多于或等于 0，可以是整数，也可以是小数。
- 螺距：指的是沿同一螺旋线绕转一圈以后沿轴线方向测量所得的长度。
- 使用规律曲线：指的是利用规律子功能来定义螺旋线的半径，即螺旋线半径在各坐标轴上投影的长度为变量。
- 输入半径：通过直接输入数值来定义螺旋线半径长度。
- 半径：指的是螺旋线的半径，用于指定固定半径的螺旋线的半径值。
- 右手：选中该选项，螺旋线从起点开始，绕着轴线方向逆时针上升。
- 左手：选中该选项，螺旋线从起点开始，绕着轴线方向顺时针上升。

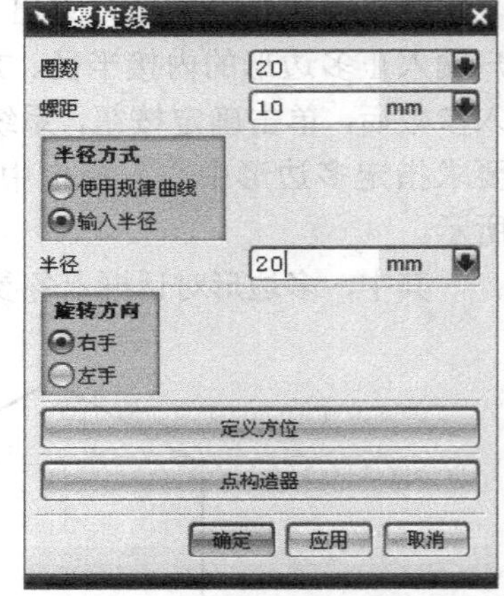

图 3-48 【螺旋线】对话框

- 定义方位：利用该按钮定义螺旋线的方位。通过指定已存在直线作为轴线、指定起始点的方位点和轴线基点来确定螺旋线的方位，螺旋线起始点位于从基点到方位点的连线上。如果不定义螺旋线的方位，系统默认轴线为 *ZC*，默认方位点在 *XC* 上，默认基点为坐标原点。基点决定螺旋线的起点，螺旋线起始点总是位于通过基点且与轴线相垂直的平面内。
- 点构造器：单击该按钮，系统弹出【点构造器】对话框，指定一点作为螺旋线的基点。

【例 3-2】创建螺旋线。

[1] 选择【插入】/【曲线】/【螺旋线】命令，或单击【曲线】工具条上的图标，弹出【螺旋线】对话框。

[2] 设置螺旋线的参数，如图 3-49 所示。

[3] 单击确定按钮，则绘制如图 3-50 所示的螺旋曲线。

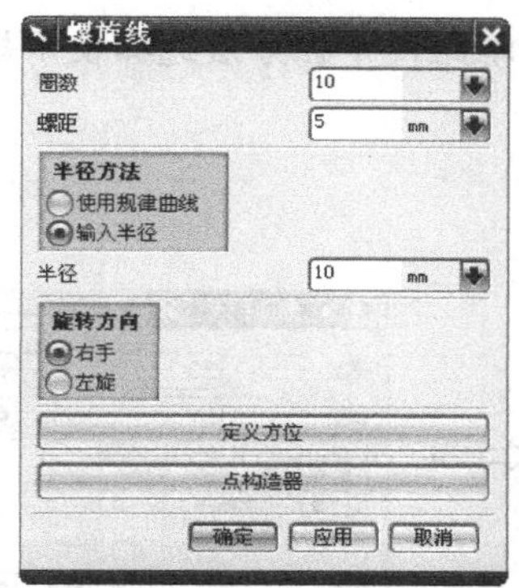

图 3-49　设置螺旋线的参数

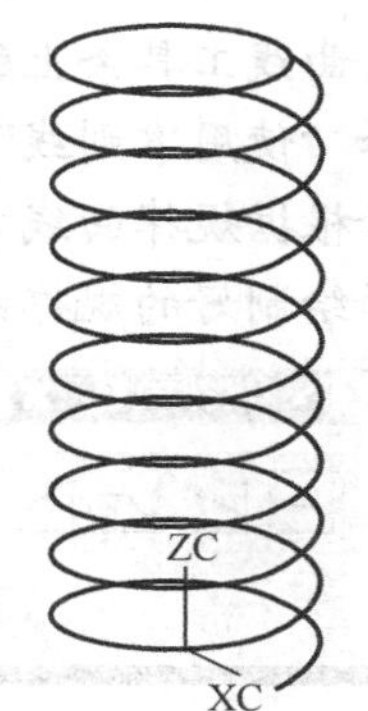

图 3-50　绘制螺旋曲线

4. 规律曲线

选择【插入】/【曲线】/【规律曲线】命令，或单击【曲线】工具条上的图标，弹出如图 3-51 所示的【规律函数】对话框。该对话框可以绘制三坐标值（X、Y、Z）按设定规律变化的样条曲线。

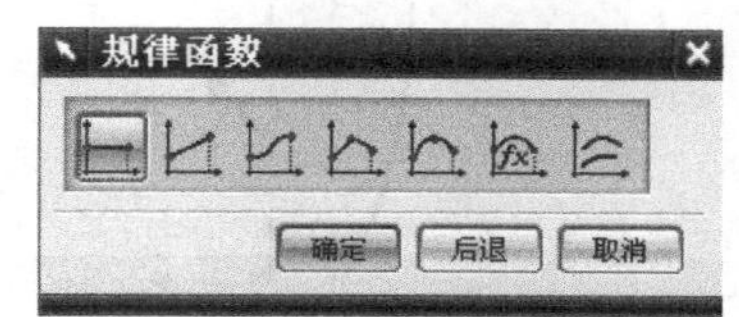

图 3-51　【规律函数】对话框

【规律函数】对话框提供了 7 种设定规律的方式，它们的意义如下。

- 恒定的：在绘制曲线的过程中，设定为“恒定的”其规律值保持常数。
- 线性的：在绘制曲线的过程中，设定为“线性的”需要设置起始值和终止值，使其在某个范围内呈线性变化。
- 三次：在绘制曲线的过程中，设定为“三次”需要设置起始值和终止值，使其在某个数值范围内呈三次方规律变化。
- 沿着脊线的值-线性：在绘制曲线的过程中，设定为“沿着脊线的值-线性”需要选择脊线，使其沿一条脊线设置的两点或多个点所对应的规律值范围内呈线性变化。
- 沿着脊线的值-三次：在绘制曲线的过程中，设定为“沿着脊线的值-三次”需要选择脊线，使其沿一条脊线设置的两点或多个点所对应的规律值范围内呈三次方规律变化。
- 根据方程：在绘制曲线的过程中，设定为“根据方程”，需要输入参数表达式，使其根据表达式变化。
- 根据规律曲线：在绘制曲线的过程中，设定“根据规律曲线”，利用一条已存曲线的规律来控制坐标值的变化。

【例 3-3】用规律曲线控制螺旋曲线。

实例文件	UG NX6.0 实用教程资源包/Example/3/3-splines.prt
操作录像	UG NX6.0 实用教程资源包/视频/3/3- splines.avi

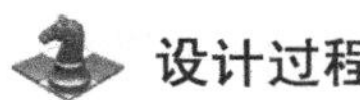

[1] 打开光盘文件 3splines.prt。

[2] 单击曲线工具条上的图标，输入圈数和螺距，半径方法选择使用规律曲线。

[3] 选择“使用准则线”。

[4] 选择根据规律曲线方式。

[5] 选择绘制好的规律曲线，如图 3-52 所示。

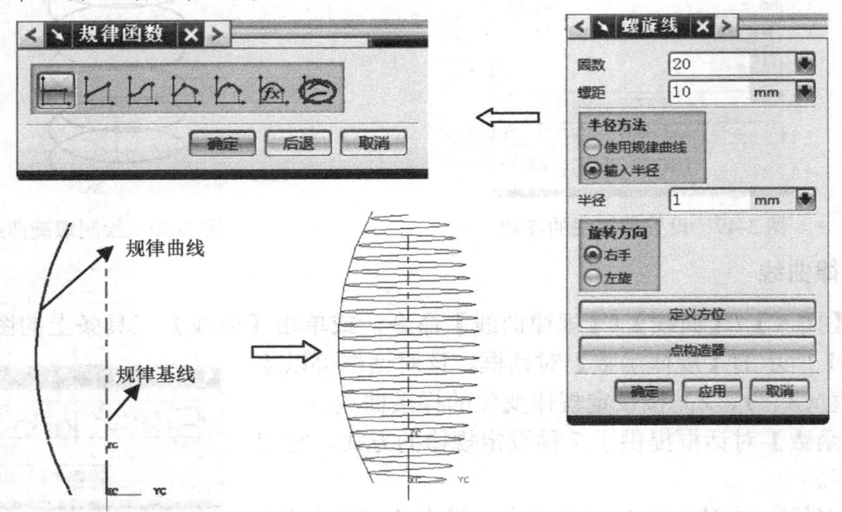

图 3-52　绘制规律曲线控制螺旋曲线

3.6 曲线的编辑

初步绘制曲线后，有时并不能满足绘图要求，经常需要进一步编辑。此时用到的命令有修剪、裁剪角、分割、圆角等。有关曲线编辑的命令大都集中在【编辑】/【曲线】子菜单或编辑曲线工具条中。

3.6.1 修剪

该命令的作用是，修剪曲线的多余部分到指定的边界对象，或者延长曲线一端到指定的边界。

选择【编辑】/【曲线】/【修剪】命令，单击【基本曲线】对话框中的图标或者单击【编辑曲线】工具条上的图标，系统首先弹出如图 3-53 所示的【修剪曲线】对话框。该对话框上重要参数的意义如下。

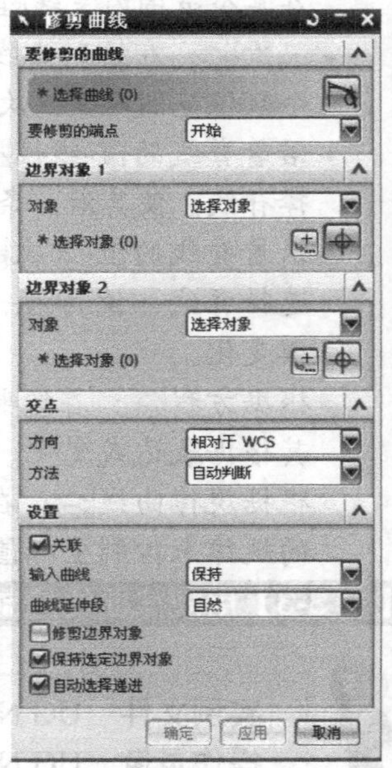

图 3-53　【修剪曲线】对话框

- 要修剪的曲线：指定要修剪或者延长的曲线。
- 边界对象 1：指定第一条边界曲线，这是裁剪或者延长的依据，必须指定。
- 边界对象 2：指定第二条边界曲线，这是裁剪或者延长的依据，可以不指定，而只有一个边界对象。

- 交点：交点的方向有最短的 3D 距离、相对于 WCS、沿一矢量方向、沿屏幕垂直方向等，寻找交点的方法有，自动判断、用户定义等。
- 设置：用户指定是否关联、输入曲线方式和曲线延伸段的形式。
- 修剪边界对象：如果选中该项，在执行命令的同时，自动对边界对象进行修剪或延长。
- 保持选定边界对象：可以利用一次指定的边界对象完成对多个曲线的修整。

3.6.2 裁剪角

该命令为裁剪命令的特例。

选择【编辑】/【曲线】/【裁剪角】命令或者单击【编辑曲线】工具条上的图标，系统弹出【裁剪角】对话框，利用该对话框可以修剪两曲线在相交处的拐角。如图 3-54 所示，将指针放在交点附近，并靠近右侧，裁剪后如图 3-55 所示。

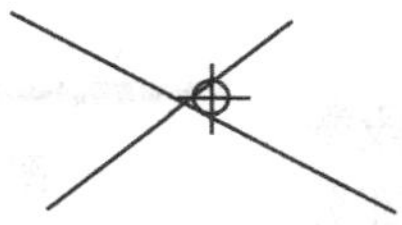

图 3-54 选取裁剪角

图 3-55 裁剪角结果

3.6.3 分割

选择【编辑】/【曲线】/【分割】命令或者单击【编辑曲线】工具条上的图标，系统弹出如图 3-56 所示的【分割曲线】对话框，该对话框上提供了 5 种分割曲线的方法。利用该对话框可以将指定曲线分割成多个曲线段，每一段成为新的独立曲线对象。

1. 等分段

选择等分段，弹出对话框提示用户选取要分割的曲线。选取要分割的曲线后，又弹出如图 3-57 所示的对话框，设置好该对话框上的参数和选项后，单击确定按钮，即可完成曲线分割。

图 3-56 【分割曲线】对话框

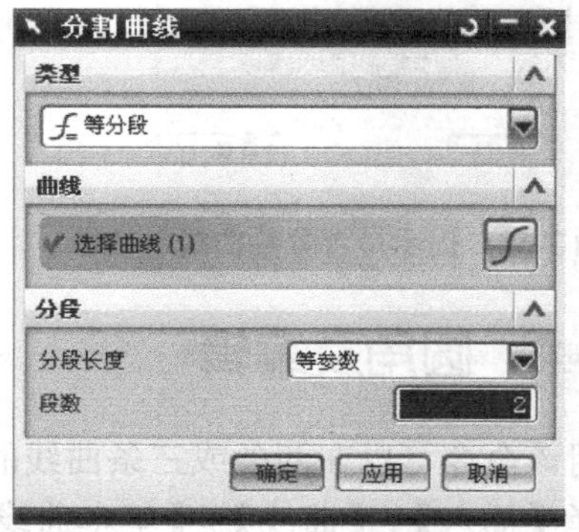

图 3-57 选择等分段类型

图 3-57 所示对话框上的参数的意义如下。

- 等参数：选择该项，则以曲线的参数性质均分曲线，例如，从直线为依据等分线段，以圆弧或椭圆为依据等分角度。
- 等圆弧长：选择该项，则按照等分圆弧长来分割曲线。
- 段数：该参数代表均匀分割曲线的段数。

2．按边界对象

单击根据边界对象分段按钮，弹出对话框，提示用户选取要分割的曲线。选取要分割的曲线后，又弹出如图 3-58 所示的对话框，提示用户设置边界对象。该对话框上提供了 5 种设置边界对象的方法，即现有曲线、投影点、2 点、点和矢量及按平面。设置好边界对象后，单击确定按钮，即可完成曲线分割。

图 3-58　选取对象

3．圆弧长段数

分割曲线的原理为：首先设置分段的弧长，则段数为曲线总长除以分段弧长所得整数，不足分段弧长部分划归为尾段。

单击输入圆弧长度按钮，弹出对话框，提示用户选取要分割的曲线。选取要分割的曲线后，又弹出如图 3-59 所示对话框，提示用户是否继续分割曲线。单击 是(Y) 后，输入分段圆弧长，单击确定按钮，系统接着弹出如图 3-60 所示的对话框，显示自动计算出的分割段数和圆弧剩余长度。再次单击确定按钮，即可完成曲线分割。

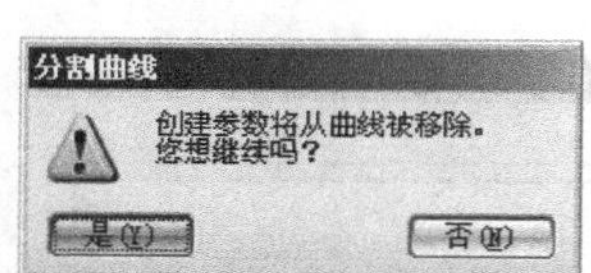

图 3-59　提示是否分割曲线对话框

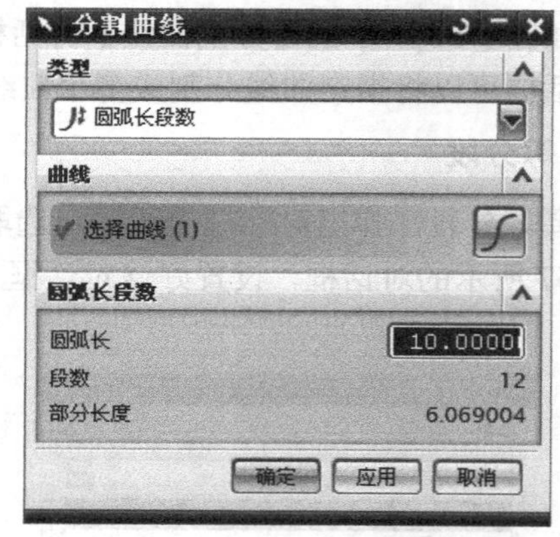

图 3-60　分割段数与圆弧剩余长度

3.6.4　圆角及编辑

利用该命令可以在两条或三条曲线的交点处建立圆角。

选择【插入】/【曲线】/【基本曲线】命令，或者单击【曲线】工具条上的图标，系统弹出【基本曲线】对话框。单击该对话框上的图标，系统弹出如图 3-61 所示的【曲线倒圆】对话框，进入曲线倒圆角模式。该对话框上的各参数意义如下。

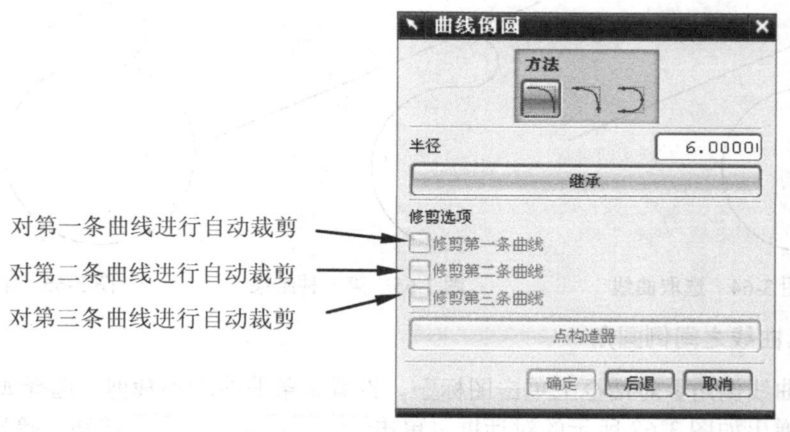

图 3-61 【曲线倒圆】对话框

- 简单倒圆角：单击该按钮，系统可以对两条在同一平面内但不平行的直线倒圆角。
- 两曲线倒圆角：单击该按钮，系统可以对任意两条曲线倒圆角。
- 三曲线倒圆角：单击该按钮，系统可以对任意三条曲线倒圆角。
- 半径：给定默认圆角半径。
- 继承：继承另一圆角半径。
- 点构造器：执行两曲线倒圆角和三曲线倒圆角时，单击该按钮，可以用指定点来代替曲线，即在点与曲线间甚至点与点之间倒圆角。

1. 简单倒圆角

在【曲线倒圆】对话框上单击图标，在“半径”文本框中输入圆角半径值，移动指针，如图 3-62 所示，选择球包围两条直线，指针中心大约在圆角中心处，再单击鼠标左键即可，操作结果如图 3-63 所示。

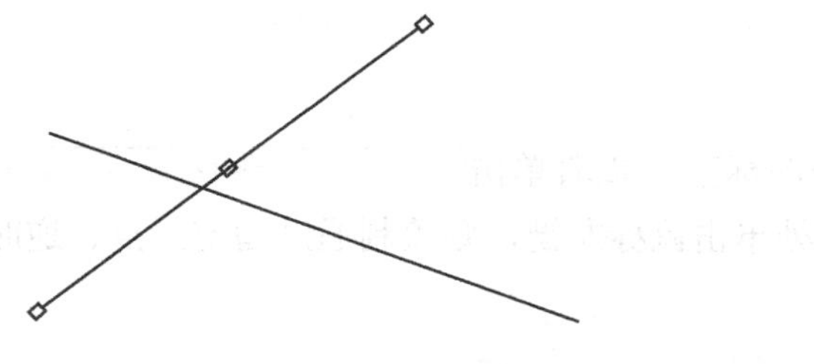

图 3-62 选取两直线

图 3-63 直线倒圆角的结果

2. 两曲线间倒圆角

在【曲线倒圆】对话框上单击第二个图标，在“半径”文本框中输入圆角半径值，设置第一条曲线不裁剪，第二条曲线裁剪。先后选择两曲线，如图 3-64 所示，再在大约圆角中心处单击左键即可。根据选择圆角中心位置不同，其操作结果分别如图 3-65 和图 3-66 所示。但需要注意的是，如果设置的圆角半径小于两条曲线之间距离的一半，则系统报错，操作无效。

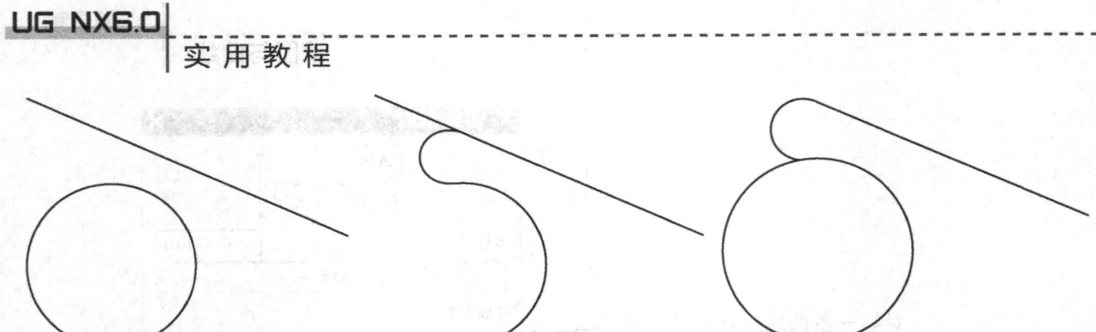

图 3-64　选取曲线　　　　图 3-65　第一种结果　　　　图 3-66　第二种结果

3．三曲线之间倒圆角

在【曲线倒角】对话框上单击图标，设置 3 条曲线均不裁剪。选择如图 3-67 所示的圆，系统弹出如图 3-68 所示的对话框，单击外切按钮。接着选择直线。最后选择圆弧，此时，在大约圆角中心处单击鼠标左键即可，其操作结果如图 3-69 所示。

图 3-67　选取圆　　　　图 3-68　选取圆角位置对话框　　　　图 3-69　倒圆角的结果

4．两点之间倒圆角

在【曲线倒角】对话框上单击图标，输入半径值，接着单击点构造器按钮，一次指定两点，在圆角近似中心位置处单击鼠标左键，则绘制通过指定两点、半径为指定值，逆时针旋转的圆弧。

5．三点之间倒圆角

在【曲线倒角】对话框上单击图标，接着单击点构造器按钮，依次指定三点，在圆角近似中心位置处单击鼠标左键，则绘制通过指定三点、逆时针显示的圆弧。

3.6.5　编辑

利用该命令编辑已经存在的圆角。

选择【编辑】/【曲线】/【圆角】命令，或单击【编辑曲线】工具条上的相应按钮，系统弹出如图 3-70 所示的【编辑圆角】对话框。该对话框提供了三种修剪方式，即自动修剪、手工修剪和不修剪。单击任何一个按钮系统都会弹出对话框，提示依次选取待编辑圆角的第一条边线、圆角及第二条边线。选定以后，系统弹出如图 3-71 所示对话框，在该对话框中修改参数即可。

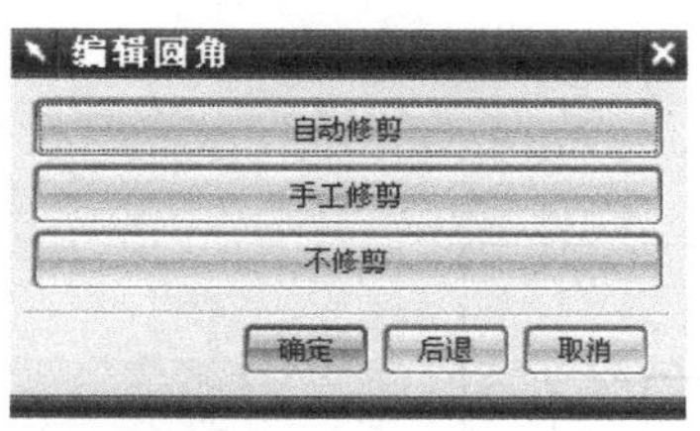

图 3-70 【编辑圆角】对话框

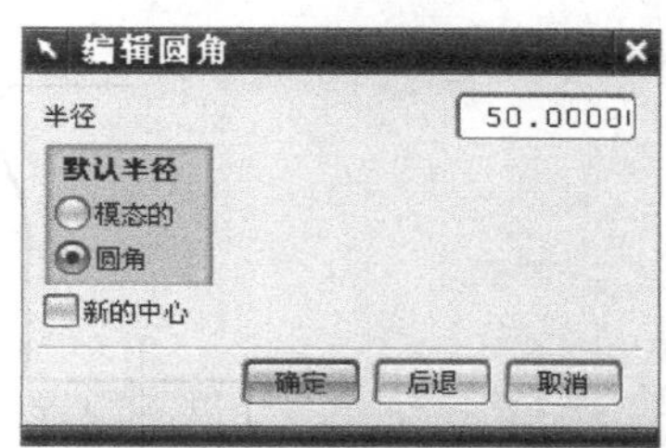

图 3-71 设置圆角参数对话框

3.6.6 曲线倒斜角

选择【曲线】/【曲线倒斜角】命令，或单击【曲线】工具条上的图标，系统弹出如图 3-72 所示的【倒斜角】对话框。该对话框提供了两种倒角方式，即简单倒斜角、用户定义倒斜角。

- 简单倒斜角：在同一平面内的两条直线之间建立倒角，其倒角度数为 45°，即产生的两边偏置量相同。
- 用户定义倒斜角：在同一平面内的两条直线之间建立倒角，可以设置倒角度数和两边的偏置量。

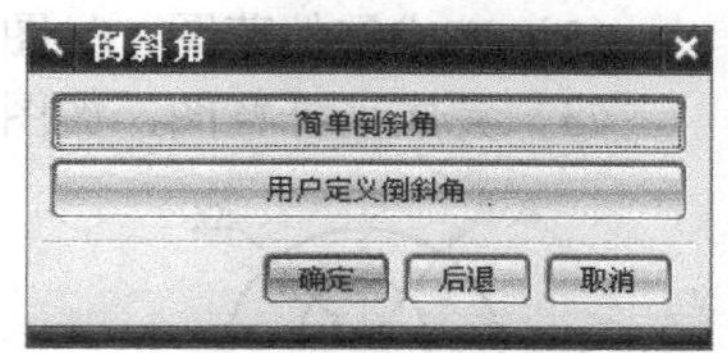

图 3-72 【倒斜角】对话框

【例 3-4】圆角和倒角练习。

[1] 选择【插入】/【曲线】/【矩形】命令，或单击【曲线】工具条上的图标，弹出【点构造器】对话框，依次指定两点作为矩形成对角线的两点，如图 3-73 所示。

[2] 使用【插入】/【曲线】/【基本曲线】命令中的，设置半径值。

[3] 使用【曲线】/【曲线倒斜角】命令，设置倒角值，如图 3-74 所示。

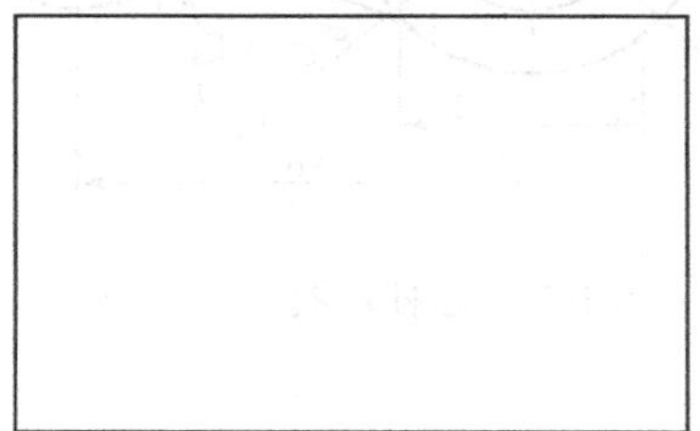

图 3-73 生成矩形

图 3-74 圆角和倒角后的图形

3.7 思考与练习

1. 思考题

（1）怎样约束草图？简述草图的约束步骤。

（2）草图操作中有哪些常用命令？镜像曲线后相关几何体是否一起镜像？

2. 操作题

（1）完成连接支架的草图，如图 3-75 所示。

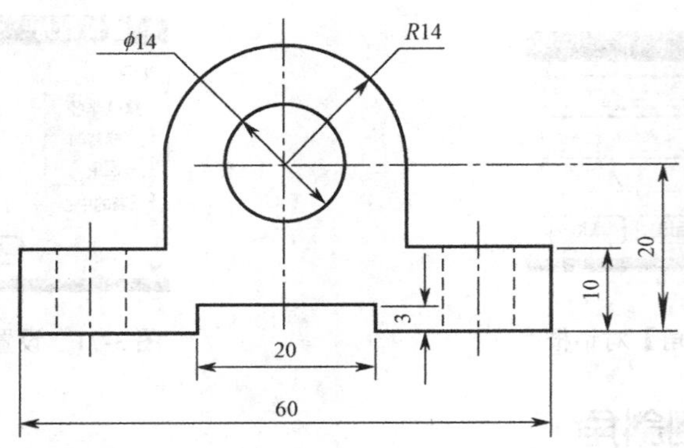

图 3-75　支架草图

（2）完成零件草图，如图 3-76 所示。

（3）完成连杆草图，如图 3-77 所示。

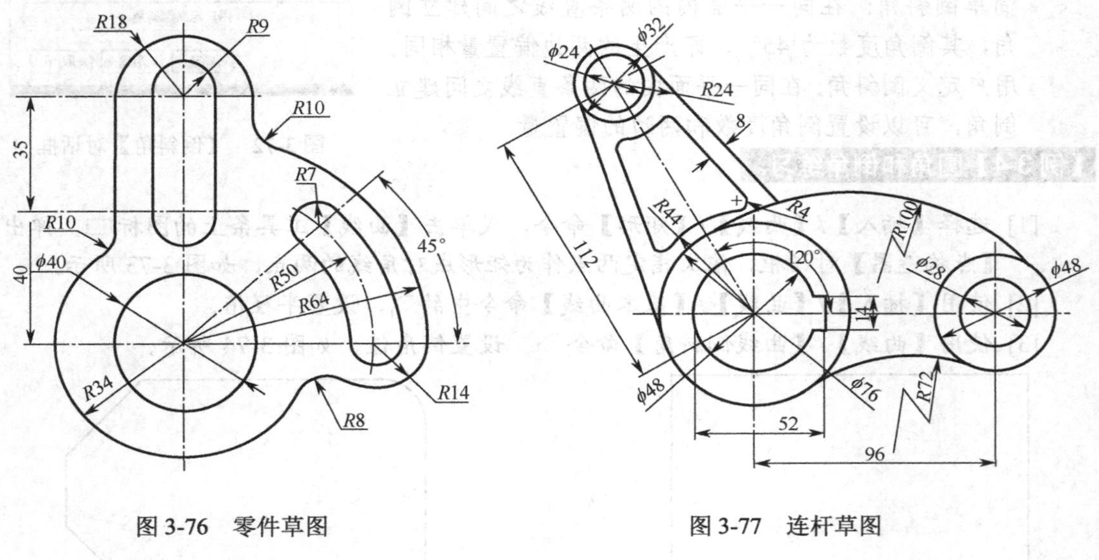

图 3-76　零件草图　　　　图 3-77　连杆草图

第 4 章

零件特征建模

在第 2 章中我们介绍了体素特征和成型特征，运用这两种特征，可以对一些简单零件进行建模和编辑，但对于一些复杂的或者不规则的零件建模，仅仅利用这两种特征就很难实现了。本章将继续介绍另外几种常用的特征和特征操作，通过本章的学习，读者可在今后的设计中更加得心应手。

4.1 扫描特征

扫描特征是构成部件非解析形状毛坯的基础，它包括截面线串沿指定方向拉伸扫描（拉伸）、绕指定轴旋转扫描（回转）、沿指定引导线串扫描，以及指定内外直径沿指定引导线串的扫描等。用于扫描的截面线串可以是曲线、曲线链、草图、实体边缘、实体表面和片体。其中最常用的就是拉伸和回转两种操作，下面用两个实例分别介绍拉伸和回转的使用方法。

> 扫描特征是相关和参数化的特征，它与截面线串、拉伸方向、旋转轴及引导线串、修剪表面/基准面相关联。它的所有扫描参数随部件存储，随时可进行编辑。

4.1.1 拉伸操作

执行该命令，可以将截面曲线沿指定方向拉伸一定距离，以生成实体或片体。可以做简单的拉伸，也可以加上偏置和拔模斜度，以及和已存立体进行布尔操作。下面以实例操作步骤来介绍该命令的操作要点。

【例 4-1】拉伸操作。

本例要求用拉伸操作来完成实体的建模。

实例文件	UG NX6.0 实用教程资源包/Example/4/extrude.prt
结果	UG NX6.0 实用教程资源包/Example/4/extrude-end.prt
操作录像	UG NX6.0 实用教程资源包/视频/4/extrude.avi

设计过程

[1] 单击图标或选择【文件】/【打开】命令，打开文件 extrude.prt。

[2] 单击特征工具条上的图标，或选择【插入】/【设计特征】/【拉伸】命令，选择草图为截面曲线（包括三角底座和三个圆孔），默认拉伸方向为+Z 方向，设置拉伸参数如图 4-1 所示。单击确定按钮，完成三角底座的简单拉伸。

[3] 关闭 21 层草图。单击图标，选择圆为截面曲线，默认拉伸方向为+Z，设置拉伸距离为 3，此处需要注意设置布尔操作和偏置参数，如图 4-2 所示。单击应用按钮完成筒的拉伸。

[4] 继续选择边缘 1 为截面曲线，单击图标，设置拉伸方向为-Z，设置偏置方向为两侧偏置，参数如图 4-3 所示，单击应用按钮。

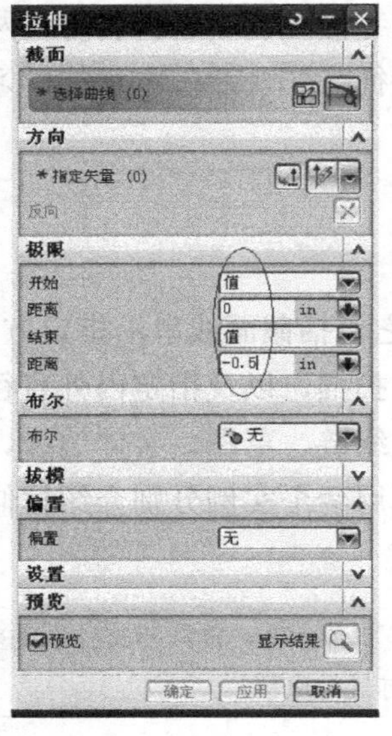

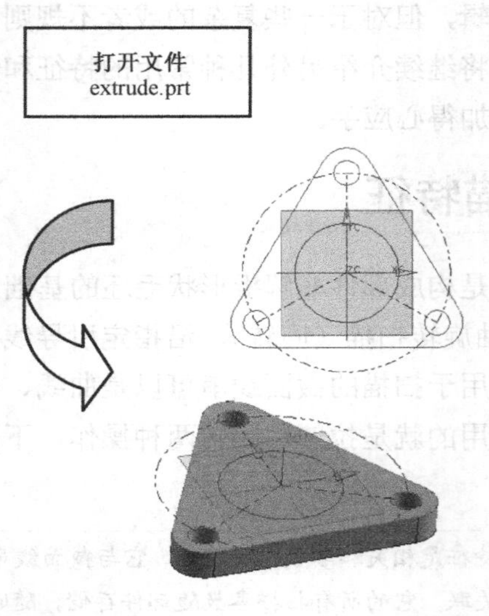

图 4-1　三角底座简单拉伸

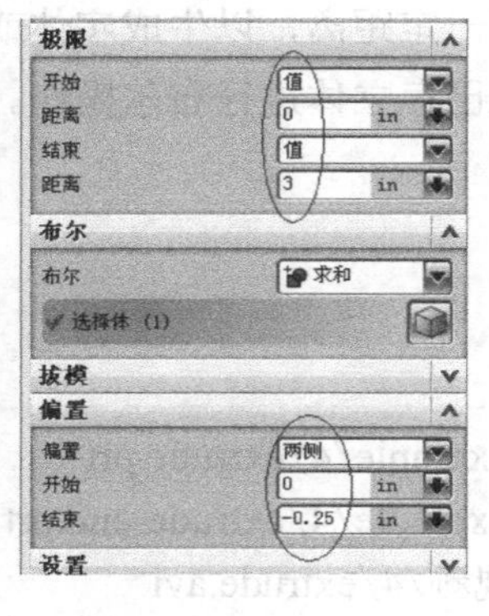

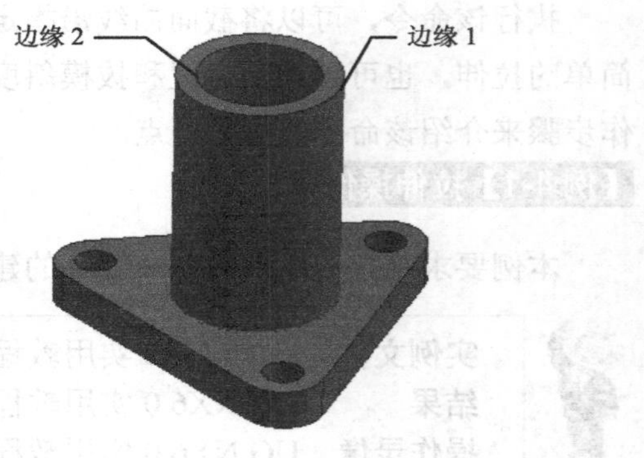

图 4-2　带偏置的拉伸

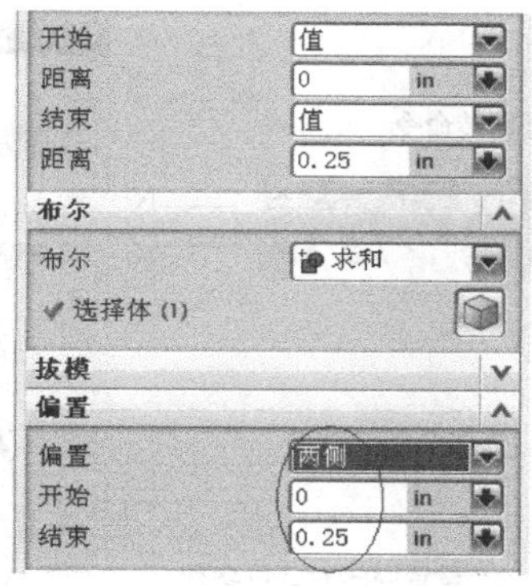

图 4-3　用边缘拉伸法兰盘

[5] 最后选择边缘 2 为截面曲线，如图 4-4 所示设置参数，注意布尔操作选择求差，单击确定完成。

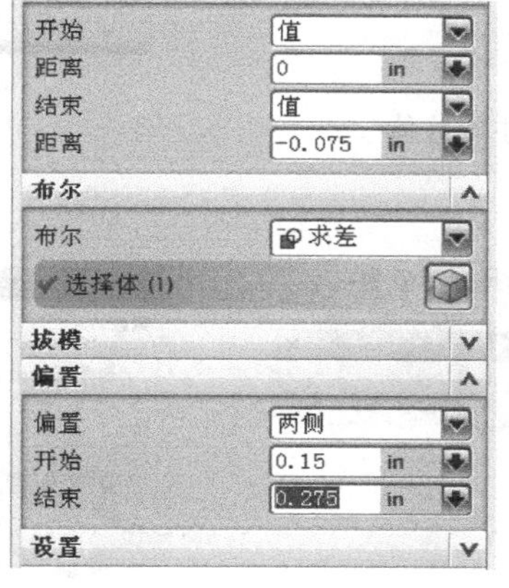

图 4-4　拉伸沟槽

[6] 打开图层对话框，关闭 41 层，模型建成。

4.1.2 回转操作

回转操作是指将截面曲线沿指定轴线旋转一定角度，从而生成实体或片体，回转操作时可以增加偏置值、布尔操作等，下面通过一个实例介绍回转成体的操作过程。

【例 4-2】回转操作。

实例文件	UG NX6.0 实用教程资源包/Example/4/revolve.prt
结果	UG NX6.0 实用教程资源包/Example/4/revolve-end.prt
操作录像	UG NX6.0 实用教程资源包/视频/4/revolve.avi

设计过程

[1] 生成片体的操作（见图 4-5）。

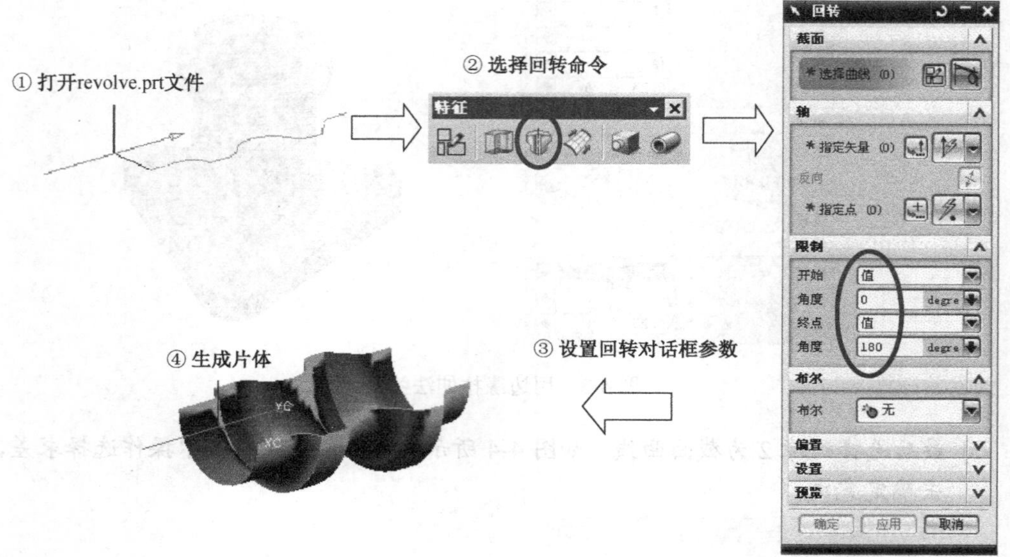

图 4-5　回转生成片体

[2] 生成实体的操作（见图 4-6）。

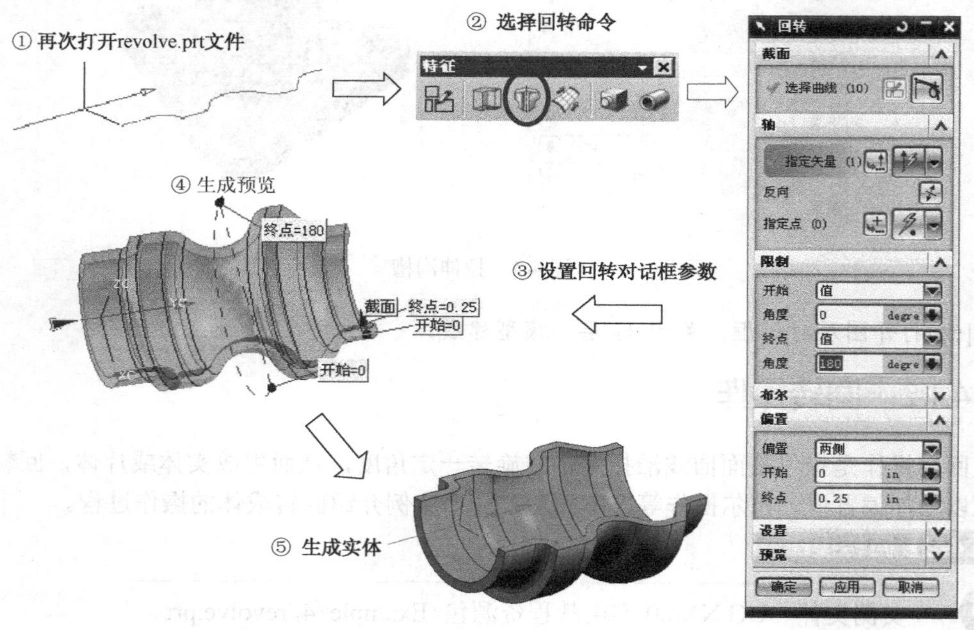

图 4-6　回转生成实体

[3] 回转命令中的截面线串也可以选择实体表面的边线（见图 4-7）。

注：当设置类型为“实体”时，回转角度封闭或者有一定偏置厚度时，系统自动生成实体，否则生成片体。

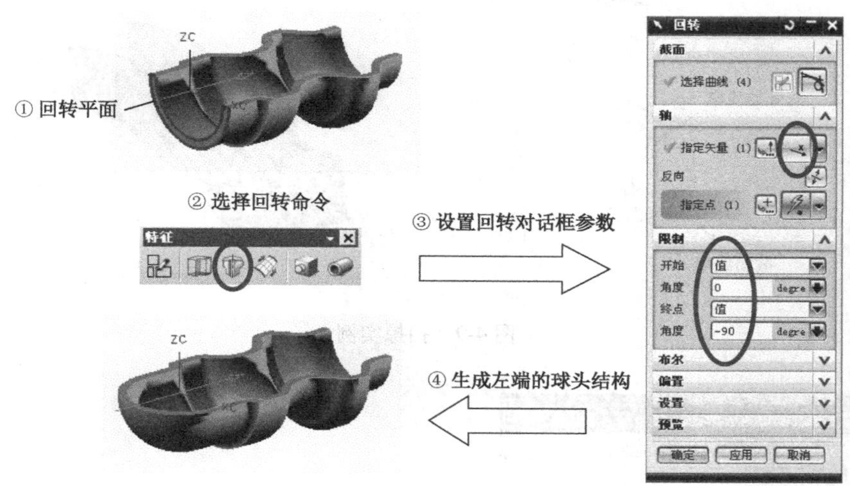

图 4-7　实体表面作为截面线串

4.1.3　扫掠

扫掠特征可以将截面曲线沿引导线扫掠成片体或实体，其截面曲线最少 1 条，最多 400 条，引导线最少 1 条，最多 3 条。扫掠有以下四种基本扫掠类型：扫掠、变化的扫掠、沿引导线扫掠、样式扫掠。可以通过下拉菜单选取相应的命令，选择【插入】/【扫掠】/【扫掠】、【变化的扫掠】、【沿引导线扫掠】、【样式扫掠】命令，或单击特征工具条上的图标、、、。

下面以沿引导线扫掠为例介绍扫掠特征操作。

1．沿引导线扫掠

通过沿引导线串（路径）扫描开口或封闭边界草图、曲线、边缘或表面，建立单个实体或片体，引导线串可由一个或一系列曲线、边缘或表面形成。如图 4-8 所示为【沿引导线扫掠】对话框。图 4-9 所示为沿引导线串扫描实例。

（a）选择截面线串、引导线串　　（b）选择意图

图 4-8　【沿引导线扫掠】对话框

最终扫描体的类型是实体或片体由建模预设置中的实体类型决定。

如图 4-10 所示，当建模首选项中体类型为实体或片体时，得到的扫掠结果也不同，如图 4-11 所示。

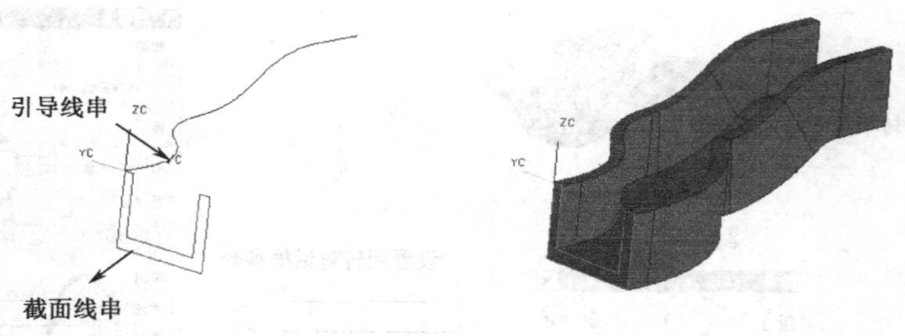

图 4-9 扫掠实例

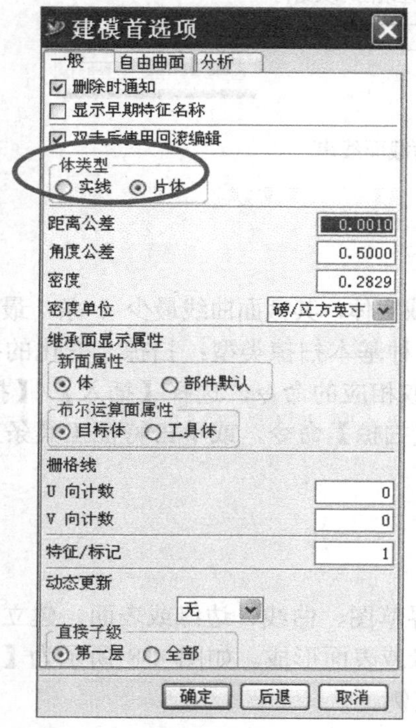

图 4-10 建模首选项

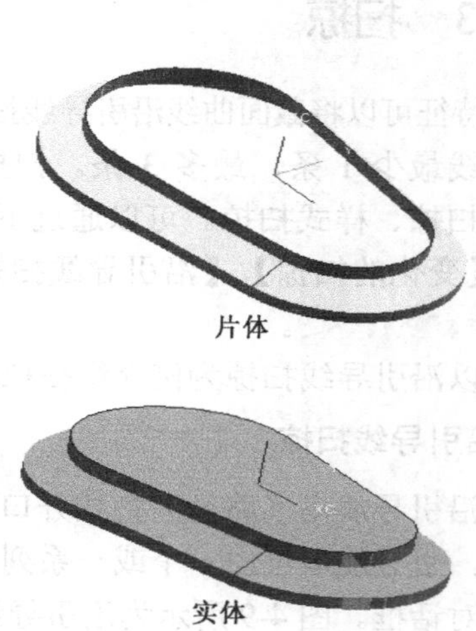

图 4-11 结果为实体或片体

引导线可以是光滑的，也可以是有尖锐拐角的，在引导路径中的直线部分，系统利用拉伸方法建立实体；在引导线中的弧线部分，系统利用旋转方法建立实体，如图 4-12 所示。沿引导线串扫描操作要求在指定引导路径和截面曲线时不能有来自任一编辑表面操作结果的自相交情况，因此要求如下。

- 在引导线中两相邻直线不能以锐角相遇。
- 在引导线中的弧的半径相对截面曲线尺寸不能太小。

2. 其他扫掠方法

下面是其他三种扫掠方式：如图 4-13 所示为【扫掠】对话框，图 4-14 所示为【变化的扫掠】对话框，图 4-15 所示为【样式扫掠】对话框。

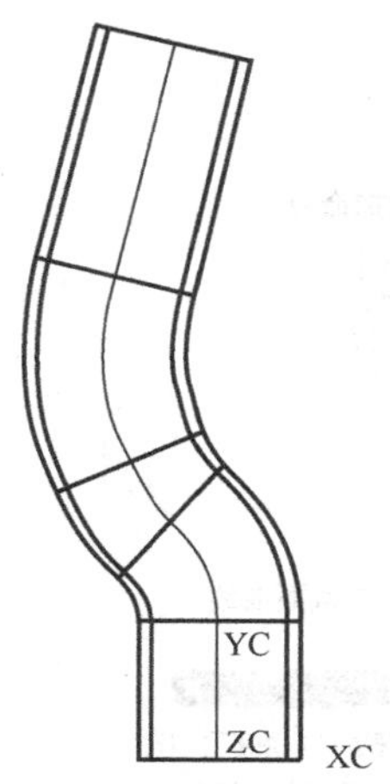

图 4-12 沿引导线扫描特征

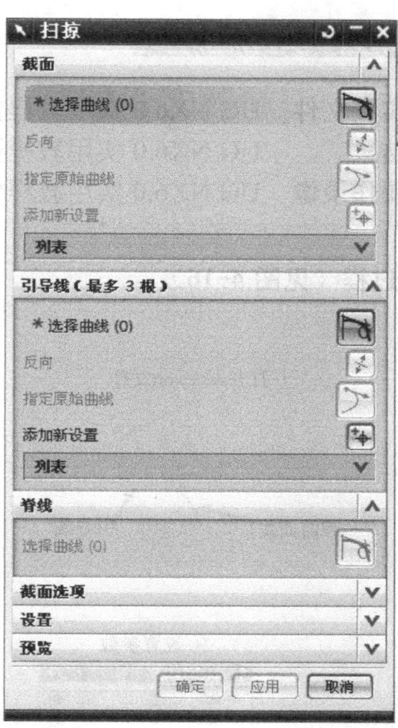

图 4-13 【扫掠】对话框

图 4-14 【变化的扫掠】对话框

图 4-15 【样式扫掠】对话框

【例 4-3】沿引导线扫掠练习。

实例文件	UG NX6.0 实用教程资源包/Example/4/sweep.prt
结果	UG NX6.0 实用教程资源包/Example/4/sweep-end.prt
操作录像	UG NX6.0 实用教程资源包/视频/4/sweep.avi

设计过程（见图 4-16）

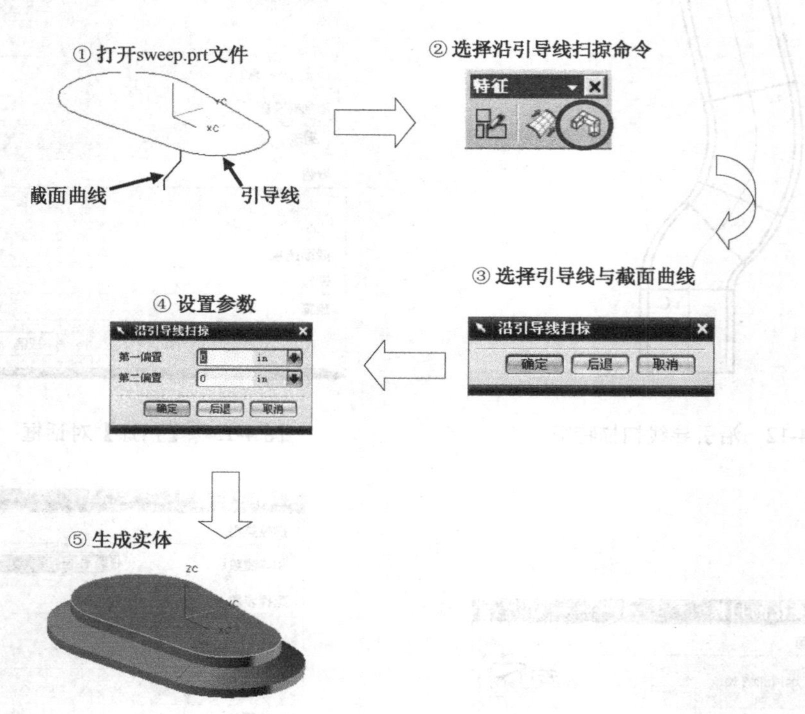

图 4-16　沿引导线扫掠实例

4.1.4　管道/电缆

管道/电缆通过沿一个或多个曲线对象扫描用户指定的圆形横截面建立单个实体，圆形横截面由用户定义的外直径和内直径组成。利用这个选项可以建立导线约束、绳束、管子、电缆和管道系统的应用，如图 4-17 所示。

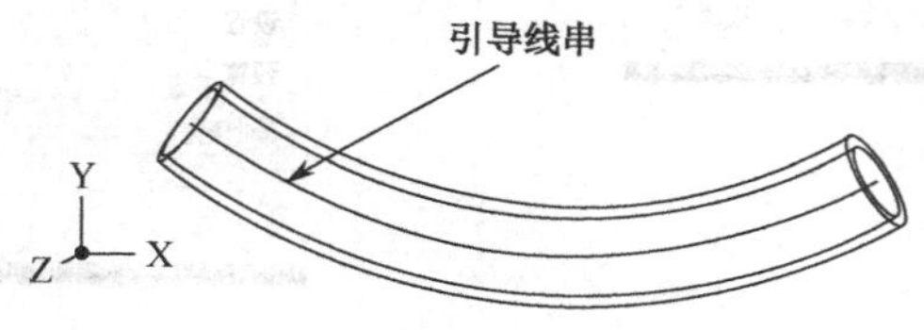

图 4-17　管道实例

管道选项很类似沿引导线扫描。如果添加相关对象到特征（如基准轴、尺寸等），应利用引导线扫描特征，而不是利用管道。如果利用一线串建立管道特征，之后编辑线串，这可能丢失相关的数据。内直径可以为零，外直径不可以为零。

选择【插入】/【设计特征】/【管道】命令或在特征工具条上单击图标，弹出如图 4-18 所示的【管道】对话框，输入外径和内径，然后选择引导线串即可。

输出类型包括以下两种。

- 多段：沿引导线串有一系列侧向表面，如圆柱面或环形面。
- 单段：仅有一个或两个侧向表面，它们是 B 样条曲面（如果内径是零，管道有一个侧向表面）。

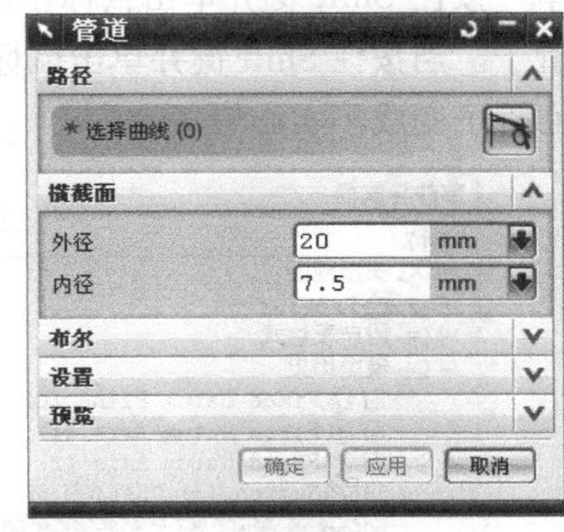

图 4-18　【管道】对话框

4.1.5　编辑扫描特征

扫描特征是相关和参数化的特征，它与截面线串、拉伸方向、旋转轴及引导线串、修剪表面/基准面相关联。它的所有扫描参数随部件存储，随时可进行编缉。

1. 编辑参数

编辑参数有以下两种方法。

从部件导航器中，选择要编辑的特征节点，单击鼠标右键弹出如图 4-19 所示的菜单。

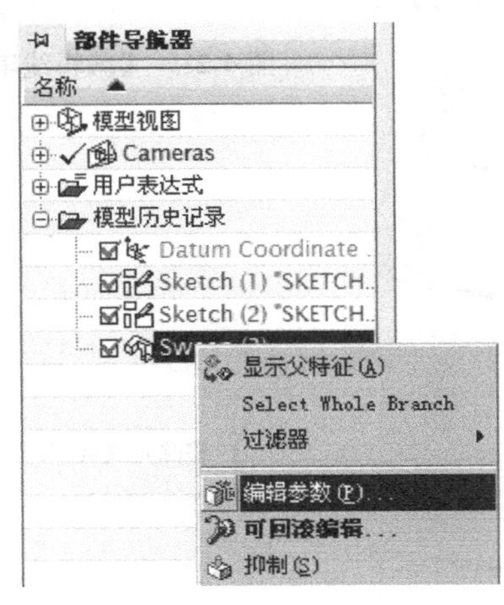

图 4-19　编辑扫描特征方法一

从部件导航器窗口中，选择要编辑的特征节点，扩展“细节”窗口，在编辑参数上单击鼠标右键，如图 4-20 所示。

2. 编辑和代替定义的截面线串

除编辑特征参数外，还可以编辑建模公差、编辑拉伸方向、编辑旋转方向、编辑和代替定义的截面线串、编辑引导线串、编辑草图尺寸和重新附着。

在部件导航器中选择扫描特征节点，单击鼠标右键，在弹出的菜单中选择“编辑定义线串”，弹出的对话框如图 4-21 所示。在该对话框中单击鼠标左键选择对象添加到定义线串，按住 Shift 键并单击鼠标左键，选择要移去的线串。如图 4-22 所示，原来是一段空心管子，当按住 Shift 键并单击鼠标左键选择其中的定义线串 2，然后单击确定按钮，则该空心管子变成了实心管子。

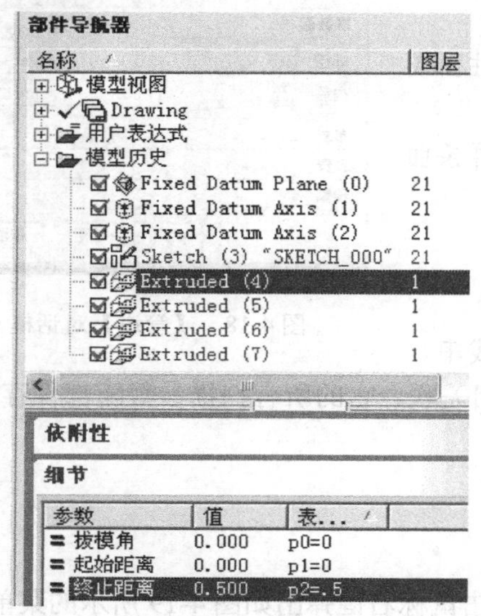

图 4-20 编辑扫描特征方法二

图 4-21 【编辑线串】对话框

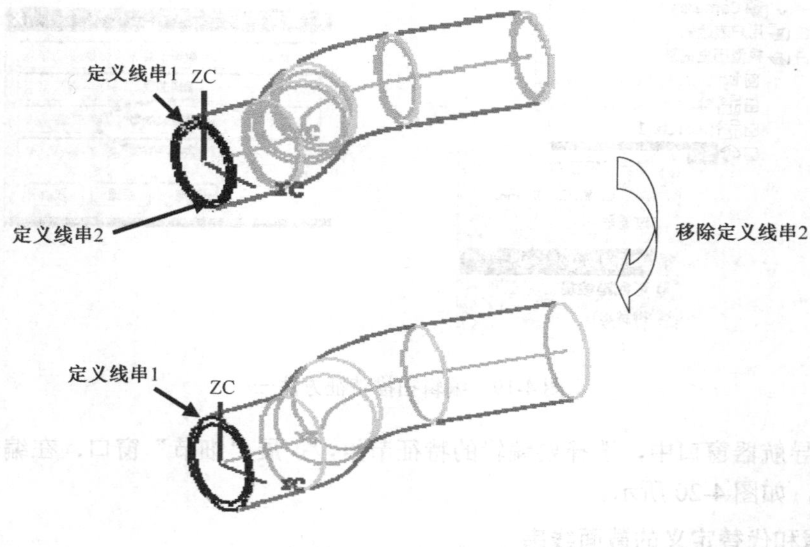

图 4-22 移除线串

4.2 布尔操作

布尔操作是将已存的实体或片体组合到一起，布尔操作包括求和、求差、求交。布尔操作执行的条件是：至少存在两个实体或片体（目标体和工具体），并且二者必须有公共的模型空间。布尔操作对话框如图 4-23 所示。

- 目标体：新特征被加到其上的体。
- 工具体：被加到目标体上的体，操作终止后，工具体成为目标体的一部分。

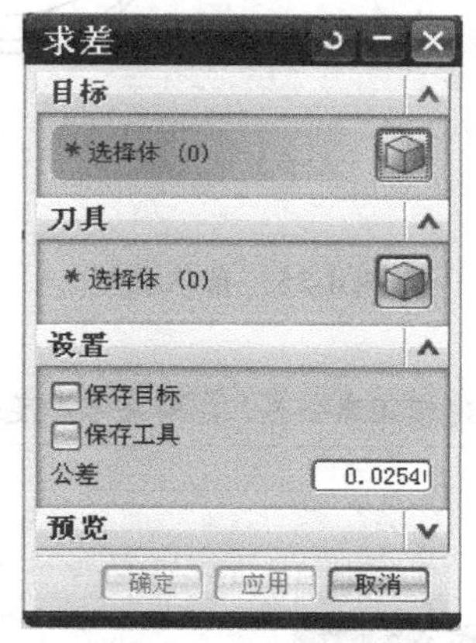

图 4-23　布尔操作对话框

1. 求和

用于将两个或两个以上的实体合并成一体。求和只适用于实体，片体合并应使用缝合操作。求和效果如图 4-24 所示。

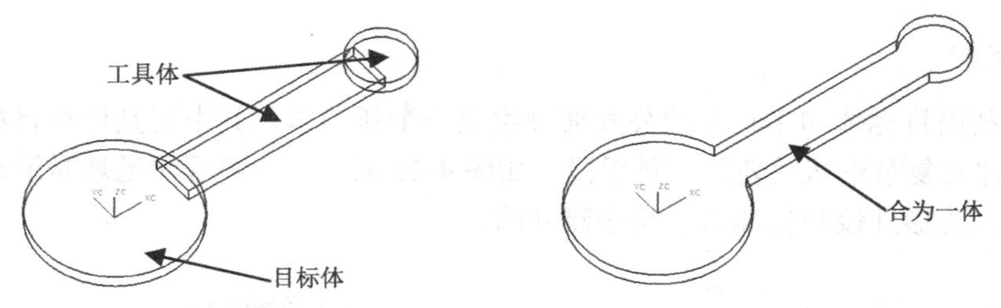

图 4-24　布尔求和

2. 求差

从一个目标体上减掉一个或多个工具体，求差结果如图 4-25 所示。

工具体与目标体必须相交。如果求减结果出现以下故障，系统会提示：出现零厚度边缘，系统发布故障信息“刀具和目标未形成完整相交”，如图 4-26 所示。

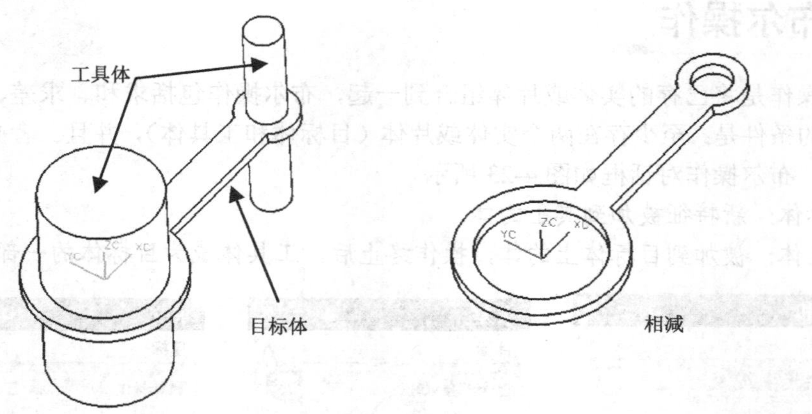

图 4-25　布尔求差

📖 可通过微小移动工具体（≥建模距离公差），解决零厚度边缘故障。

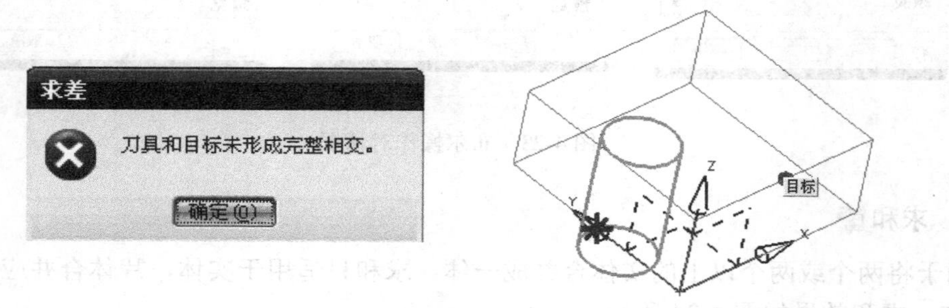

图 4-26　故障信息对话框

3. 求交

求交是利用目标体和工具体的公共部分生成一个新的体，其中工具体与目标体必须相交，可作为建立复杂形状毛坯的一种手段。如图 4-27 所示，六角螺母毛坯是通过正六边形拉伸体与正六边形外接圆拉伸体求交来建立的。

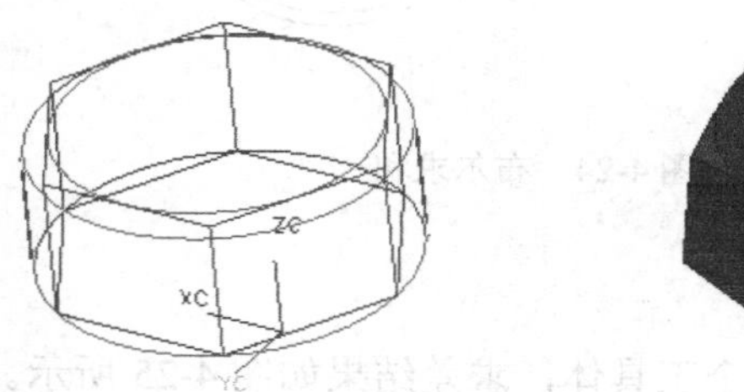

图 4-27　求交运算的应用

4.3 边缘操作

在现实生产加工中，为了改善零件的制造和使用工艺，须对零件进行边倒圆或倒斜角等处理，在UG中也可实现，这些特征统称为细节特征，下面详细介绍几种常用的细节特征。

1. 边倒圆

边倒圆通过使选择的边缘形成圆形来修改一个实体。

选择【插入】/【细节特征】/【边倒圆】命令或单击特征操作工具条上的相应图标，弹出如图4-28所示【边倒圆】对话框。边倒圆操作对凸边缘则减去材料，对凹边缘则添加材料。可以作用恒定或可变半径倒圆到选择的边缘并相切到相邻的表面。

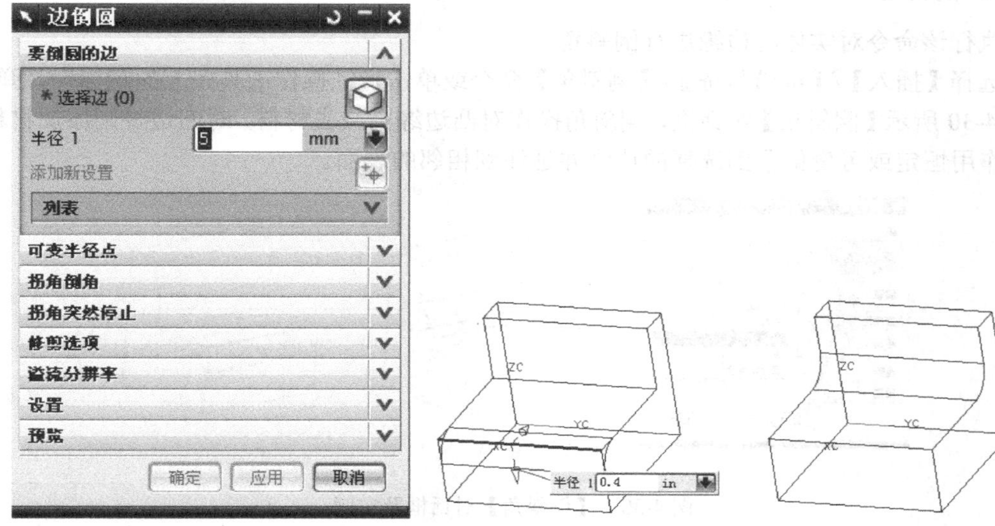

图4-28 【边倒圆】对话框及实例

> 一个边倒圆操作只能作用在同一目标实体上。

在选择边倒圆命令后，在圆形窗口中预览结果，拖拽半径手柄之一或在动态输入框中输入值可以调整半径值。

如图4-29所示，边倒圆有以下四种类型。

- 恒定半径倒圆：为倒圆特征建立一个或多个边缘组。一个恒定的半径值作用到边缘组中的所有边缘。
- 可变半径倒圆：通过规定在边缘上的点和在每一点上输入不同的半径值，沿边缘的长度可以改变倒圆半径。
- 拐角回切：添加回切点到一倒圆拐角，通过调整每一个回切点离顶点的距离，作用附加形状到拐角上。
- 拐角突然停止倒圆：通过选择终点，进行局部边缘段倒圆。

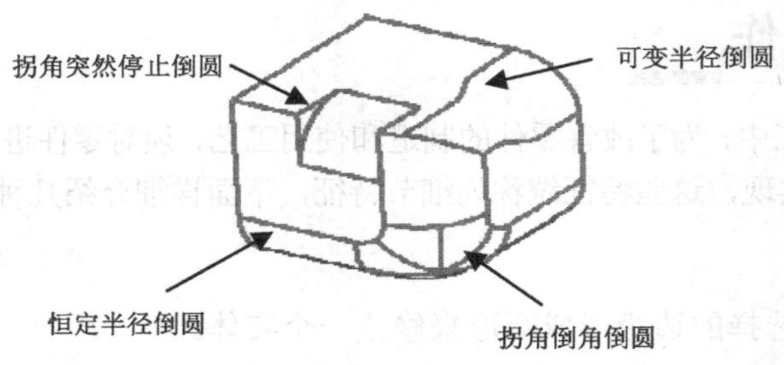

图 4-29　边倒圆类型

2. 倒斜角

执行该命令对实体的边缘进行倒斜角。

选择【插入】/【细节特征】/【倒斜角】命令或单击特征操作工具条上的图标，弹出如图 4-30 所示【倒斜角】对话框，倒斜角操作对凸边缘则减去材料，对凹边缘则添加材料。可以作用恒定或可变偏置到选择的边缘并延伸到相邻的表面。

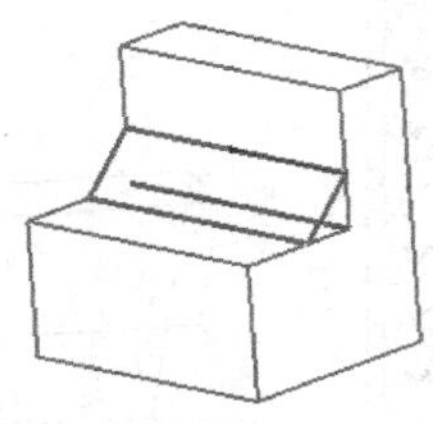

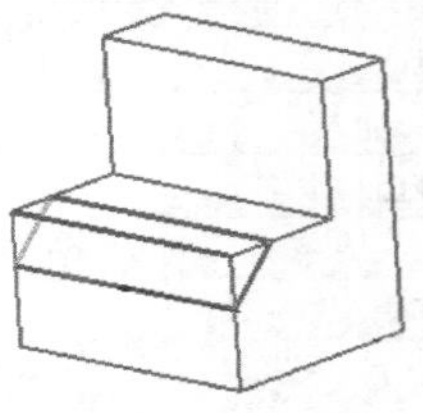

图 4-30　【倒斜角】对话框及实例

如图 4-31 所示，倒斜角有以下三种类型：

- 对称：对称倒斜角为最普通的倒斜角方式，其倒斜角的两边偏置相等。
- 非对称：非对称倒斜角方式是两边偏置不相等的情况。
- 偏置和角度：通过指定一个相邻表面上的倒角偏置，以及与该偏置相对应的角度来执行倒斜角。

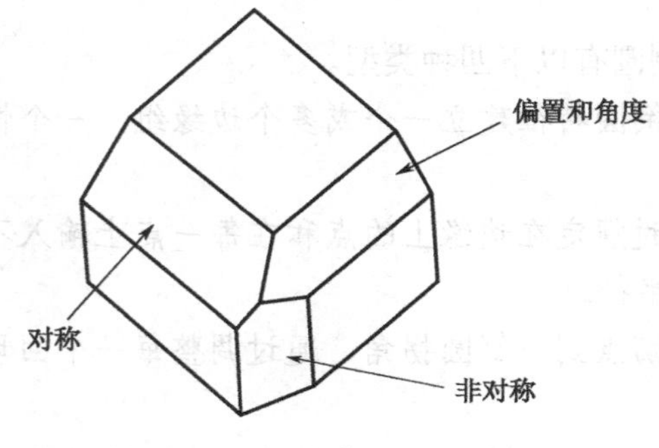

图 4-31　倒斜角类型

4.4 面操作

前面讲的边缘操作是对模型的边进行操作，面操作是对模型的面进行操作，包括拔模、抽壳和偏置面等。

1. 拔模

单击特征操作工具条上的图标，或选择【插入】/【细节特征】/【拔模】命令，弹出如图4-32所示【拔模】对话框，拔模类型包括“从平面”、“从边”、“与多个面相切”和“至分型边”。

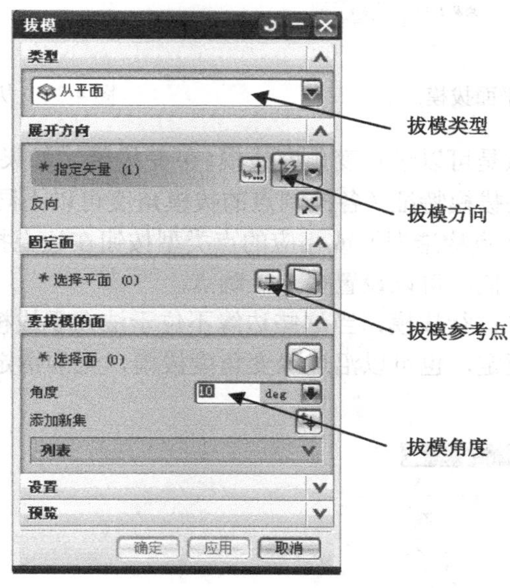

图4-32 【拔模】对话框

下面先解释一下拔模的几个要素。

- 拔模方向：拔模方向必须定义，以便能基于正确的方向进行拔模，可以利用矢量构造器来定义拔模的方向矢量。拔模特征与拔模方向相关。
- 拔模角：拔模角相对于拔模方向来定义，正的拔模角导致选定的面向内收（朝向拔模矢量或体的中心），负的拔模角导致选定的面向外扩（远离拔模矢量或体的中心）。
- 拔模参考点：拔模参考点定义拔模平面的位置。拔模参考点是位于拔模平面上的一点，拔摸平面法向于拔模方向矢量，实体位于该平面上的横截面在拔模过程中不发生改变。

（1）从平面

从平面拔模的示例如图4-33所示，需要分别定义展开方向、固定面、要拔模的面等。

（2）从边

从边拔模的示例如图4-34所示，首先选择 Z 轴指定拔模方向矢量，接着在“固定边缘”

选项组中单击（选择边）按钮，在模型中选择所需边作为固定边缘，并输入拔模角度 1，可以添加新的拔模集。

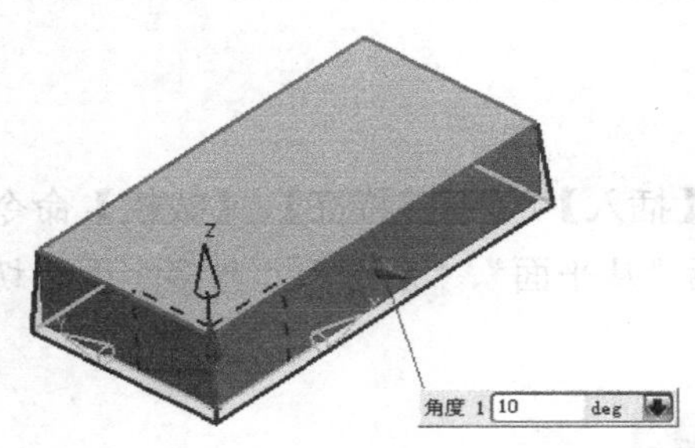

图 4-33　从平面拔模

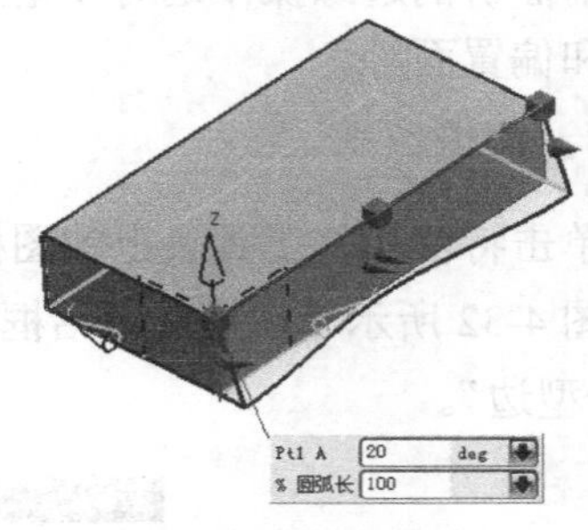

图 4-34　从边拔模/可变角度拔模

从边拔模的一个优点是可以进行变角度拔模（可变拔模）。如果要创建可变的从边拔模，即具有多个拔模控制点的拔模特征（各控制点的拔模角度可以不同），则需要展开“可变拔模点”选项组，利用（点构造器）或相应的点类型按钮在边上指定控制点，并分别设置其位置和对应的拔模角度值，可以设置多个控制点。

允许沿着给定的边缘进行拔模，当这些边缘不位于法向于拔模矢量的平面内时该选项尤其有用，拔模角可以恒定，也可以沿边缘变角度拔模，无须指定拔模参考点，如图 4-35 所示。

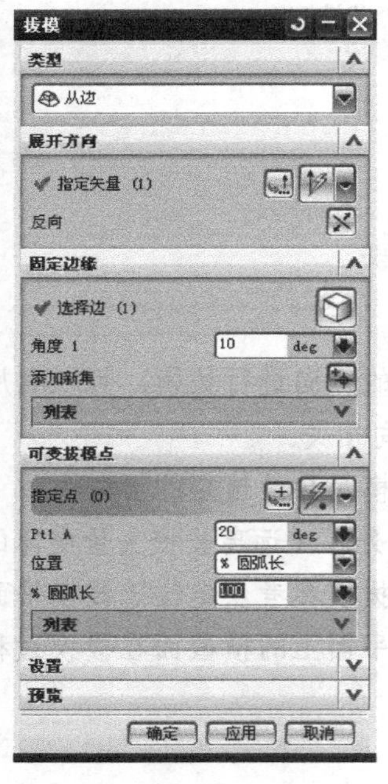

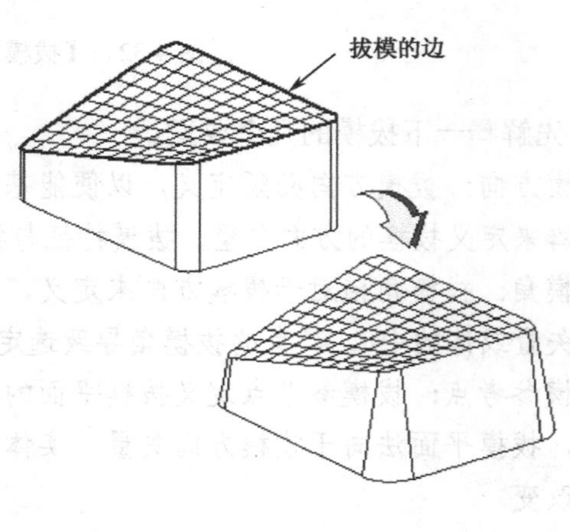

图 4-35　从边拔模参数对话框

从边拔模适用于不在同一平面内的边缘进行拔模。

（3）与多个面相切

此类型拔模一般针对具有相切平面的实体表面进行拔模。如图 4-36 所示，须分别定义脱模方向和相切面（包括选择相切面参照和设置角度）。

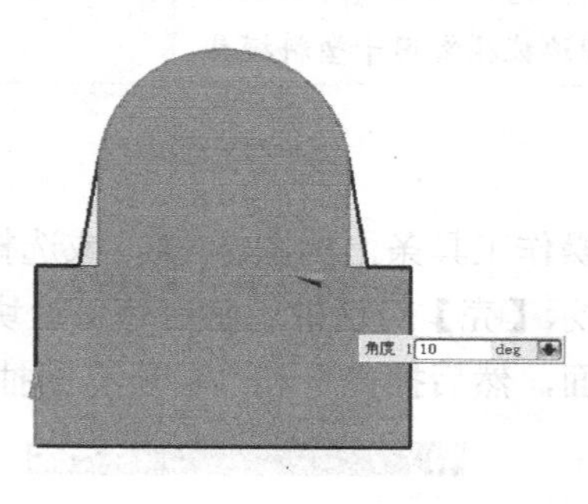

图 4-36　与多个面相切拔模

📖 这种类型的拔模方法特别适合于锻模和浇铸模具，可避免出现反拔模面。

（4）至分型边

至分型边拔模的示例如图 4-37 所示。创建此类拔模时首先选择 *Z* 轴指定脱模方向矢量，接着在“固定面”选项组中单击（平面参照）按钮，选择模型底面为固定面（或选择地面的一个点为参考点），然后在“分型边”选项组中单击（选择边）按钮，分别单击模型固定面上的轮廓边，最后设置拔模角度为 1 即可。

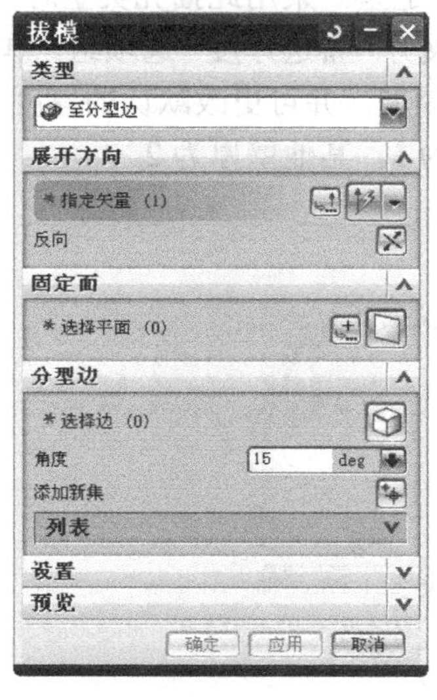

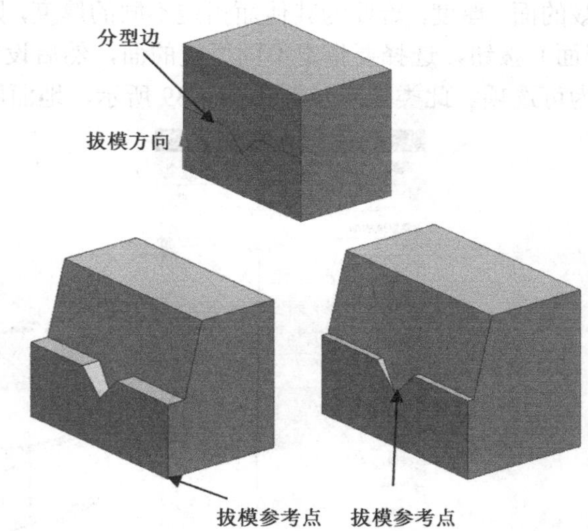

图 4-37　至分型边拔模

📖 分割边界线必须选择实体的边，如果需要在单一的表面进行拔模，应该建立分割边界，方法为：

首先在要拔模的表面绘制曲线，再使用【插入】/【修剪】/【分割面】命令对表面进行分割，产生分割边界。

📖 参考点决定了拔模的起始点，分割线沿拔模方向的垂直方向进行扫描，得到扫描面。拔模参考点不同，得到的拔模结果也不同。

📖 至分型边拔模常用于塑料模具。

2. 抽壳

单击特征操作工具条上的图标，或选择【插入】/【偏置/缩放】/【抽壳】命令，弹出如图4-38所示【壳】对话框，此命令可让块状实体变成具有指定壁厚的实体模型。抽壳类型有“移除面，然后抽壳”和“对所有面抽壳”两种。

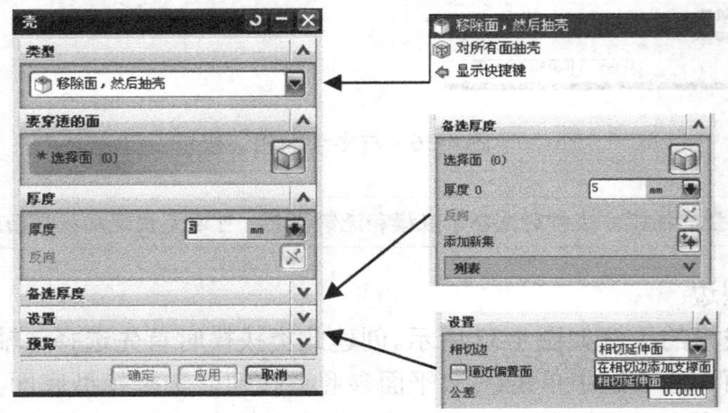

图 4-38 【壳】对话框

（1）移除面，然后抽壳

此类型抽壳最为常用，此方法所创建的壳体具有开口造型。采用此抽壳类型时须定义要冲裁的面、厚度，若要为其他面指定不同的厚度，则要展开“备选厚度”选项组，单击（选择面）按钮，选择要指定不同厚度的面，然后设置其厚度，并可更改默认的厚度方向。此项为可选项。此类抽壳示例如图4-39所示，地面厚度为5，其他壁厚为2。

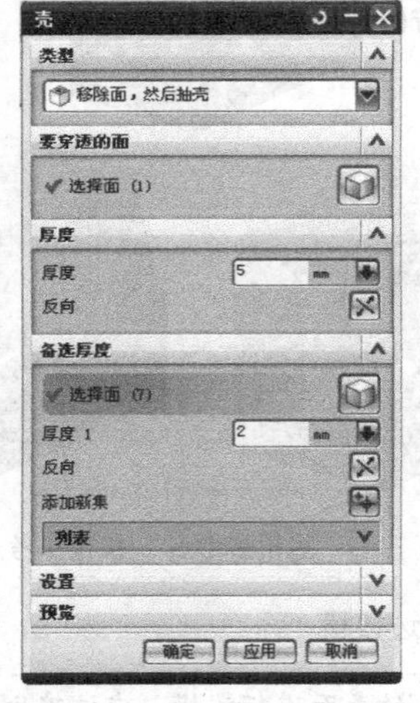

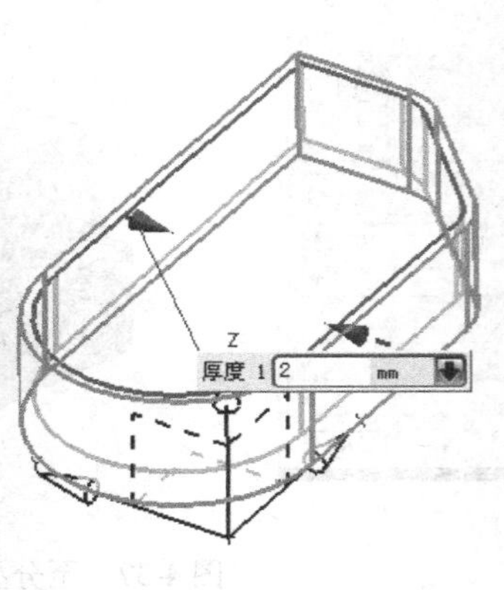

图 4-39 移除面，然后抽壳

📖 挖空的厚度和备选厚度都可以大于或小于0，大于0是掏空，小于0是蒙皮。

（2）对所有面抽壳

若要创建没有开口的壳体，则须采用“对所有面抽壳”类型。采用该类型进行抽壳操作，只需要选择要抽壳的实体、设置厚度等，如图4-40所示，也可用备选厚度选项给不同面设置不同厚度。

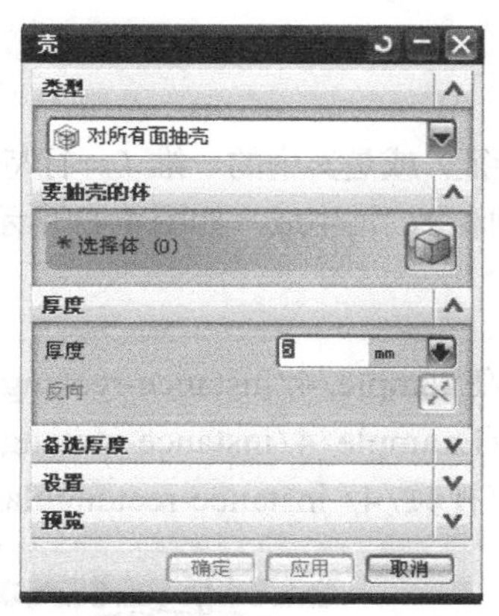

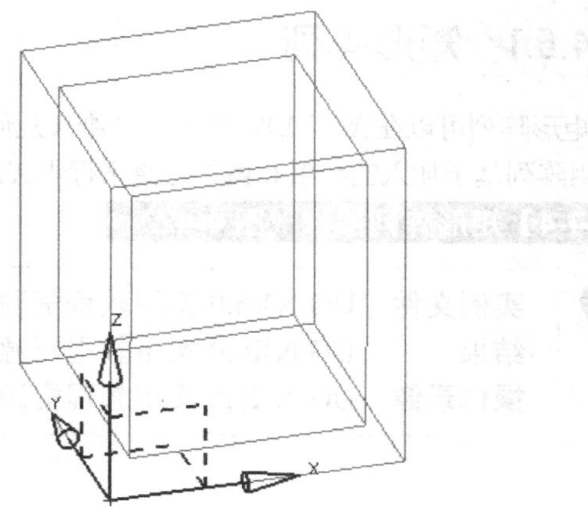

图4-40　对所有面抽壳

3. 偏置面

该命令沿着面的法向偏置实体的一个或多个面，也可以偏置特征面。偏置距离可以是正值或负值，正的偏置沿所选表面的法向方向。

直接单击图标，选择【插入】/【偏置/缩放】/【偏置面】命令，弹出如图4-41所示【偏置面】对话框，选择要偏置的面，输入偏置距离。

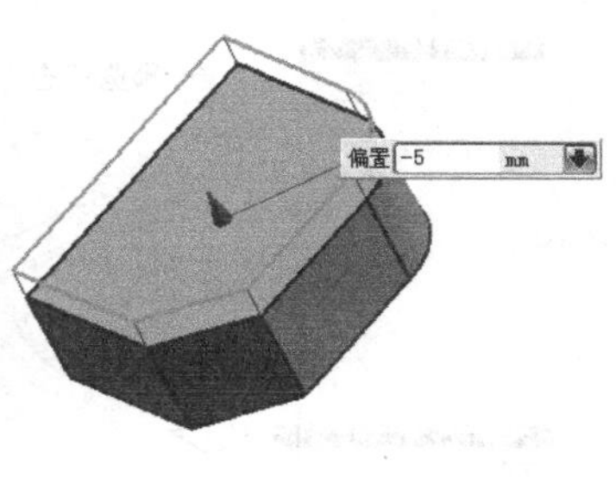

图4-41　【偏置面】对话框

4.5 阵列操作

阵列是由一个已存特征为依据，去创建一系列与之相关联的特征。阵列特征有以下优点：

- 可以用一个步骤同时创建多个相同的特征（螺栓孔等）。
- 可同时编辑所有的引用特征。

• 可以使用引用特征再建立引用特征。

> 📖 阵列操作必须在实体上进行，如建立螺栓孔的矩形阵列，这些孔必须驻留在实体上。
>
> 📖 不能进行阵列操作的对象有抽壳、倒圆、倒角、偏置面、基准、修剪的片体、拔模特征、自由形状特征及修剪的特征。

最常用的阵列操作有矩形阵列和圆形阵列，下面进行详细介绍。

4.5.1 矩形阵列

矩形阵列可以在 *XC* 和 *YC* 面上的二维（几何特征）或是其中的一维（一行特征）上进行，这些引用阵列基于加入的数量和偏置距离平行于 *XC* 轴和 *YC* 轴生成，如图 4-42 所示。

【例 4-4】矩形阵列操作（图 4-42）。

实例文件	UG NX6.0 实用教程资源包/Example/4/instance-rectangular.prt
结果	UG NX6.0 实用教程资源包/Example/4/instance-rectangular-end.prt
操作录像	UG NX6.0 实用教程资源包/视频/4/ instance-rectangular.avi

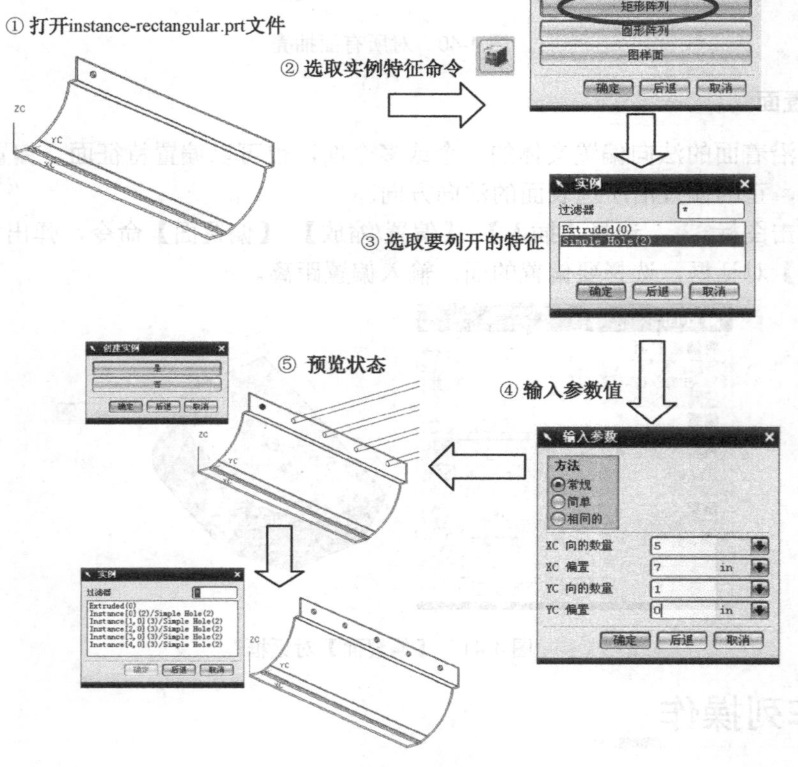

图 4-42 矩形阵列实例

矩形阵列建立有通用、简单、同样的三种选项。

• 通用：从已存特征建立引用阵列并确认所有几何体。一个通用阵列的引用允许横过面的一个边缘。而且在通用阵列中的引用可以从一个表面横跨另一个表面。

- 简单：类似于通用引用阵列，可通过消除额外的数据确认和优化操作加速引用阵列的建立。
- 同样的：建立引用阵列最快的方法，它做最少量的确认，然后复制和平移主特征的所有表面和边缘。每一个引用是原物的精确复制。当有大量引用并确保它们要严格相同时，可以使用这种方法。

矩形阵列只能在 *XC-YC* 平面上，如果不在该面上，还需要用到坐标系的重定位。

4.5.2 圆形阵列

从一个或多个选择的特征建立圆形阵列，需要指定以下内容：

- 旋转轴，绕该轴生成引用。
- 在阵列中引用的总数（包括原特征）。
- 引用间的夹角。

【例 4-5】圆形阵列操作（图 4-43）。

实例文件	UG NX6.0 实用教程资源包/Example/4/instance-circular.prt
结果	UG NX6.0 实用教程资源包/Example/4/instance-circular-end.prt
操作录像	UG NX6.0 实用教程资源包/视频/4/ instance-circular.avi

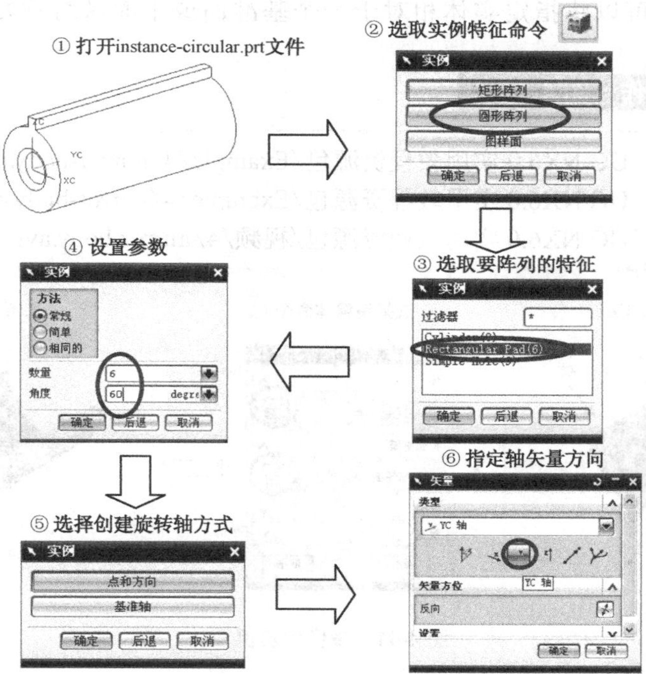

图 4-43　圆形阵列实例

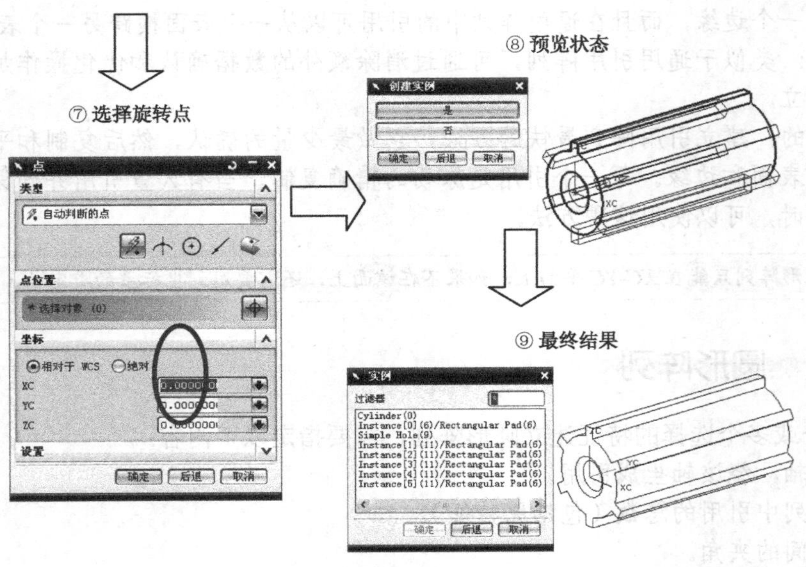

图 4-43　圆形阵列实例（续）

4.5.3　镜像体及镜像特征

1．镜像体

执行该操作，可以将指定实体相对于一个基准面或平面做对称复制，如图 4-44 所示。

【例 4-6】镜像体操作（图 4-44）。

实例文件　UG NX6.0 实用教程资源包/Example/4/mirror-body.prt
结果　UG NX6.0 实用教程资源包/Example/4/mirror-body-end.prt
操作录像　UG NX6.0 实用教程资源包/视频/4/mirror-body.avi

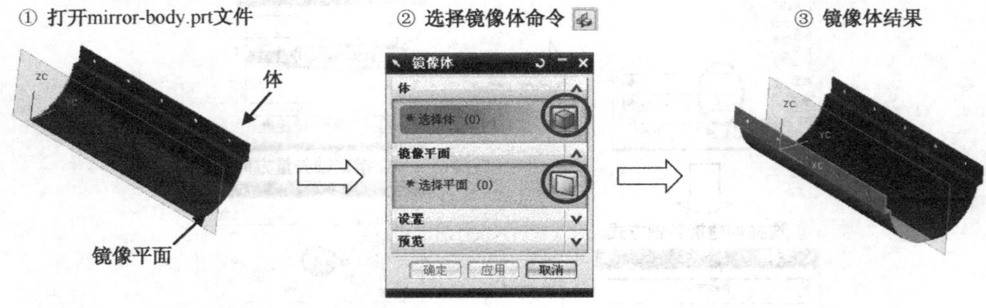

图 4-44　镜像体实例

2．镜像特征

执行该操作，可以将指定特征相对于一个基准面或平面进行对称复制，如图 4-45 所示。

【例 4-7】镜像特征操作（图 4-45）。

实例文件	UG NX6.0 实用教程资源包/Example/4/mirror-feature.prt
结果	UG NX6.0 实用教程资源包/Example/4/mirror-feature-end.prt
操作录像	UG NX6.0 实用教程资源包/Example/4/mirror-feature.avi

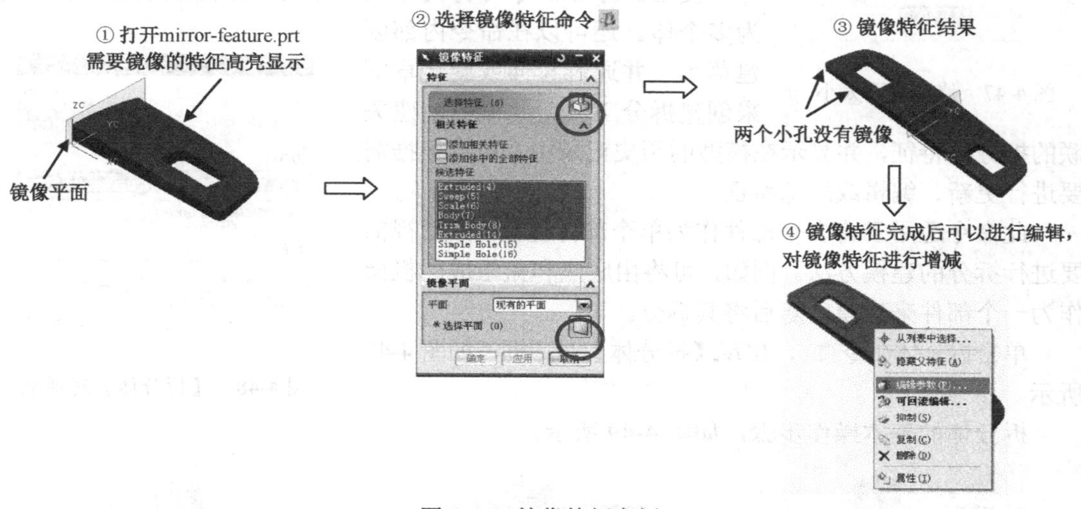

图 4-45　镜像特征实例

镜像体只能使用基准面作为镜像面，而镜像特征可以使用基准面或者实体表面作为镜像面。

4.6 修剪操作

在日常设计中经常用到修剪操作，可以很方便地完成复杂相关型面的精确建模，下面介绍两种常用的命令：修剪体和拆分体。

1. 修剪体

修剪体利用一个表面或基准面修剪一个或多个目标，可以决定保留哪一部分，被修剪后的实体获得修剪几何体的形状，如图 4-46 所示。

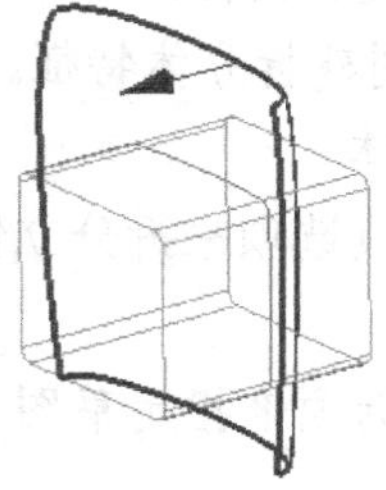

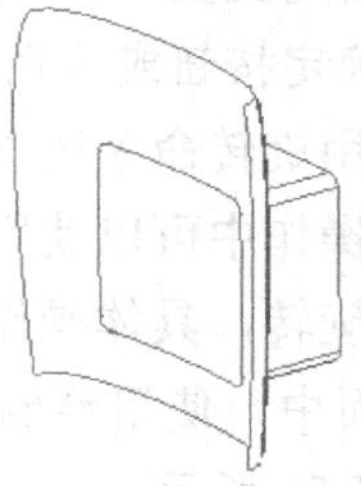

图 4-46　【修剪体】对话框及实例

矢量箭头方向为移去材料的一侧。按照提示先选择要修剪的几何体，再选择修剪面，箭头方向可以根据需要反向。

如果使用表面和片体修剪实体，表面和片体必须足够大以超出实体，否则不能完成修剪，系统会显示如图 4-47 所示的出错信息。

图 4-47 修剪表面太小

2. 拆分体

使用拆分体命令可将实体或片体用一组面或基准平面拆分为多个体。还可以在命令内部创建草图，并通过拉伸或旋转草图来创建拆分工具。此命令创建关联的拆分体特征，并显示在模型的历史记录中。可以根据需要进行更新、编辑或删除特征。

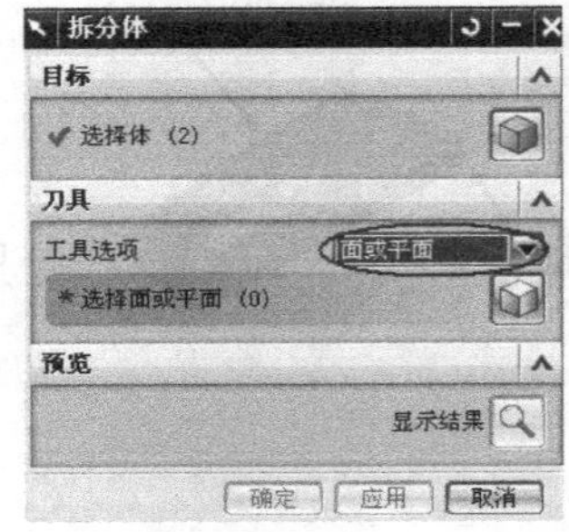

图 4-48 【拆分体】对话框

此命令适用于将多个部件作为单个部件建模，然后视需要进行拆分的建模方法。例如，可将由底座和盖组成的机架作为一个部件来建模，随后将其拆分。

单击拆分体命令，出现【拆分体】对话框，如图 4-48 所示。

拆分体的基本操作步骤，如图 4-49 所示。

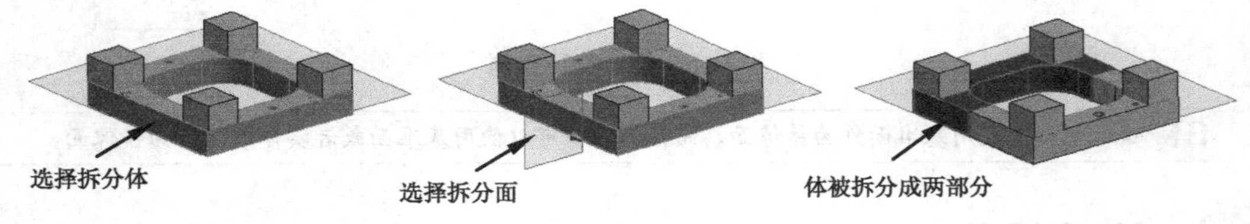

图 4-49 拆分体操作

（1）使用拉伸工具选项拆分立体

拆分体操作中可以使用拉伸工具选项来拆分立体。首先将图 4-48 所示对话框中的刀具选项设置为拉伸，具体操作如下。

- 在截面中，使用绘制截面选项来指定草图平面并在草图生成器中绘制曲线，如图 4-50 所示。
- 使用指定矢量选项来指定截面曲线拉伸的方向。
- 单击确定按钮或应用按钮来创建拆分体特征。

（2）使用旋转命令选项拆分立体

拆分体操作中可以使用旋转工具选项来拆分立体。首先将图 4-48 所示对话框中的工具选项设置为旋转，具体操作如下。

- 在截面中，使用绘制截面选项来指定草图平面并在草图生成器中绘制曲线草图，如图 4-51 所示。
- 使用指定矢量选项来指定截面曲线所绕的轴。使用指定点选项可在旋转指定截面曲线所绕的旋转轴上指定一个点。

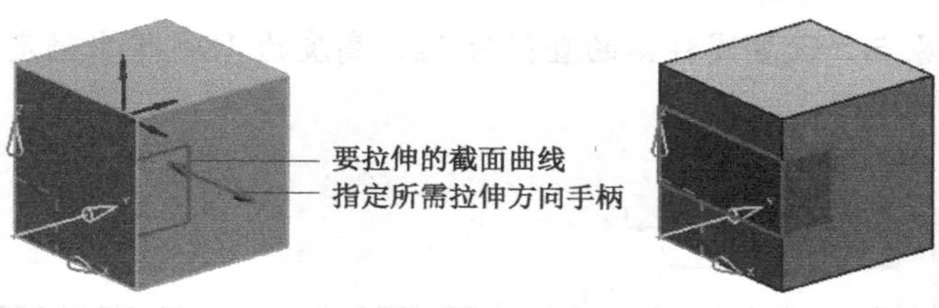

图 4-50　使用拉伸工具拆分实体

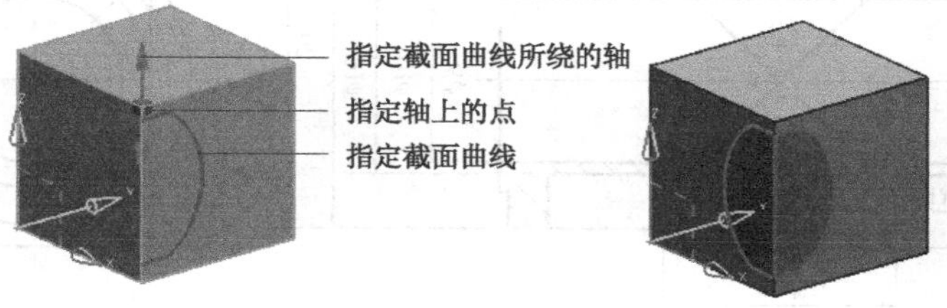

图 4-51　使用旋转工具拆分实体

当使用面拆分实体时，面的大小必须足以完全切过实体。

4.7 实例分析

本节将以三通管为例介绍各种特征的操作和编辑、主要阵列及镜像特征的应用，以及其他命令的使用方法与技巧。

实例文件　UG NX6.0 实用教程资源包/Example/4/santongguan.prt
操作录像　UG NX6.0 实用教程资源包/视频/4/santongguan.avi

4.7.1 实例：三通管的三维建模

设计一个三通管，练习使用各种特征相结合的方法完成实体的建模。其相关尺寸如图 4-52 所示。

注意本实例单位是英寸，新建文件时注意设置单位。

设计过程

[1] 在菜单栏中选择【文件】/【新建】命令（或单击图标），打开【新建】对话框。在“模型”选项卡的“模板”列表中选择“模型”模板，在“新文件名”选项组的“名称”文本框中输入“santongguan.prt”，并指定文件的保存路径，单击确定按钮。

[2] 选择【插入】/【设计特征】/【圆柱】命令（或单击图标），弹出【圆柱】对话框，选择“类型”为“轴、直径和高度”，默认 Z 轴正方向为圆柱高度方向，安放

点为坐标原点，设置圆柱体的直径为 12，高度为 18，单击确定按钮创建圆柱体，如图 4-53 所示。

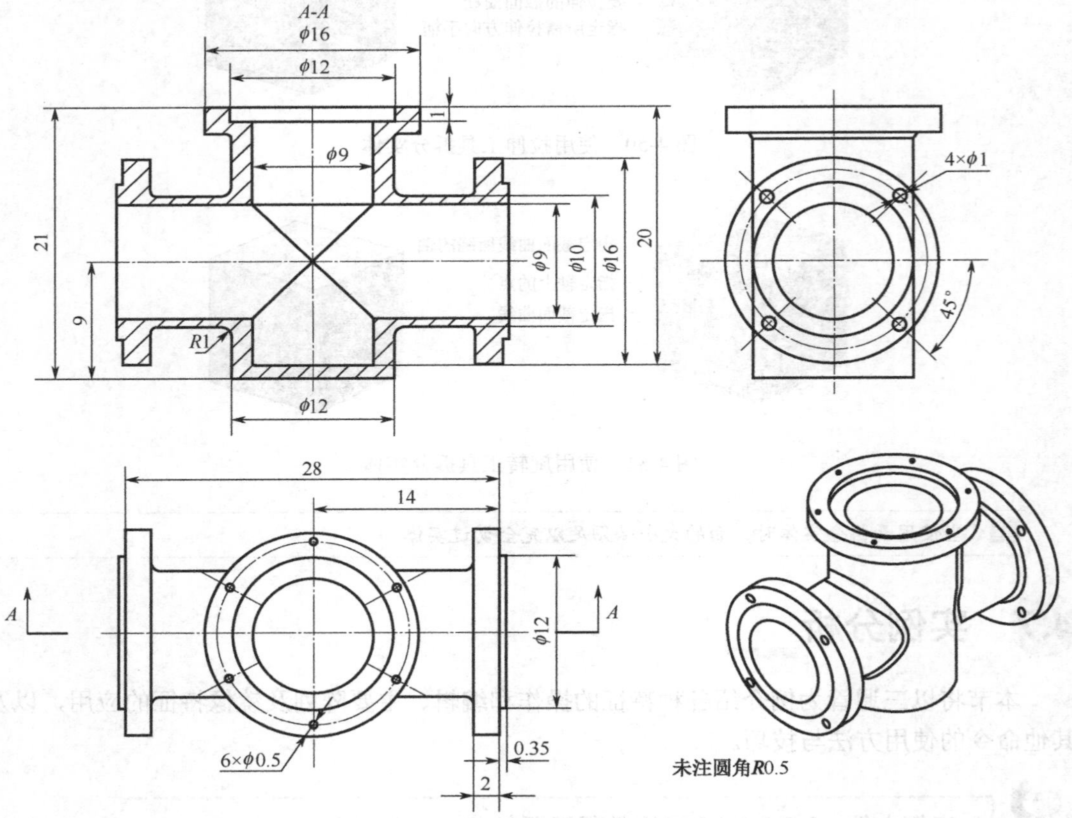

未注圆角R0.5

图 4-52　三通管的模型尺寸

图 4-53　创建圆柱体

[3] 选择【插入】/【设计特征】/【凸台】命令（或单击图标），弹出【凸台】对话框，设置凸台的直径为 18，高度为 3，锥角为 0，如图 4-54 所示，选择圆柱的上表面为凸台安放面。单击确定按钮，弹出如图 4-54 所示的【定位】对话框，用（点到点）定位凸台到圆柱中心如图 4-55 所示。

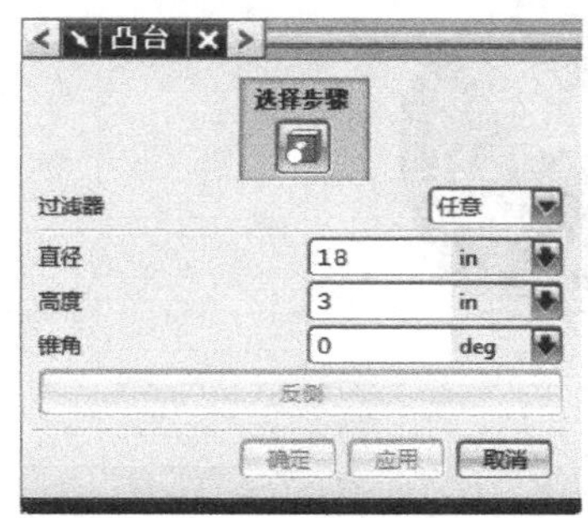

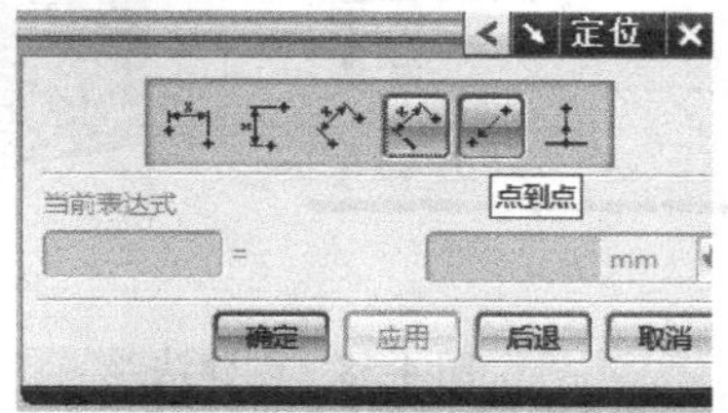

图 4-54　创建凸台

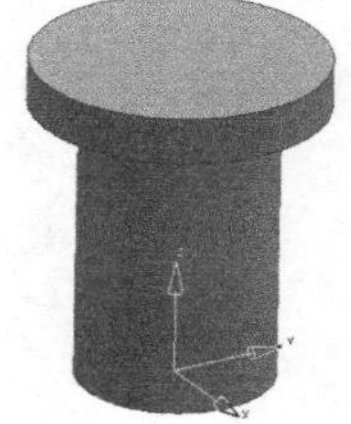

图 4-55　定位凸台到圆柱中心

[4] 将工作层设置为 61 层，选择基准面命令，过圆柱中心轴线作两个相互垂直基准面，如图 4-56 所示。

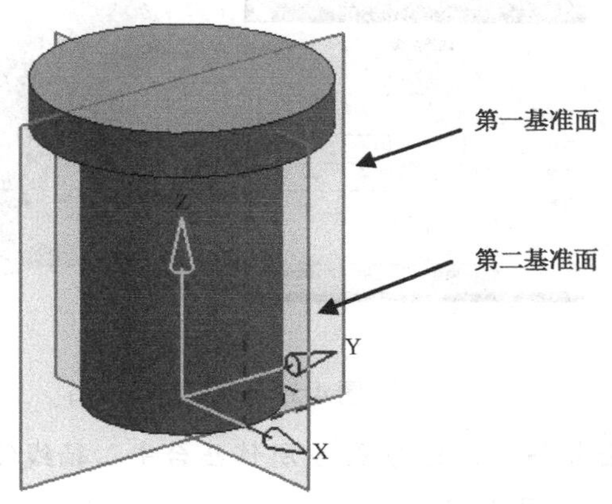

图 4-56　创建基准面

[5] 选择【插入】/【设计特征】/【凸台】命令（或单击图标），弹出【凸台】对话框，设置凸台的直径为 10，高度为 12，锥角为 0，选择第一基准面为凸台安放面。单击应用按钮，定位凸台圆心在第二基准面上，且到圆柱底面的距离为 9，如图 4-57 所示。

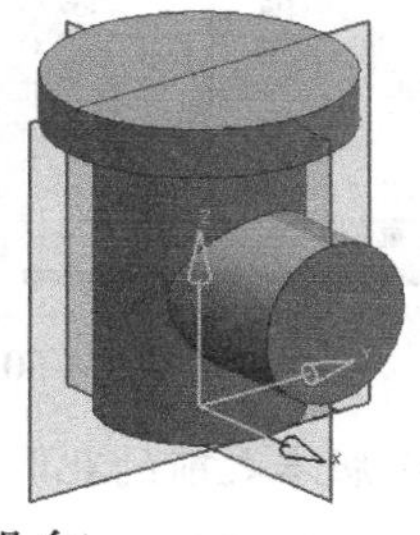

图 4-57　创建凸台

[6] 在凸台对话框中设置凸台直径为 16，高度为 2，选择上一步中所创建的凸台端面为安放面，单击应用按钮，并定位到端面圆心，如图 4-58 所示。

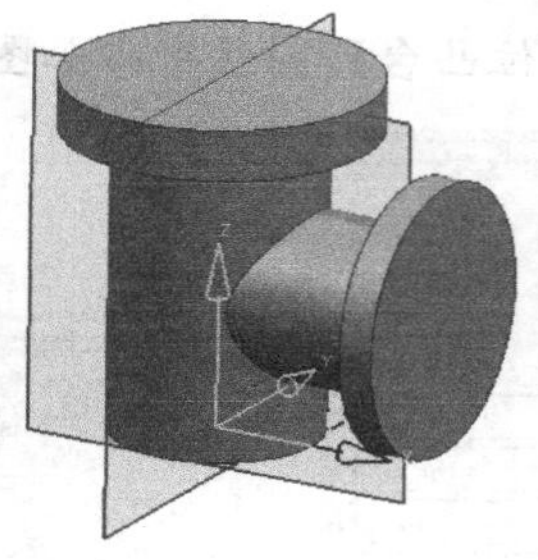

图 4-58 创建法兰

[7] 设置凸台直径为 12，高度为 0.35，选择上一步所创建的凸台端面为安放面，单击确定按钮，并定位凸台到端面圆心，如图 4-59 所示。

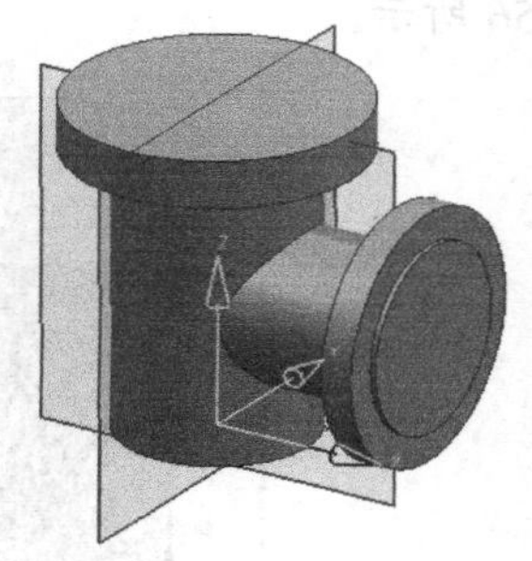

图 4-59 创建定位止口

[8] 选择基准面命令，过步骤 5 所作凸台中心轴线作第一基准面，与第二基准面夹角为 45°，如图 4-60 所示。

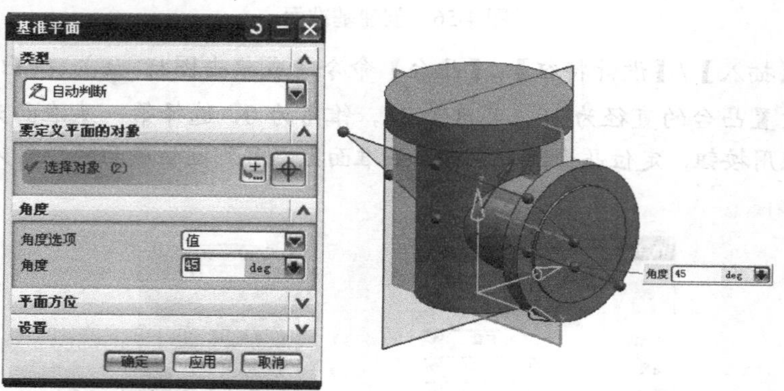

图 4-60 创建第三基准面

[9] 单击（NX5.0 版本之前的孔）图标，弹出【孔】对话框，默认孔类型为简单孔，设置孔的直径为 0.5，深度为 5（≥2 即可），选择步骤 3 所建凸台上表面为孔的安放面，

单击应用按钮，定位孔在第一基准面上，并到端面圆心的距离为7.25，如图4-61所示。

[10] 设置孔的直径为1，选择步骤6所示凸台表面为安放面，单击确定按钮，定位孔在第三基准面上，并到端面圆心的距离为7，如图4-62所示，创建了侧面法兰上的一个安装孔。

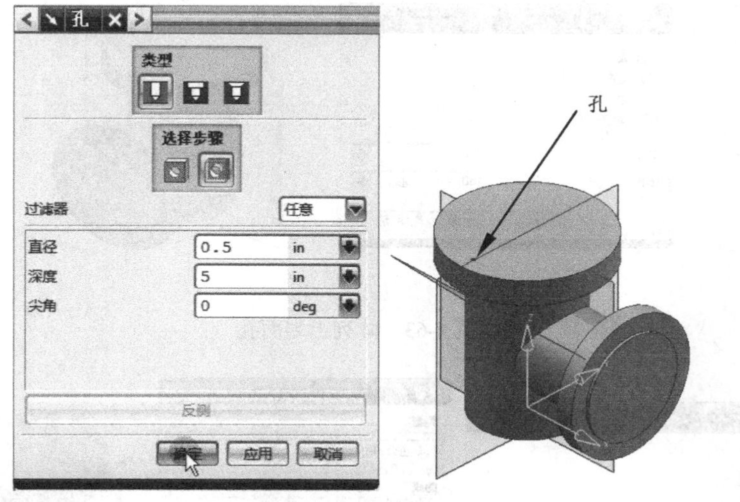

图4-61 创建上法兰螺钉孔

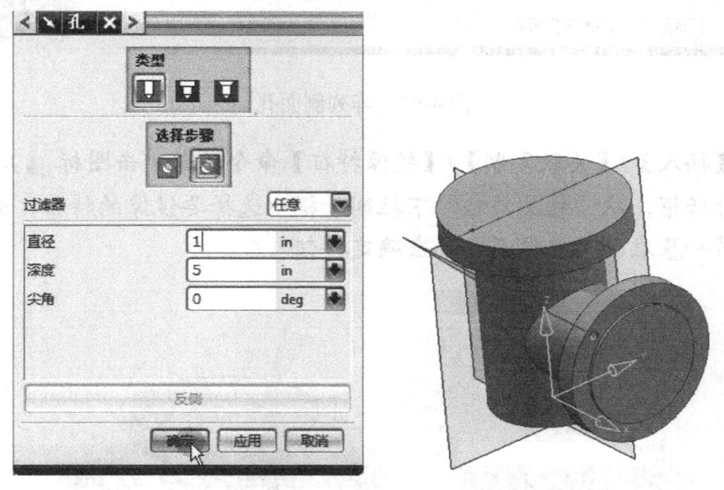

图4-62 创建侧面法兰安装孔

[11] 选择【插入】/【关联复制】/【实例特征】命令（或单击图标），弹出【实例】对话框，选择圆形阵列，选择步骤9所创建的孔，按常规方法设置数量为6，角度为60°，选择Z轴为旋转轴，单击确定按钮，结果如图4-63所示。

[12] 选择【插入】/【关联复制】/【实例特征】命令（或单击图标），弹出【实例】

对话框，选择圆形阵列，选择步骤 10 所创建的孔，按常规方法设置数量为 4，角度为 90° ，单击确定按钮，选择点和方向的方法定义旋转轴，弹出【矢量】对话框，选择类型为 曲线/轴矢量，选择凸台边缘曲线，采用默认矢量方向，圆形阵列的参考点选择凸台的端面圆心，单击确定按钮，结果如图 4-64 所示。

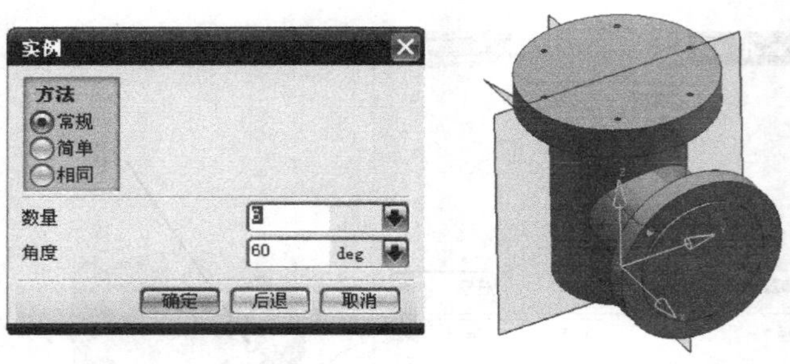

图 4-63　阵列上端面孔

图 4-64　阵列侧面孔

[13] 选择【插入】/【关联复制】/【镜像特征】命令（或单击图标 ），弹出【镜像特征】对话框，从“相关特征”下拉列表框中选择要镜像的特征，如图 4-65 所示，选择第一基准面为镜像面，单击确定按钮。

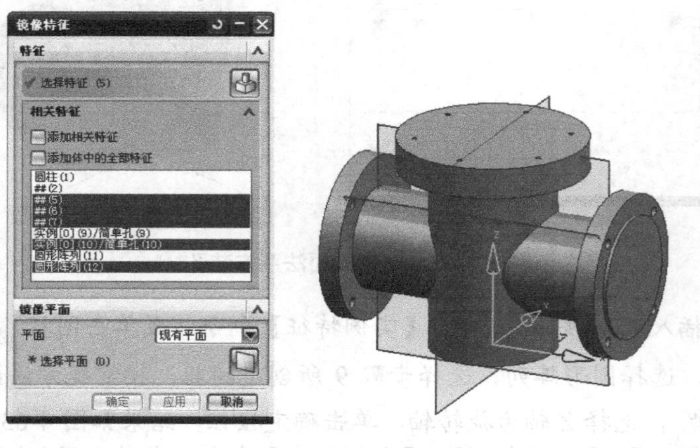

图 4-65　镜像特征

[14] 单击 (NX5.0 版本之前的孔)图标，弹出【孔】对话框，选择孔类型为沉头孔，设置法兰顶面为安放面，设置沉头孔的参数，如图 4-66 所示，单击“应用”按钮，定位孔在法兰圆心上。

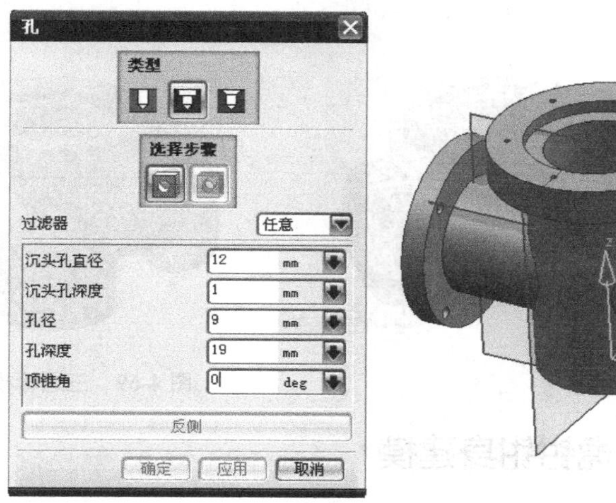

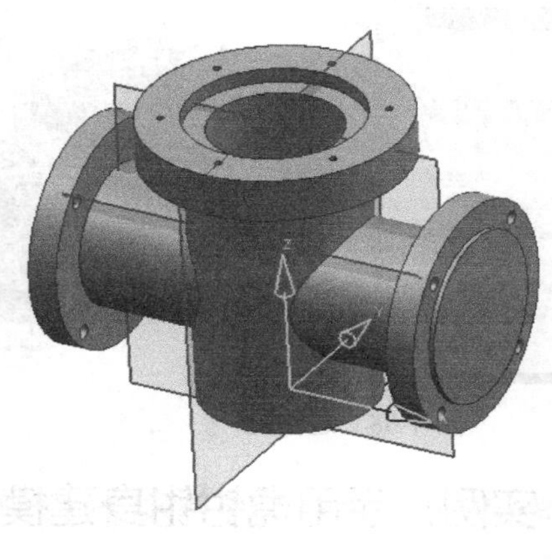

图 4-66　创建沉头孔

[15] 选择孔类型为简单孔，设置孔的直径为 9，选择两侧的止口端面为安放面和通过面，单击确定按钮，定位孔到止口圆心，结果如图 4-67 所示。

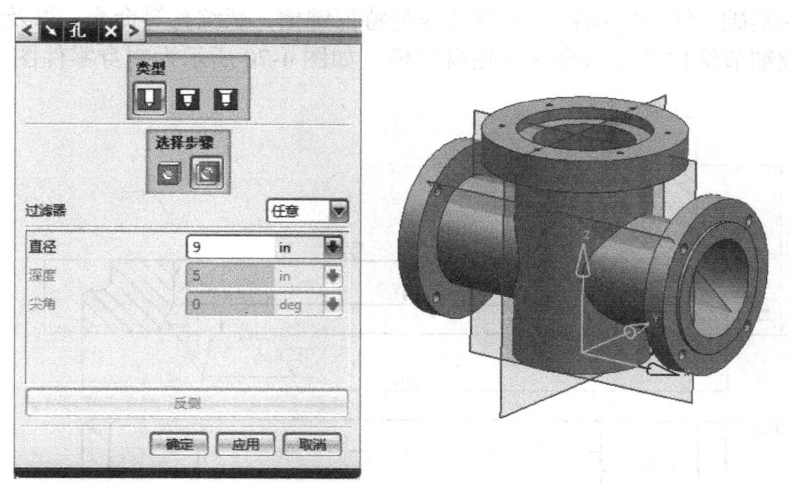

图 4-67　创建简单通孔

[16] 选择【插入】/【细节特征】/【边倒圆】命令（或单击图标），弹出【边倒圆】对话框，设置 Radius1=1，添加新集 Radius2=0.5，如图 4-68 所示。

[17] 单击图标，并关闭 61 层，最终模型如图 4-69 所示。

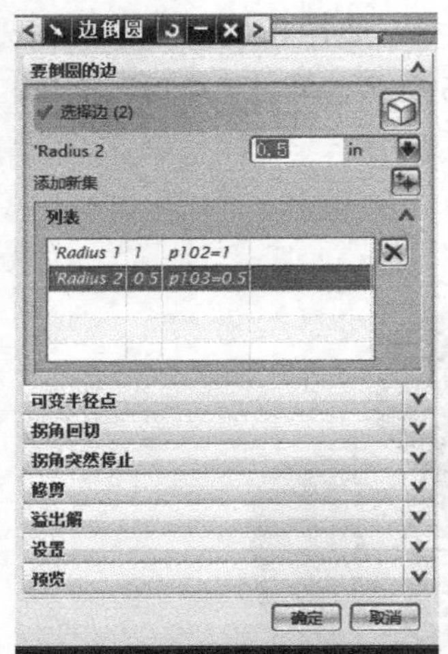

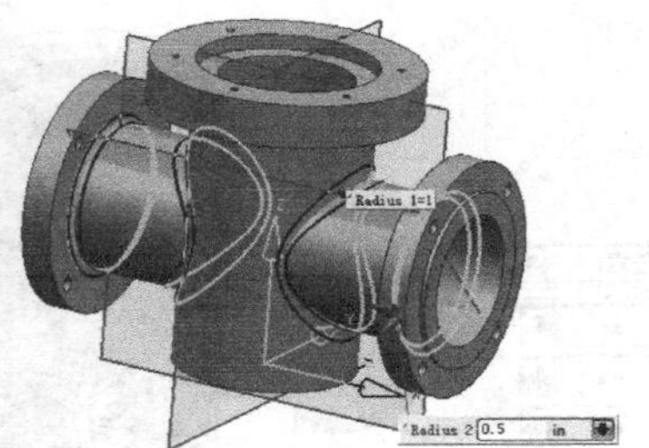

图 4-68　边倒圆

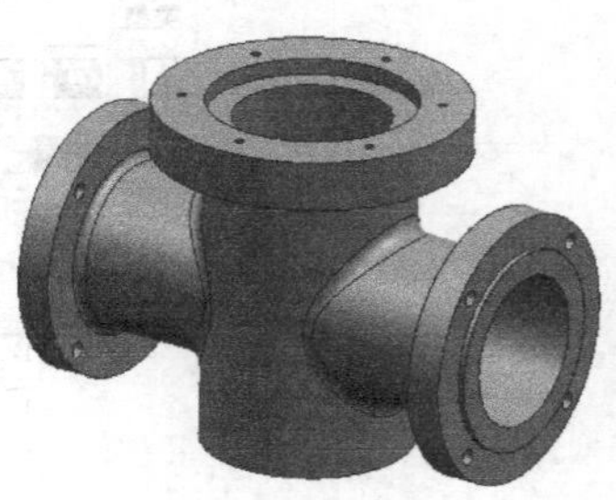

图 4-69　三通管模型

4.7.2　实例：手用虎钳钳身建模

实例文件　UG NX6.0 实用教程资源包/Example/4/qianshen.prt
操作录像　UG NX6.0 实用教程资源包/视频/4/qianshen.avi

手用虎钳的钳身是整个装配的核心组件，根据其结构也可以采用不同的建模方法完成，本例以草图为基础，结合扫描特征拉伸及成型特征键槽、螺纹孔等命令，以及最后用倒圆、倒角命令完成细节结构的方法来完成钳身建模。如图 4-70 所示为钳身零件图。

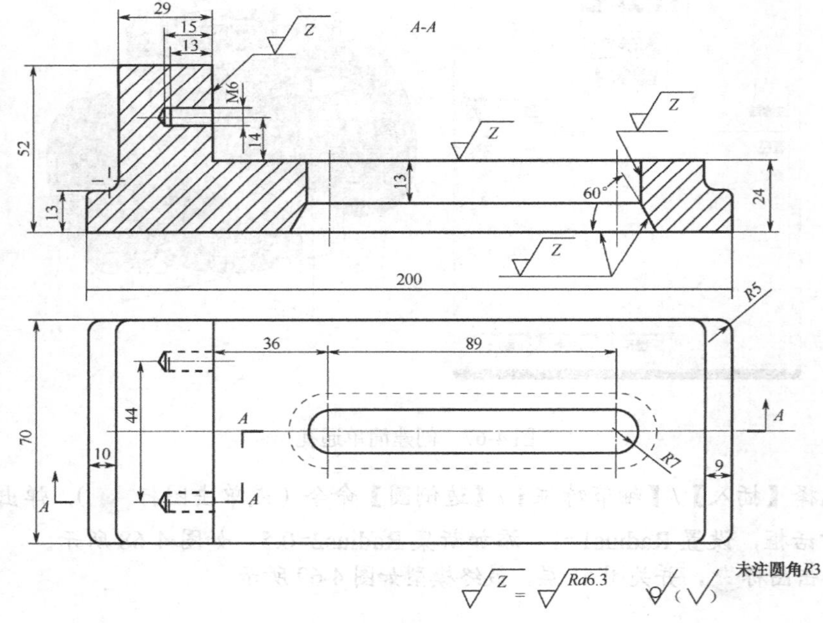

图 4-70　钳身零件图

设计分析

- 根据钳身的结构特点进行分析，采用草图及扫描特征创建钳身毛坯。
- 然后利用成型特征中的键槽及螺纹孔命令。
- 最后利用倒圆、倒角等细节特征完成钳身建模是比较方便、快捷的方法。

设计过程

[1] 新建文件，选择文件放置的文件夹及输入文件名，注意建模单位为毫米，如图 4-71 所示。

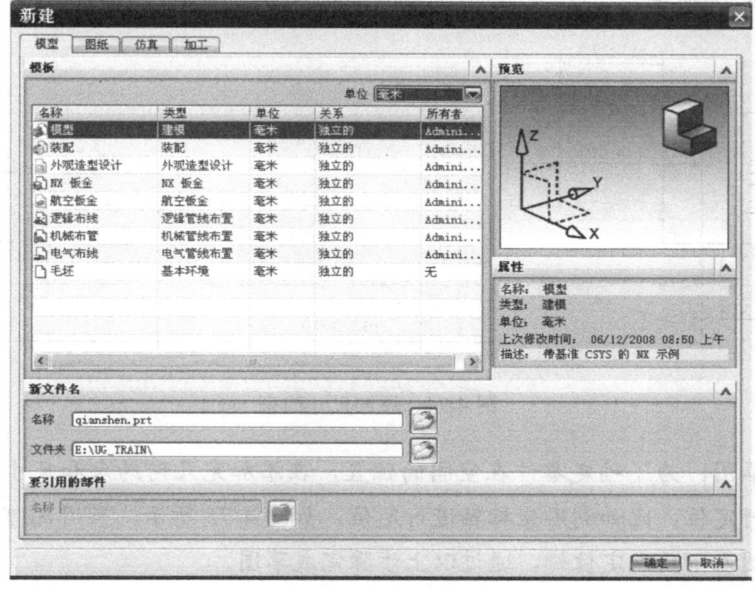

图 4-71　新建文件

[2] 将工作层设置为 21 层，并选择 *X-Z* 面为草图安放面，如图 4-72 所示。

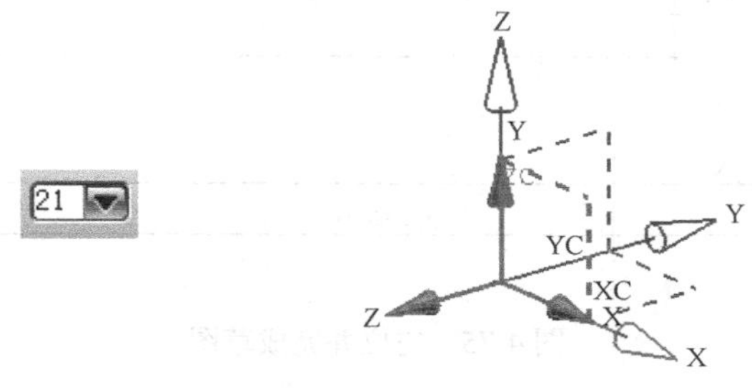

图 4-72　设置草图层和安放面

[3] 绘制草图轮廓，并单击几何约束图标，选择直线 1 和直线 2，从弹出的约束工具条中选择“共线”，如图 4-73 所示。

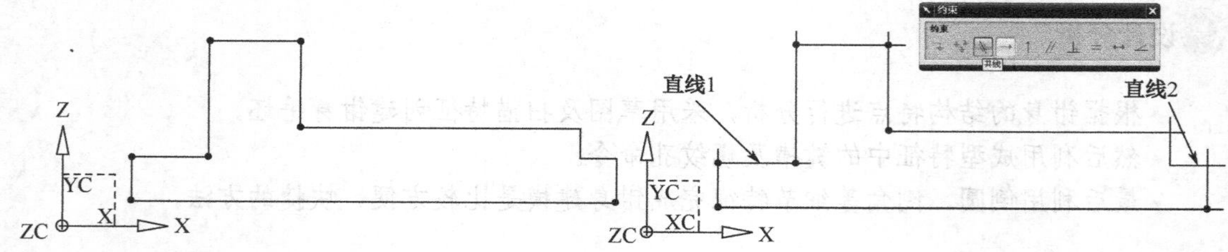

图 4-73 绘制草图轮廓曲线并添加几何约束

[4] 添加尺寸约束，按照零件图给定的尺寸，将确定零件各部分大小的尺寸添加完整，如图 4-74 所示。

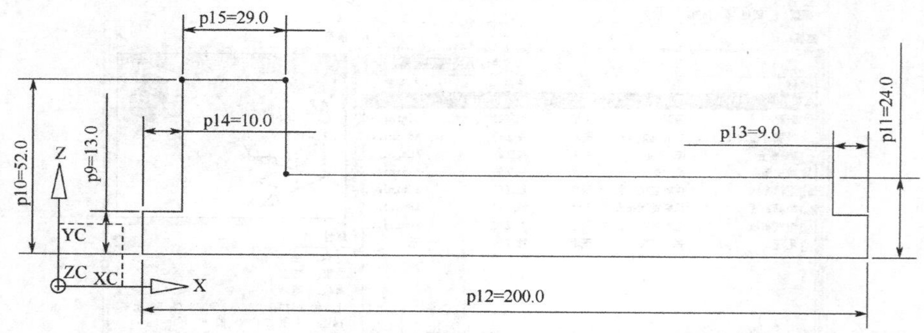

图 4-74 添加尺寸约束

[5] 定位草图，为了确定零件在空间的位置，在添加完几何约束和尺寸约束后，将草图进行定位，比如利用坐标轴进行定位，如图 4-75 所示，采用几何约束“共线”，将草图左下角点定位好，通过以上步骤完成草图。

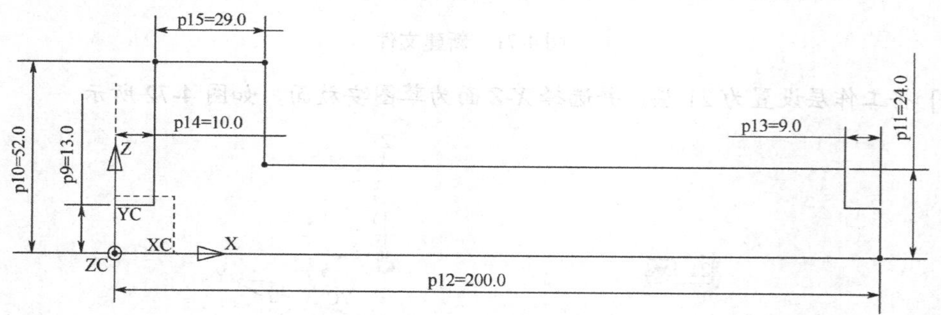

图 4-75 定位并完成草图

[6] 单击完成草图，进入建模应用。设置工作层为 1 层，单击拉伸命令，生成零件毛坯图，如图 4-76 所示。

[7] 将工作层设置为 61 层，过钳身前后对称面创建基准面，用来定位键槽和螺纹孔，

并可以作为镜像特征的镜像面，如图 4-77 所示。

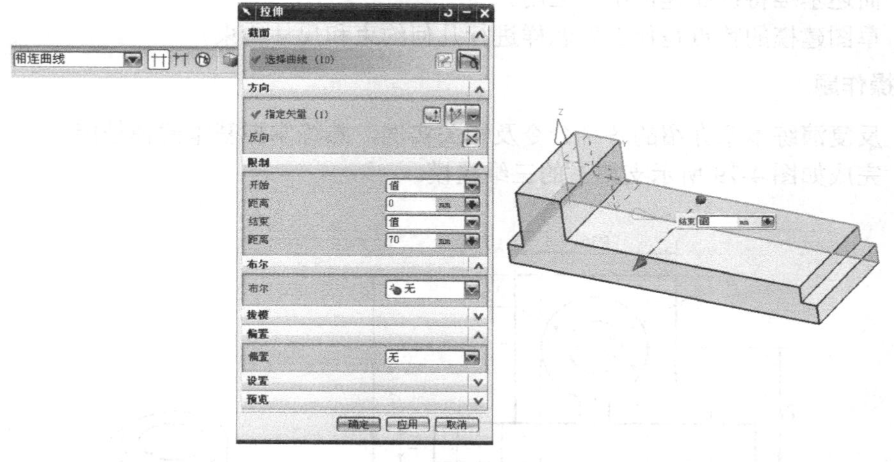

图 4-76　拉伸生成零件毛坯

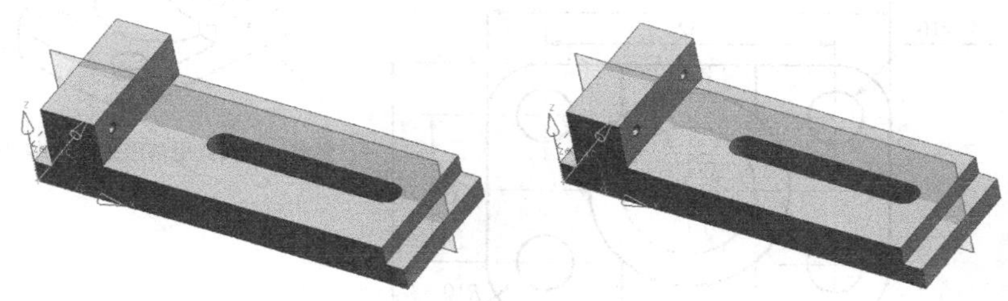

图 4-77　创建键槽螺纹孔等特征

[8] 最后创建倒圆和倒角等细节结构，并将 21 层和 61 层关闭，这样就完成了钳身的三维模型，如图 4-78 所示。

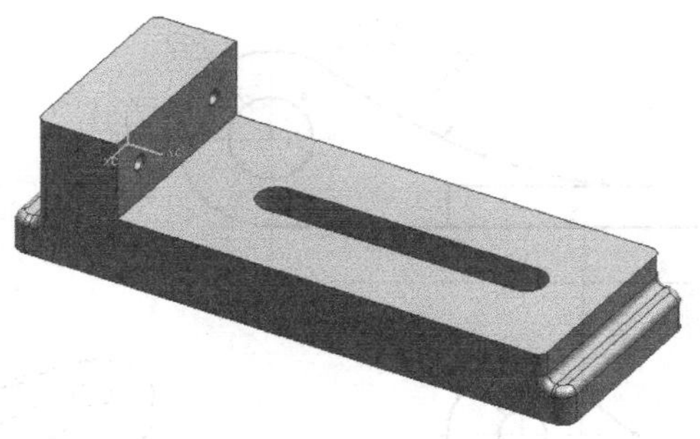

图 4-78　钳身模型

4.8 思考与练习

1．概念题

（1）简述体素特征的特点和用途。

（2）常用的成型特征有哪几个？成型特征怎样定位？怎样编辑？

（3）简述基准特征在建模中的应用。

（4）草图建模的特点是什么？怎样进行几何约束和尺寸约束？

2．操作题

（1）反复演练本章介绍的各种命令及相关实例，熟练掌握基本建模技能。

（2）完成如图4-79所示支架1的三维建模。

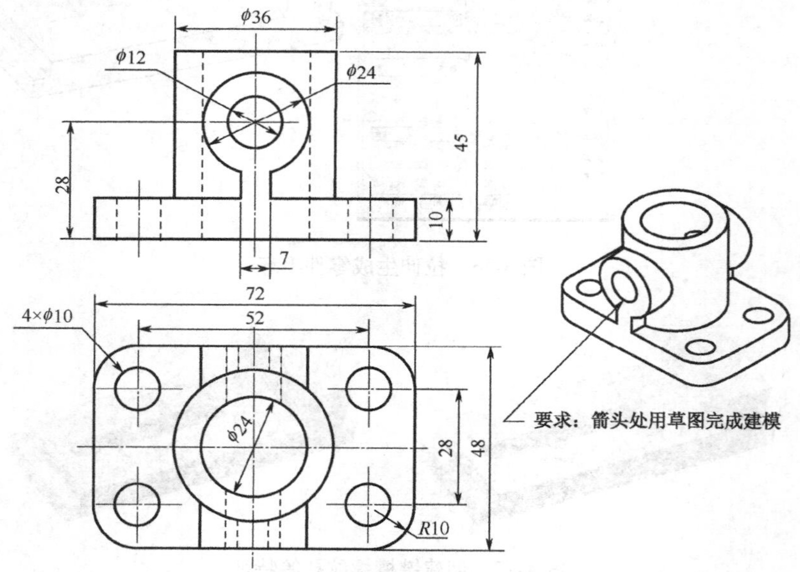

图4-79　支架1

（3）完成如图4-80所示支架2的三维建模。

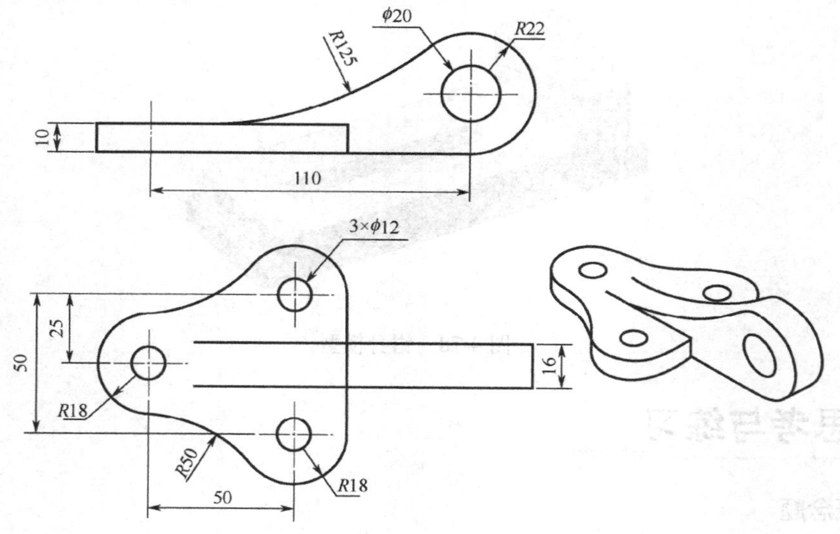

图4-80　支架2

第 5 章

典型加工件三维建模

通过前面几章的学习，我们已经可以建立简单的单个零件了。但是对从事机械设计的人员来说，要想更好地运用 UG 软件为设计服务，还需要进一步熟练掌握生产中常见的典型零件的建模技巧，这些技巧可以很好地提高建模速度和质量。本章把典型零件进行分类，然后分别介绍各种零件的建模方法，读者需要将典型零件和实际操作相结合，为建模应用和后续章节的学习打下良好基础。

任何机器和部件都是由许多零件按照一定的装配关系和要求装配而成的，制造机器必须首先按照要求制造出零件，其中零件又分为标准件、常用件、外购件和加工件等。

无论组成机器或部件中的加工件零件如何复杂，一般可以根据零件的结构形状和使用特点，把典型加工件分为四大类，包括轴套类零件、轮盘类零件、叉架类零件、箱体类零件。

本章将分别对各类零件的特点进行透彻地分析，并通过典型的实例、详细的建模步骤，介绍轴套类零件、轮盘类零件、叉架类零件和箱体类零件的三维设计方法和技巧。

5.1 轴套类

轴一般是用来支撑传动零件和传递动力的。套一般是装在轴上的，起轴向定位、传动或连接等作用。轴套类零件一般在车床上加工，其主要结构形状是同轴线的回转体，还包含一些其他结构形状，如键槽、螺纹退刀槽、砂轮越程槽和螺纹孔等。常见的轴套类零件如图 5-1 所示。

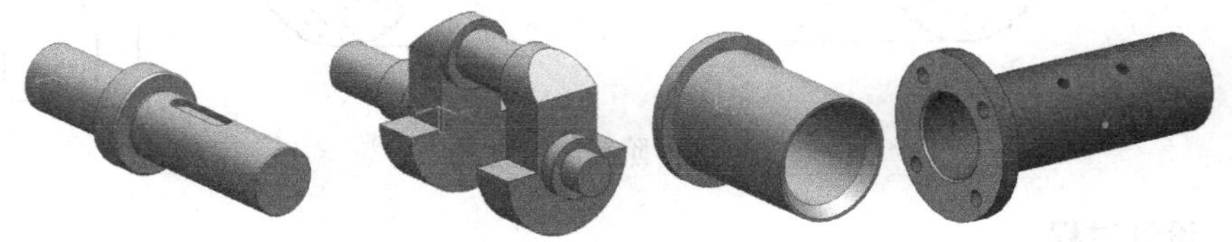

图 5-1　轴套类零件典型结构

5.1.1 轴套类零件建模思路

对于结构不复杂的轴套类零件，一般都先采用草图，画出通过轴线的截面的一半，然后用扫描特征中的回转命令，得到轴的主体结构，轴上的其他细节结构如倒角、螺纹、退刀槽、键槽等结构，可以采用边缘操作、沟槽命令，以及键槽命令来完成。具体思路如下。

- 创建草图，形状为轴套类零件过轴线截面的一半，并添加必要的几何约束和尺寸约束。草图尽可能简单。
- 利用回转命令生成轴套的毛坯。
- 利用孔命令、沟槽命令、键槽命令、螺纹命令等完成细节结构。
- 最后利用圆角、倒角等完成边缘操作。

5.1.2 实例：阶梯轴设计

实例文件 UG NX6.0 实用教程资源包/Example/5/jietizhou.prt
操作录像 UG NX6.0 实用教程资源包/视频/5/jietizhou.avi

阶梯轴在部件装配中很常见，其上经常装有齿轮、皮带轮等传动零件。下面来设计一个阶梯轴，其具体尺寸如图 5-2 所示。

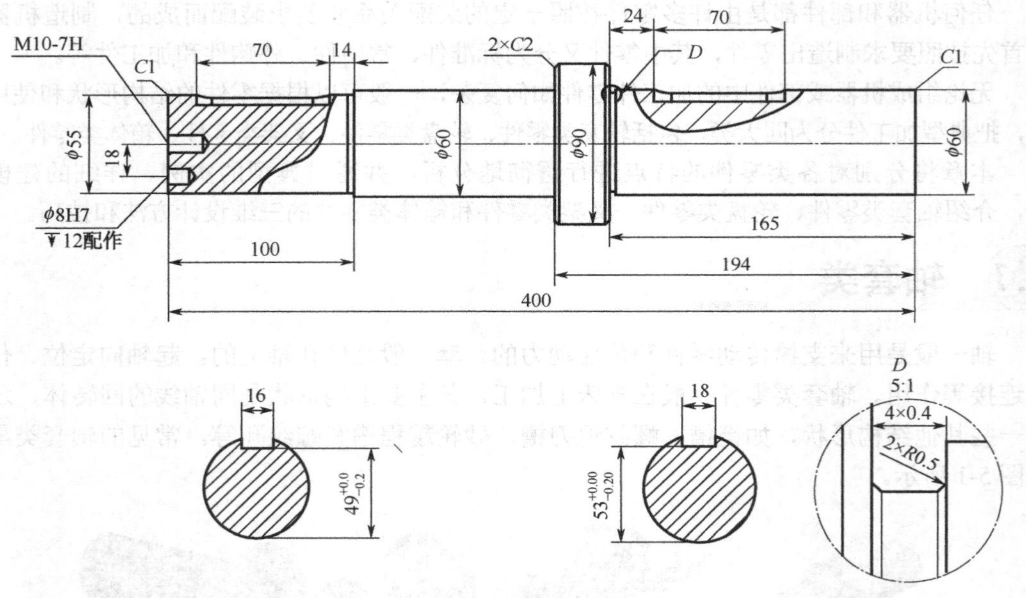

图 5-2 阶梯轴零件图

设计过程

[1] 新建文件：jietizhou.prt，将工作层设为 21 层，单击“草图”图标。选择平面为草图平面，单击确定按钮。画出阶梯轴平面内草图，如图 5-3 所示。

[2] 设置工作层为 1 层，单击图标，选择草图为回转对象，过轴线的直线为回转轴，操作过程如图 5-4 所示。

[3] 单击沟槽命令，选择阶梯轴左端第一段轴为安放平面，设置沟槽参数，定位位置为第一段轴轴肩处（选择线到线上），如图 5-5 所示。

[4] 同上一步操作，绘制图 5-2 右端第一段轴的沟槽，参数如图 5-6 所示。

[5] 生成螺纹孔，单击，设置螺纹孔尺寸，螺纹长度为 15，孔深度为 20，选择轴的左端面为放置面，设置一个点在端面圆心处（捕捉圆心），单击确定按钮，如图 5-7 所示。

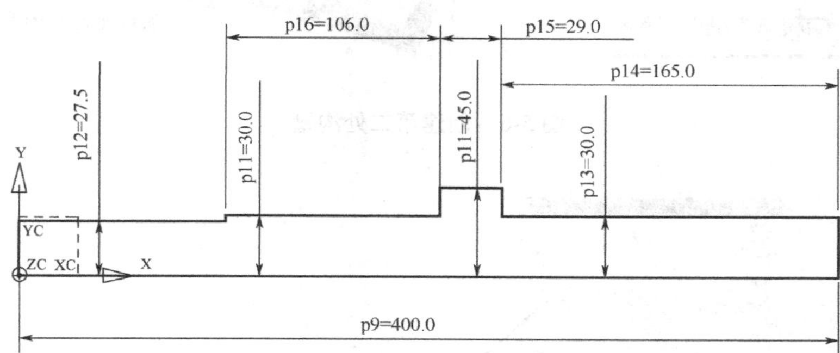

图 5-3 阶梯轴草图

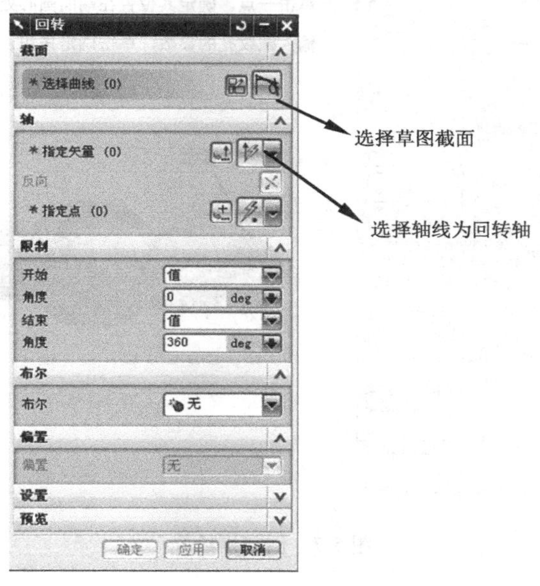

图 5-4 回转命令

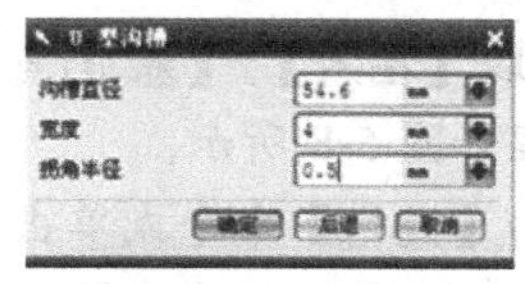

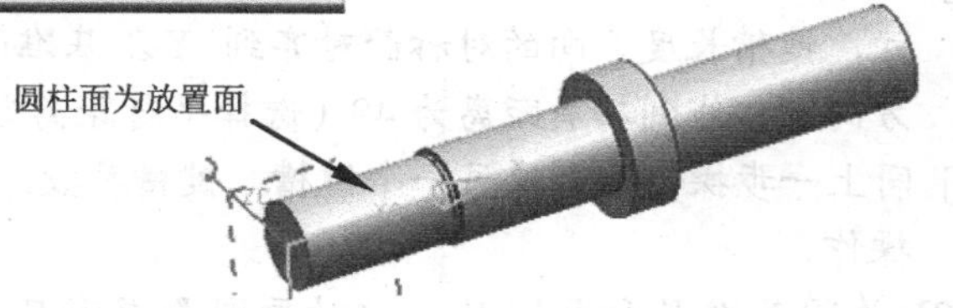

图 5-5 创建第一处沟槽

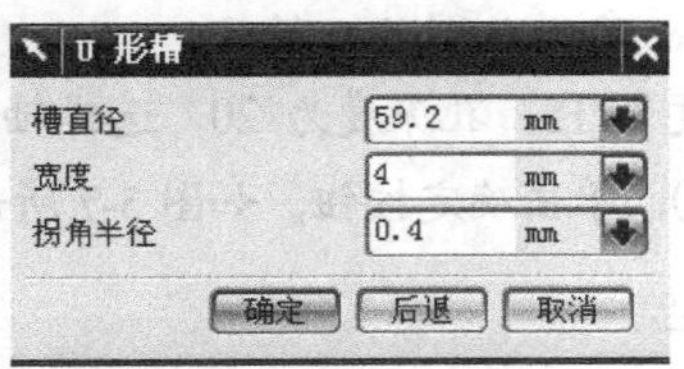

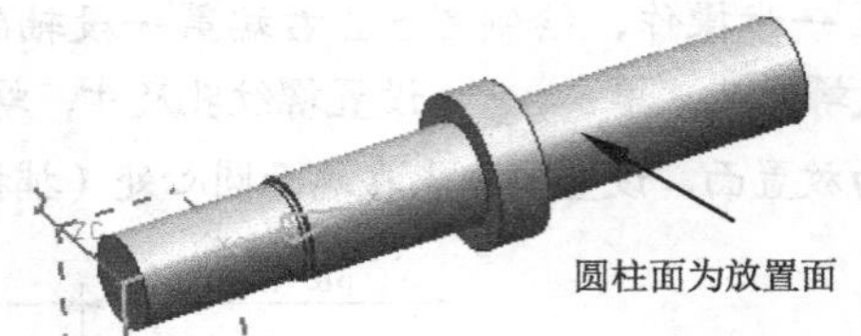

图 5-6 创建第二处沟槽

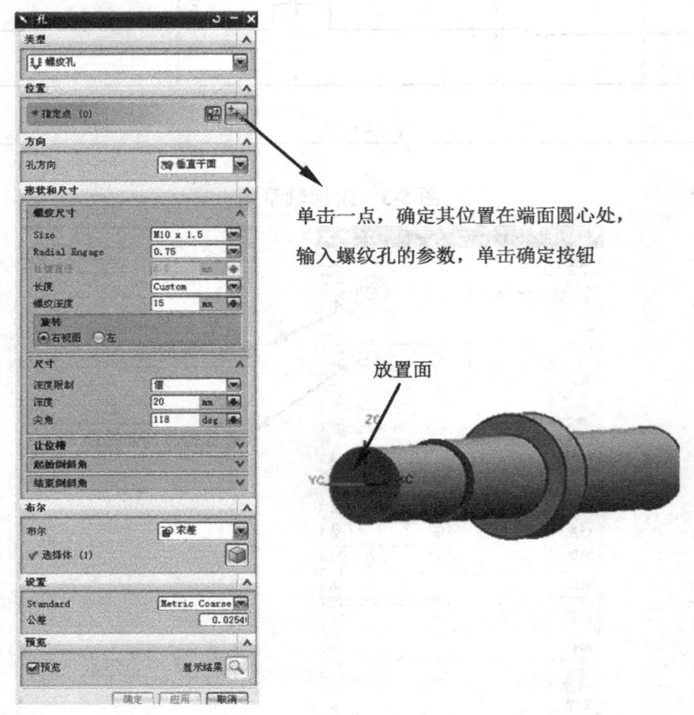

图 5-7 创建螺纹孔

[6] 继续创建左端面另一个孔，直径为 8，深度为 12，可以采用 NX5.0 之前的孔，读者可以自行操作。

[7] 将工作层设置为 61 层，选取【插入】/【基准/点】/【基准平面】命令或单击图标，创建基准面，操作过程如图 5-8 所示。

[8] 选择【插入】/【设计特征】/【键槽】命令或单击图标，选择矩形，输入键槽尺寸，键槽长度方向的对称面对齐到 *X-Z* 基准面上（选择线到线上定位），键槽宽度方向中心线到轴肩距离为 49（选择平行距离定位），操作过程如图 5-9 所示。

[9] 同上一步操作，创建另一个键槽，键槽参数为长 70、宽 18、深 7。读者可以自行操作。

[10] 关闭基准层和草图层，核对画图要求和尺寸，保存文件，最终结果如图 5-10 所示。

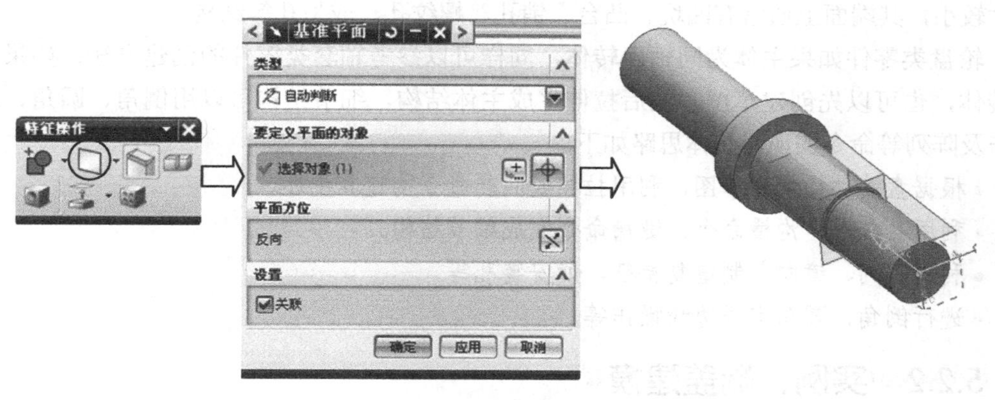

图 5-8　创建基准面

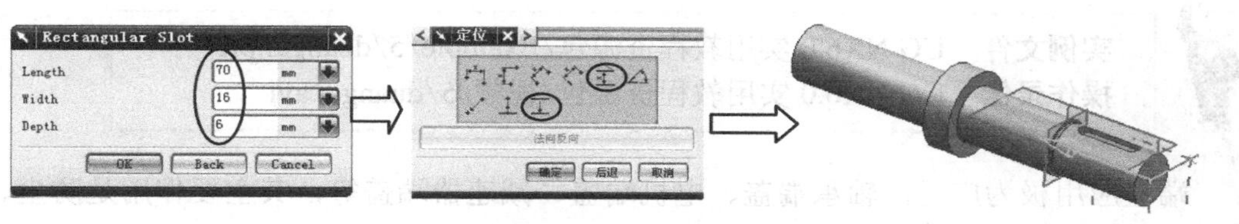

图 5-9　创建键槽

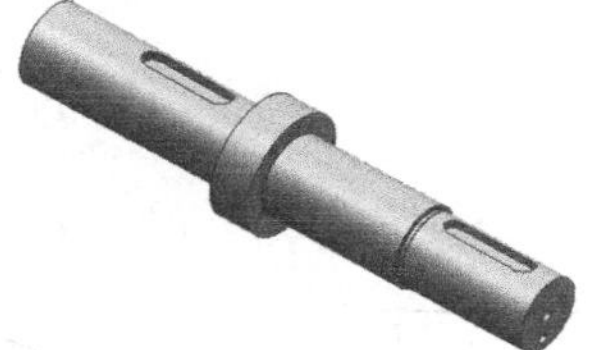

图 5-10　完成后的阶梯轴

5.2 轮盘类

轮盘类零件包括手轮、带轮、端盖、盘座等。轮一般是用来传递动力和扭矩的，盘主要起支撑、轴向定位及密封等作用。常见的轮盘类零件，如图 5-11 所示。

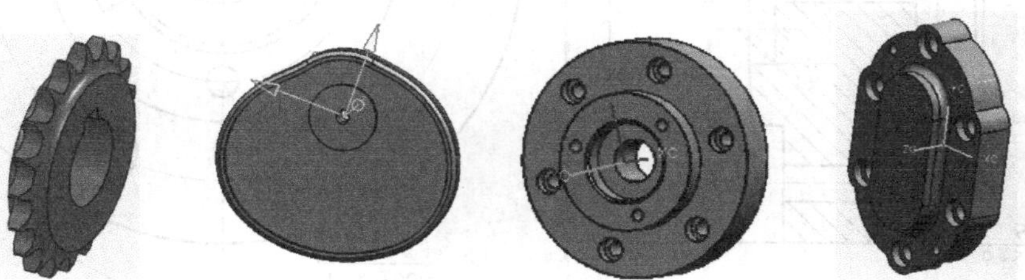

图 5-11　常见的轮盘类零件

5.2.1 轮盘类零件建模思路

轮盘类零件的结构有的为回转体，有的为非回转体，形状呈扁平状。零件主体的高度尺寸较小，其端面上通常有凹坑、凸台、销孔、螺纹孔、成型孔等结构。

轮盘类零件如果主体为同轴回转体，同样可以参考轴套类零件的创建方法；如果为非回转体，也可以先创建草图，然后拉伸生成主体结构，细节结构可以用倒角、圆角、边缘操作及阵列等命令实现。具体思路如下。

- 根据盘盖结构创建草图，利用拉伸或回转命令构建其毛坯。
- 利用孔命令、沟槽命令、键槽命令完成细节结构。
- 利用阵列、镜向复制重复特征，如安装孔等。
- 进行倒角、圆角完成边缘操作等。

5.2.2 实例：端盖建模

实例文件 UG NX6.0 实用教程资源包/Example/5/duangai.prt
操作录像 UG NX6.0 实用教程资源包/视频/5/duangai.avi

端盖应用极为广泛，轴承端盖、电机端盖、减速器端盖等，其主要作用是防尘、密封、支撑和轴向定位等。下面设计一个端盖零件，其具体尺寸如图 5-12 所示。

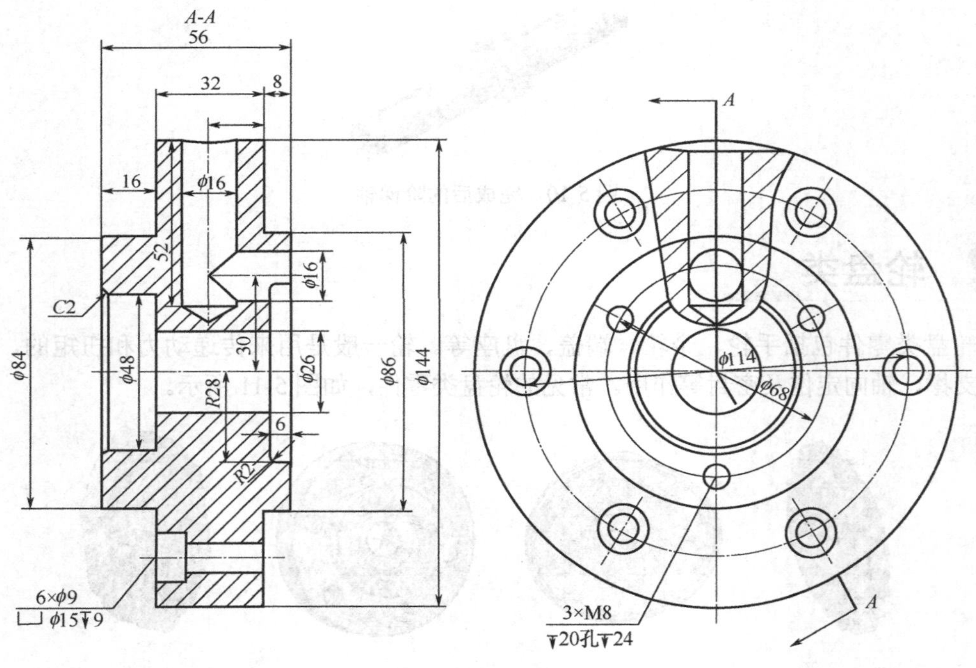

图 5-12 端盖零件图

设计过程

[1] 打开 UG NX6.0，新建一个模型文件，名称为 duangai.prt，单位为毫米。

[2] 将工作图层设为 21 层，选择【插入】/【草图】命令，或单击，选择默认的草图

平面，绘制草图线并约束，如图 5-13 所示，单击 完成草图。

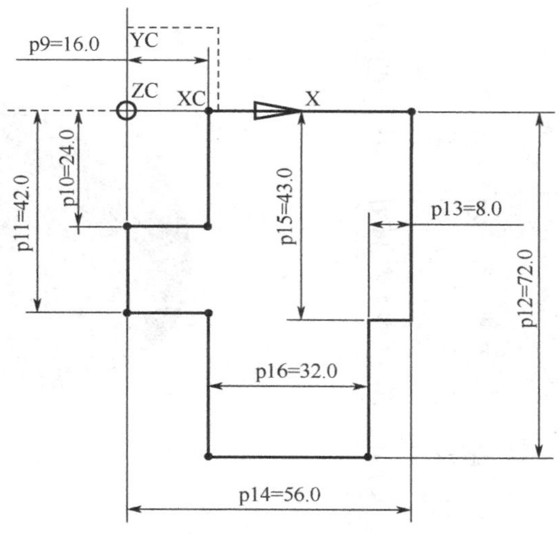

图 5-13　创建端盖草图

[3] 将工作图层设为 1 层，选择【插入】/【设计特征】/【旋转】命令或单击图标，选择草图曲线为回转曲线，选择 *X* 轴为旋转轴。将草图回转 360°，生成实体。操作过程如图 5-14 所示。

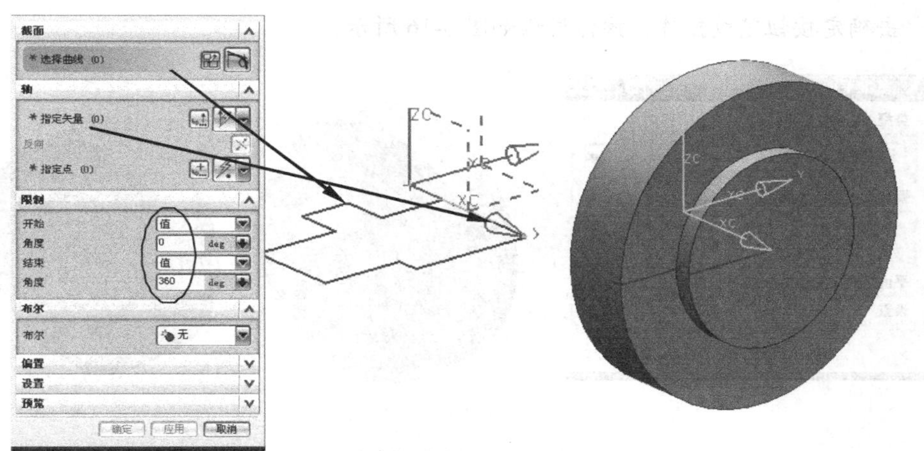

图 5-14　回转草图生成实体

[4] 这样就建立了端盖的主体模型。下面生成端盖中间的孔，选择【插入】/【设计特征】/【孔】命令或单击图标 Hole，在样式中选择沉头孔，选择凸台上表面圆心为点放置位置，分别输入参数 56、6、26，在深度样式中选择通过实体，选择布尔求差运算，单击确定按钮完成操作。操作过程如图 5-15 所示。

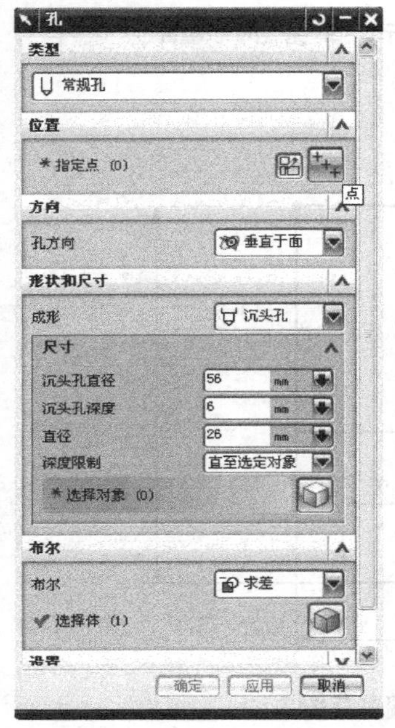

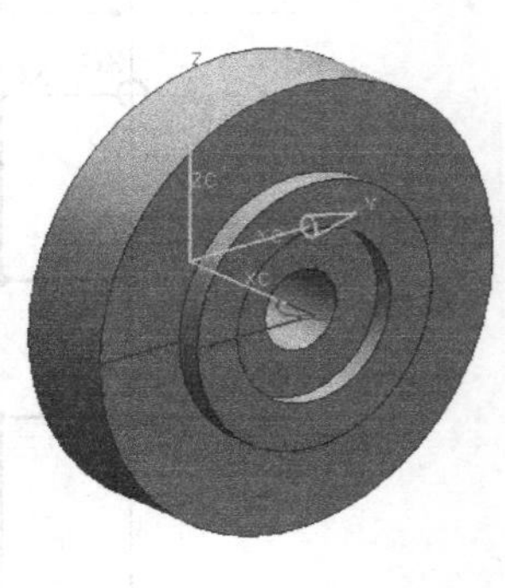

图 5-15　创建中心孔

[5] 将工作图层设为 62 层。创建基准平面，选择【插入】/【基准】/【基准平面】命令或单击图标，选择图中实体的中心线，拖动控制点可改变基准平面的大小，单击确定按钮完成操作。操作过程如图 5-16 所示。

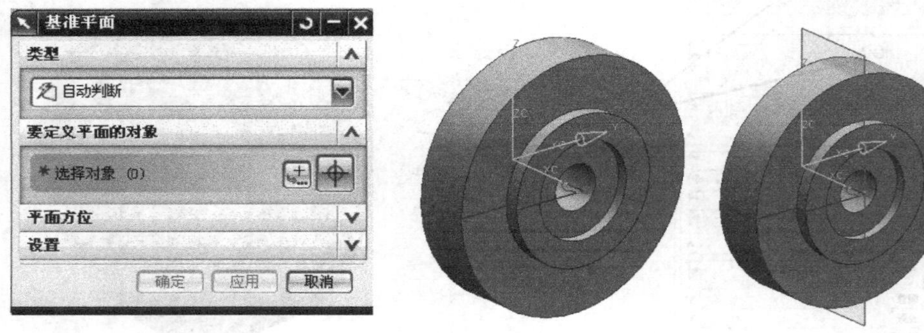

图 5-16　创建基准面

[6] 选择【插入】/【设计特征】/【孔】命令或单击图标，在类型中选择沉头孔，分别输入参数 15、9、9，在深度样式中选择通过实体，选择布尔求差运算，在定位中选择图标，选择实体表面为安放面，约束孔中心点在基准面上且到实体中心的距离为 57，单击完成草图，单击确定按钮完成操作。操作过程如图 5-17 所示。

[7] 使用阵列命令来生成其余的孔，选择【插入】/【关联复制】/【实例特征】命令或单击图标，操作过程如图 5-18 所示。

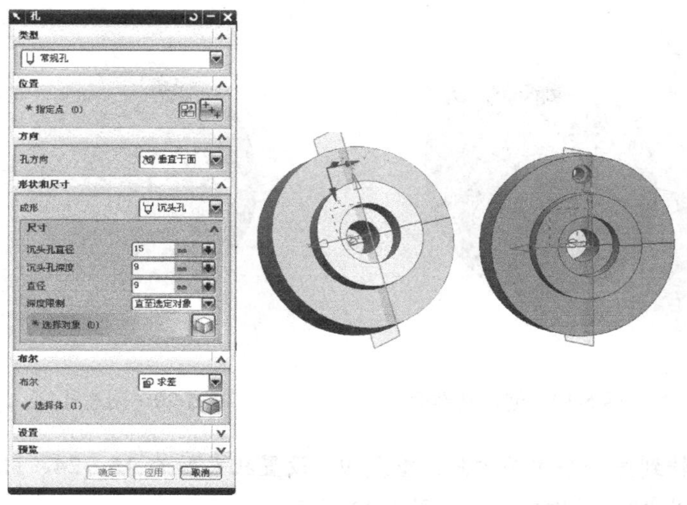

图 5-17　创建周围沉头孔

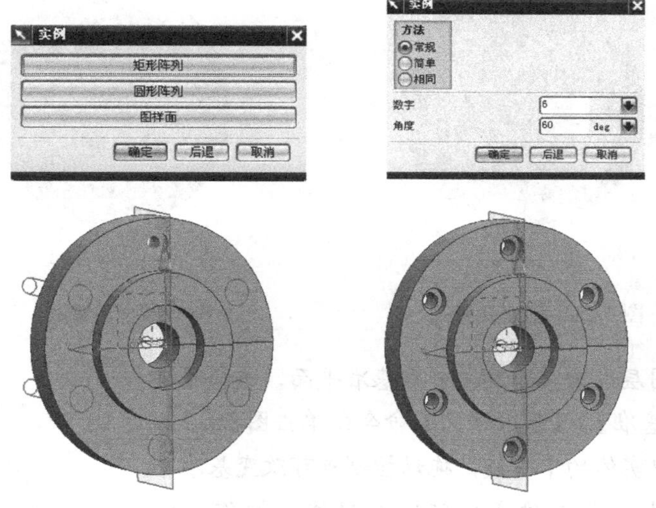

图 5-18　创建圆形阵列

[8] 将工作图层设为 62 层。创建基准平面【插入】/【基准】/【基准平面】命令或单击图标，选择图中实体的中心线，拖动控制点可改变基准平面的大小，单击确定按钮完成操作。操作过程如图 5-19 所示。

[9] 选择【插入】/【设计特征】/【孔】命令或单击，在类型中选择一般孔，分别输入参数 8、24、118，选择布尔求差运算，在定位中选择，选择实体表面为安放面，约束孔中心点到刚建立的基准面上且到实体中心的距离为 34，单击完成草图，单击确定按钮完成操作。操作过程如图 5-20 所示。

[10] 重复步骤 7，设置阵列个数为 3、角度为 120° 创建阵列。操作后效果如图 5-21 所示。

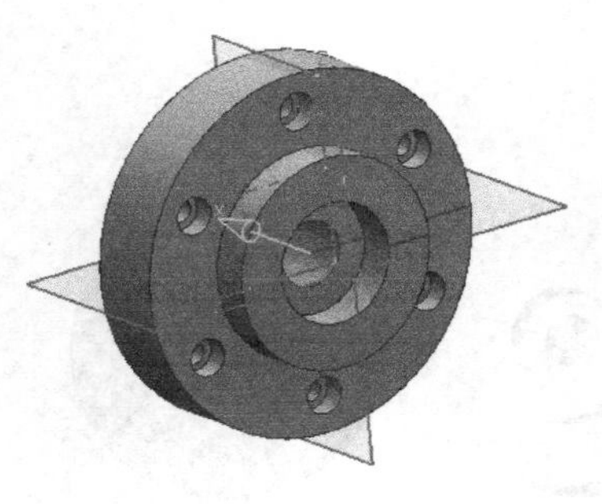
图 5-19　创建基准面

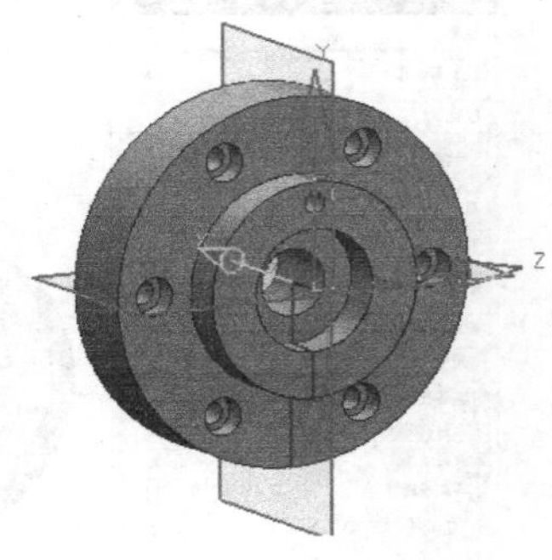
图 5-20　创建孔

[11] 将立体转到另一个端面方向，重复 9，设置孔参数为 16、24、118。草图到实体中心距离为 30。操作后效果如图 5-22 所示。

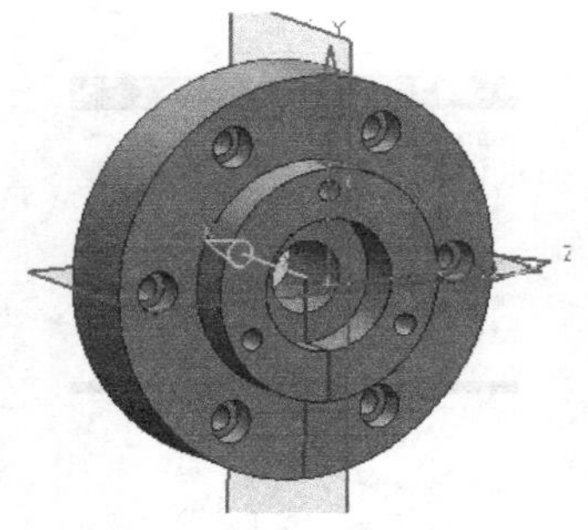
图 5-21　创建孔阵列

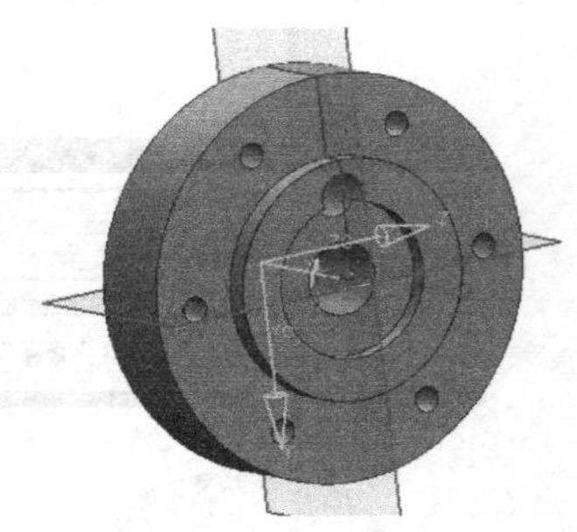
图 5-22　创建孔

[12] 将工作图层设为 62 层。创建基准平面，选择【插入】/【基准】/【基准平面】命令或单击图标，选择图中实体的中心线，拖动控制点可改变基准平面的大小，单击确定按钮完成操作。操作过程如图 5-23 所示。

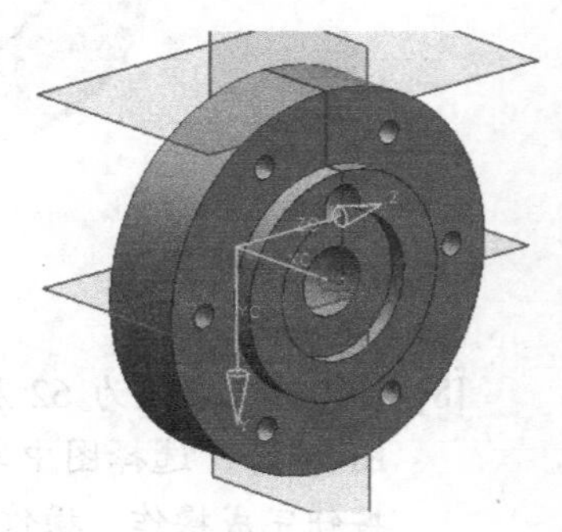
图 5-23　创建基准面

[13] 将工作图层设为 62 层。创建基准平面选取【插入】/【基准】/【基准平面】命令或单击图标，选择图中实体的中心线，拖动控制点可改变基准平面的大小，单击确定按钮完成操作。操作过程如图 5-24 所示。

[14] 重复步骤 9，选择刚建立的基准平面为安放面，设置孔参数为 16、52、118。约束点到刚建立的基准平面。操作后效果如图 5-25 所示。

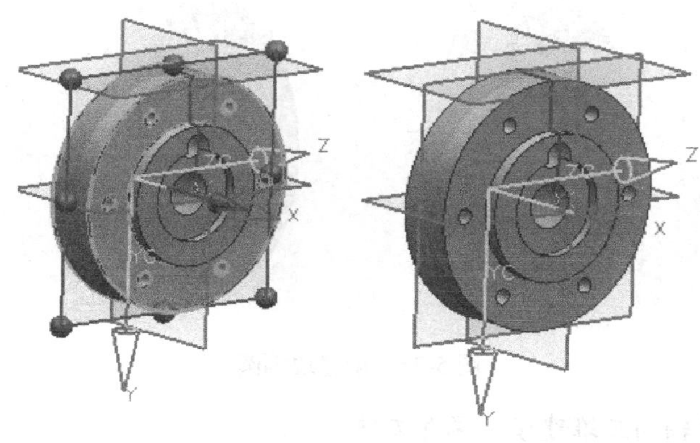

图 5-24 创建基准面

[15] 选取【格式】/【图层设置】命令或单击图标，设置 21、61、62 为不可见，操作后效果如图 5-26 所示。

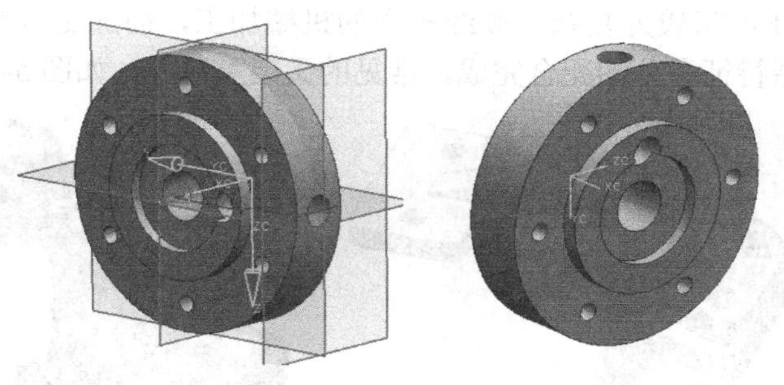

图 5-25 创建孔　　　　图 5-26 设置图层

[16] 选取【插入】/【细节特征】/【倒斜角】命令或单击图标，选择对称样式，输入参数 2，单击确定按钮完成操作，操作过程如图 5-27 所示。

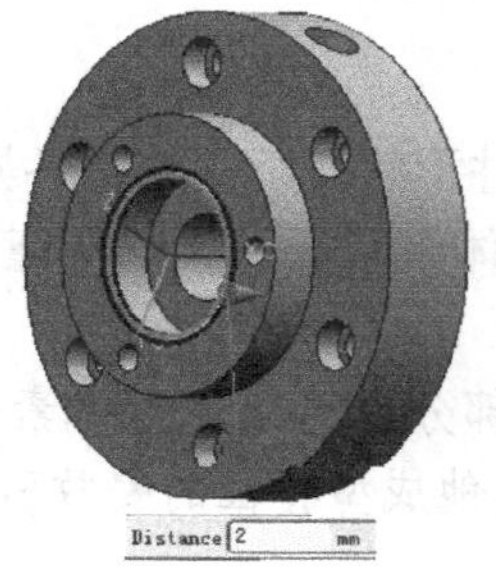

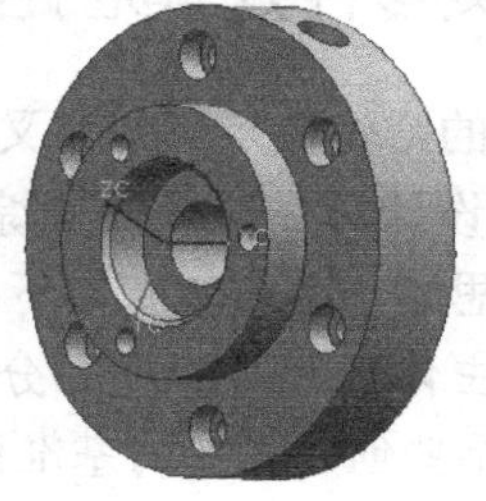

图 5-27 边缘倒斜角

[17] 选取【插入】/【细节特征】/【边倒圆】或单击图标，在半径文本框中输入 2。操作过程如图 5-28 所示。

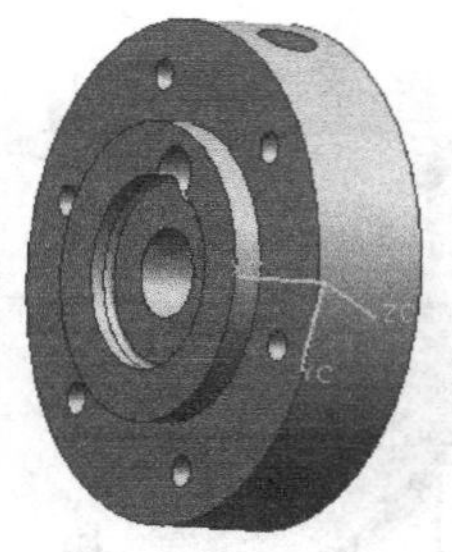

图 5-28 创建边倒圆

[18] 至此完成了轴的三维建模，保存文件。

5.3 叉架类

叉架类零件包括各种用途的拨叉和支架。拨叉主要用在机床、内燃机等各种机器的操纵机构上，操纵机器，调节速度。支架主要起支撑和连接的作用。叉架类零件一般都是铸件或铸件毛坯，毛坯形状较为复杂，须经不同的机械加工，而加工位置较多，建模时经常采用体素特征、成型特征和草图配合完成。常见的叉架类零件，如图 5-29 所示。

图 5-29 常见的叉架类零件

5.3.1 叉架类零件建模思路

根据叉架类零件的结构特点可知，叉架类零件形状复杂、结构各异，利用 UG 软件对其进行三维实体造型设计时，往往需要综合运用体素特征、成型特征和扫描特征、边缘操作等命令。一般设计思路与基本步骤如下。

- 叉架类零件的主体部分是工作部分或连接部分，可以通过体素特征长方体、圆柱构建，注意尽量早些创建必要的基准面作为其他成型特征的安放面或定位基准。其他规则结构可以采用成型特征凸台、凸垫、孔等。
- 连接部分可以采用草图并结合扫描特征拉伸、回转或沿路径扫掠等，有的需要用变化的扫掠等命令。
- 各部分完成后需要用布尔操作求和、求减等使叉架变成一个整体。
- 最后利用边缘操作倒角、圆角、拔模等构建其他细节特征。

5.3.2 实例：踏架建模

实例文件 UG NX6.0 实用教程资源包/Example/5/tajia.prt
操作录像 UG NX6.0 实用教程资源包/视频/5/tajia.avi

下面以踏架零件为例介绍叉架类零件的设计过程。已知踏架具体尺寸如图 5-30 所示，其结构可以分成三部分：工作部分——中空圆柱，安装部分——带圆孔的平板，连接部分——弯曲的连接板。

首先在草图中做出工作部分，对称值拉伸成体；然后在同一草图平面做出长方形的截面，对称值拉伸成体；再在同一草图平面做出连接部分及肋板，对称值拉伸成体；做出踏架包含的一些其他结构形状，如孔等，最后倒圆角。

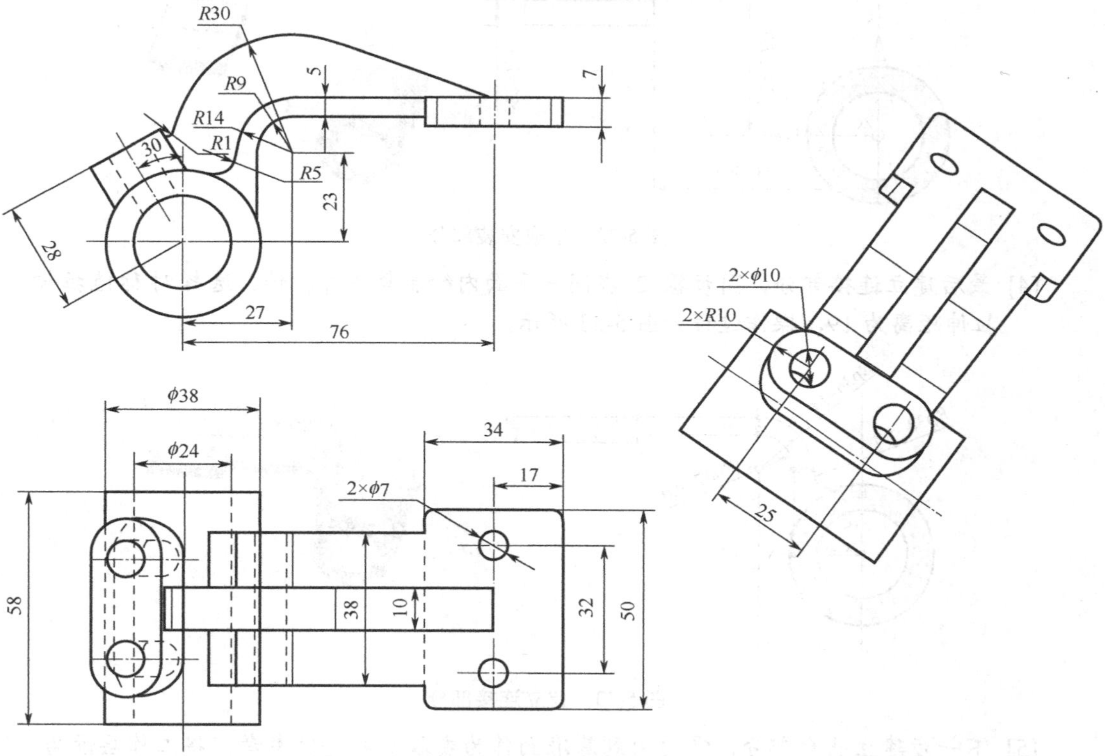

图 5-30　踏架零件图

设计过程

[1] 新建一个模型文件为 tajia.prt，单位为毫米，进入建模模块。

[2] 首先建立踏架的工作部分，可以用草图创建，将工作层设为 21 层，选择【插入】/【草图】命令或单击图标，选择默认的草图平面绘制草图，绘制完成后选择完成草图，如图 5-31 所示。下一步根据草图生成立体，将工作层设为 1 层，选择拉伸命令对草图进行对称拉伸，拉伸值为 29。

[3] 创建安装部分，继续在步骤 2 同一平面内绘制草图，并将草图拉伸，选择对称

值拉伸，拉伸距离为 25，如图 5-32 所示。

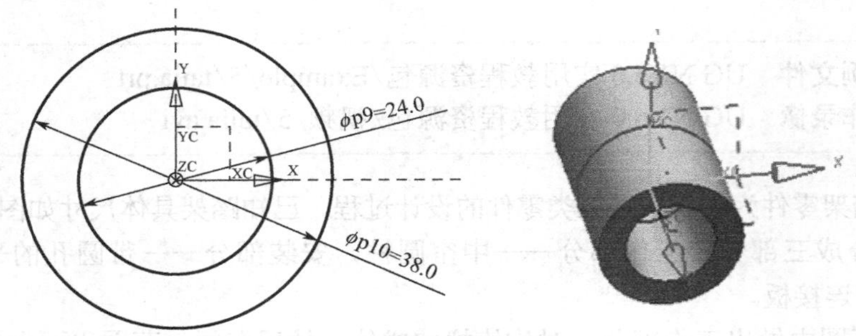

图 5-31 创建踏架工作部分

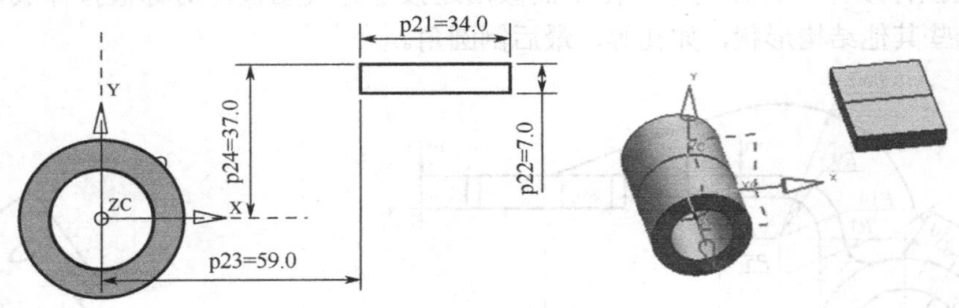

图 5-32 生成安装部分

[4] 最后建立连接部分，同步骤 2 在同一平面内绘制草图并拉伸，选择对称值拉伸，拉伸距离为 19，操作过程如图 5-33 所示。

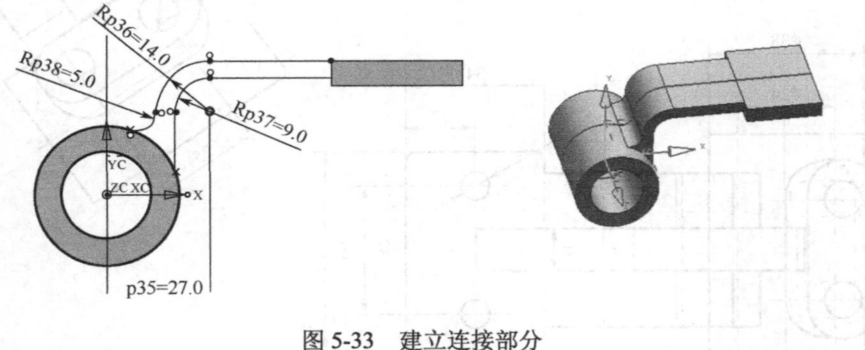

图 5-33 建立连接部分

[5] 下一步建立凸台部分，需要用到基准面作为安放面和定位参考，将工作层设为 62 层，选择基准平面命令，建立基准面，如图 5-34 所示。

[6] 创建矩形垫块，将工作层设为 1 层，选择凸台命令，选择基准面 3 作为安放面，选择 Z 轴为水平参考，设置凸台参数，长度为 45，宽度为 20，高度为 16，并选择凸垫块的定位方式，创建步骤如图 5-35 所示。

[7] 选择【插入】/【细节特征】/【边倒圆】命令或单击图标，对垫块进行倒圆操作，圆角半径为 10，如图 5-36 所示。

[8] 选择【插入】/【设计特征】/【孔】命令或单击图标，选择垫块面为安放面，过轴心的基准面为过面，孔的直径为 10，进行孔操作，定位方式为点到点，如图 5-37

所示（注：简单起见，打孔用 NX5.0 以前的孔操作）。

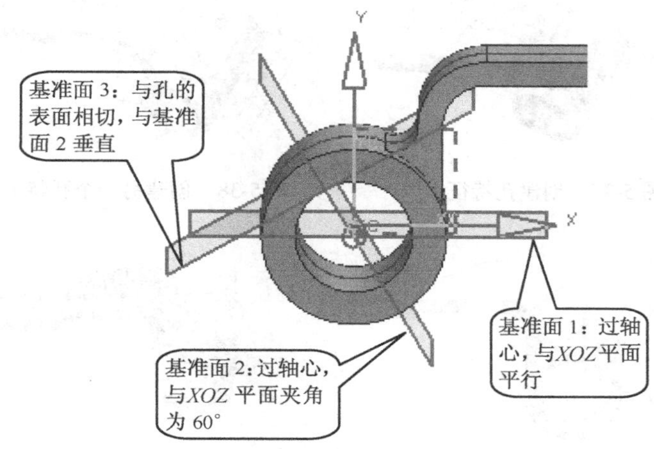

图 5-34　建立基准面

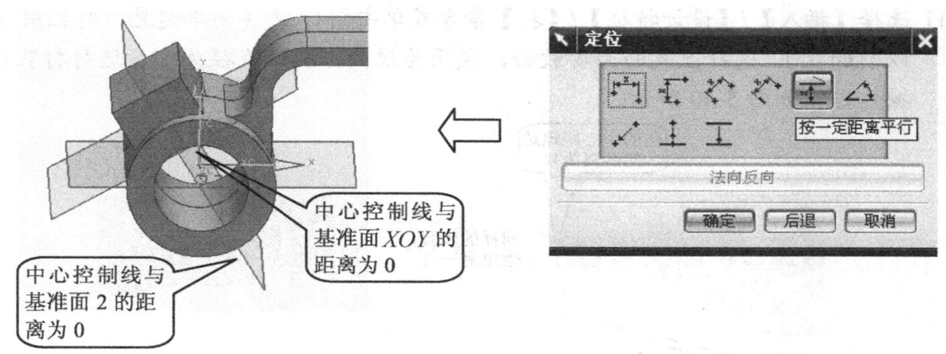

图 5-35　创建凸台

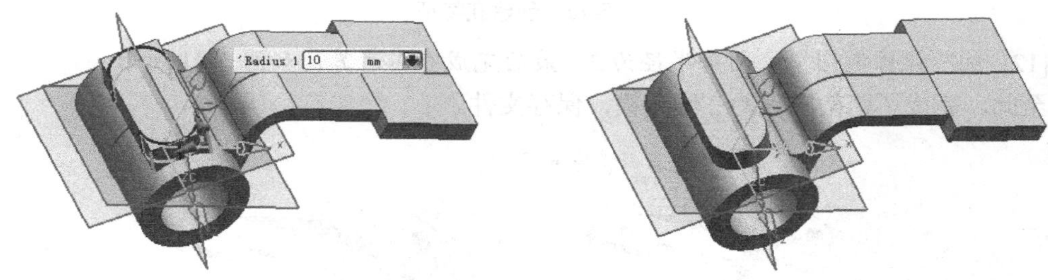

图 5-36　边倒圆

[9] 创建另外一个孔，操作过程同步骤 8，结果如图 5-38 所示。

[10] 下面绘制连接部分的肋板部分，由于其形状是弯曲的，用草图创建比较方便。将工作层设为 21 层，选择【插入】/【草图】命令或单击图标，选择默认的草图平面绘制草图，绘制完成后选择完成草图，然后将工作层设为 1 层，选择拉伸命令对草图进行对称拉伸，拉伸值为 5，操作过程如图 5-39 所示。

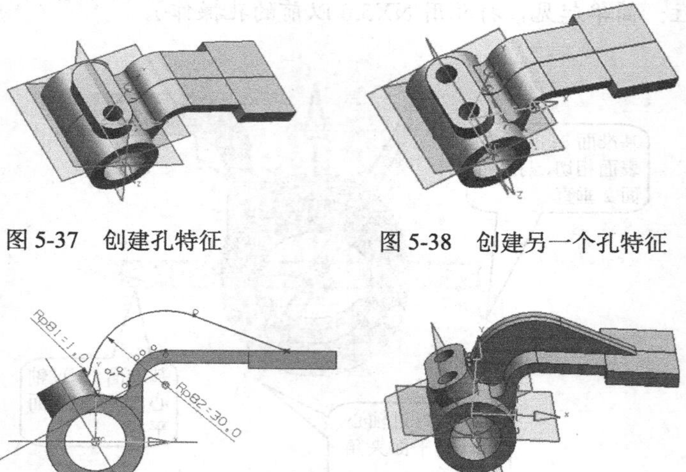

图 5-37　创建孔特征　　　图 5-38　创建另一个孔特征

图 5-39　创建肋板

[11] 选择【插入】/【设计特征】/【孔】命令或单击图标（简单起见，打孔用 NX5.0 以前的孔），选择上表面为安放面，底面为过面，孔的直径为 7，进行打孔操作，操作过程如图 5-40 所示。

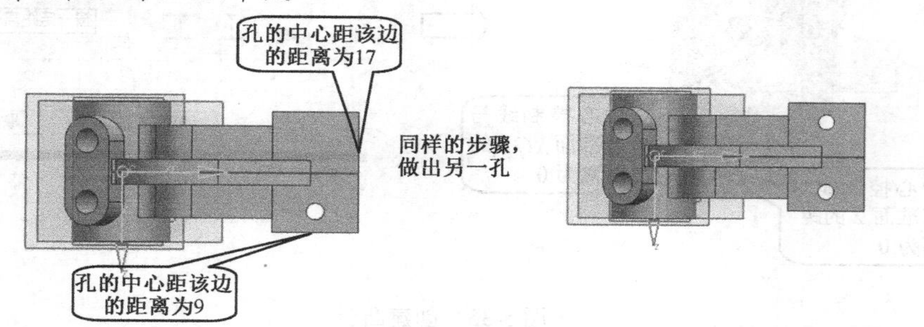

图 5-40　创建孔特征

[12] 细节操作倒圆角，圆角半径为 3，最后完成布尔运算，如图 5-41 所示。
至此，完成了踏架零件的三维建模，保存文件。

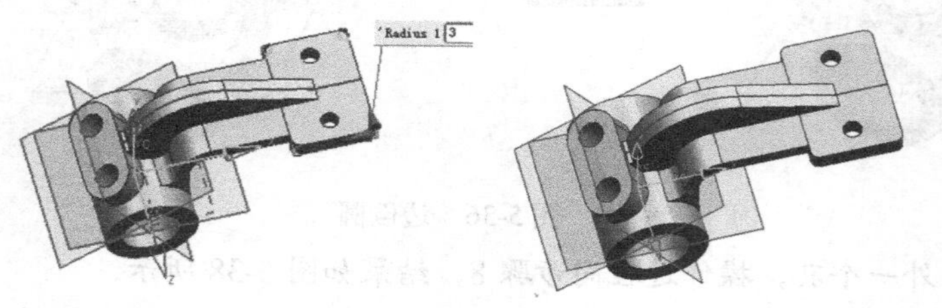

图 5-41　边倒圆

5.4 箱体类

箱体类零件多为铸造件，既是机器或部件的基础零件，也是机器或部件的主体，在设备中一般起支承、容纳、定位和密封等作用，如阀体、减速器箱体、泵体、阀座等。箱体类零件往往结构比较复杂，建模中经常用到草图，然后结合扫描特征完成主体结构，细节部分如孔、槽等用成型特征，安装孔等可以采用阵列等特征操作来完成。如图 5-42 所示为齿轮减速器箱体。

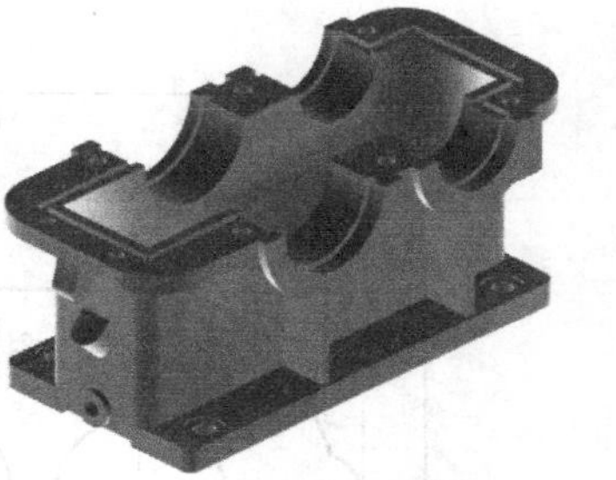

图 5-42　齿轮减速器箱体

5.4.1　箱体类零件建模思路

箱体类零件形状根据其不同用途形状差别很大，有的是外部结构形式简单，内部结构复杂，有的则正好相反，还有的内外部都比较复杂，因此，创建箱体类零件的三维模型，没有统一的模式。但根据对箱体的结构分析可知，利用 UG 软件对箱体类零件进行三维实体造型设计一般可以按照如下思路进行。

先创建箱体底座或主体部分，再配合孔、圆角、倒角、阵列等命令来完成箱体零件细节造型，有时形状复杂的结构需要用到草图及扫描特征，如拉伸、回转命令来创建主体或内腔。另外，造型过程要注意利用零件的对称性，灵活使用镜像体或镜像特征命令以减少工作量。

箱体类零件设计具体操作步骤如下：

- 利用体素特征长方体、圆柱结合成型特征凸台、凸垫、孔等，构建箱体的毛坯。复杂结构利用草图及多次利用拉伸或回转命令，构建箱体的大致模型和螺栓孔、轴承孔等凸台特征。注意尽量早些创建必要的基准面作为其他成型特征的安放面或定位基准。
- 利用拔模、三角形加强筋命令，创建加强筋或拔模斜度。箱体类零件大多要求足够的强度和一定的拔模斜度，因此大多箱体都有加强筋板和拔模面，这些特征大多需要通过拔模、三角形加强筋命令来创建。
- 多次利用拉伸、回转或抽壳命令，创建箱体类零件内腔。
- 利用孔命令，创建螺纹孔、销孔等。箱体类要固定其他零件或要固定到机器上，因此常具有一些形状规则的螺纹孔、沉头孔、导向孔等，这些孔特征可利用孔等命令进行创建。
- 箱体上对称的结构或成规律分布的结构可以使用矩形阵列、圆形阵列及镜像特征等建立引用特征。
- 检查零件各部分是否为一个整体，是否需要做布尔操作，如求和、求差等。
- 最后利用边缘操作倒角、圆角、拔模等构建其他细节特征。

5.4.2　实例：齿轮油泵泵体建模

实例文件　UG NX6.0 实用教程资源包/Example/5/bengti.prt
操作录像　UG NX6.0 实用教程资源包/视频/5/bengti.avi

本节通过齿轮油泵泵体的建模过程介绍箱体零件设计的造型设计。在建模设计过程中注意体会草图的应用，以及拉伸、圆台、孔、镜像特征等命令的使用。泵体的具体尺寸如图 5-43 所示。

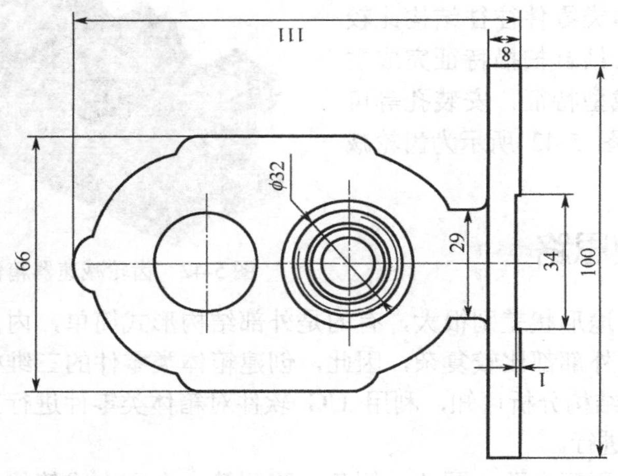
111
8
φ32
29
34
100
66
1

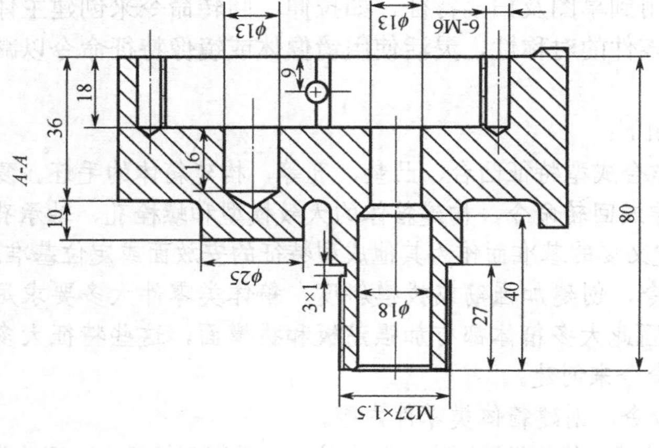
φ13
φ13
6-M6
6
18
36
16
10
A-A
80
φ25
3×1
40
27
φ18
M27×1.5

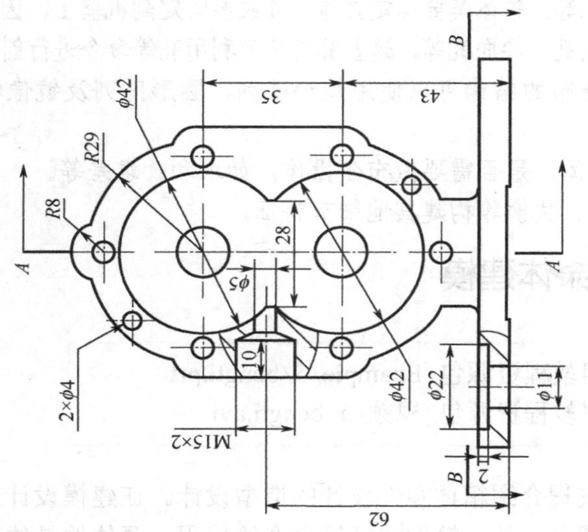
B
φ42
R29
35
43
R8
A
28
φ5
A
2×φ4
10
φ42
φ22
φ11
M15×2
B
2
62

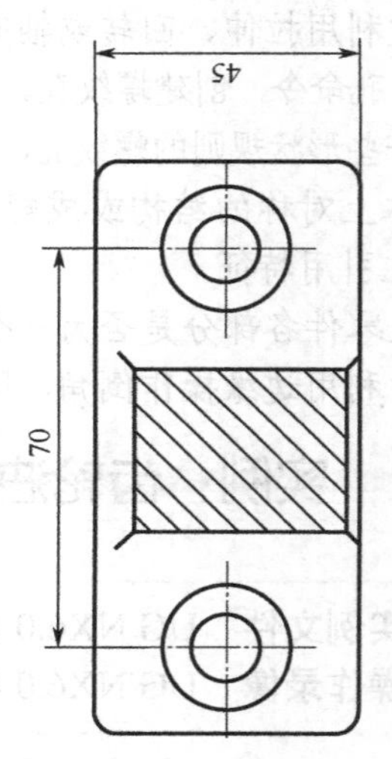
45
B-B
70

图5-43 泵体零件图

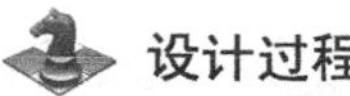

设计过程

[1] 启动 UG NX6.0，新建文件 bengti.prt，进入建模模块。

[2] 将工作层设为 21 层，选择【插入】/【草图】命令或单击图标，进入草图环境，在 *X-Y* 平面内绘制草图，如图 5-44 所示。单击 完成草图，完成草图的绘制。

[3] 拉伸得到泵体的主体结构，设置工作层为 1 层，选择【插入】/【设计特征】/【拉伸】命令或单击图标，选择外形草图部分为拉伸对象，拉伸值为 0～36，如图 5-45 所示。

[4] 选择【插入】/【设计特征】/【拉伸】命令或单击图标，选择内部空腔草图为拉伸对象，拉伸值为 0～18，如图 5-46 所示。

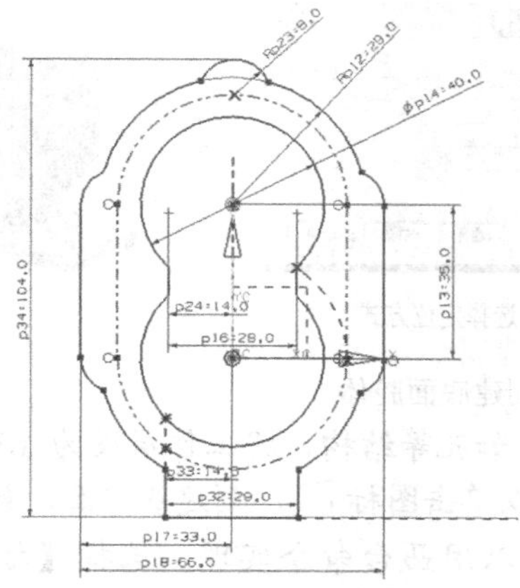

图 5-44　泵体草图绘制

图 5-45　拉伸外形草图

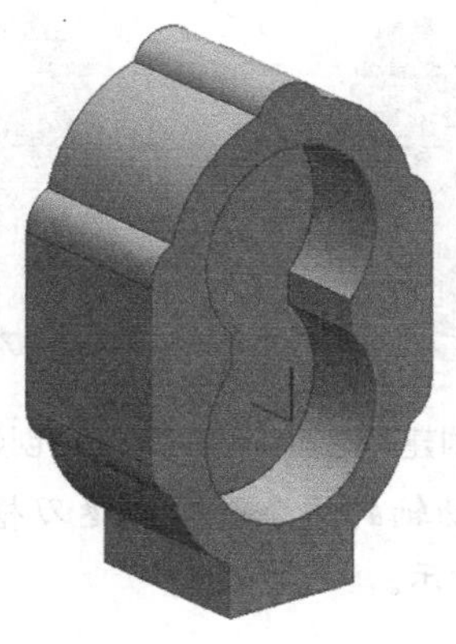

图 5-46　拉伸草图

[5] 底板结构可以用垫块命令实现，选择【插入】/【设计特征】/【垫块】命令，或单击图标，在拉伸体底面创建垫块，操作过程如图 5-47 所示。

[6] 底板底面的凹槽可以用腔体命令实现，选择【插入】/【设计特征】/【腔体】命令，或单击图标，在拉伸端面创建矩形垫块，操作过程如图 5-48 所示，完成底面凹槽。

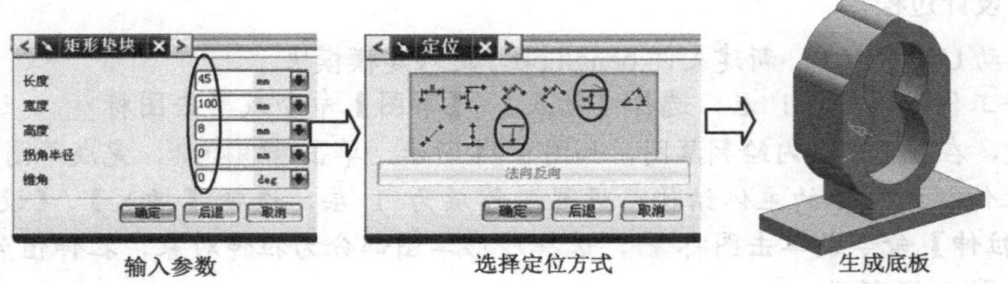

输入参数　　选择定位方式　　生成底板

图 5-47　创建底板

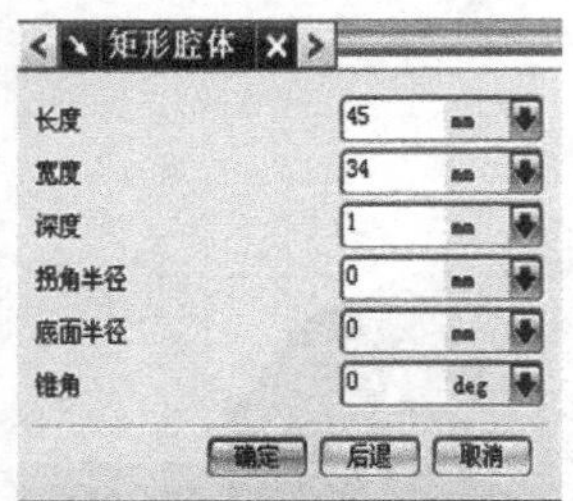

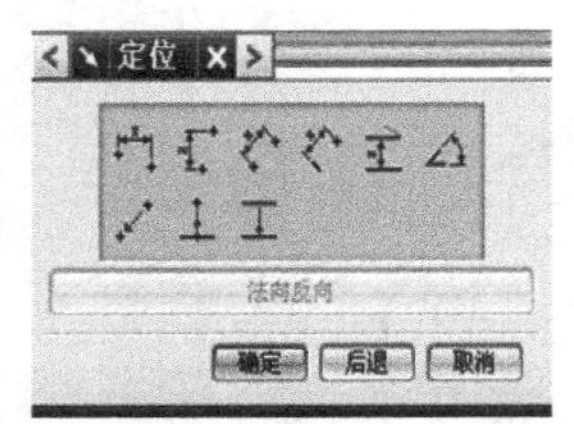

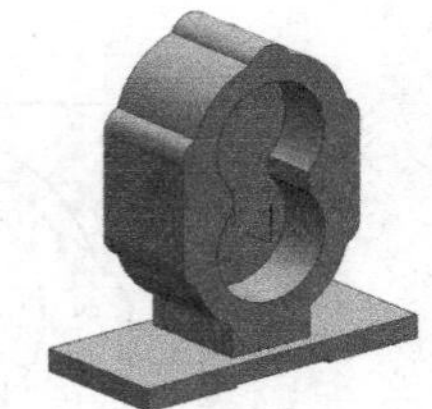

输入参数

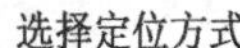

选择定位方式

图 5-48　创建底面腔体

[7] 创建基准面来定位后续的细节特征，如孔等结构，将工作层设为 61 层，选择【插入】/【基准/点】/【基准平面】命令或单击图标，创建基准面，如图 5-49 所示。

[8] 端面上用来支撑从动轴的凸台，可以用凸台命令实现。选择【插入】/【设计特征】/【凸台】命令，或单击图标，在拉伸端面创建凸台，凸台参数：直径为 25，高度为 10，定位方式为点到点，结果如图 5-50 所示。

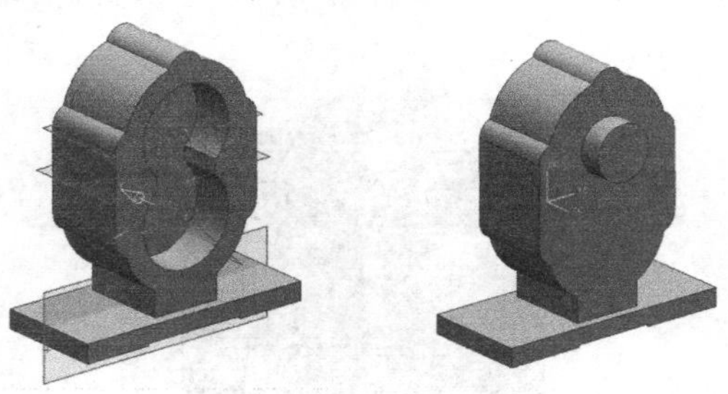

图 5-49　创建基准面　　图 5-50　创建从动轴凸台

[9] 重复步骤 8 创建支撑主动轴的两个凸台和退刀槽，其中退刀槽可以用沟槽命令实现。生成结果如图 5-51 所示。

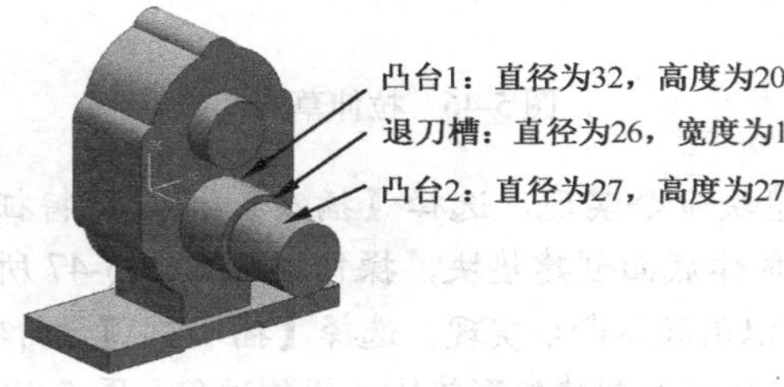

图 5-51　创建主动轴凸台

[10] 去除材料生成孔等结构，选择【插入】/【设计特征】/【孔】命令或单击图标，创建直径为 13mm 的孔，操作过程如图 5-52 所示。

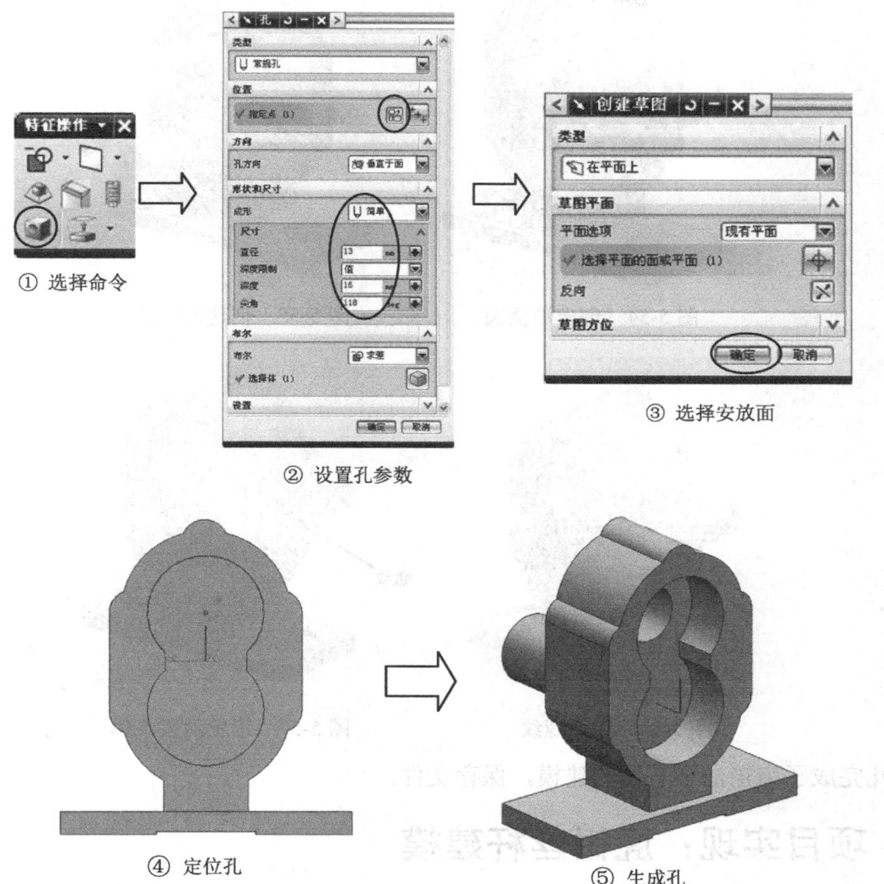

图 5-52 创建孔特征

[11] 参考前面泵体二维图，如图 5-43 所示，重复步骤 10 创建其他孔特征，最后完成泵体主体建模，如图 5-53 所示。

[12] 最后完成细节结构，选择【插入】/【细节特征】/【边倒圆】命令或单击图标，创建边倒圆，圆角半径为 2，如图 5-54 所示。

[13] 其他边缘倒角，选择【插入】/【细节特征】/【倒斜角】命令或单击图标，创建倒斜角，方式为对称，距离为 1.5，如图 5-55 所示。

[14] 创建螺纹，选择【插入】/【设计特征】/【螺纹】命令或单击图标，为了后续生成二维工程图方便，此处创建的是符号螺纹，如图 5-56 所示。

图 5-53 泵体主体结构

[15] 重复步骤 14 创建侧面进出油孔处的螺纹，生成最终结果，如图 5-57 所示。

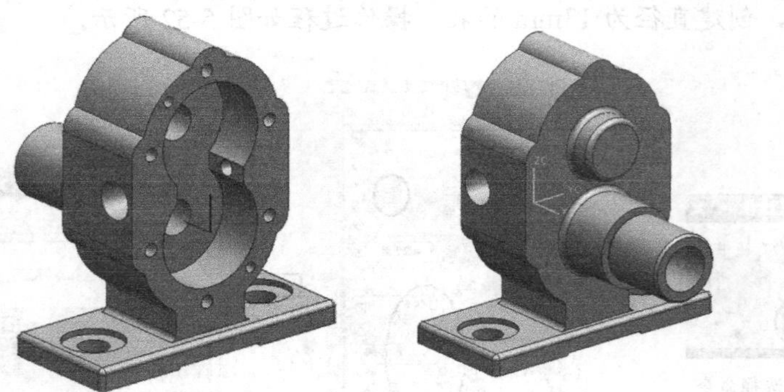

图 5-54　创建边倒圆　　　　图 5-55　创建倒斜角

图 5-56　创建螺纹

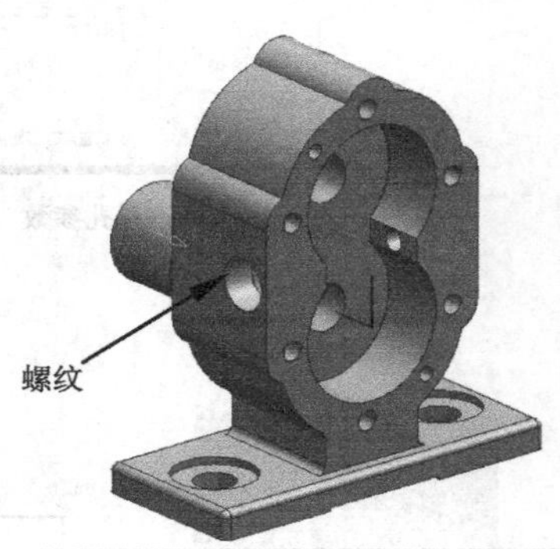

图 5-57　齿轮油泵泵体

至此完成了齿轮油泵泵体的建模，保存文件。

5.5 项目实现：虎钳丝杆建模

实例文件　UG NX6.0 实用教程资源包/Example/5/sigan.prt
操作录像　UG NX6.0 实用教程资源包/视频/5/sigan.avi

在本节主要介绍虎钳丝杆的造型设计。在建模设计过程中注意体会草图的应用，以及曲线、扫掠等命令的使用。

设计过程

[1] 启动 UG NX6.0，新建文件 sigan.prt，进入建模模块。

[2] 将工作层设置为 21 层，选择【插入】/【草图】命令或单击图标，进入草图环境，在 *X-Y* 平面内绘制草图，如图 5-58 所示。单击图标 完成草图，完成草图的绘制。

[3] 将工作层设置为 1 层，选择【插入】/【设计特征】/【回转】命令或单击图标，选择草图为回转对象，*X* 轴为回转轴，如图 5-59 所示。

[4] 生成端部方形结构，将工作层设置为 22 层，选择【插入】/【草图】命令或单击图标，进入草图环境，在丝杆端面绘制草图，绘制一个正方形和一个与所在

端面直径相等的圆，用该圆来修剪正方形，如图 5-60 所示。单击图标 完成草图，完成草图的绘制。

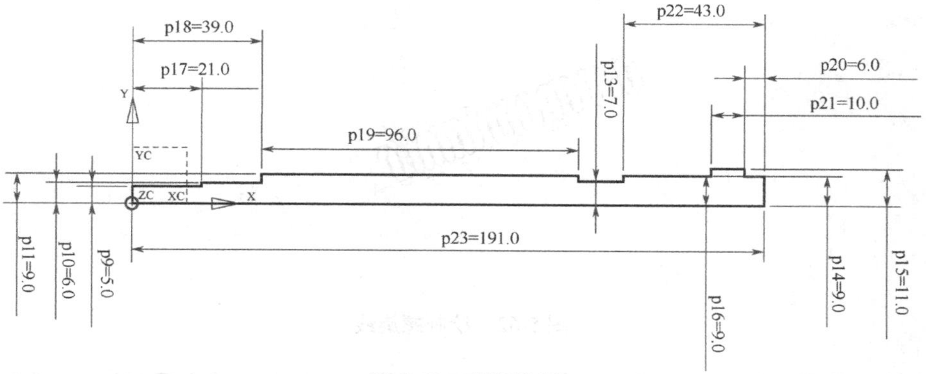

图 5-58　草图绘制

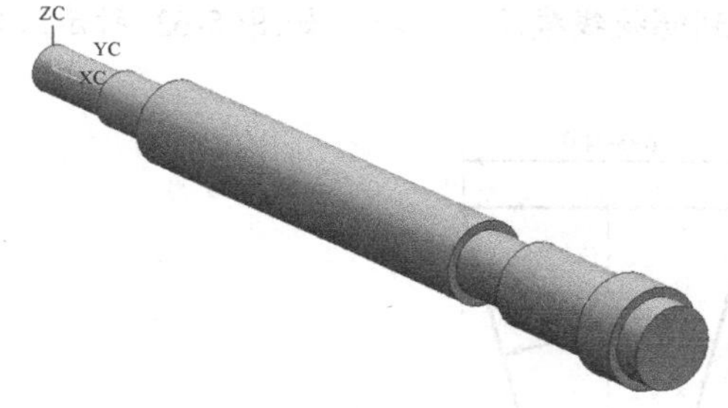

图 5-59　回转草图

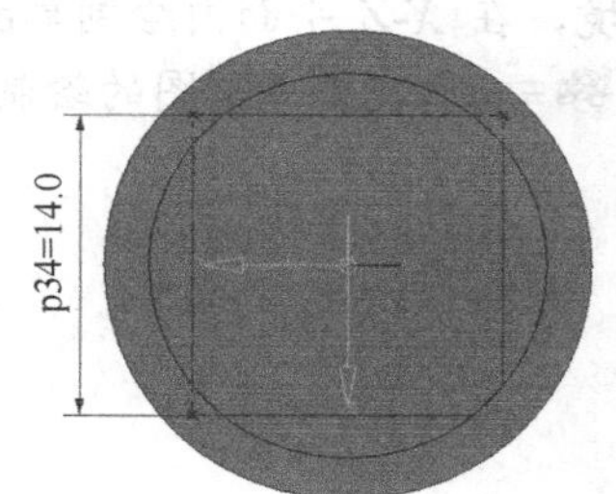

图 5-60　草图绘制

[5] 将工作图层设置为 1 层，选择图标，并输入拉伸高度 22，就得到了端部的方形结构。

[6] 选择【格式】/【WCS】/【定向】命令或单击图标，设置坐标系，将坐标系原点定位在螺旋线的起点圆心处，操作过程如图 5-61 所示。

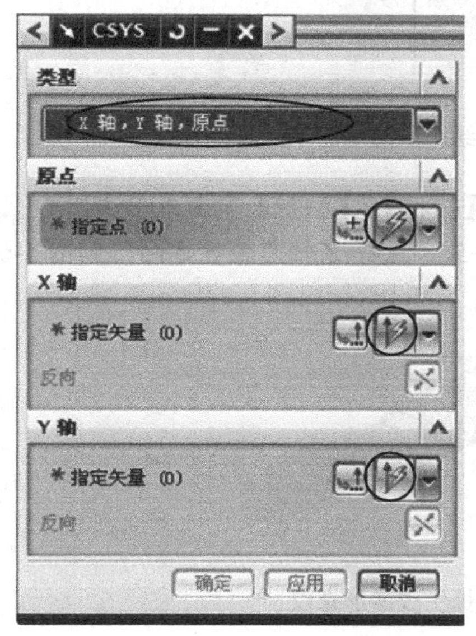

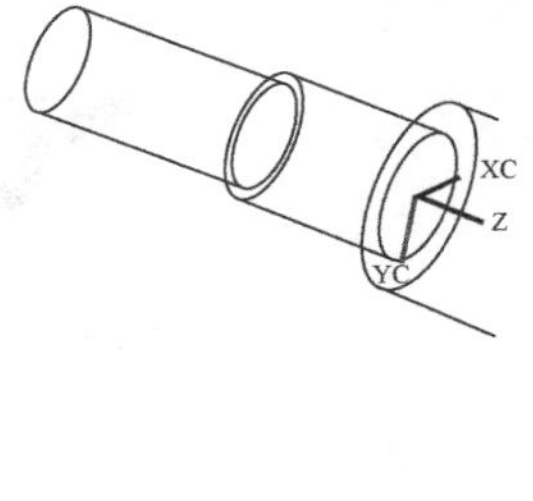

图 5-61　设置坐标系

[7] 将工作图层设置为41层，选择【插入】/【曲线】/【螺旋线】命令或单击图标，绘制螺旋线。设置圈数为25，螺距为4，半径为7，旋转方向为右手，如图5-62所示。

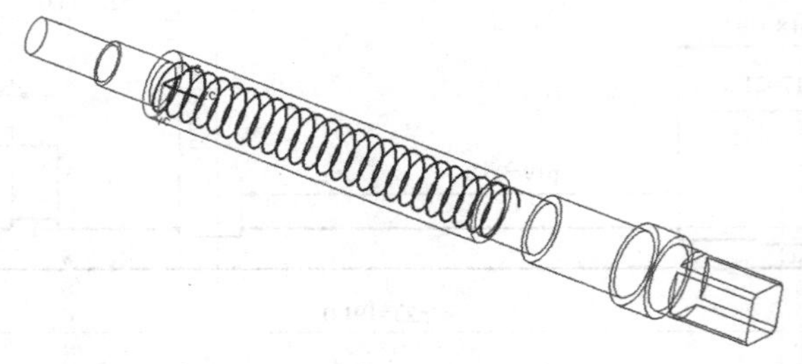

图5-62　绘制螺旋线

[8] 将工作层设置为 23 层，选择【插入】/【草图】命令或单击图标，进入草图环境，在 *X-Z* 平面内绘制草图，得到螺旋线截面的形状，如图 5-63 所示。单击图标完成草图，完成草图的绘制。

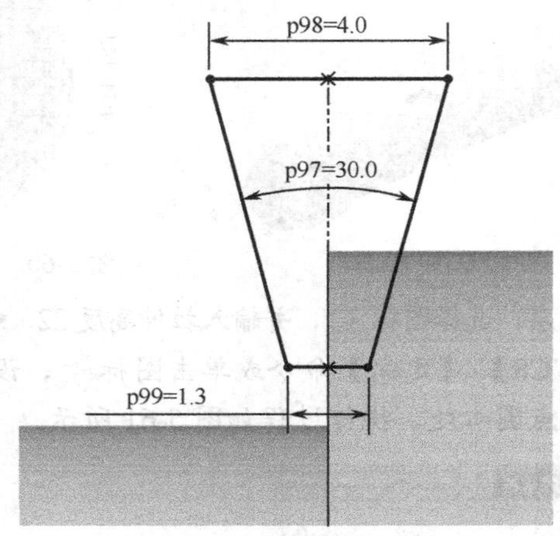

图5-63　绘制截面草图

[9] 设置工作层为1层，选择【插入】/【扫掠】/【扫掠】命令或单击图标，选择草图为回转对象，选取螺旋线为扫掠引导线，选择*Z*轴为矢量方向，如图5-64所示。

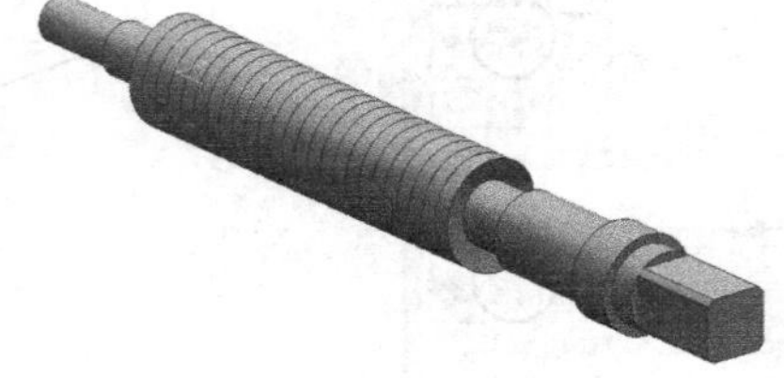

图5-64　扫掠生成梯形螺纹

[10] 选择【插入】/【复合体】/【求差】命令或单击图标，选择螺旋杆为目标体，

扫掠矩形为螺纹刀具，操作过程如图 5-65 所示。

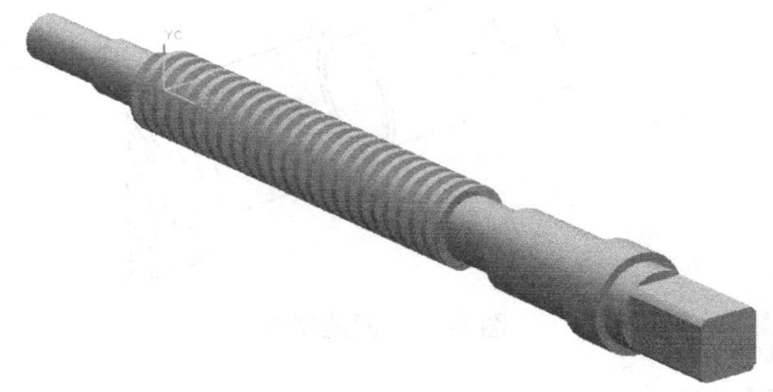

图 5-65　求差生成梯形螺纹

[11] 创建圆柱面上的孔，创建基准面为安放面和定位参考，设置工作层为 61 层，选择【插入】/【基准/点】/【基准平面】命令或单击图标□，创建基准面，操作过程如图 5-66 所示。

图 5-66　添加基准面

[12] 选择【插入】/【设计特征】/【孔】命令或单击图标，创建直径为 3.2mm 的孔，深度为贯通体，如图 5-67 所示。

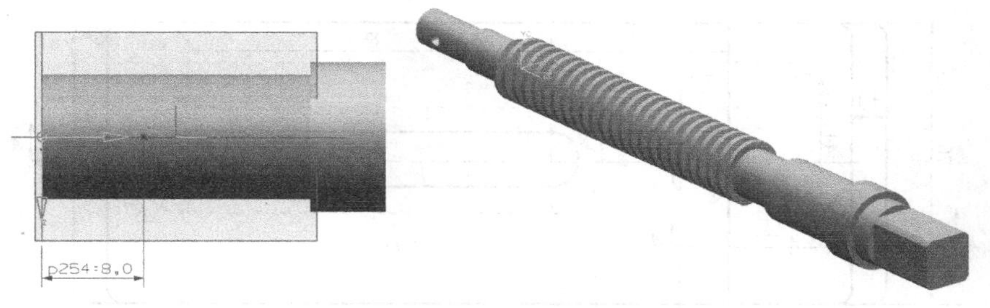

图 5-67　创建孔特征

[13] 创建端部螺纹，选择【插入】/【设计特征】/【螺纹】命令或单击图标，创建符号螺纹，如图 5-68 所示。

[14] 至此，完成平口钳丝杆的三维建模，保存文件，退出 UG NX6.0。

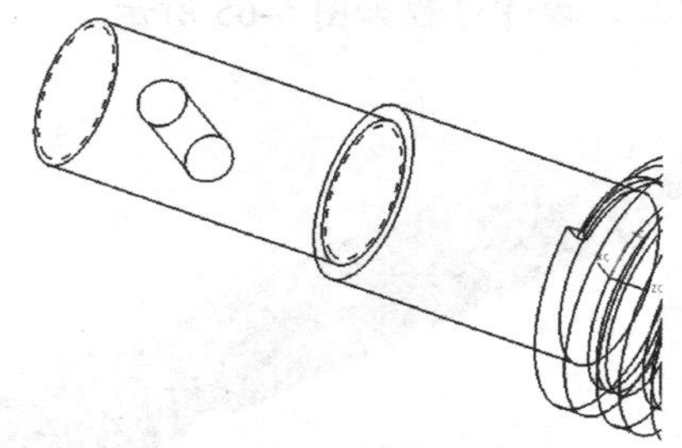

图 5-68 创建螺纹

5.6 思考与练习

1. 思考题

（1）思考各种典型零件的结构特点和常用的建模方法。

（2）扫描特征主要包括哪些？各种典型零件经常用到哪些扫描特征？

（3）细节特征主要包括哪些？这些特征主要应用于什么场合？

2. 操作题

完成手用虎钳所有加工件的三维模型，如图 5-69 所示。

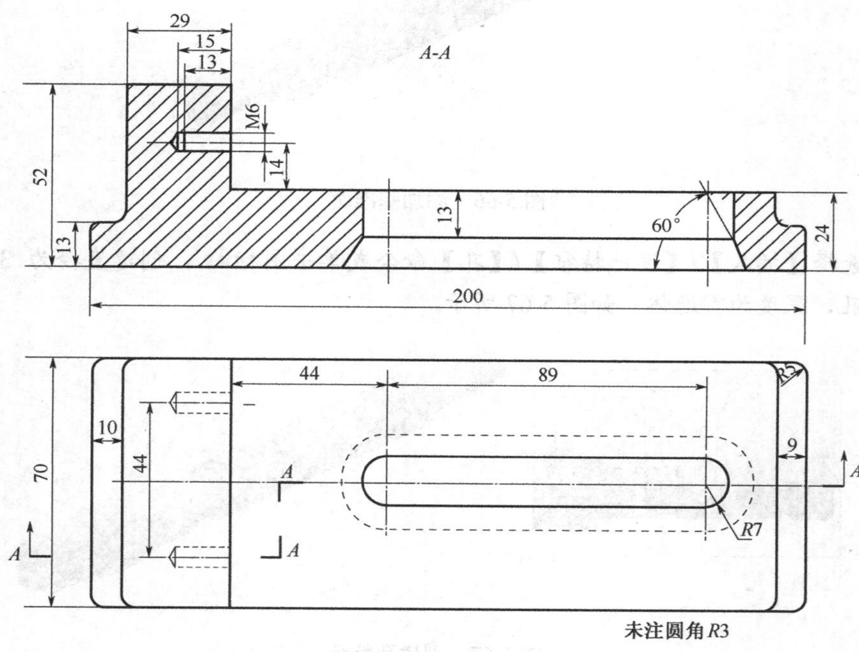

（a）钳身

图 5-69 手用虎钳零件图

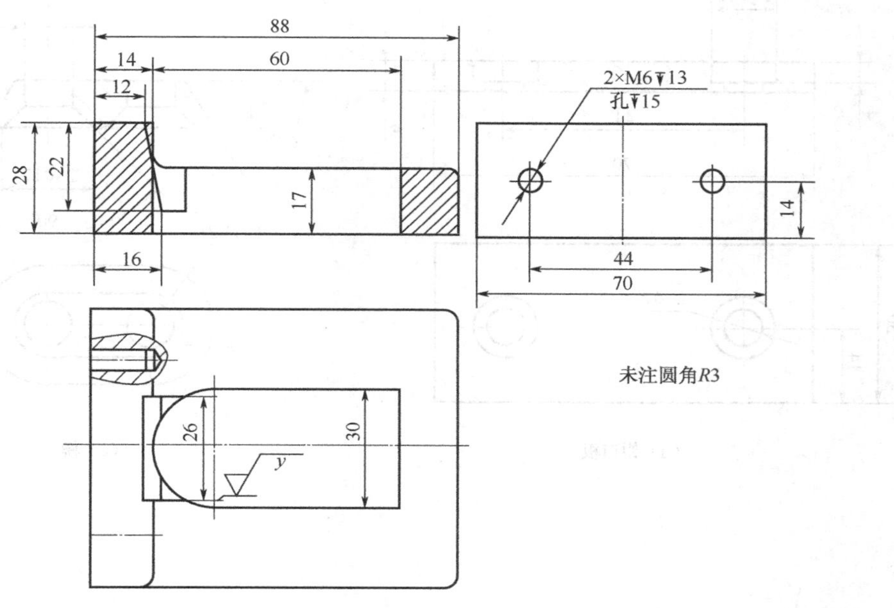

（b）活动钳身

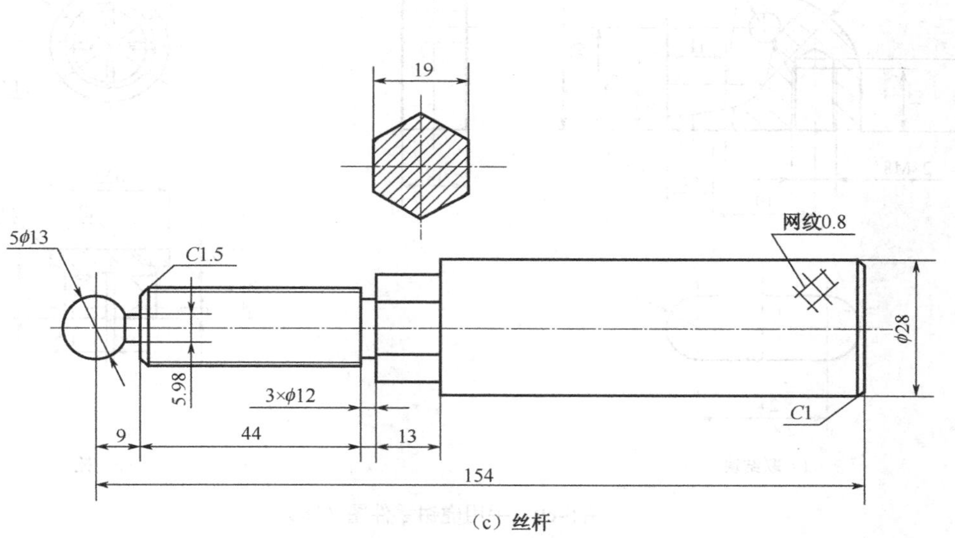

（c）丝杆

图5-69　手用虎钳零件图（续）

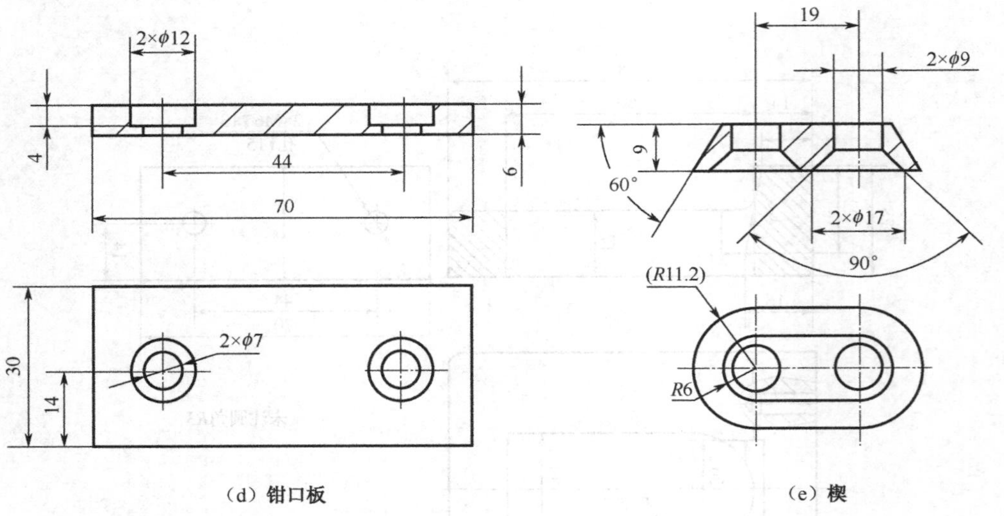

（d）钳口板　　（e）楔

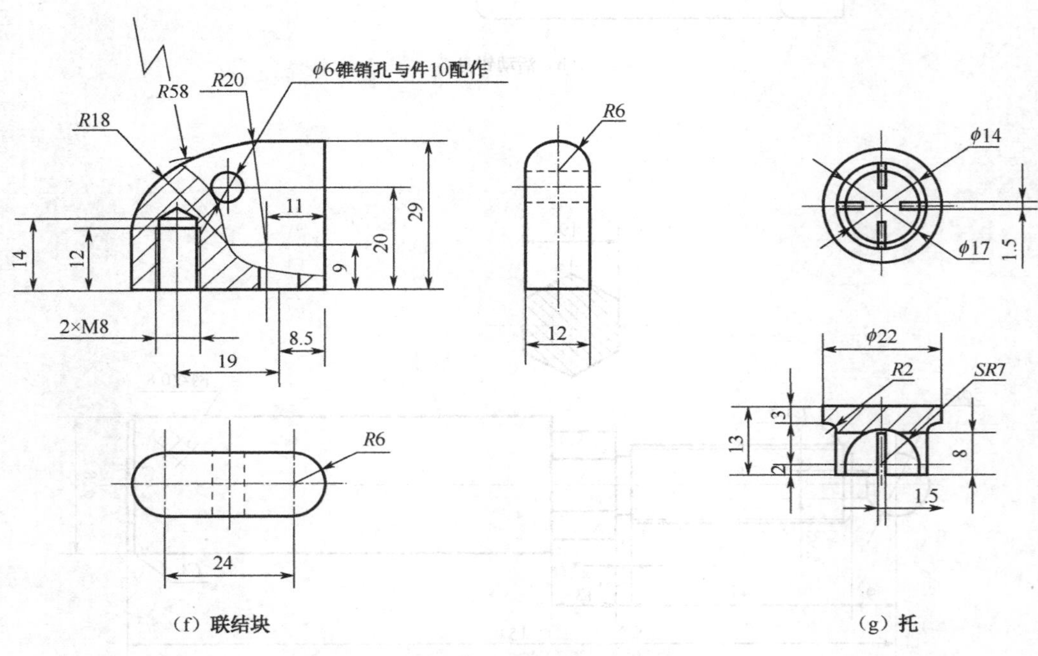

（f）联结块　　（g）托

图 5-69　手用虎钳零件图（续）

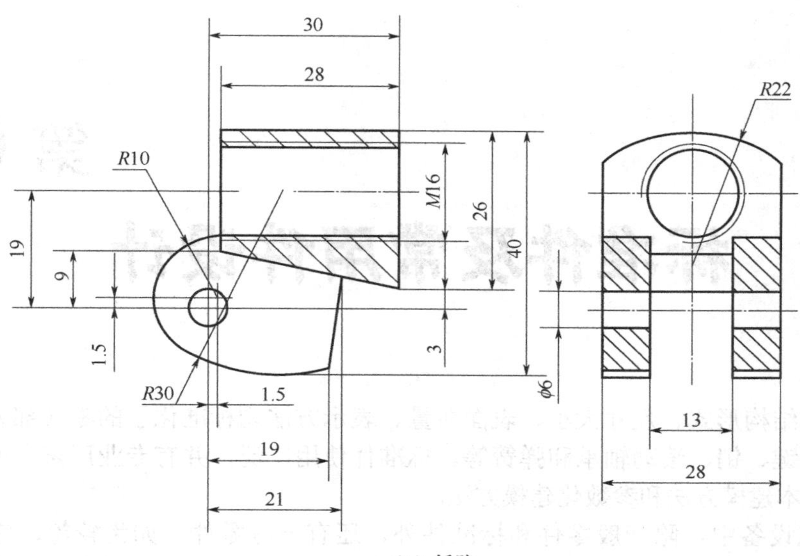

（h）摇臂

图 5-69　手用虎钳零件图（续）

第 6 章

标准件及常用件设计

标准件是结构形式、尺寸大小、表面质量、表示方法均标准化了的零（部）件，例如螺纹紧固件、键、销、滚动轴承和弹簧等。标准件使用广泛，并有专业厂家生产，本章将介绍它们的基本建模方法和参数化建模方法。

在机器或设备中，除一般零件和标准件外，还有一些零件，如齿轮等，它们应用广泛，结构定型，某些部分的结构形状与尺寸也有统一的标准，这些零件在制图中都有规定的表示法，习惯上将它们称为常用件，本章也将介绍其建模方法。

6.1 相关知识

在机械制造中，螺纹连接和传动的应用有很多，占有很重要的地位。根据其用途可分为紧固螺纹、传动螺纹和密封螺纹三类。

齿轮传动是应用十分广泛的一种传动，它是利用主动轮的齿侧表面对从动轮的齿侧表面进行推压来实现运动和动力的传递，齿轮传动可以完成减速、增速、变向、换向等功能。

1．螺纹紧固件的种类

常用的螺纹紧固件有螺栓、双头螺柱、螺母和垫圈等，如图 6-1 所示。

图 6-1　常用的螺纹紧固件

2. 常见的齿轮类型

常见的齿轮传动分为圆柱齿轮、圆锥齿轮、蜗轮蜗杆和齿轮齿条传动四种类型。齿轮应用广泛，种类很多，按齿廓曲线可分为渐开线齿轮、摆线齿轮、圆弧齿轮等，按外形可分为圆柱齿轮、锥齿轮、非圆齿轮、齿条、蜗轮蜗杆等；按轮齿所在的表面可分为外齿轮和内齿轮，按齿线形状可分为直齿轮、斜齿轮、人字齿轮、曲线齿轮等。

下面列出了常见的齿轮传动类型的三种形式，如图 6-2 所示。

- 圆柱齿轮：一般用于两平行轴之间的传动。
- 圆锥齿轮：常用于两相交轴之间的传动。
- 蜗轮蜗杆：常用于两交叉轴之间的传动。

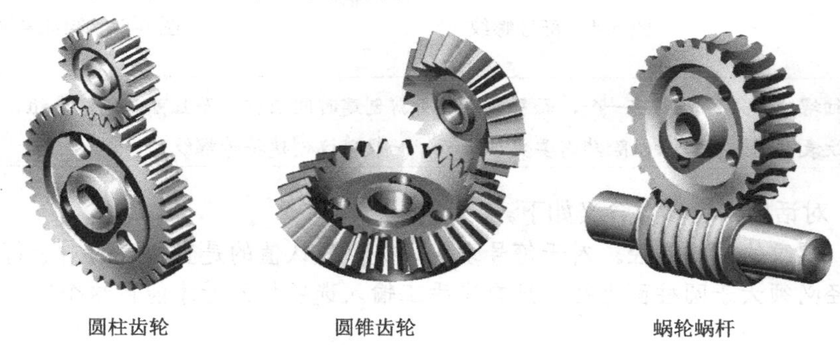

图 6-2 常见的齿轮传动类型

本章通过介绍典型综合实例来具体说明某类零件的造型设计，有利于读者学习掌握，借鉴使用。

6.2 螺纹类零件设计

螺纹是零件中常见的结构，螺纹的作用主要有连接和传动两个方面，在 UG 中对于标准螺纹可以采用螺纹命令来完成，对非标准螺纹，如千斤顶螺旋杆和螺套上的方形螺纹可以采用扫掠命令来完成。

6.2.1 螺纹命令

UG 中除了孔命令中可以生成螺纹孔之外，还有单独的螺纹命令，可以生成详细螺纹和符号螺纹，如图 6-3 所示。

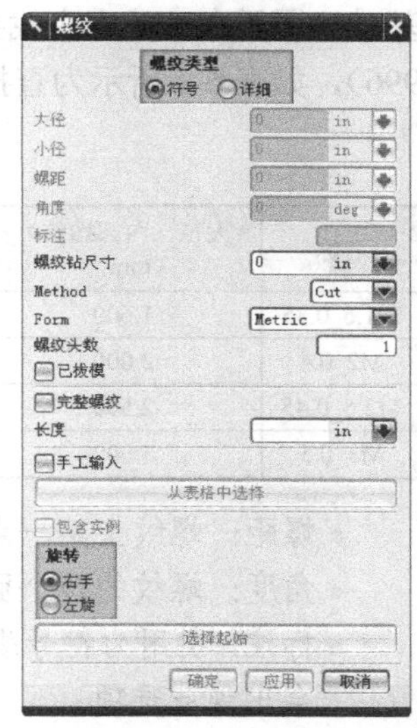

图 6-3 【螺纹】对话框

螺纹类型分为符号螺纹和详细螺纹。其中符号螺纹以虚线圆的形式显示在要攻螺纹的一个或几个面上。符号螺纹使用外部螺纹表文件（可以根据特殊螺纹要求来定制这些文件），以确定默认参数。符号螺纹一旦创建就不能复制或引用了，但在创建时可以创建多个副本和可引用副本。符号螺纹如图 6-4 所示。

详细螺纹看起来更实际，但由于其几何形状及显示的复杂性，创建和更新的时间都要长得多。详细螺纹使用内嵌的默认参数表，可以在创建后复制或引用。详细螺纹如图 6-5 所示。

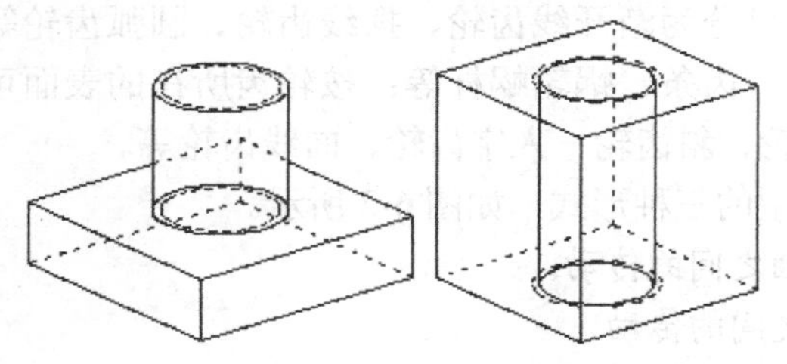

图 6-4　符号螺纹

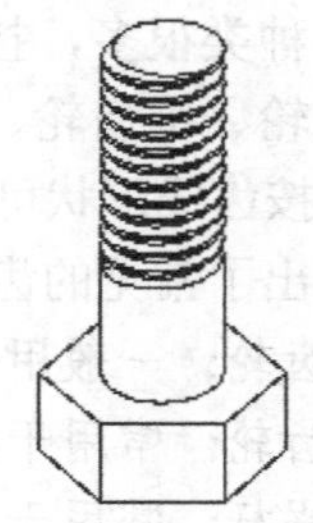

图 6-5　详细螺纹

> 📖 *详细螺纹必须每次创建一个，而符号螺纹所需创建时间较少，而且可以创建多组。使用定制的螺纹表也很方便，所以除非需要更多细节，一般建议创建符号螺纹。*

【螺纹】对话框中各参数含义如下。

- 大径：螺纹的最大直径。对于符号螺纹，提供默认值的是查找表。对于符号螺纹，这个直径必须大于圆柱面直径。只有当手工输入选项打开时才能在这个字段中输入需要的值。
- 小径：螺纹的最小直径。对于符号螺纹，提供默认值的是查找表。当手工输入选项打开时才能在这个字段中输入需要的值。

所谓查找表，是为符号螺纹提供最适合的默认值，对于内螺纹，选中孔的直径作为一个基础，用于在查找表中找到小径最佳匹配值。对于外螺纹，凸台或圆柱的直径作为一个基础，用于在查找表中找到大径最佳匹配值。查找表的数据取自《机械手册》（第 25 版，1 996），如表 6-1 所示为查找表的部分数据。

表 6-1　螺纹查找表

名称	大径（内部螺纹）（mm）	小径（外部螺纹）（mm）	螺距（mm）	丝锥直径（75%完整螺纹）	轴直径（mm）	深度（mm）
M1.6_0.35	1.600	1.202	0.35	1.315	1.496	15.200
M2_0.4	2.000	1.548	0.40	1.675	1.886	16.000
M2.5_0.45	2.500	1.993	0.45	2.1346	2.380	17.000
M3_0.5	3.000	2.439	0.50	2.5941	2.874	18.000

- 螺距：螺纹上某一点与下一螺纹的相应点之间的轴向距离。
- 角度：螺纹的两个面之间的夹角，在通过螺纹轴线的平面内测量。
- 标注：引用为符号螺纹提供默认值的螺纹表条目。当“螺纹类型”是“详细”时，不会出现此选项。
- 轴尺寸/丝锥尺寸：对于外螺纹符号螺纹，会出现轴尺寸。对于内螺纹符号螺纹，会出现丝锥尺寸。
- Method：定义螺纹加工方法，如碾轧、切削、磨削和铣削。由用户在用户默认设置中定义，这个选项只出现于符号螺纹类型。

- Form：确定使用哪个查找表来获取参数默认值。表单选项中有统一的、公制的、梯形的、三角的和增强的等。由用户在用户默认设置中定义，这个选项只出现于符号螺纹类型。
- 螺纹头数：指定是要创建单头螺纹还是多头螺纹。当“螺纹类型”是“详细”时，这个选项不出现。
- 带锥度：如果这个选项切换为“开”，则符号螺纹带锥度。当“螺纹类型”是“详细”时，这个选项不出现。
- 完整螺纹：如果这个选项切换为“开”，则当圆柱的长度更改时符号螺纹将更新。当“螺纹类型”是“详细”时，这个选项不出现。
- 长度：在创建符号螺纹的过程中打开这个选项，可以为某些选项输入值，否则这些值要由查找表提供。当此选项打开时，“从表格中选择”选项关闭，如果在符号螺纹创建期间此选项关闭，则“大径”、“小径”、“螺距”和“角度”参数值取自查找表，用户不能在这些字段中手工输入任何值。
- 从表格中选择：对于符号螺纹，此选项允许用户从查找表中选择标准螺纹表条目。
- 包含实例：如果选中的面属于一个实例阵列，则此选项能将螺纹应用到其他实例上。这样做时最好总是将螺纹添加到主特征上，而不要添加到引用的特征之一。这样做的好处是，如果以后阵列参数发生变化，则此螺纹将在实例集中总保持可见。
- 旋转：允许指定螺纹为“右手”（顺时针方向）还是“左手”（逆时针方向）。
- 选择起始：允许在实体上或基准平面上选择平表面，为符号螺纹或详细螺纹指定一个新的起始位置。“反转螺纹轴”指定相对于起始面攻螺纹的方向。“在起始条件下”，“从起始处延伸”会使系统生成的完整螺纹超出起始面。“不延伸”使系统从起始面起生成螺纹，如图6-6所示。

用矢量指示新螺纹的起始位置和方向，该矢量的位置和方向取决于圆柱面的选取位置。

如果选中圆柱体已经连接到一个更大的体上，则未连接的一端就是螺纹的起始位置，如图6-7所示。如果另一个体比选中的圆柱体小，则最接近于选择位置的一端将是起始面。

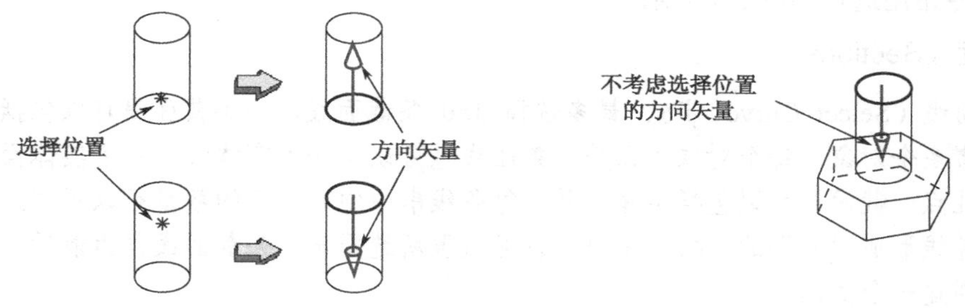

图6-6　螺纹的起始位置　　图6-7　合并凸台的螺纹起始位置

> 为了得到最佳结果，当非通孔的螺纹不是全长螺纹时应从圆柱面的开口端开始创建。对于外螺纹，在轴不与其他特征相邻的一端创建螺纹将得到最佳结果。选中的圆柱体必须有平面端。如果系统无法找到平面端用作螺纹的起始面，就必须选择一个平的起始面（例如基准平面）。

> 📖 在有倒斜角的孔或凸台上创建螺纹时，倒斜角特征应在螺纹特征之前创建。为保证正确显示螺纹，编辑螺纹长度使之包括倒斜角的偏置量。

6.2.2 扫掠命令

本章后续内容介绍的方形螺纹，利用前面讲的螺纹命令不能直接构建出来，可以采用扫掠命令来完成。

扫掠命令通过沿着 1、2 或 3 条引导线扫描一条或多条截面线来创建一个实体或者片体。此命令可以实现以下功能：

- 通过控制矫正截面线沿引导线扫描的方式来控制扫描体的形状；
- 当沿引导线扫描时可以控制截面的方向；
- 按比例控制决定扫描体；
- 用脊线控制截面参数。

如图 6-8 所示，扫描单个截面线，沿着引导线，并以曲线为缩放控制曲线从后向前扫描。截面线最多为 150 条，引导线最多只能有 3 条。

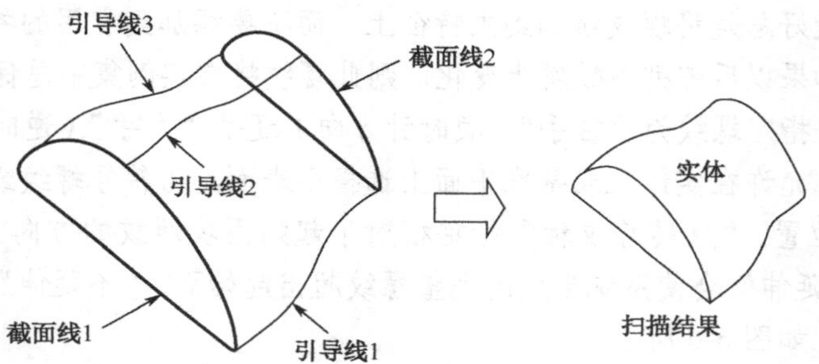

图 6-8 扫掠概念图

扫掠命令常用选项如图 6-9 所示。

1. 截面（Sections）

- 选择曲线（Select Curve）：最多选择 150 条截面线，一条截面线可以包括单个对象或者多个对象。每个对象可以是一条曲线也可以是一个实体边、一个实体面。注意以下几点：截面线可以包括尖角，并且每条线串中饱和特征的数量可以不同。如果所有引导线形成封闭环的形式，用户可以通过重新选择第一条截面线作为最后一条截面线来创建一个实体。
- 反向（Reverse Direction）：为了创建尽可能光滑的曲面，所有截面线必须有相同的方向。这个按钮便可使截面线反向。
- 定义原始曲线（Specify Origin Curve）：当选择一个封闭曲线时，可以改变原始的曲线。
- 添加新集（Add New Set）：将当前的线串添加至截面线中。选择截面时也可以通过单击鼠标中键来添加新集。

- 列表（List）：列出所选截面线，用户可以通过重新排序或删除线串修改已存在的截面线串。注意这些命令在选择目标后才可以使用。
- 删除线（Remove String）：删除所选择的线串。
- 向上/向下移动线串（Move String Up/Down）：选择线串并单击按钮来得到想要的顺序。

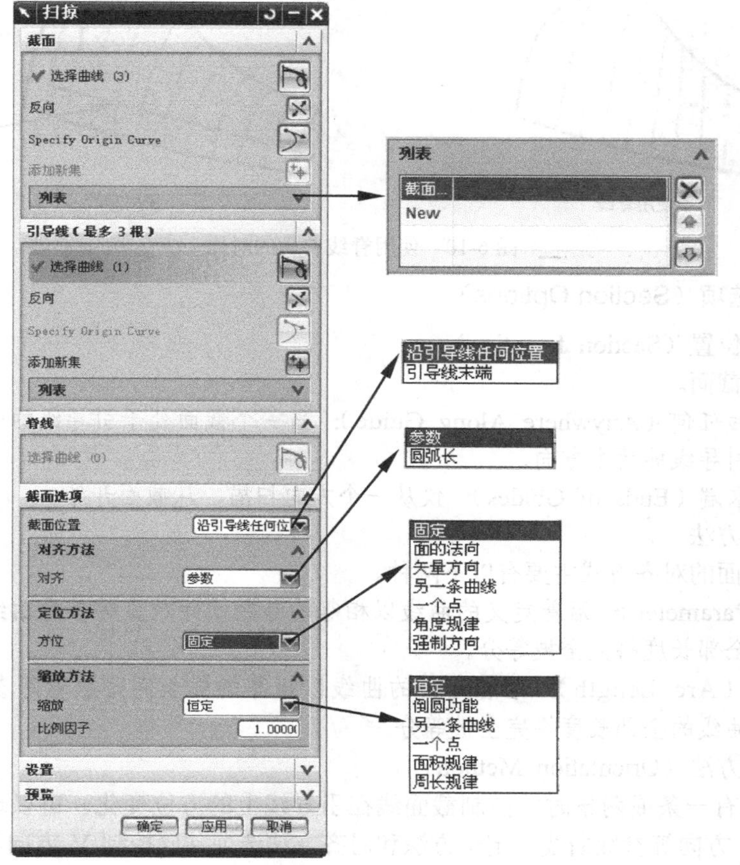

图 6-9 【扫掠】对话框

2. 引导线（Guides，最多三条）

选择曲线（Select Curve）：最多选择三条引导线。引导线控制扫描的方向和缩放的比例，一条引导线可以包括单个对象或者多个对象。每个对象可以是一条曲线也可以是一个实体边、一个实体面。如果所有引导线形成封闭环的形式，用户可以通过重新选择第一条截面线作为最后一条截面线来创建一个实体。引导线的反向、添加新集、列表命令同截面线的相同。

3. 脊线（Spine）

选择曲线（Select Curve）：进一步控制截面线的扫描方向。当使用一条截面线时，脊线会影响扫描长度，脊线垂直于每条截面线效果最好。系统在脊线上每个点构造一个平面，称为截平面（Section Plane），该平面垂直于脊线在该点的切线。

如图 6-10 所示，左边图上的扫描线是按不均匀的方式扫描的。右边包括脊线，显示空间均匀的等参数曲线。请注意观察其区别。

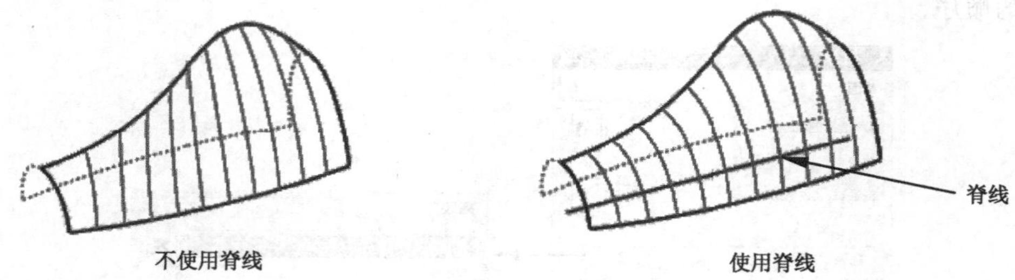

图 6-10　使用脊线前后的对比

4．截面选项（Section Options）

（1）截面位置（Section Location）

用于单个截面。

- 沿引导线任何（Anywhere Along Guide）：当一个截面处于引导线的中心，这个命令就扫描引导线的两个方向。
- 引导线末端（Ends of Guides）：仅从一个方向扫描，从截面开始。

（2）对齐方法

指定扫描面的对齐方式主要有以下两种。

- 参数（Parameter）：沿着定义的曲线以相等的参数间距放置等参数曲线通过的点，其曲线的全部长度将完全被等分。
- 圆弧长（Arc Length）：沿着定义的曲线以相等的弧长间距放置等参数曲线通过的点，其曲线的全部长度将完全被等分。

（3）定位方法（Orientation Method）

当引导线有一条或两条时，控制截面线在引导线上的方位变化。可以理解为引导线为构建曲面的 V 方向等参数曲线，定位方法和对齐方法选项共同控制 V 方向等参数曲线的形状，如图 6-11 所示。

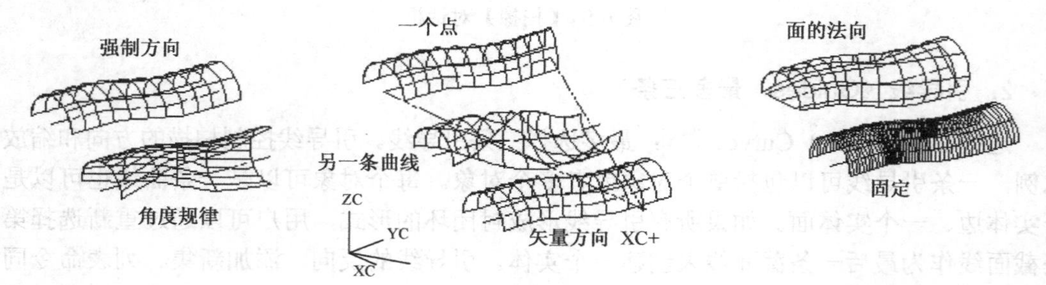

图 6-11　定位方法

- 固定（Fixed）：沿着引导线扫描时截面线保持固定方向，结果将是一个简单平行或平移的扫描。
- 面的法向（Face Normals）：扫描时截面线与基本面保持一致关系。

- 矢量方向（Vector Direction）：其片体以所定义矢量为方向，并沿着引导线的长度创建。如向量方向与引导线相切，则系统将显示错误信息。
- 另一条曲线（Another Curve）：定义平面上的曲线或实体边线为平滑曲面方位控制线。
- 一个点（A Point）：使用指定点与引导线串对应点的连线作为扫描时截面线的第二个方向。
- 角度规律（Angular Law）：用于只有一个截面线的扫描。使用规律函数定义截面线沿引导线转动的角度。
- 强制方向（Forced Direction）：使用定义的矢量方向作为固定截面线的扫描方向。

定位方法不同直接影响结果，当定位方法选择“固定”和“矢量方向”时，结果如图 6-12 所示。其中“矢量方向”要选择螺旋线的轴线方向，如果轴线方向是坐标系的 Y 方向，那么都从“指定矢量”中选择 Y 方向。

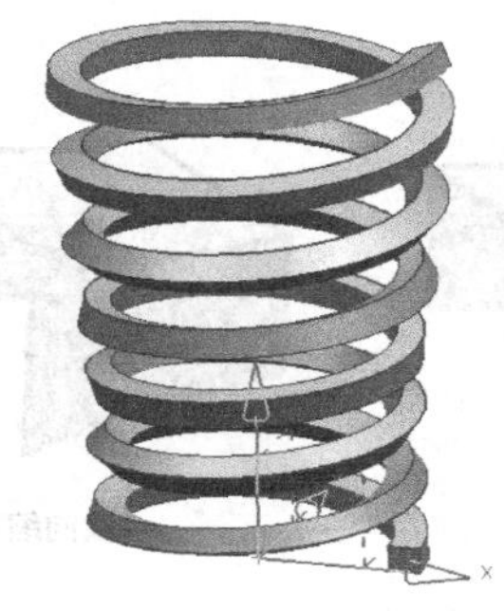

（a）固定

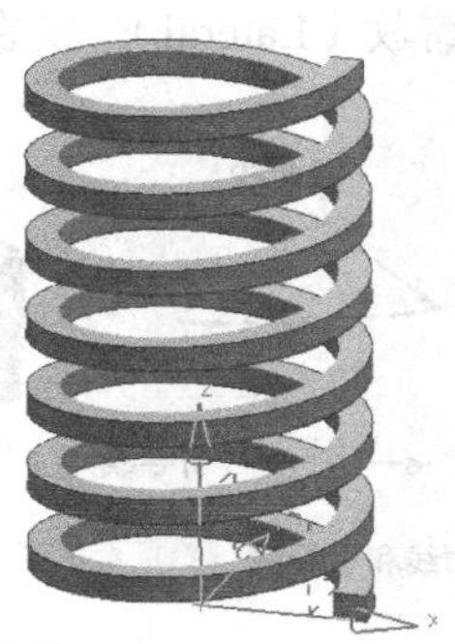

（b）矢量方向沿轴线方向

图 6-12　方位控制

（4）缩放方法（Scaling Method）

缩放方法如图 6-13 所示。

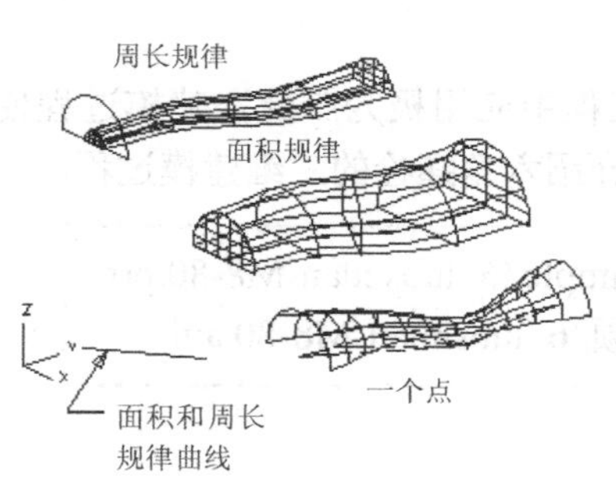

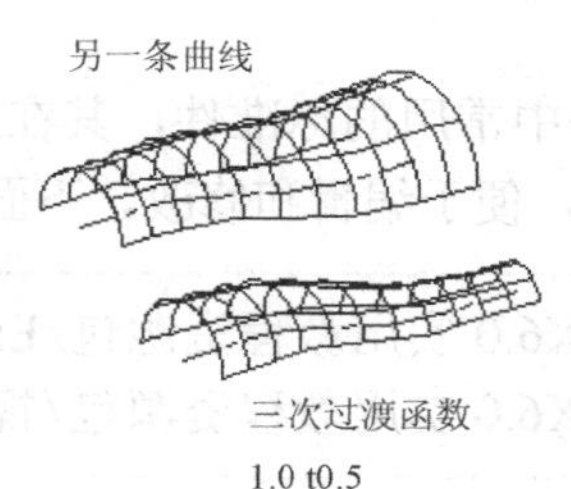

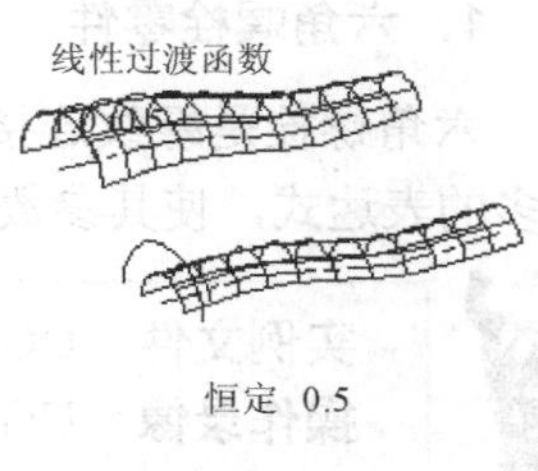

图 6-13　缩放方法

- 对于一条引导线。

恒定（Constant）：设定一个比例因子，沿着整个引导线此因子保持不变。若设置为 0.5，则所创建的片体大小将会为截面的一半。

倒圆功能（Blending Function）：指定起点和终点的比例因素，使用直线、立方比例缩放，以使扫描面的起点和终点协调。

另一条曲线（Another Curve）：和方向控制对话框中的另一条曲线命令相似。这里任意点的缩放取决于引导线和其他曲线或者实体边之间画线的长度。

一个点（A Point）：与另一条曲线命令相似，只是用点代替线。当也用相同的点方向控制时选择这种缩放方法。

面积规律（Area Law）：用规律子功能来控制扫描体上横截面的面积。

周长规律（Perimater Law）：用规律子功能来控制扫描体上横截面的周长，如图 6-13 所示。

- 对于两条引导线，如图 6-14 所示。

  均匀缩放（Uniform）：纵向和横向两个方向上缩放截面。

  横向缩放（Lateral）：仅在横向缩放截面。

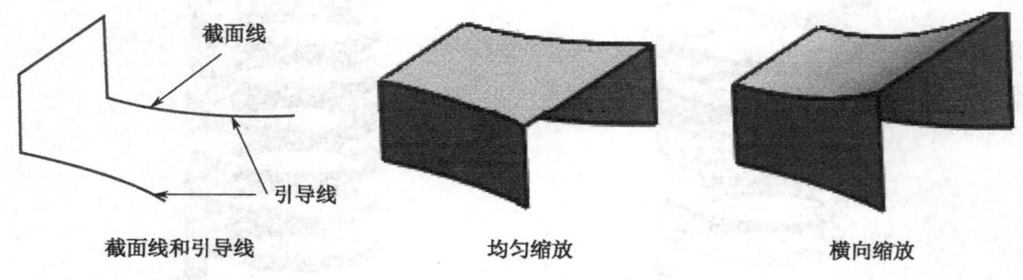

图 6-14　均匀缩放和横向缩放

6.2.3 实例分析

下面介绍几个螺栓的造型设计。在建模设计过程中注意体会草图的应用，以及拉伸操作、拔模操作和布尔操作、螺纹等命令的使用。

1. 六角螺栓零件

六角螺栓是螺纹连接件中常用的标准件，其在工程中应用极为广泛，建模过程使用了较多的表达式，使其参数化，便于编辑和修改。下面介绍六角螺栓的三维建模过程。

实例文件　UG NX6.0 实用教程资源包/Example/6/luoshuan-M8-80.prt
操作录像　UG NX6.0 实用教程资源包/视频/6/luoshuan-M8-80.avi

设计过程

[1] 查表知螺栓 GB5782—86　M8 × 80 的有关数据如下：
$d=8$；$b=22$；$c=0.6$；$k=5.3$；$s=13$；$d_w=11.6$；$l=80$

[2] 启动 UG NX6.0，新建文件 luoshuan-M8-80.prt，进入建模模块。

[3] 选取【工具】/【表达式】命令，建立表达式，如图 6-15 所示。

[4] 将工作层设置为 21 层，选择【插入】/【草图】命令或单击图标，进入草图环境，在 X-Y 平面内绘制草图，如图 6-16 所示。

📖 在进行几何约束时注意六边形的对边平行且相等，每条边都与圆相切，并且将圆心固定于坐标原点上。

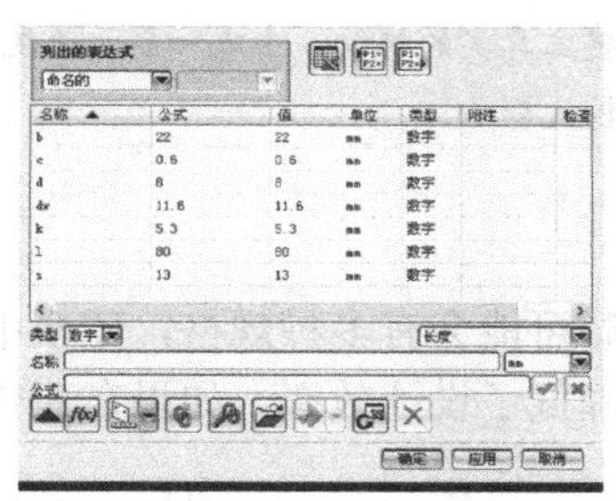

图 6-15 创建表达式

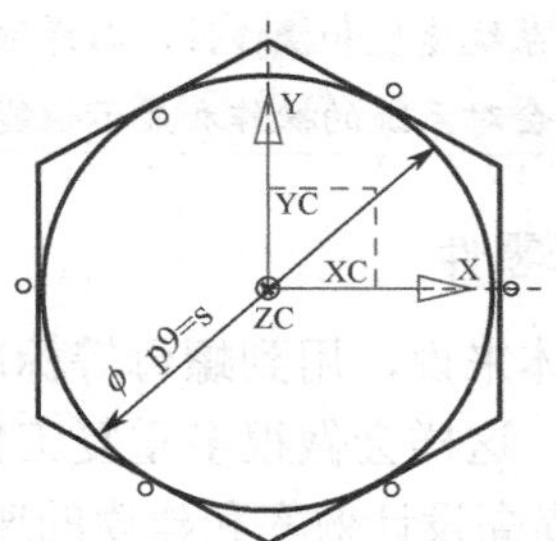

图 6-16 建立草图

[5] 设置工作层为 1 层，选择【插入】/【设计特征】/【拉伸】命令或单击图标，选择六边形为拉伸对象，Z 轴为矢量方向，在拉伸结束距离文本框内输入 k–c。选择圆为拉伸对象，Z 轴为矢量方向，单击拔模，并设定拔模角度为–60，进行布尔求交运算，如图 6-17 所示。

[6] 选择【插入】/【设计特征】/【凸台】命令或单击图标，选择拉伸体的上表面为安放面，设定凸台直径为 d_w，高度为 c，锥角为 70，用点到点方式定位到草图圆弧中心。选择凸台顶面为安放面，设置直径为 d，高度为 l，锥角为 0，用点到点方式定位到凸台圆弧中心，如图 6-18 所示。

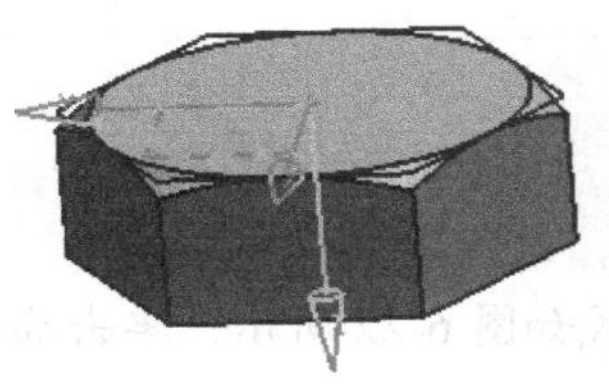

图 6-17 拉伸、拔模、求交草图

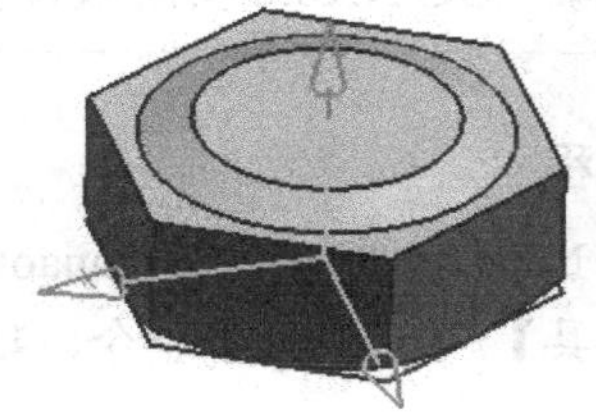

图 6-18 创建凸台

[7] 创建螺杆，选择【插入】/【设计特征】/【凸台】命令或单击图标，输出直径为 8，长度为 80，选择点到点方式定位到前一步创建的凸台圆心位置，如图 6-19 所示。

[8] 选择【插入】/【设计特征】/【螺纹】命令或单击图标，创建相应的详细螺纹，选择螺杆表面为螺纹安放面，设置长度为 b，如图 6-20 所示。

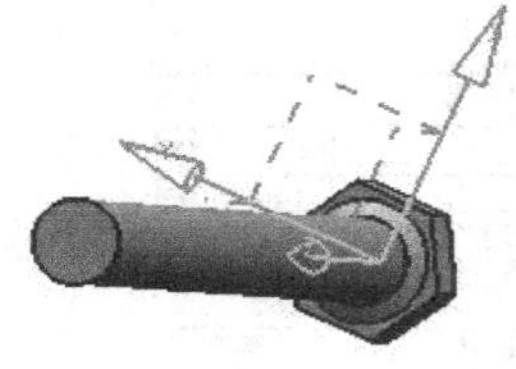

图 6-19 创建螺杆

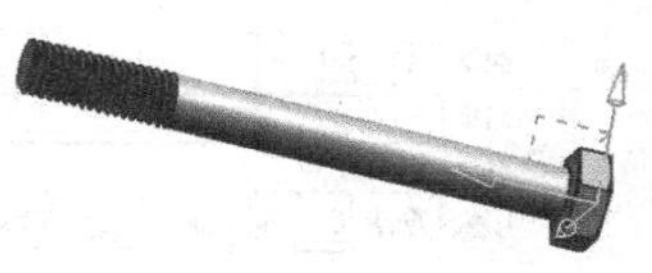

图 6-20 创建详细螺纹

[9] 至此，完成六角螺栓的三维建模，保存文件，退出 UG NX6.0。

在选择螺纹类型时要注意，符号螺纹不建立螺纹实体，只生成虚线圆，由于工程图简易画法标注不影响系统速度和操作性，而详细螺纹建立真实的螺纹，生成和显示速度较慢，在复杂零件或装配中会对系统的操作和显示性能造成较大影响。

2. 六角螺母零件

对多数装配体来说，用到螺母等标准件时可能会有多种规格，建模中没有必要对每种规格都进行建模，这样会做很多重复工作，降低了设计效率。如果在建模中充分利用参数化设计，就可以提高设计效率和建模的速度。

在六角螺母的建模设计过程中注意体会草图的应用，以及拉伸操作、拔模操作和布尔操作等命令的使用。

六角螺母是螺纹连接件中常用的标准件，其在工程中应用极为广泛，其建模过程使用了较多的表达式，使其参数化，便于编辑和修改。下面介绍六角螺母的三维建模过程。六角螺母的参数，如图 6-21 所示。

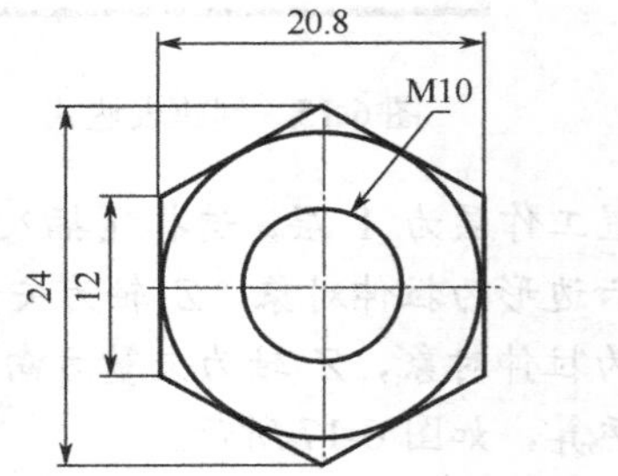

图 6-21　六角螺母参数

实例文件　UG NX6.0 实用教程资源包/Example/6/liujiaoluomu.prt
操作录像　UG NX6.0 实用教程资源包/视频/6/liujiaoluomu.avi

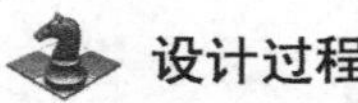

[1] 启动 UG NX6.0，新建文件 liujiaoluomu.prt，进入建模模块。

[2] 选择【工具】/【表达式】命令，建立表达式如图 6-22 所示，单击确定按钮。

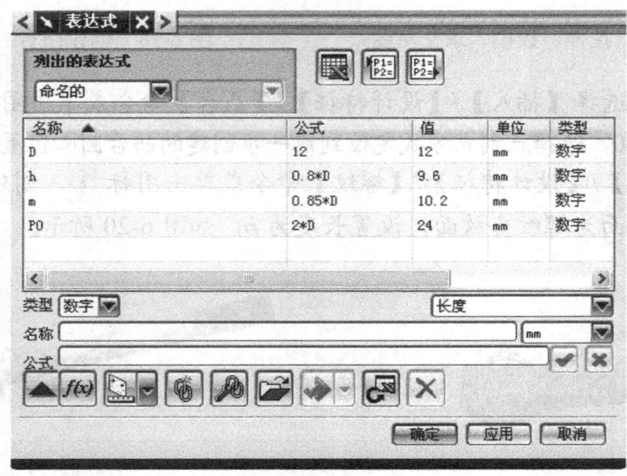

图 6-22　创建表达式

[3] 将工作层设置为 21 层，选择【插入】/【草图】命令或单击图标，进入草图环境，在 *X-Y* 平面内绘制草图，设置 $p_9=p_0$，如图 6-23 所示，完成草图。

[4] 设置工作层为 1 层，选择【插入】/【设计特征】/【拉伸】命令或单击图标，分别选择六边形和圆为拉伸对象，设置 *Z* 轴为拉伸方向，拉伸距离为 *h*。设定圆拉伸的拔模角度为–60 并进行布尔求交运算，如图 6-24 所示。

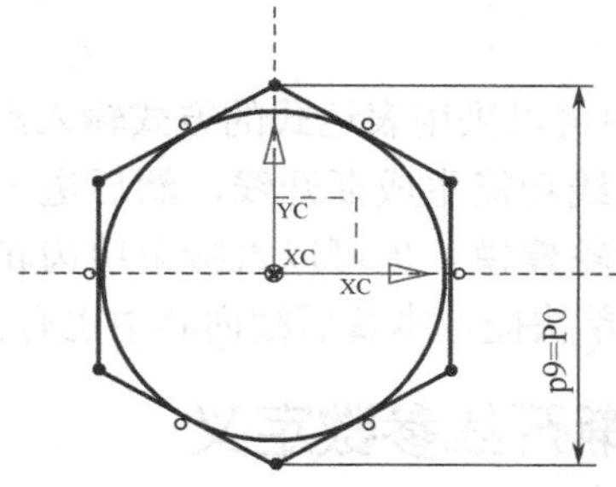

图 6-23 创建草图

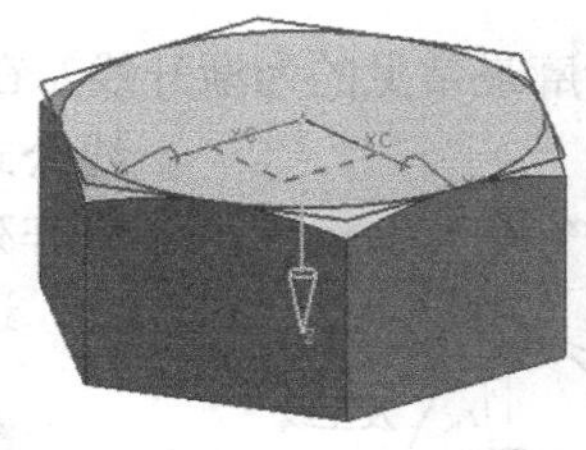

图 6-24 拉伸草图

[5] 选择【插入】/【设计特征】/【基准面】命令或单击图标，先选择拉伸体的上表面，再选择拉伸体的下表面，如图 6-25 所示。

[6] 选择【插入】/【设计特征】/【镜像特征】命令或单击图标，先选择需要镜像的特征，再选择镜像平面，如图 6-26 所示。

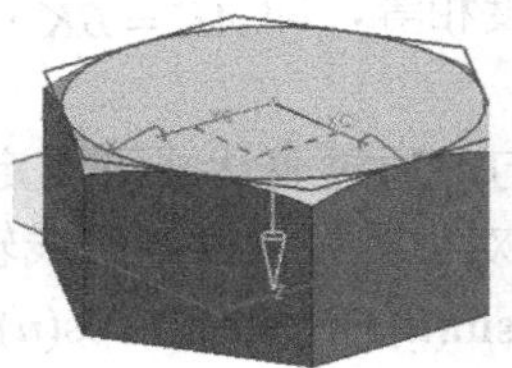

图 6-25 创建基准面

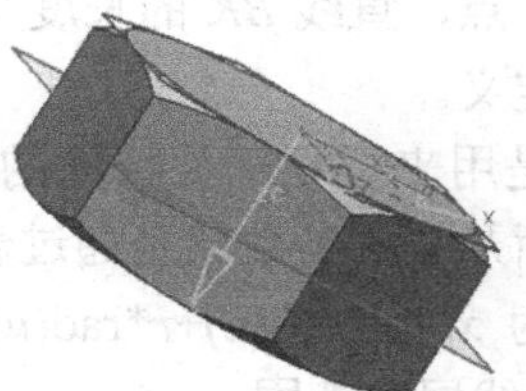

图 6-26 镜像特征

[7] 选择【插入】/【设计特征】/【孔】命令或单击图标，创建孔特征，选择草图圆心为孔中心，设置孔直径为 0.85**D*，深度限制选择贯通体，如图 6-27 所示。

[8] 选择【插入】/【设计特征】/【螺纹】命令或单击图标,创建相应的详细螺纹，选择孔表面为螺纹安放面，使用默认参数，如图 6-28 所示。

[9] 至此，完成了六角螺母的三维建模，保存文件，退出 UG NX6.0。

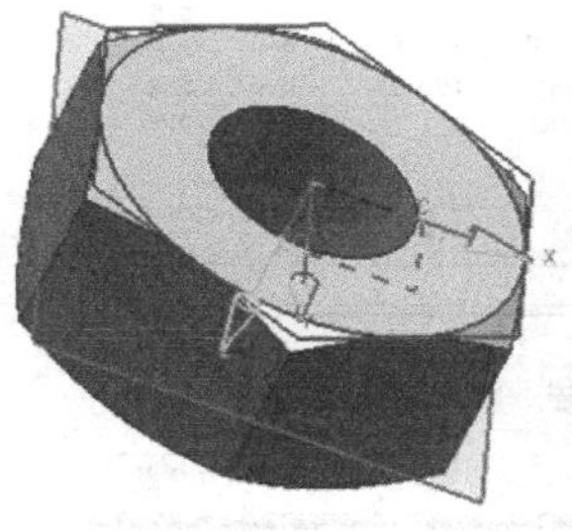

图 6-27 创建孔特征

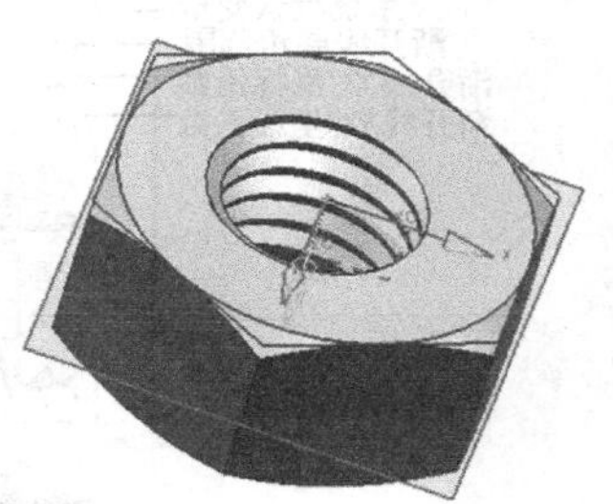

图 6-28 创建详细螺纹

📖 改变【工具】/【表达式】命令中的 d 的参数值，比如将 d 改为 20，单击确定按钮，则公称直径为 12 的螺母就改为公称直径为 20 的螺母了。根据需要可以另存为 20 的螺母。采用表达式的方法实现了各种公称直径螺母建模，可以大大提高工作效率。

6.3 齿轮类零件设计

齿轮齿廓最常见的为渐开线，在 UG NX6.0 中可以采用表达式的方式输入渐开线的曲线公式，利用规律曲线功能生成渐开线，然后进一步利用镜像阵列等命令完成齿轮建模。也可以直接采用齿轮模块的形式，这种建模方法简单快捷，本章后续内容中也有介绍。

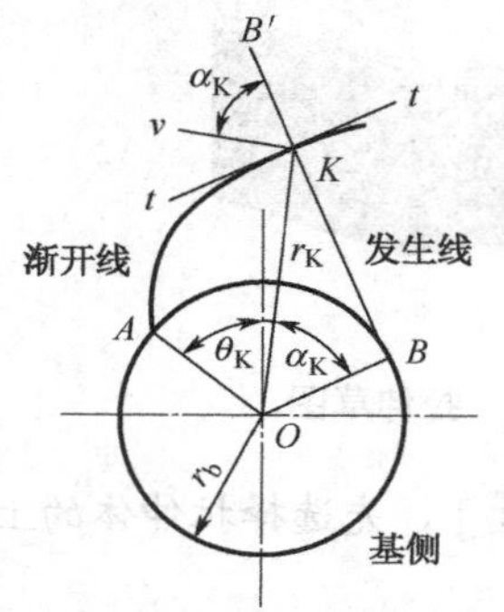

图 6-29　渐开线的形成原理

6.3.1 齿轮渐开线参数定义

齿轮按齿廓曲线分为渐开线齿轮、摆线齿轮和圆弧齿轮几种，目前，渐开线齿轮应用最广泛。渐开线齿廓曲线在 UG 中采用参数定义的方式精确绘制。

渐开线的形成原理如图 6-29 所示，当直线 BB'沿一圆周作纯滚动时，直线上任一点 K 的轨迹 AK 称为该圆的渐开线，这个圆称为渐开线的基圆，其半径用 r_b 表示，点 A 为渐开线在基圆上的起点，K 为渐开线上任意一点，直线 BK 的长度与圆弧 AK 的长度相等，即 $\overset{\frown}{AK}=\overline{BK}$，该等式关系可以采用表达式来定义。

表达式是用来控制部件特性的算术或条件语句，通过表达式可以定义一个模型的许多尺寸，齿轮渐开线的参数就是通过表达式定义的。对于圆柱齿轮渐开线轨迹的 X、Y 方向的表达式分别为 $x_t=r*\cos(u)+r*\mathrm{rad}(u)*\sin(u)$，$y_t=r*\sin(u)+r*\mathrm{rad}(u)*\cos(u)$。其中 r 是基圆半径，u 是渐开线展角范围。

选择【工具】/【表达式】命令，创建齿轮渐开线参数的表达式，如图 6-30 所示，齿轮的基圆半径不同，则其渐开线的参数也不相同，创建表达式的时候要注意类型和参数的设置。

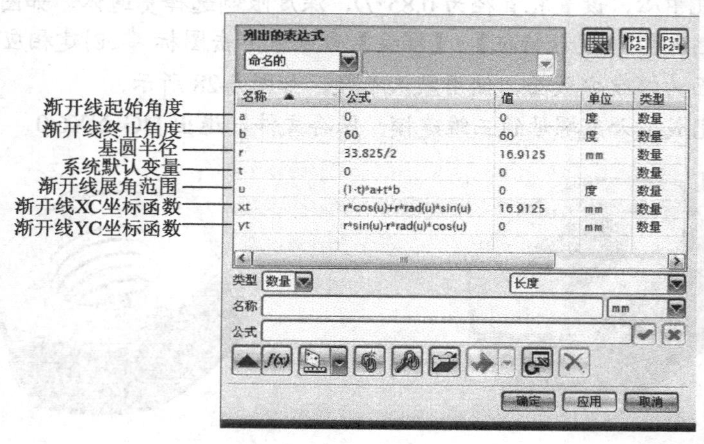

图 6-30　齿轮渐开线参数表达式

6.3.2 齿轮渐开线的创建

齿轮参数表达式定义好后，通过规律曲线命令利用创建好的表达式就可以顺利生成要求的渐开线了。

选择【插入】/【曲线】/【规律曲线】命令，或单击曲线工具条上的图标，弹出【规律函数】对话框，该对话框可以绘制三坐标值（X、Y、Z）按设定规律变化的样条曲线，提供了7种设定规律的方式，由于绘制的渐开线轮廓是平面曲线，平面 X 和 Y 方向利用“根据方程”的规律绘制曲线，如图6-31所示，其规律就是前面建立的 x_t 和 y_t 表达式；Z 方向就利用“恒定”的规律值（为0）进行绘制。

图6-31　齿轮渐开线参数表达式

6.3.3 齿轮三维造型设计思路与基本步骤

齿轮设计主要是确定齿轮的轮缘、轮毂及腹板（轮辐）的结构形式和尺寸大小，齿轮结构比较规则，对其进行三维造型设计的基本过程与轮盘类零件完全类似，唯一不同的是轮齿的创建。

1．齿轮三维造型设计思路

首先，定义齿轮相关参数；其次，采用轮盘类零件的相关设计方法，创建齿轮除轮齿部分以外的所有特征；接着，绘制或生成轮齿轴向扫描引导线和齿形线；然后，利用拉伸、扫描或扫掠等命令创建出一个轮齿特征；最后利用阵列完成所有轮齿的创建。

2．齿轮三维造型的一般设计过程

（1）利用表达式命令，定义齿轮参数，添加相关表达式。

齿轮设计的关键是轮齿的创建，其轮齿形状轮廓尺寸一般需要通过表达式来计算，比较简单，并且造型过程尽可能采用表达式驱动的尺寸，这样便于齿轮的参数化，即完成一个齿轮的造型后，通过修改参数即可实现其他齿轮的创建。

（2）利用拉伸或旋转命令，创建齿轮毛坯基体结构，主要是创建轮缘、轮毂，构造出齿轮的大致形状。

（3）利用拉伸或旋转，然后用布尔求差等命令创建辐板，轴向孔可以用孔命令来实现。

（4）利用相关曲线命令或草绘图绘制齿轴向扫描引导线和齿形线，对于直齿轮直接绘制齿形线即可。

（5）利用拉伸、扫描或扫掠等命令及布尔求差命令创建出齿轮的一个轮齿特征。

（6）利用阵列命令，完成所有轮齿或辐板凹槽、孔特征的创建。

最后，利用倒角、圆角等命令构建其他过渡或修饰特征，完成齿轮的最终设计。

在齿轮造型过程中，要随时利用表达式命令，来建立尺寸间关联特征或定义参数。

6.4 实例分析

本节将以斜齿轮为例介绍表达式中公式曲线的用法，由于齿廓曲线严格按照公式来创建，所以建模很准确。在蜗杆建模中会用到草图，以及扫掠、布尔操作等命令。

6.4.1 斜齿圆柱齿轮的三维建模

渐开线斜齿轮由于齿面为空间渐开线螺旋面，并且其端面齿形与法向齿形不同，三维建模不能像直齿圆柱齿轮的建模那样简单地通过拉伸截面曲线获得齿槽，但可以通过沿着螺旋曲线扫掠成齿槽的方法创建斜齿轮模型。

在斜齿圆柱齿轮的三维建模中，首先依据参数绘制齿轮齿坯、齿轮轮廓曲线，生成齿槽曲面，再利用扫掠、圆形阵列命令形成所有齿槽。

已知斜齿圆柱齿轮的参数为：

法面模数 $m_n=3$，齿数 $Z=76$，法面压力角为标准压力角 $\alpha=20°$，螺旋角 $\beta=9.21417°$，齿轮厚度 $B=62$mm，制作该渐开线斜齿圆柱齿轮的三维模型。

实例文件 UG NX6.0 实用教程资源包/Example/6/xiechilun.prt
操作录像 UG NX6.0 实用教程资源包/视频/6/xiechilun.avi

设计过程

[1] 计算齿轮的参数：

- 端面模数 $m_t=m_n/\cos\beta=3/\cos9.21417°=3.039216$
- 分度圆直径 $d=Zm_t=76\times3/\cos9.21417°=230.980$
- 端面压力角 $\alpha_t=\text{arctg}(\tan20°/\cos9.21417°)=20.2404°$
- 齿顶圆直径 $d_a=230.980+3\times1\times2=236.980$
- 齿根圆直径 $d_f=230.980-3\times1.25\times2=223.480$
- 基圆直径 $d_b=230.980\times\cos20.2404°=216.717$
- 分度圆齿槽角 $=360\div76\div2=2.3684$

[2] 启动软件 UG NX6.0，新建一个名称为 xiechilun.prt 的部件文件，单位为毫米，选择【开始】/【建模】命令，进入建模模块。

[3] 首先创建齿轮的毛坯，可以先生成一圆柱。将工作层设置为 1 层，选择【插入】/【设计特征】/【圆柱体】命令或单击图标，采用直径、高度方式，设置参数，直径为 236.98、高度为 62，创建圆柱体，如图 6-32 所示。

[4] 绘制圆曲线生成幅板，或者直接选择边缘拉伸，设置好拉伸距离及偏置距离，此处是利用圆曲线的方法。将工作层转到 41 层，选择【插入】/【曲线】/【基本曲线】命令，或单击曲线工具条上的图标，以圆柱体顶面的圆心为中心绘制两个圆，半径分别为 98、47.5，如图 6-33 所示。

[5] 选择【插入】/【设计特征】/【拉伸】命令，或单击曲线工具条上的图标，选择两圆拉伸并求差得到幅板，设置开始距离为 0、结束距离为 11，如图 6-34 所示。

[6] 拉伸另一面的幅板。选择【插入】/【设计特征】/【拉伸】命令，或单击曲线工具条上的图标，选择两圆拉伸求差得到另一幅板，开始距离为 51、结束距离为 62，操作过程如图 6-35 所示。

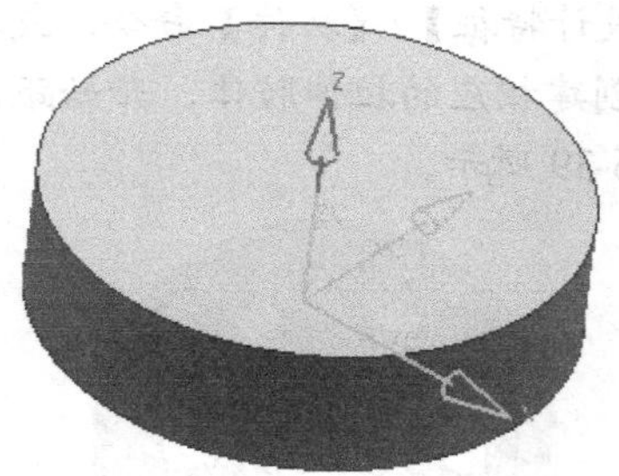

图 6-32 齿轮毛坯

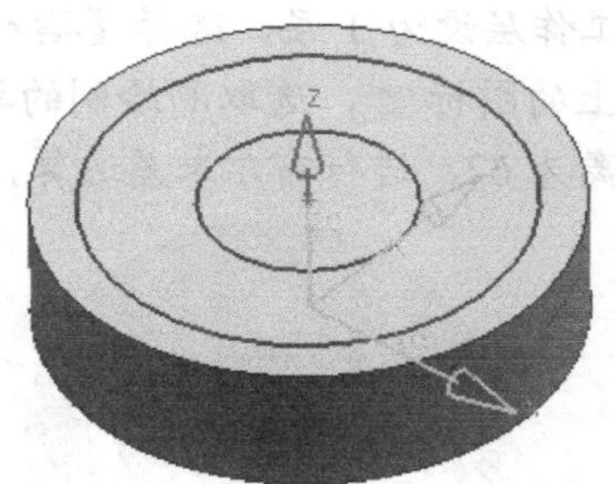

图 6-33 绘制圆曲线

[7] 创建幅板处的齿轮减重孔，选择【插入】/【设计特征】/【孔】命令，或单击曲线工具条上的图标，孔的直径为 30，深度为 40，选择定位方式为点到点的距离，选择圆弧中心，设置距离为 72.5，在幅板上打孔，如图 6-36 所示。

[8] 对孔进行圆形阵列生成所有幅板孔，选择实例特征命令，选择圆形阵列方式，阵列数目为 6，角度为 60，选择圆弧中心轴线为回转轴，如图 6-37 所示。

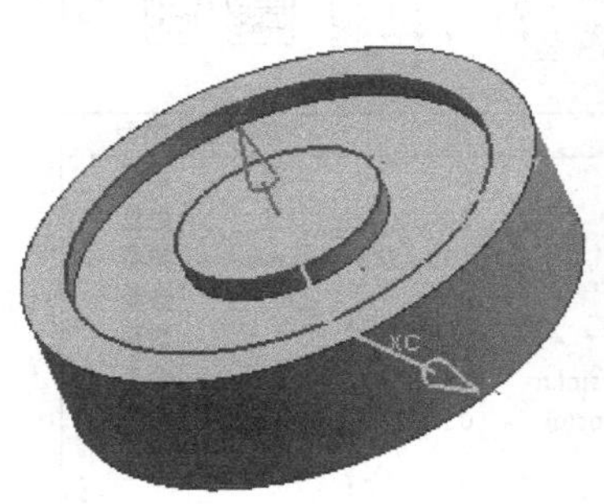

图 6-34 绘制圆曲线

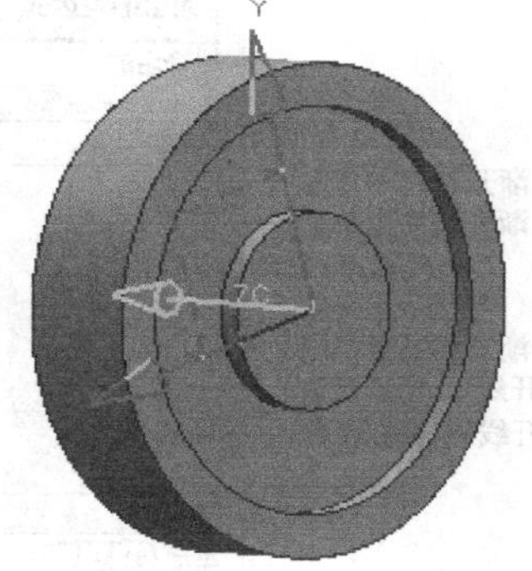

图 6-35 拉伸另一端面凹槽

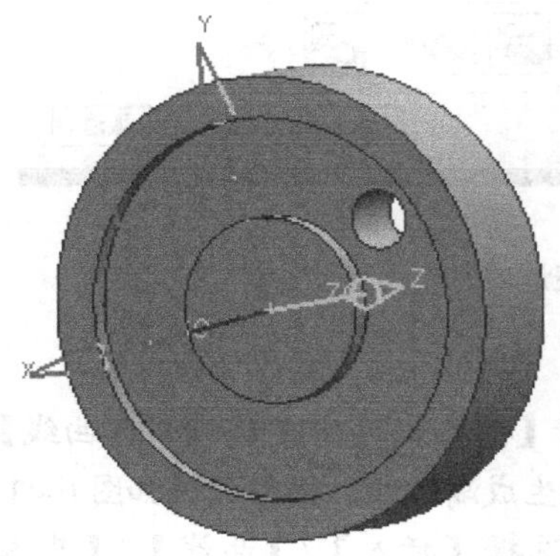

图 6-36 生成幅板的一个孔

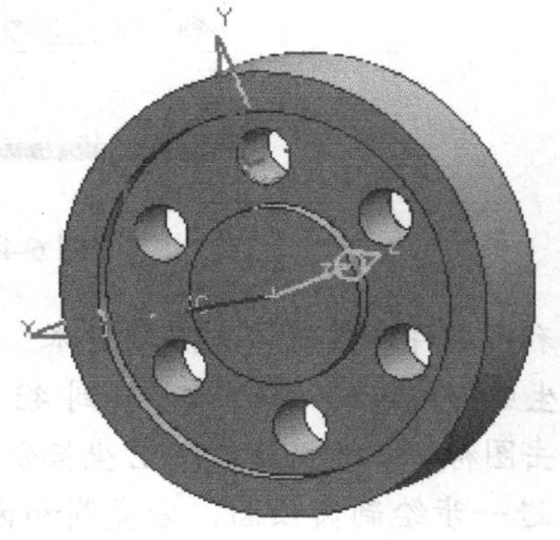

图 6-37 生成所有幅板孔

[9] 创建内孔和键槽，可以用孔命令结合键槽命令实现，也可以用草图来实现。将工作层设为 21 层，选择【插入】/【草图】命令或单击工具栏图标，以圆柱体的顶面为草图放置平面，绘制草图，如图 6-38 所示。

[10] 将工作层设为 1 层，选择【插入】/【设计特征】/【拉伸】命令，或单击曲线工具条上的图标，选取刚绘制的草图，创建相应的拉伸腔体，开始距离为 0、结束距离为 62，进行布尔求差运算，如图 6-39 所示。

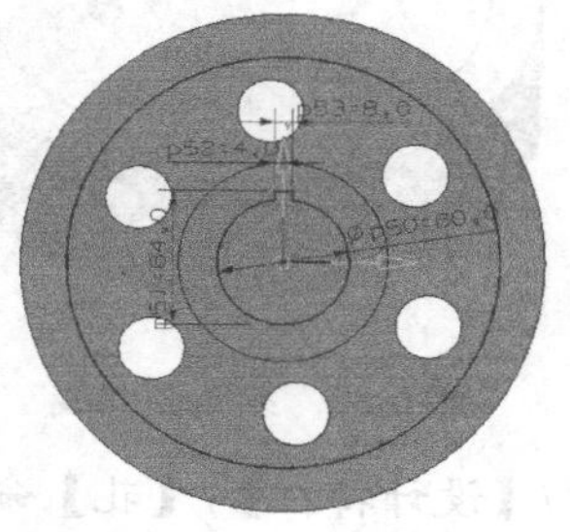

图 6-38　建立键槽草图

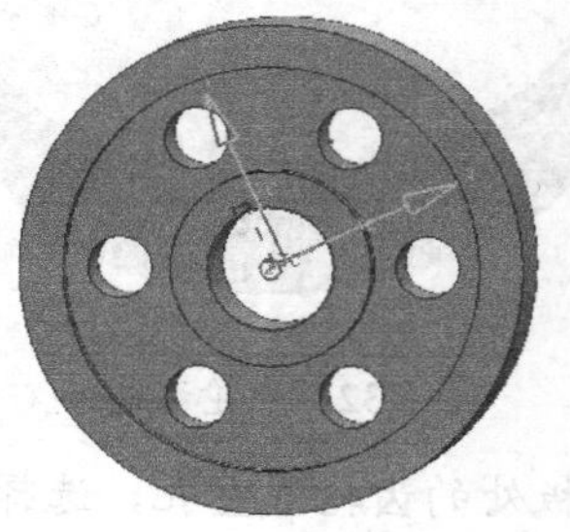

图 6-39　拉伸草图

[11] 下面通过表达式生成齿廓曲线。选择【工具】/【表达式】命令，系统弹出【表达式】对话框，建立如图 6-40 所示表达式。

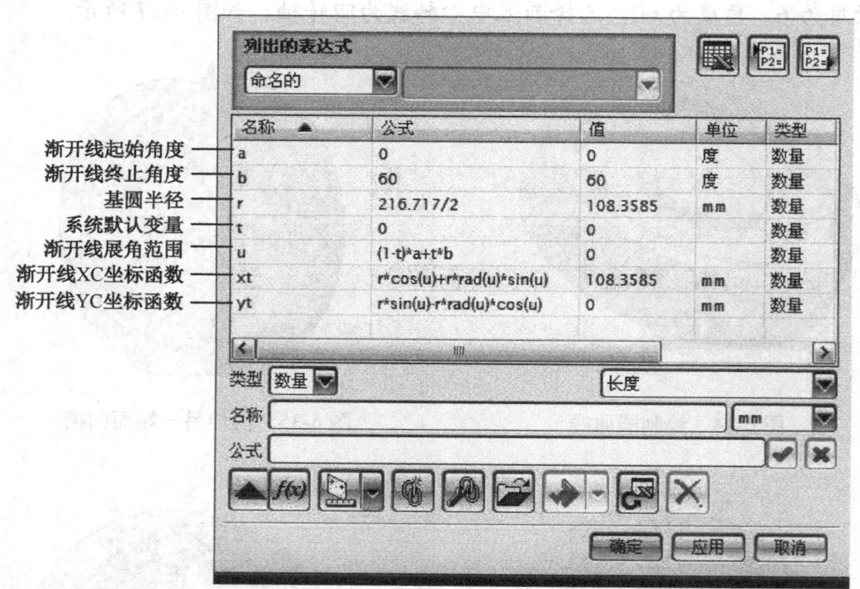

	名称	公式	值	单位	类型
渐开线起始角度	a	0	0	度	数量
渐开线终止角度	b	60	60	度	数量
基圆半径	r	216.717/2	108.3585	mm	数量
系统默认变量	t	0	0		数量
渐开线展角范围	u	(1-t)*a+t*b	0		数量
渐开线XC坐标函数	xt	r*cos(u)+r*rad(u)*sin(u)	108.3585	mm	数量
渐开线YC坐标函数	yt	r*sin(u)-r*rad(u)*cos(u)	0	mm	数量

图 6-40　建立表达式

[12] 利用部件导航器，先隐藏实体。

[13] 生成公式曲线。将工作层转到 42 层。选择【插入】/【曲线】/【规律曲线】命令或单击图标，定义 *X*、*Y*、*Z* 坐标分量，从而生成渐开线。操作过程如图 6-41 所示。

[14] 进一步绘制齿顶圆、分度圆和齿根圆。选择【插入】/【曲线】/【基本曲线】命令，或单击曲线工具条上的图标，以坐标原点为中心，分别以直径 230.98（分

度圆直径）、223.98（齿根圆直径）、240（比齿顶圆直径稍大）绘制圆曲线，操作过程如图 6-42 所示。

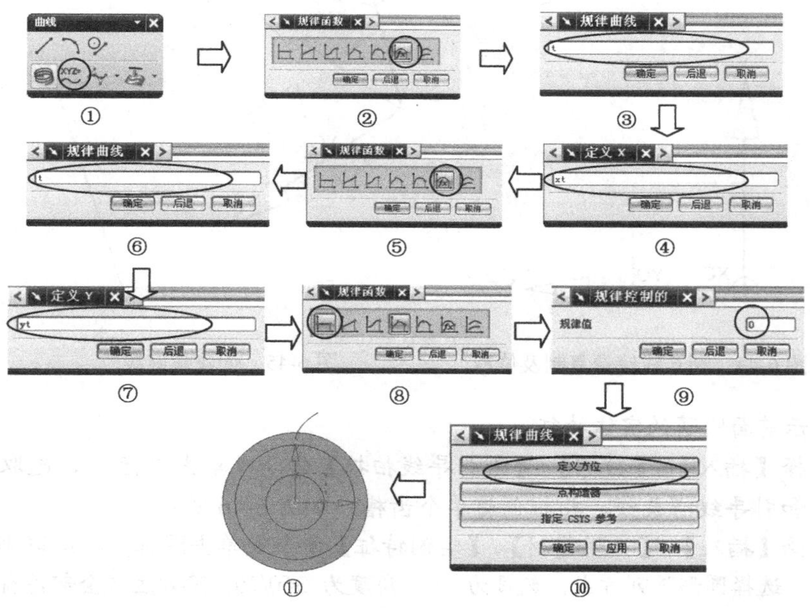

图 6-41　绘制渐开线

[15] 绘制一条直线作为齿廓的镜像中心线。选择【插入】/【曲线】/【基本曲线】命令，或单击曲线工具条上的图标，绕 Z 轴旋转 1.1842°（齿槽角度的一半）绘制直线，如图 6-43 所示。

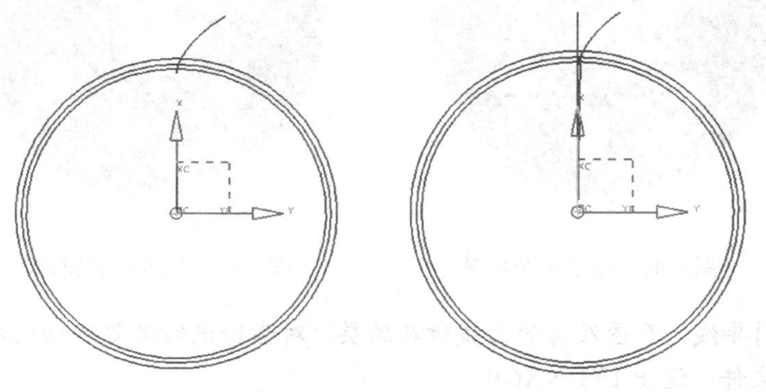

图 6-42　绘制圆曲线　　　　图 6-43　绘制直线

[16] 选择变换命令，将渐开线关于刚才绘制的直线镜像复制；然后补全曲线，修剪曲线，隐藏两条辅助曲线，修剪出的闭合曲线串即为齿槽截面曲线，如图 6-44 所示。

[17] 按照斜齿的角度创建螺旋线。选择【插入】/【曲线】/【螺旋】命令，或单击工具栏图标，设置圈数为 0.02，螺距为 4473.258，半径为 115.49，螺旋方向为右手，绘制分度圆螺旋线。如图 6-45 所示。

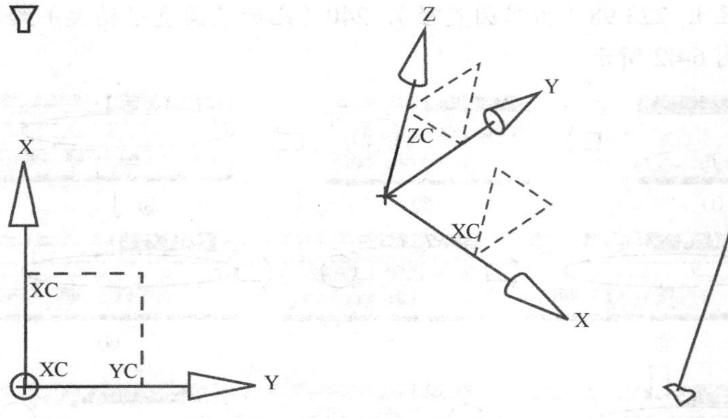

图 6-44 渐开线镜像复制及修剪　　　　图 6-45 创建螺旋线

[18] 显示前面隐藏的实体特征。

[19] 选择【插入】/【扫掠】/【沿引导线扫掠】命令或单击图标，选取齿槽截面曲线和引导线螺旋线，扫掠创建单个齿槽，如图 6-46 所示。

[20] 选择【插入】/【关联复制】/【实例特征】命令或单击图标，选取刚才创建的齿槽，选择圆形阵列方式，数目为 76，角度为 360/76，阵列生成全部轮齿，如图 6-47 所示。

图 6-46 创建单个齿槽　　　　图 6-47 生成所有轮齿

[21] 关闭引导线、草图及其他曲线所在的层，对齿轮进行必要的细化处理（倒圆角），保存文件，退出 UG NX6.0。

6.4.2 蜗杆零件的三维建模

已知阿基米德蜗杆的主要参数为：模数为 4，头数为 2，传动中心距为 98，螺旋升角为 11.3099°，建立该蜗杆的三维模型。

在蜗杆的三维建模中，依据参数创建蜗杆基体，绘制缠绕蜗杆基体的螺旋曲线、轴向切割齿形截面（齿条形状），沿着螺旋线扫掠成齿形截面，生成蜗杆齿槽。

实例文件 UG NX6.0 实用教程资源包/Example/6/wogan.prt
操作录像 UG NX6.0 实用教程资源包/视频/6/wogan.avi

设计过程

[1] 计算齿轮的参数:

- 中圆直径＝模数×直径系数＝4×10＝40
- 螺旋升角＝11.3099°
- 齿顶高＝模数＝4
- 齿根高＝1.2×模数＝1.2×4＝4.8
- 齿顶圆直径＝40＋4×2＝48
- 齿根圆直径＝40－4.8×2＝30.4
- 轴向齿距＝3.1416×4＝12.566
- 螺距＝中圆直径×π×tan(11.3099°)＝25.133
- 中心距＝98

[2] 启动软件 UG NX6.0，新建一个名称为 wogan.prt 的部件文件，单位为毫米，选择【开始】/【建模】命令，进入建模模块。

[3] 先生成一个圆柱作为蜗杆的基体。选择【插入】/【设计特征】/【圆柱体】命令或单击图标，采用直径、高度方式创建圆柱体。圆柱体的尺寸：直径为 48，高度为 80，基点为（0，0，30），如图 6-48 所示。

[4] 将工作层设置为 21 层，选择【插入】/【草图】命令或单击工具栏图标，以 *XC-ZC* 坐标平面作为草图平面，绘制草图，如图 6-49 所示。

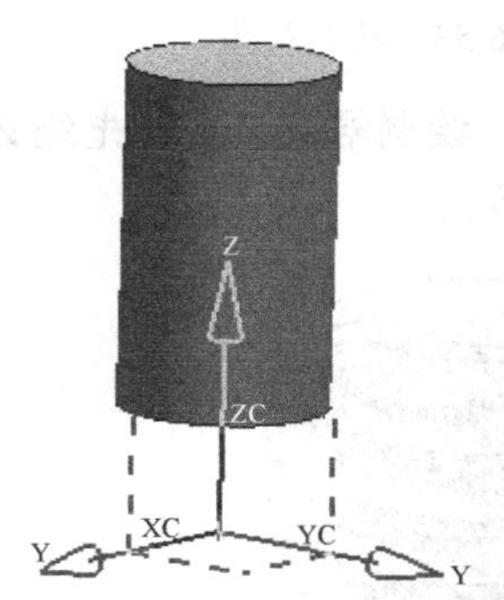

图 6-48 生成蜗杆基体

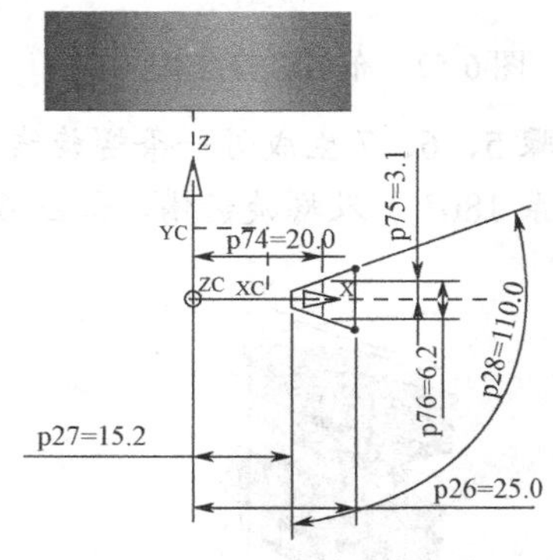

图 6-49 绘制草图

[5] 旋转坐标系，绕 *Z* 轴旋转，从 *X* 轴到 *Y* 轴。将工作层设置为 41 层，选择【插入】/【曲线】/【螺旋线】命令或单击工具栏图标，设置圈数为 5，螺距为 25.133，半径为 20，螺旋方向为右手，绘制螺旋线作为后续的引导线，如图 6-50 所示。

[6] 选择【插入】/【扫掠】/【扫掠】命令，或单击曲面工具条上的图标，将刚绘制的草图作为截面线，螺旋线作为引导线，扫掠成螺旋体，生成螺旋齿槽，如图 6-51 所示。

[7] 将圆柱体与螺旋体进行布尔求差运算，如图 6-52 所示。

[8] 参照步骤 4 绘制如图 6-53 所示草图。

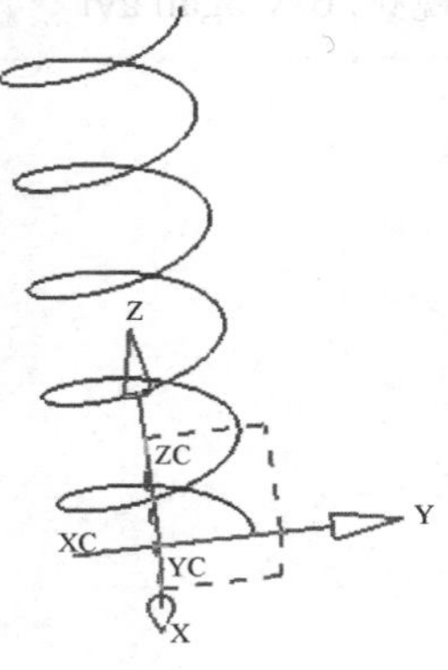

图 6-50 创建螺旋线

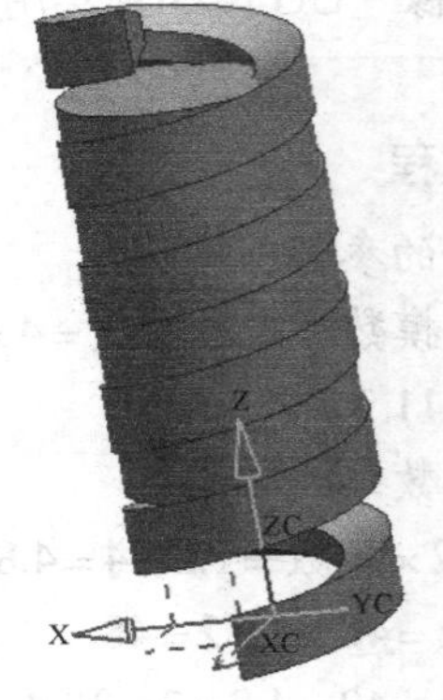

图 6-51 生成螺旋体

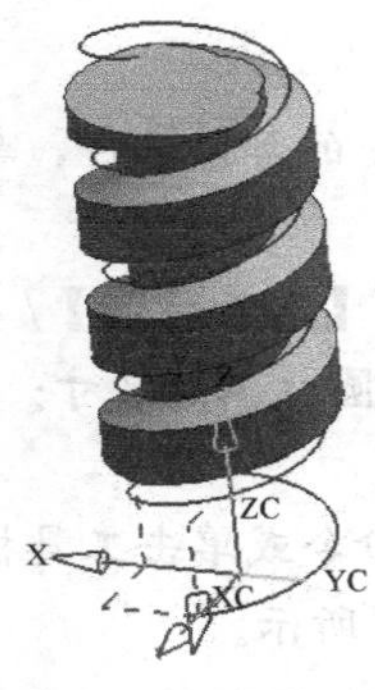

图 6-52 布尔求差运算

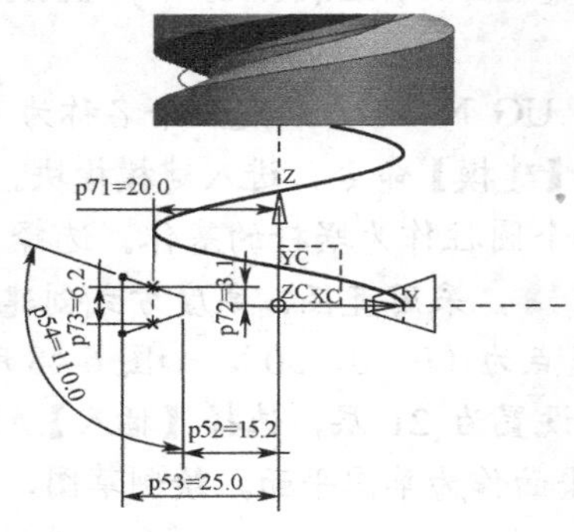

图 6-53 绘制草图

[9] 参照步骤 5、6、7 生成另一条螺旋线（注意：绘制螺旋线前，先绕 *Z* 轴旋转当前工作坐标系 180°）及螺旋齿槽，如图 6-54 所示。

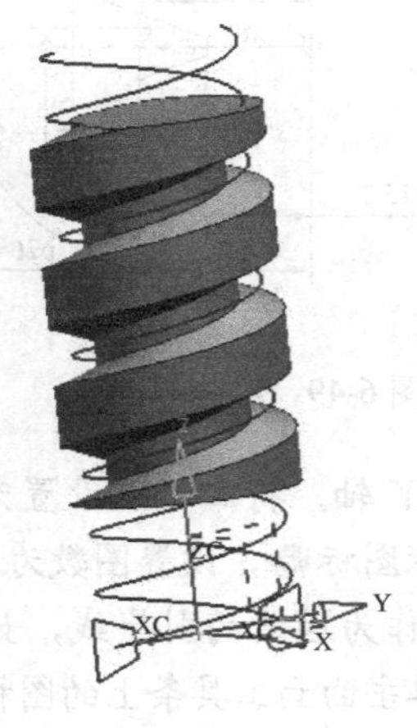

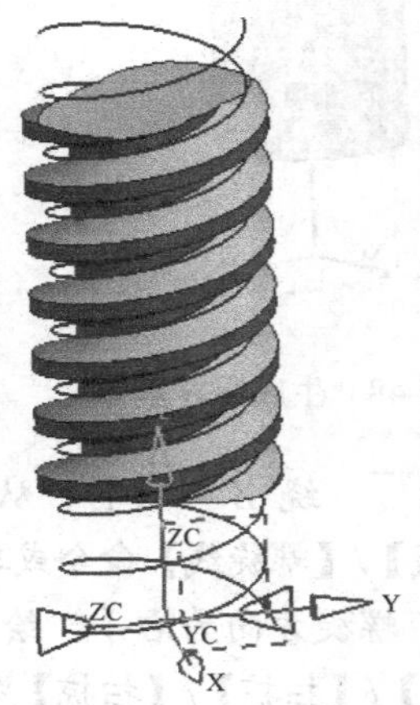

图 6-54 生成另一螺旋齿槽

[10] 隐藏齿槽。选择【插入】/【设计特征】/【凸台】命令，或单击曲线工具条上的图标，设置直径为 30，高度为 30，选择点到点定位方式，选择圆弧中心，在圆柱体的顶面与底面上创建凸台，如图 6-55 所示。

[11] 参照步骤 10，创建直径为 25，高度为 60，拔锥角为 0° 的凸台，凸台的中心与圆柱体的中心重合，如图 6-56 所示。

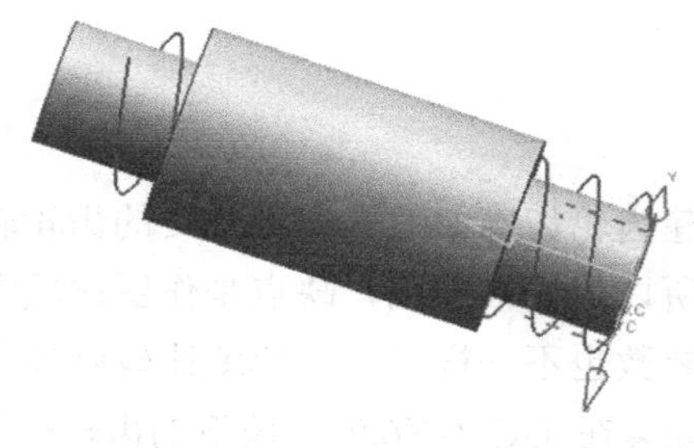

图 6-55　创建凸台

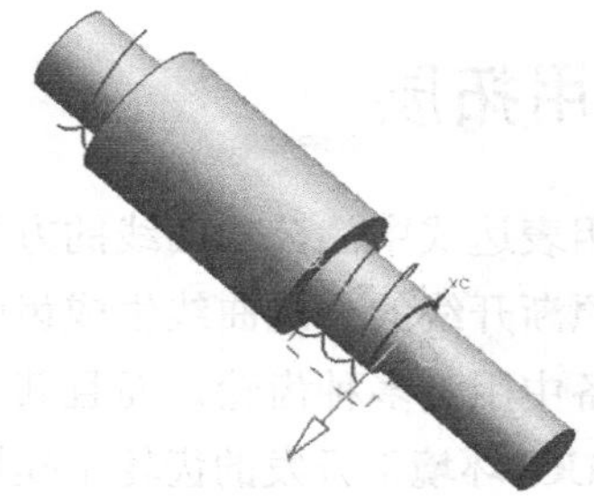

图 6-56　创建凸台

[12] 创建细节结构键槽，可以先建立基准平面作为安放面，选择平行于 *Y-Z* 方向的基准面，如图 6-57 所示。

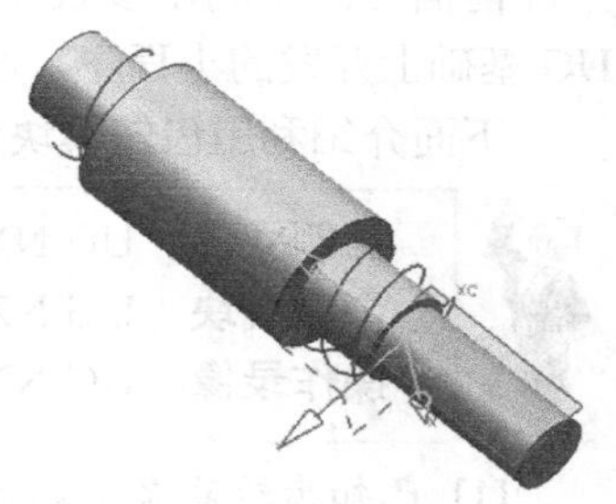

图 6-57　创建基准平面

> 定位键槽时可以采用线到线的方式，步骤 8 中先选择 *Z* 轴作为目标基准，然后选择与 *Z* 轴平行的键槽中线作为工具边，步骤 11 中先选择 *X* 轴作为目标基准，然后选择与 *X* 轴平行的键槽中线作为工具边。

[13] 选择【插入】/【设计特征】/【键槽】命令，或单击曲线工具条上的图标，创建矩形键槽，长度为 50，宽度为 7，深度为 4，选择点到线的距离为定位方式，到 *Z* 轴距离为 0，到 *Y* 轴距离为 30，如图 6-58 所示，生成的键槽如图 6-59 所示。

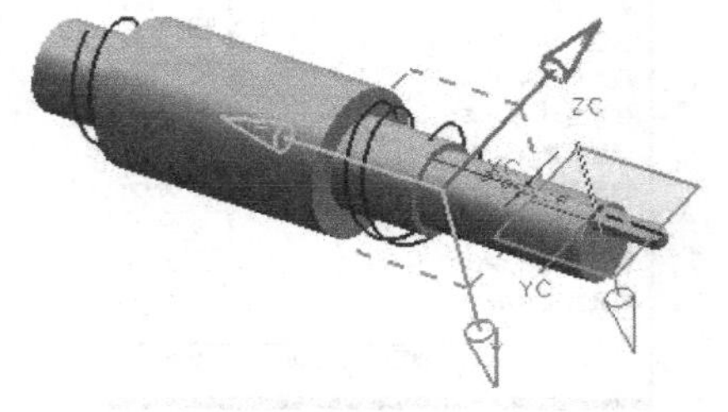

图 6-58　创建键槽

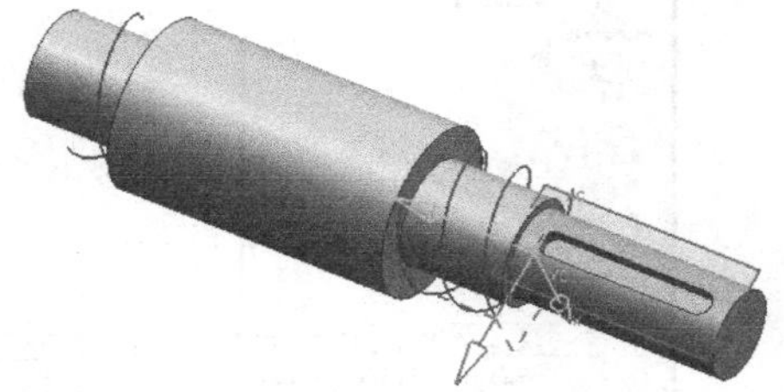

图 6-59　生成键槽

[14] 显示齿槽，隐藏基准面、草图、螺旋线，并进行必要的倒斜角处理，关闭除 1 层之外的其他图层，保存文件。

[15] 至此，完成了蜗杆的三维建模，如图 6-60 所示。

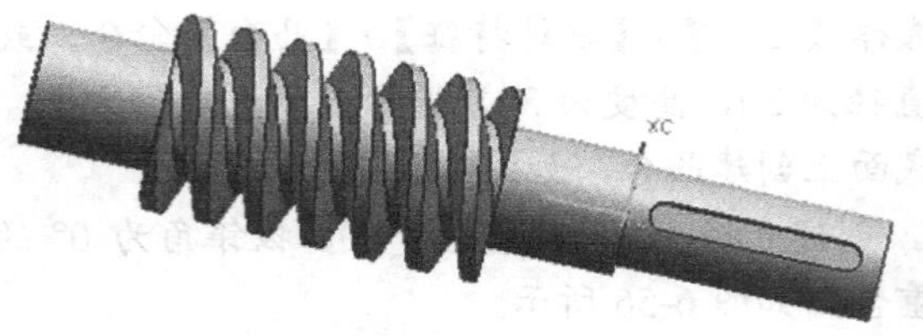

图 6-60　蜗杆

6.5 应用拓展

前面是用表达式中的公式曲线的方法创建齿轮齿廓曲线来得到最终的齿轮轴，由于建模时严格按照渐开线的公式曲线生成齿廓，所以建模很准确，缺点是作图比较慢，特别是一个机器设备中用到多种齿轮，而且其主要参数也不一样时，建模就比较麻烦了，工作量也很大，在 UG 环境下开发的齿轮小模块或安装在 UG NX6.0 环境下的齿轮模块都大大提高了创建齿轮的速度，给齿轮建模带来了极大方便，下面就以齿轮油泵的主动轴为例介绍齿轮模块的用法。

前面介绍了利用参数曲线生成轮齿的建模方法，本节主要介绍齿轮模块的应用，是在 UG 基础上开发的小程序，可以更加方便、快捷地生成齿轮。

下面介绍利用齿轮模块生成齿轮油泵主动齿轮轴的方法。

实例文件　UG NX6.0 实用教程资源包/Example/6/clyb-zhudongzhou.prt
齿轮模块　UG NX6.0 实用教程资源包/Example/6/gear1.grx
操作录像　UG NX6.0 实用教程资源包/视频/6/clyb-zhudongzhou.avi

[1] 已知齿轮油泵主动齿轮轴的基本参数：齿轮模数 $m = 2.5$，齿数 $Z = 14$。

[2] 启动 UG NX6.0，新建文件 clyb-zhudongzhou.prt，进入建模模块。

[3] 按 Ctrl+G 快捷键打开齿轮模块 gear1.grx，设置齿轮参数，如图 6-61 所示，完成齿轮毛坯的建模，如图 6-62 所示。

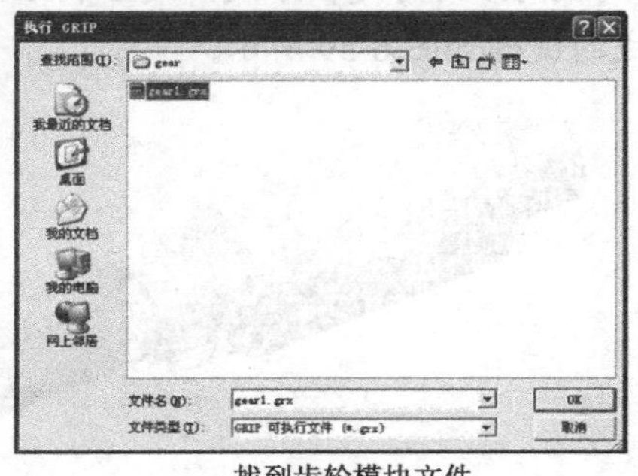

找到齿轮模块文件

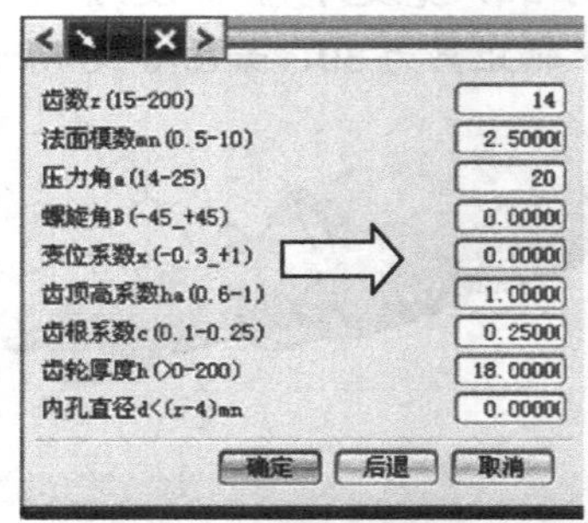

输入齿轮参数

图 6-61　引用齿轮模块生成齿轮

[4] 在此基础上生成其他细节结构。选择【插入】/【设计特征】/【凸台】命令，或单击曲线工具条上的图标，在齿轮的两端面分别创建凸台，直径为 11，高度为 2，选择点到点定位方式，如图 6-63 所示。

图 6-62　生成齿轮

图 6-63　创建凸台

[5] 继续创建凸台。选择【插入】/【设计特征】/【凸台】命令，或单击曲线工具条上的图标，参数：直径为 13，高度为 18；直径为 13，高度为 58；直径为 11，高度为 50°。创建凸台完成齿轮轴轴肩建模，建模效果如图 6-64 所示。

[6] 细节结构放在最后完成。选择【插入】/【细节特征】/【倒斜角】命令或单击图标，选择齿轮轴底部边线为倒斜角边,并设定横截面为对称，距离为 1mm。单击确定按钮完成倒斜角，如图 6-65 所示。

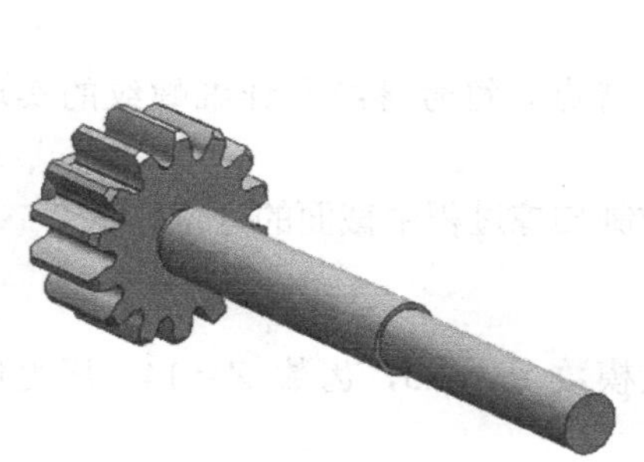

图 6-64　创建凸台

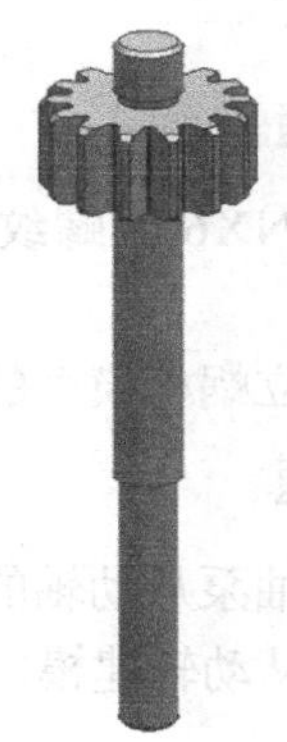

图 6-65　倒斜角

[7] 生成键槽前，可以先创建基准平面作为安放面。选择【插入】/【基准/点】/【基准平面】命令或单击图标，创建基准面，如图 6-66 所示。

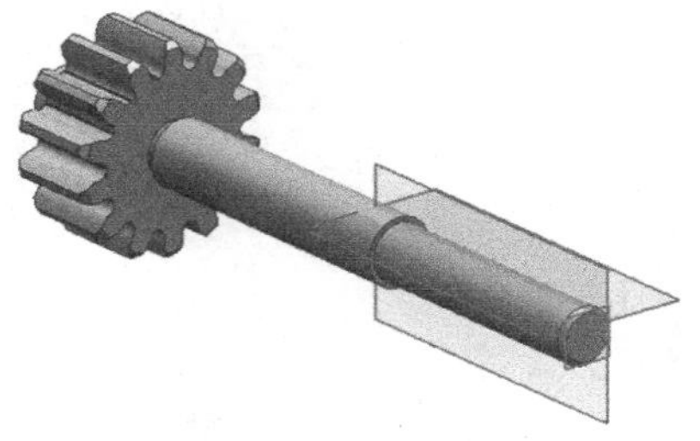

图 6-66　创建基准面

[8] 选择【插入】/【设计特征】/【键槽】命令，或单击图标，创建矩形键槽，长度为 18，宽度为 4，深度为 2.5，选择线到线的距离为定位方式，到端面基准面距离为 13，选择线到线定位方式，键槽中心在竖直基准面上，最终完成键槽，将基准面层关闭如图 6-67 所示。

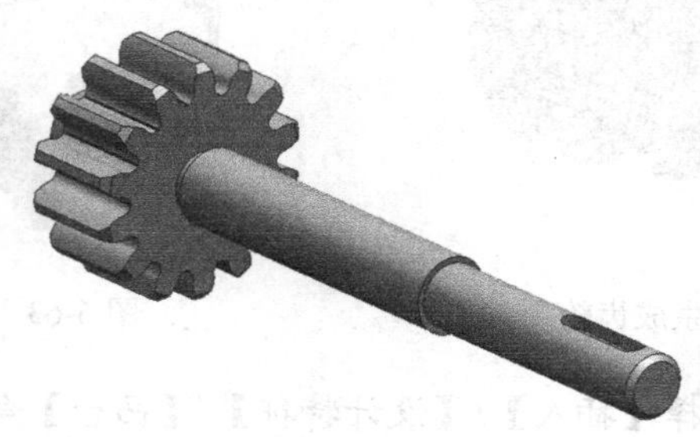

图 6-67 创建键槽

至此完成了齿轮油泵主动齿轮的建模，保存文件。

6.6 思考与练习

1．思考题

（1）UG NX6.0 螺纹类零件建模有何特点？符号螺纹和详细螺纹的实现方法各是什么？

（2）在建立蜗杆模型的过程中，如何控制扫掠过程中截面的方位？

2．操作题

已知齿轮油泵从动轴的基本参数：齿轮模数 $m = 2.5$，齿数 $Z = 14$，压力角为 20°，用齿轮模块完成从动轴建模。

第7章

装 配 设 计

前面几章介绍了单个、独立的实体建立方法。但机器本身是由许多个零部件共同组成的装配体，因此对从事机械设计的人员来说，这还远远不够，还需要进一步学习如何把单一的实体组合成装配体。本章将向读者介绍 UG 软件创建装配体的基本思想和创建装配体的一般方法。

机械装配是指根据规定的技术要求，将零件或部件进行配合连接，使之成为半成品或成品的过程。装配是机器制造过程中最后一个环节，使零件或部件之间保证一定的相互位置关系。

零件是组成产品的最小单元，由整块金属或其他材料经加工制成。机械装配中，一般先将零件装成部件，即子装配，然后再总装成产品。

装配图是用来表示机器或部件的图形，主要表示机器或部件的工作原理、零件之间的装配关系和相互位置。在机器设计过程中，装配图的绘制位于零件图之前，并且装配图和零件图的表达内容不同，它主要用于指导机器或部件的装配、调试、安装和维修，是生产中的一种重要的技术文件。

7.1 装配基本知识

UG NX6.0 的装配模块是集成环境中的一个应用模块，通过选择【开始】/【装配】命令进入，其作用是：一方面将基本零件或子装配体组装成更高一级的装配体或产品总装配体；另一方面可以先设计产品总装配体，然后再拆成子装配体和单个可以直接用于加工的零件。

UG NX6.0 装配建模的主要特征如下。

- 虚拟装配：装配体中的零件与原零件之间是虚拟引用关系，对原零件的修改会自动反映到装配体中。
- 多个零件可以同时被打开和编辑。
- 组件的几何体可以在装配的上下文范围中建立和编辑。
- 全装配体中存在相关性。
- 装配体中的几何图形可以被简化。
- 配对条件通过规定在组件间的约束关系，在装配体中定位组件。
- 装配导航器提供了方便、快捷地选择和操作组件的方法。
- 装配体可以作为一个主模型被其他应用模块引用。

7.1.1 UG NX6.0 装配的基本术语

1．装配

装配是指零件和子装配的集合，机器的总装配体也就是机器零件和机器子装配体的集合。在 UG NX6.0 中，装配是表示零件和子装配指针的集合，是含有组件的一个部件文件，称为装配部件。

2．子装配

子装配是上一级装配的组件，同时又包含自己的组件。

3．组件

组件是指装配中所引用到的部件，有特定的位置与方位。一个组件可以是由其他下层组件所构成的一个“子装配”。装配体中的每一组件只包含一个指向其“部件主文件”的指针。一旦修改组件的几何对象，利用同一部件主文件的所有其他组件，都会自动更新以反映其改变。组件有时也称“装配件”，它是一个指向带有几何模型组件部件的指针。记录的信息有：名字、层、颜色、线型、线宽、引用集、配对条件和指针等。

4．组件部件

组件部件是指装配中被某一组件所指向的一个“部件主文件”，该文件中保存组件的实际几何对象，在装配中只引用而不复制这些对象。

5．组件成员

组件成员是显示装配体内来自组件部件的几何对象。它可以是组件部件的所有几何对象，也可以是组件部件的部分几何对象，甚至不包括任何几何对象。

7.1.2 装配建模方法

在 UG NX6.0 中，装配实质是一种虚拟装配，它并不是将其下的所有零件复制过来，而是通过指针指向所引用的零件，装配体中的零件与原零件之间是虚拟引用关系，对原零件的修改会自动反映到装配体中。这种方式不仅节约了内存，而且提高了装配速度。

UG NX6.0 装配建模的方法主要有以下三种。

1．自底向上装配

自底向上装配是先建立装配中各个零件的几何模型，即组件部件，作为组件组装成子装配件，最后装成总装配件，自底向上逐级进行装配体的设计。

这种方法主要用于二维图纸转换为三维实体模型，此时装配中各个零件的形状结构尺寸由二维图纸确定，利用 UG NX6.0 的基本建模功能将其三维化，再通过 UG NX6.0 的装配功能确定各个零件之间的相互位置关系，组装成总装配体。

2．自顶向下装配

自顶向下装配是在上下文中进行设计，由装配体的顶级向下产生子装配和组件，并在装配的基础上建立和编辑组件，即边装配边设计组件部件，从装配体的顶级开始自顶向下进行设计。

这种方法符合机械设计的思路，在总体方案的指导下逐步设计每个机械零件。

3. 混合装配

上述两种方法的混合运用。

在实际工作中，可以根据需要混合运用上述两种方法。比如设计新零件可以使用“自顶向下装配”的方法，利用国家标准件和购买件可以使用“自底向上装配”的方法。

UG NX6.0 装配的进入：选中【开始】/【装配】命令，此时【装配】菜单前显示“√”，如图 7-1 所示，表示进入 UG NX6.0 装配模式。

UG NX6.0 的【装配】菜单如图 7-2 所示。

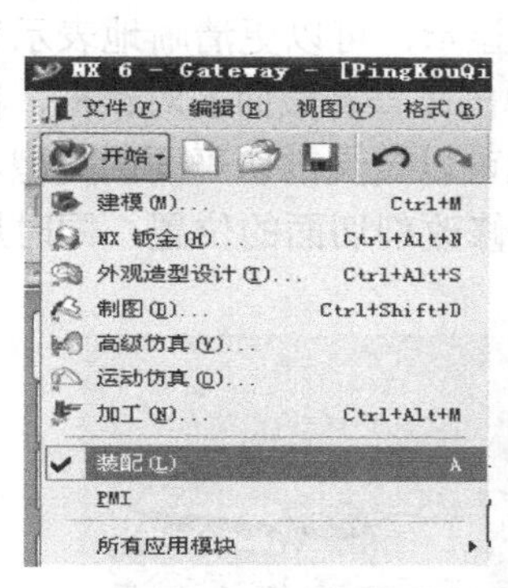

图 7-1　UG NX6.0 装配的进入

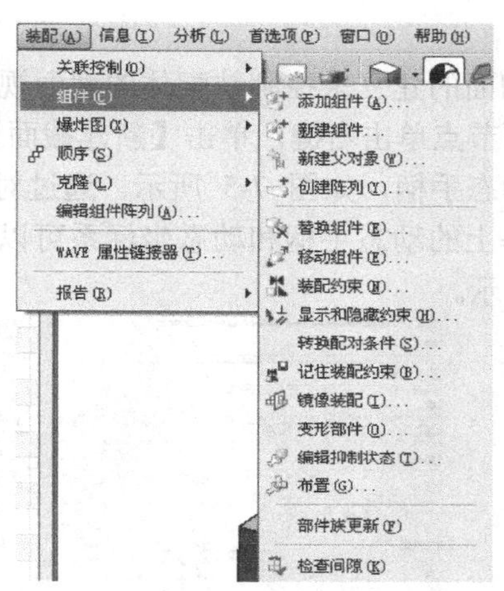

图 7-2　UG NX6.0 的【装配】菜单

UG NX6.0 装配工具条如图 7-3 所示。

图 7-3　UG NX6.0 装配工具条

7.1.3 装配导航器

在设计装配体的过程中，会产生很多零件和组件。为了方便用户管理这些装配组件，UG NX6.0 专门以独立窗口形式提供了装配导航器，它是一个装配结构的图形显示界面，该界面呈树状结构，更清楚地表达了装配中各组件之间的关系，可用拖动的方式对其进行摆放和调整，用户还可以通过一些快捷操作在其内部对组件进行各种操作：改变工作部件、改变显示部件、隐藏组件、删除组件、替换引用集、编辑装配配对关系等。

装配导航器通过单击资源条上的按钮打开，在装配导航器窗口中，有两个节点，第一个节点表示装配的截面类型，第二个节点表示总装配部件，如图 7-4 所示。

图 7-4　UG NX6.0 装配导航器

1．截面

通过剖切面的建立来控制装配体的截面视图的显示，可以更清晰地表示装配体的内部结构。在截面节点单击右键，单击【新建截面】，弹出【查看截面】对话框，同时屏幕显示动态截面及动态手柄，如图 7-5 所示。通过对话框可以定义剖切平面的类型、名称、位置等，利用屏幕上的动态手柄和动态坐标系可以简单修改剖切面的位置，同时屏幕上的动态截面会更新显示。

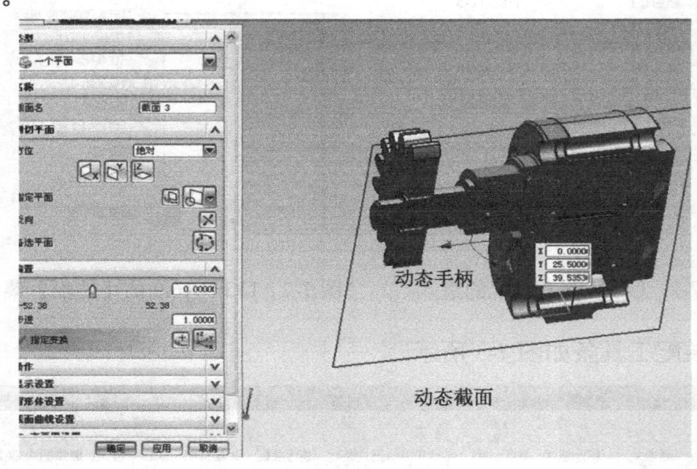

图 7-5　新建截面操作界面

打开截面节点前面的“+”，其下方的每一个节点表示装配中的一个剖切视图，每一个节点前，均有一个检查标志☑。单击该标志可以隐藏剖切视图的截面曲线。双击节点，可以将其设定为工作截面。右键单击节点，会弹出一些快捷命令。其中工作截面和非工作截面的右键快捷操作只有第一项不同，如图 7-6 所示。

【松开】和【夹住】控制是否显示装配剖切视图，【编辑】通过编辑【查看截面】对话框修改截面参数，【保存截面曲线的副本】可以在装配图中生成剖切面的截线，【在工作视图中显示截面曲线】控制当前工作视图是否显示截面曲线。

2．装配

这个节点当前显示的是总装配体的名称，打开此节点前面的“+”，其下方的每一个节点表示装配中的一个组件部件，显示出的信息有部件名称、文件属性（如只读）、修改情况、位置、数量、引用集名称等，如图 7-7 所示。

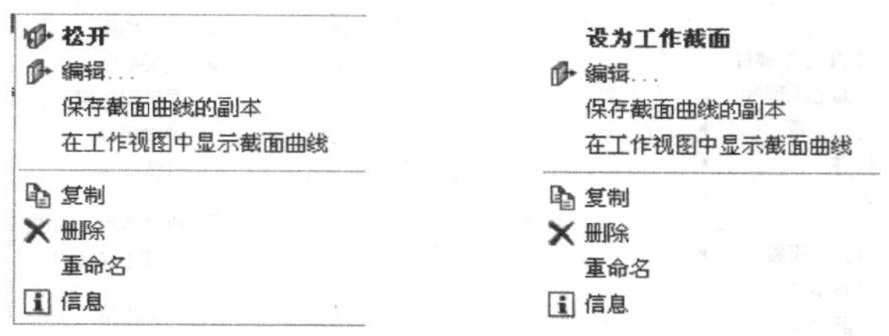

“工作截面”快捷菜单　　“非工作截面”快捷菜单

图 7-6　截面右键菜单

装配导航器

描述性部件名	信息	只	已	位	数量	引用集
截面						
截面 1 (工作)						
截面 2						
bengzhuangpei					9	
chilunbenghouduangai						模型（“MODEL”）
chilunbengqianduangai						模型（“MODEL”）
chilunebngjiruo						模型（“MODEL”）
chilunzhou1						模型（“MODEL”）
chilunzhou2						模型（“MODEL”）
dachilun						模型（“MODEL”）
fangchengtao						模型（“MODEL”）
jian						模型（“MODEL”）

图 7-7　装配节点

在每一个节点前，均有一个检查标志☑。单击该标志可以隐藏指定组件或重新显示组件。检查标志后面的图标表示组件是单个零件（□）还是子装配（□）。双击节点图标或部件名，可以将指定部件设定为工作部件。

下面介绍一下与装配导航器有关的常用操作。

（1）选择组件

在装配导航器窗口中单击组件节点来选择所需要的组件，也可以通过 Ctrl 和 Shift 键来同时选择多个组件。

（2）编辑组件

在装配导航器窗口中通过双击组件，使其成为当前工作部件，并以高亮显示，此时模型导航器中显示的是该组件的特征，可以编辑组件，编辑的结果将保存到部件文件中，同时反映在装配体中。从组件回到装配的方法是双击装配节点。

（3）组件操作快捷菜单

把鼠标放到组件节点上单击右键，将弹出组件操作快捷菜单，如图 7-8 所示。用户可以很方便地管理组件。

（4）立即菜单

把鼠标放到装配导航器内的空白区域单击右键，将弹出立即菜单，如图 7-9 所示。利用该菜单，用户可以对装配导航器窗口进行管理。

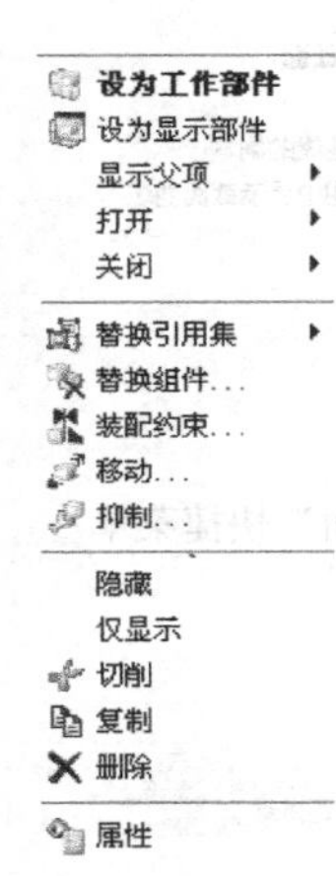

图 7-8 组件操作快捷菜单

包含被抑制的组件
包含非几何分量
包含仅参考分量
WAVE 模式
包含约束
包括截面
显示组件组
过滤组件
过滤约束
查找选定的组件
查找工作部件
全部折叠
全部展开
展开至选定的
展开至可见的
展开至工作的
展开至加载的
全部打包
全部解包
导出至浏览器
导出至电子表格
更新结构...
列
解冻列
属性

图 7-9 立即菜单

7.1.4 引用集

引用集是在组件部件中定义的部分几何对象，它替代相应的部件参与装配。利用引用集，在装配中可以只显示某一组件中指定引用集的那部分对象，而其他对象不显示在装配模型中。这样，在不改变实际装配结构或修改组件模型的情况下，可以大大简化装配模型中某些部分对象的显示，甚至可以完全不显示某些部分的对象。引用集不仅可使装配体显示清晰，并可减少装配文件的大小。

引用集必须在组件部件中定义，同一个部件模型中可以定义多个引用集。例如同一个部件，可以定义一个引用集 SOLID 只包含其实体模型；定义另一个引用集 CURVE 只包含它的实体轮廓曲线，而不含任何实体；还可以定义第三个引用集 SKETCH 含有它的草图。当然还可以根据用户的需要继续定义一些引用集。

1. 默认引用集

UG NX6.0 中，组件部件有 4 个默认的引用集。

① Entire Part（整个部件）：该默认引用集表示引用部件的全部几何数据。

② Empty（空的）：该默认引用集表示不含任何几何对象，当部件以空的引用集形式添加到装配中时，在装配中看不到该部件。

③ 模型（“MODEL”）：该引用集包含了部件的实体几何数据，有实体、片体和小平面特征。

④ 轻量化（“FACET”）：该引用集只包括实体引用集中的小平面特征。

2. 引用集对话框

选择【格式】/【引用集】命令，弹出如图 7-10 所示的【引用集】对话框。

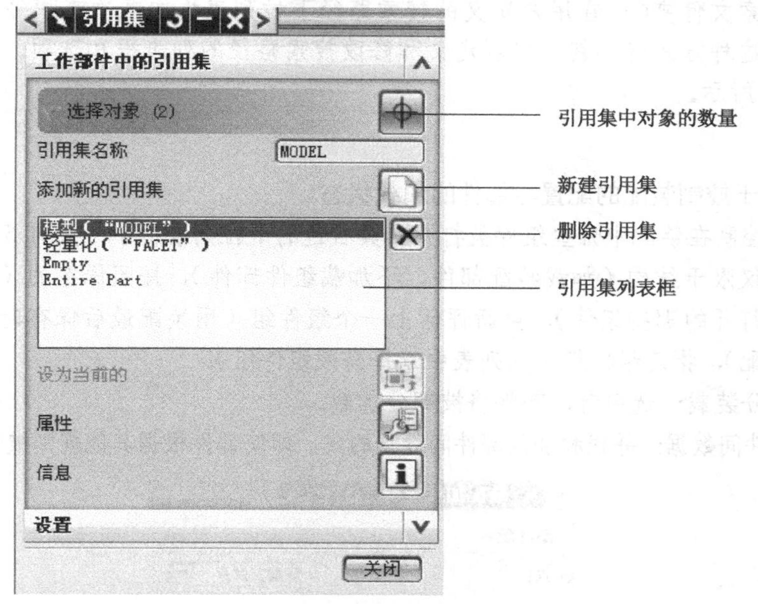

图 7-10 【引用集】对话框

利用该对话框，可以进行引用集的建立、删除、更名、查看，指定引用集属性，以及修改引用集的内容等操作。

增加/删除引用集中的对象只要在列表框中选中该引用集，然后用鼠标选择加入到引用集中的对象，或按住 Ctrl 键用鼠标选择要从引用集中删除的对象。

7.1.5 装配加载选项

当选择【文件】/【打开】命令打开一个装配体文件时，装配加载选项定义了 NX 6.0 如何加载部件文件及从何处进行加载。

装配加载选项通过选择【文件】/【选项】/【装配加载选项】命令，弹出【装配加载选项】对话框，如图 7-11 所示。该对话框包括了部件版本、范围、加载行为、引用集、书签恢复选项、已保存的加载选项，各栏可通过单击右边下拉箭头展开其选项。

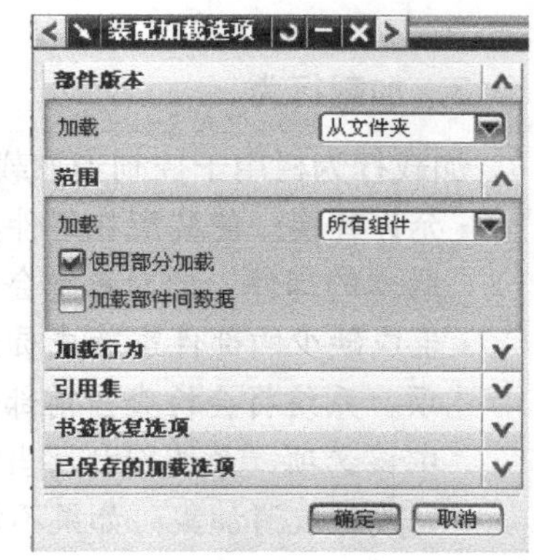

图 7-11 【装配加载选项】对话框

1. 部件版本

部件版本栏中可设置从何处加载部件文件。在加载下拉列表框中提供了三种方式："按照保存的"、"从文件夹"、"从搜索文件夹"。

- "按照保存的"：在装配最后保存时各个组件部件所

在的目录中查找它们。

- “从文件夹□：在装配部件所在的目录中查找每个组件部件。
- “从搜索文件夹□：在用户定义的搜索路径下拉列表框中顺次查找每个组件部件。当选择这种方式时，其下出现定义和修改搜索路径的列表框和选项。其功能说明如图 7-12 所示。

2. 范围

范围栏用于控制装配的配置与部件的加载状态。

- 加载：控制在装配中哪些组件被打开。其右边的下拉列表框中一共有 5 个选项：所有组件，仅限于结构（加载装配部件，不加载组件部件），按照保存的（加载装配最后保存时打开的那些组件），重新评估上一个组件组（用装配最后保存时使用的组件组加载装配），指定组件组（从列表中选择有效组件组）。
- 使用部分装载：选中时，部件将被部分加载。
- 加载部件间数据：寻找和加载部件间数据的父，即使部件根据其他规则被保留不加载。

图 7-12　搜索路径的定义

3. 加载行为

加载行为栏用于控制当加载组件出现问题时 NX6.0 可以采取的措施。

- 允许替换：使装配在组件具有错的内部识别号的情况下能被加载，即使它是一个不同版本的部件。此时系统会弹出一个警告信息。
- 生成缺少的部件家族成员：在加载过程中，当一部件家族成员丢失时，如果选中该选项，系统将会检查当前部件家族模板的最新版本，用来生成丢失的成员；如果取消选中该选项，系统就利用当前部件家族模板生成丢失的成员。
- 失败时取消加载：如果不能找到一个或多个组件部件时，系统就取消加载操作。

4. 引用集

引用集是要加载的部件几何体的一个子集，用来代替整个部件加载到装配体中，根据需要可以在部件文件中定义多个不同的引用集。

引用集栏用于指定在装配加载时依次查找的引用集清单，它们按顺序位于列表框中，自顶部向下读取，所找到的有效的第一个引用集将被加载。引用集列表可以被编辑，如图 7-13 所示。

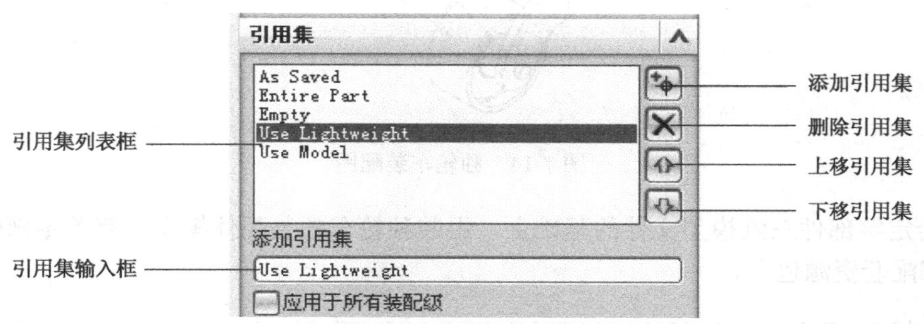

图 7-13　引用集的编辑

5. 已保存的加载选项

用户可以保存当前加载选项设置作为默认设置，否则在【装配加载选项】对话框中所做的所有修改仅作用到当前文件，打开另一个装配文件时该修改无效。

已保存的加载选项栏包括保存设置的选项。

- 另存为默认值：保存当前加载选项设置作为默认设置。
- 恢复默认值：将加载选项重新设置为系统默认值。
- 保存至文件：保存当前加载选项设置到加载选项定义文件，其名称和位置可自行定义。
- 从文件打开：选择一个已经定制好的加载选项定义文件。

7.2 实例分析

在 UG NX6.0 中可以通过两种方法来创建装配结构。

① 自底向上装配：单独创建组件的几何模型，然后添加它们到装配中。

② 自顶向下装配：由装配的顶级向下创建装配和组件文件，同时在其组件中建立几何模型。

在利用 UG NX6.0 设计的过程中，用户并没有被限制只能用一种方法来构建装配，通常是以自顶向下的方式开始工作，然后在自底向上和自顶向下模式间来回切换。

7.2.1 实例：独轮车装配

独轮车是一种小型运输工具，如图 7-14 所示。轴 3 和叉架 2 通过垫片 4 连接在一起，叉架可以绕着轴旋转。销轴 5 将滚轮 1 和叉架连接在一起，使滚轮能绕销轴转动，这样滚轮就能在地面上向任意方向滚动。

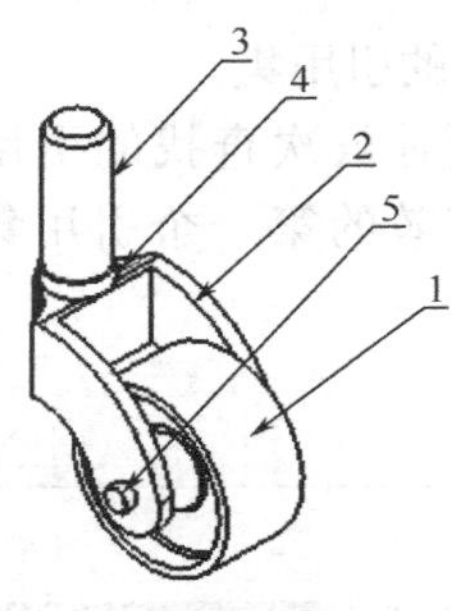

图 7-14　独轮车装配图

在给定零部件三维模型文件的基础上，组装独轮车的装配体模型。有关零部件模型文件在本书配套资源包上。

实例文件　UG NX6.0 实用教程资源包/Example/7/dulunche （文件夹）
操作录像　UG NX6.0 实用教程资源包/视频/7/dulunche.avi

设计过程

[1] 启动软件 UG NX6.0，新建装配文件 caster_asm.prt，单位英制，目录为 Example\7\dulunche，系统自动进入装配模块。

[2] 选取资源包中的部件文件 Example\7\dulunche\caster_shaft.prt，向装配模型中添加组件。操作过程如图 7-15 所示。

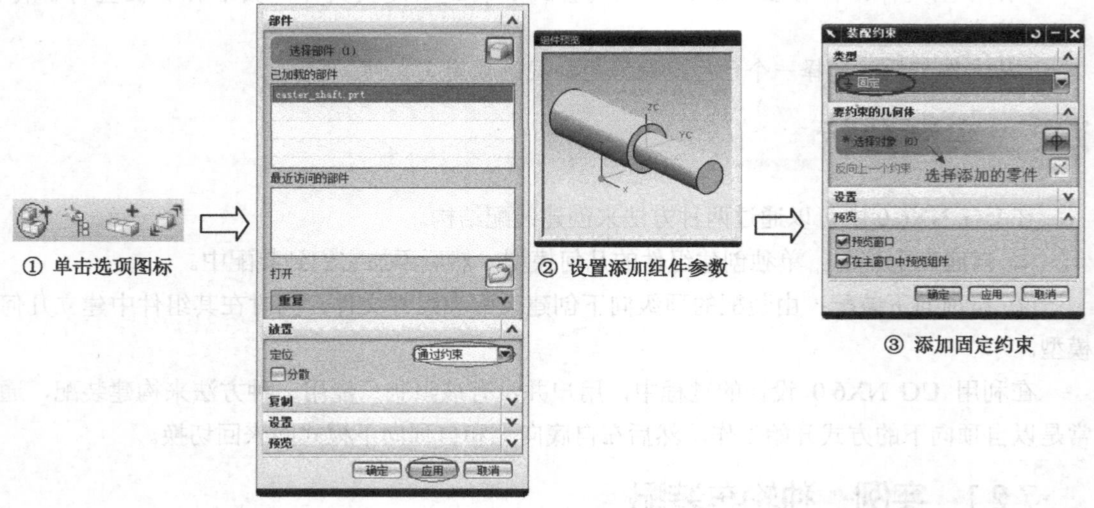

图 7-15　添加第一个组件 caster_shaft

[3] 选取资源包中的部件文件 Example\7\dulunche\caster_spacer.prt，向装配模型中添加组件，进行配对约束。操作过程如图 7-16 所示。

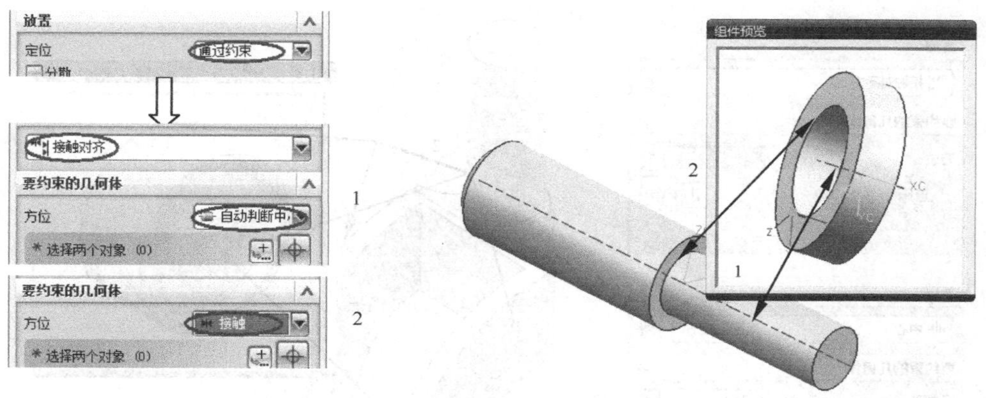

图 7-16　添加第二个组件 caster_spacer

[4] 选取资源包中的部件文件 Example\7\dulunche\caster_fork.prt，向装配模型中添加组件，进行配对约束。操作过程如图 7-17 所示。

[5] 选取资源包中的部件文件 Example\7\dulunche\caster_wheel.prt，向装配模型中添加组件，进行配对约束。操作过程如图 7-18 所示。

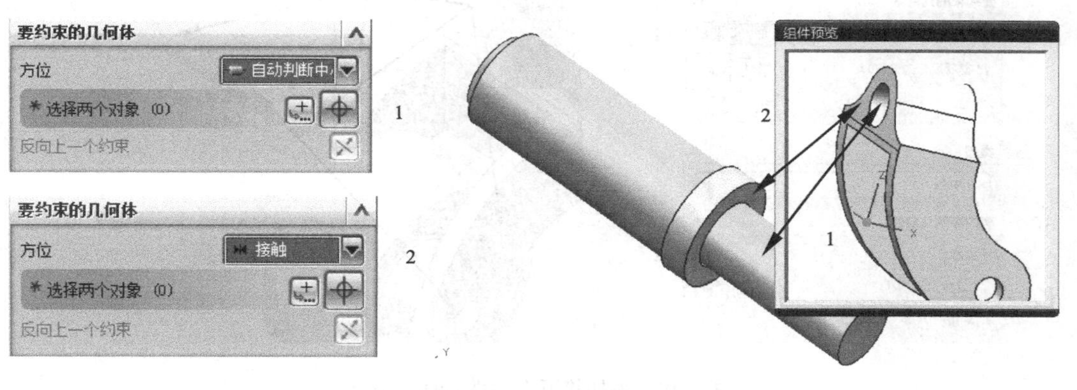

图 7-17　添加第三个组件 caster_fork

[6] 选取资源包中的部件文件 Example\7\dulunche\caster_axle.prt，向装配模型中添加组件，进行配对约束。操作过程如图 7-19 所示。

[7] 至此，完成独轮车装配体的创建。现在来修改装配中各零件的颜色，选择【编辑】/【对象显示】命令，或单击【实用工具】工具条上的图标按钮，将装配中各组件颜色修改如图 7-20 所示，其中“叉架”零件显示透明。

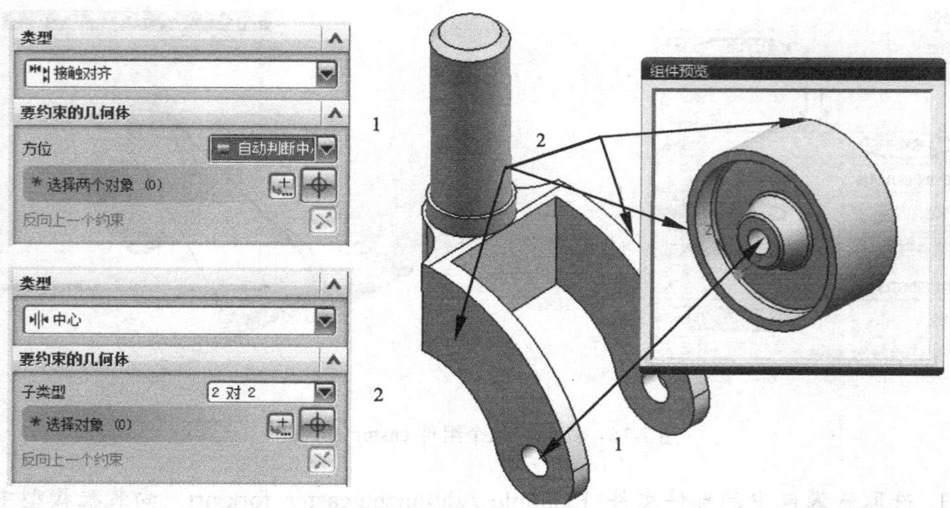

图 7-18　添加第四个组件 caster_wheel

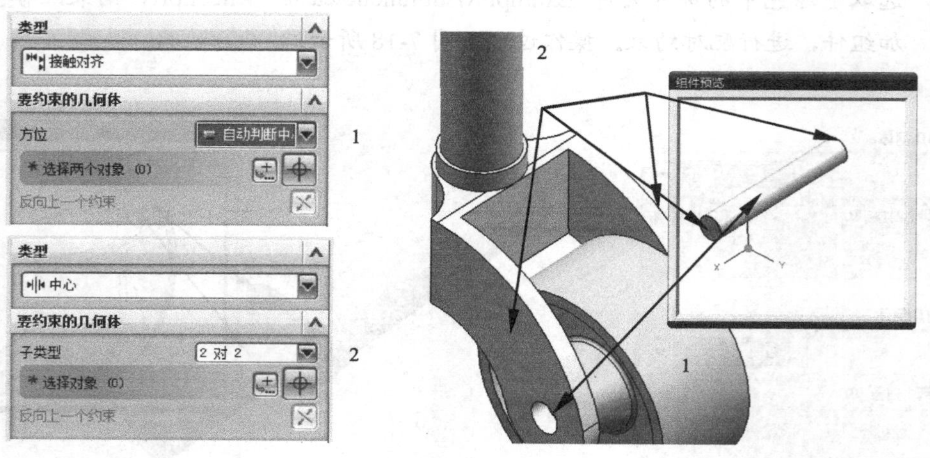

图 7-19　添加第五个组件 caster_axle

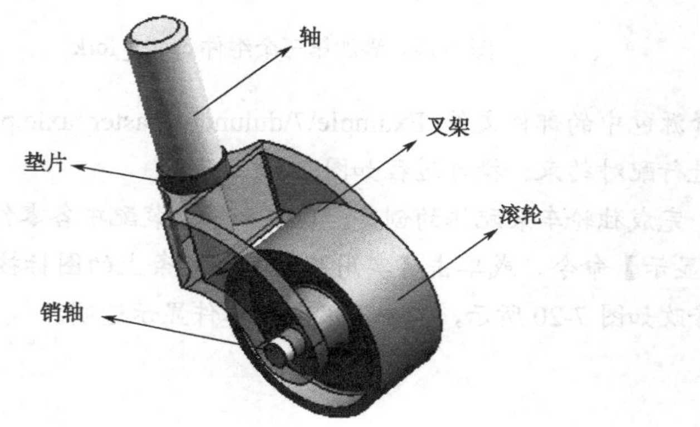

图 7-20　独轮车装配效果图

7.2.2 项目实现：手用虎钳总体装配

手用虎钳的装配图如图 7-21 所示，前面各章节完成了手用虎钳所有加工件的建模，并且介绍了标准件建模，下面介绍怎样把手用虎钳按照给定的装配图完成三维装配。

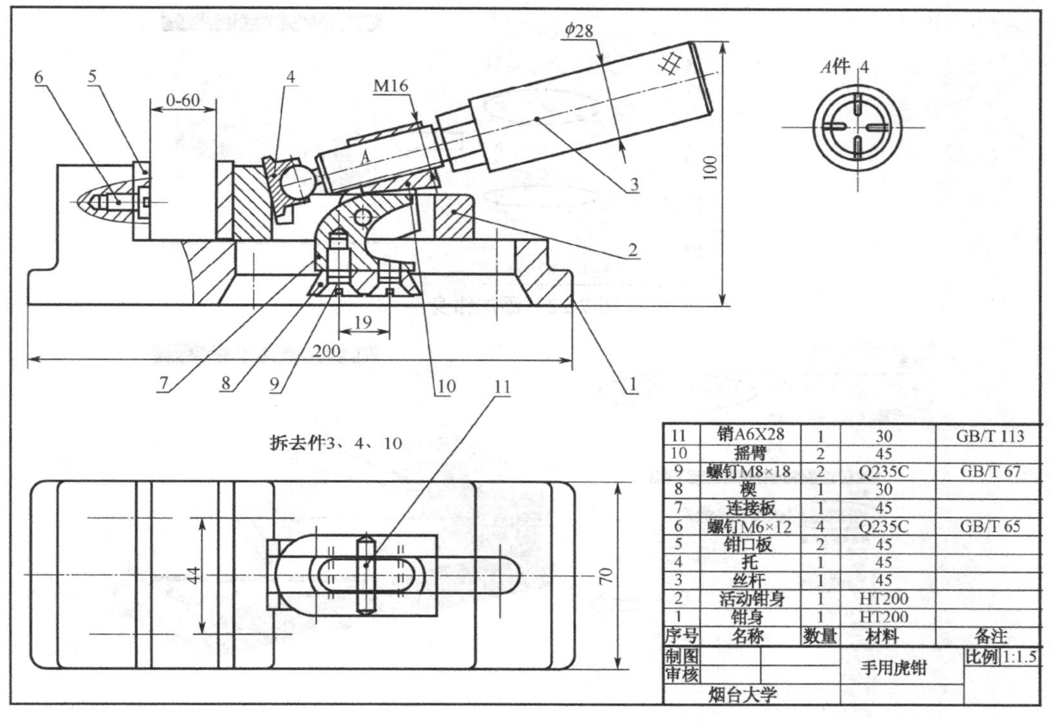

图 7-21　手用虎钳装配图

手用虎钳的工作原理：使用时，将工件放在两个钳口板 5 之间，抬起丝杆 3 即可快速移动活动钳身 2、摇臂 10、连接板 7 及楔 8 等，并使钳口板夹持工件。然后将丝杆 3 向下压，由于摇臂 10 下部圆弧半径的变化，可带动连接板 7 及楔 8 上升与钳身 1 固紧再转动丝杆 3，摇动活动钳身 2 将工件夹紧。

实例文件　UG NX6.0 实用教程资源包/Example/7/shouyonghuqian　（文件夹）
操作录像　UG NX6.0 实用教程资源包/视频/7/shouyonghuqian.avi

设计过程

[1] 添加主体零件钳身，采用绝对原点定位，如图 7-22 所示。由于后续零件装在钳身上，所以先将钳身添加进来。引用集选择模型，这样可以简化零件显示，只显示模型数据，草图、基准面等不显示。

[2] 添加钳口板。选择通过约束进行定位，如图 7-23 所示，并通过组件预览窗口，选择接触对齐，分别选择钳口板的两个孔和钳身上的两个螺纹孔同轴，并选择钳口板的端面和钳身端面接触，这样就完成了钳口板装配。

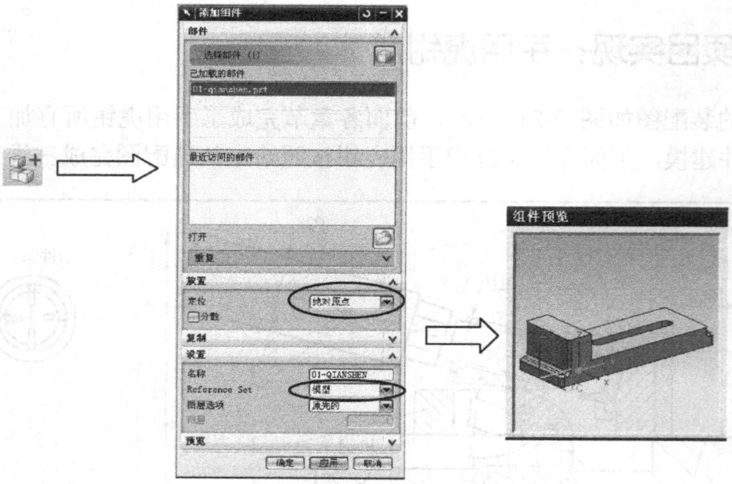

图 7-22　添加钳身

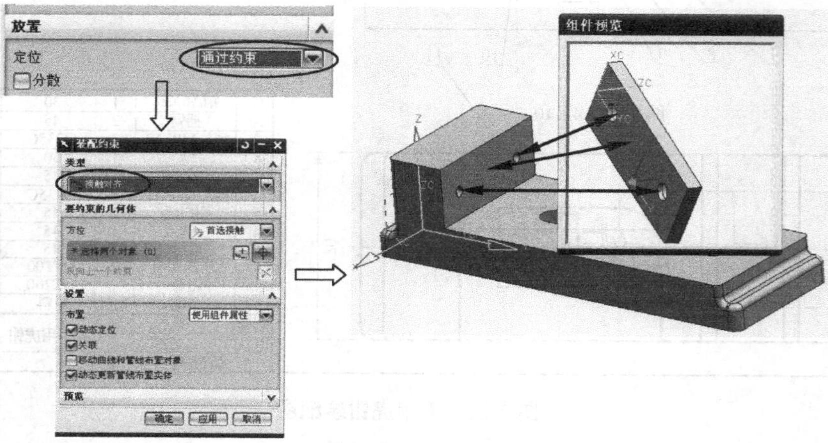

图 7-23　添加钳口板

[3] 添加活动钳身及钳口板，如图 7-24 所示。其中活动钳身和固定钳身之间可以采用接触对齐方式以及距离来定位。

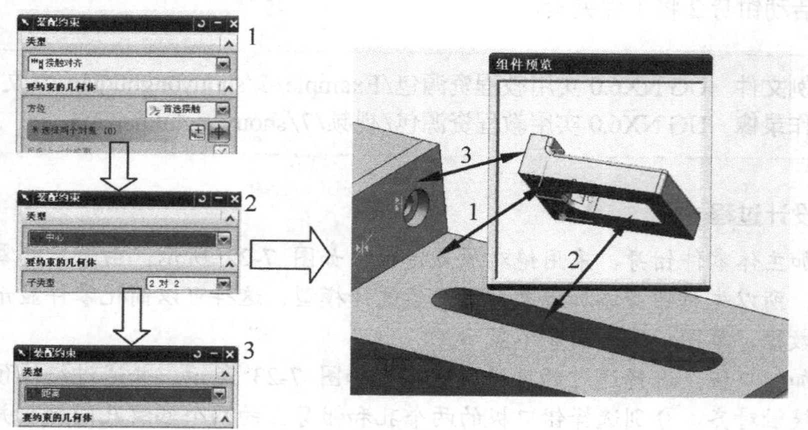

图 7-24　添加活动钳身

[4] 在活动钳身上添加钳口板，采用步骤 2 中相同的方法，装好后如图 7-25 所示。

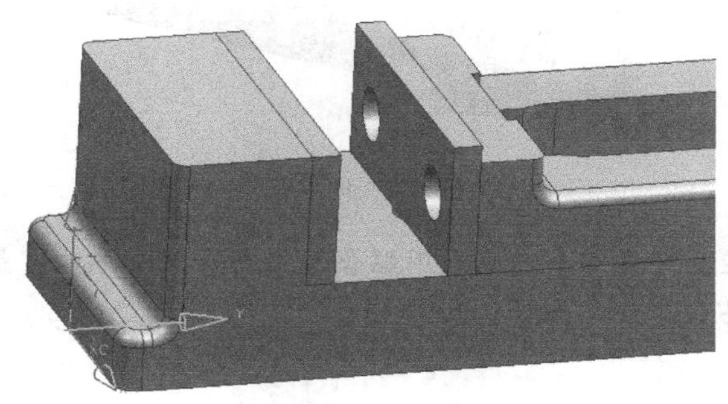

图 7-25 添加钳口板

[5] 添加楔和连接板组件，其中楔可以采用接触对齐方式，保证面贴合及同心，连接板和楔通过螺钉连接，所以用接触对齐方式，采用同心和贴合等方法定位好，如图 7-26 所示。

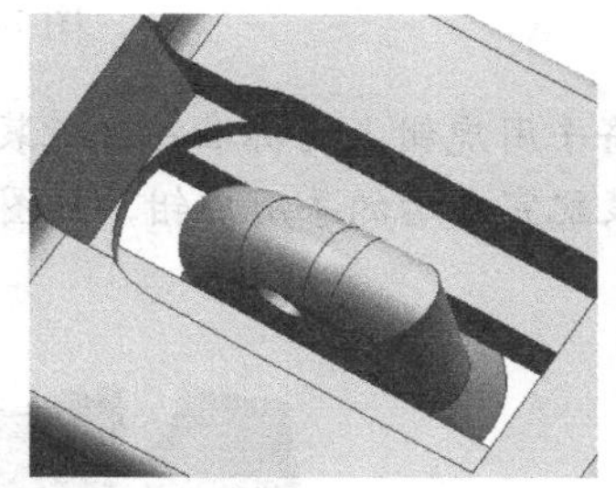

图 7-26 添加楔和连接板

[6] 添加摇臂，采用约束定位，和连接板上的孔同心，和连接板中心对齐（2 对 2），以及表面和活动钳身上的斜面平行，如图 7-27 所示。

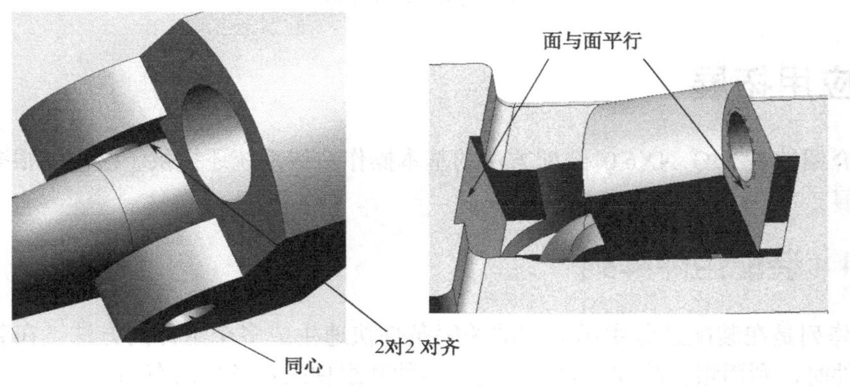

图 7-27 添加摇臂

[7] 添加丝杆，采用同心和距离约束，用接触对齐约束使丝杆轴线和摇臂上的孔同心，约束丝杆左端面和摇臂左端面距离设置为适当值，如图 7-28 所示。

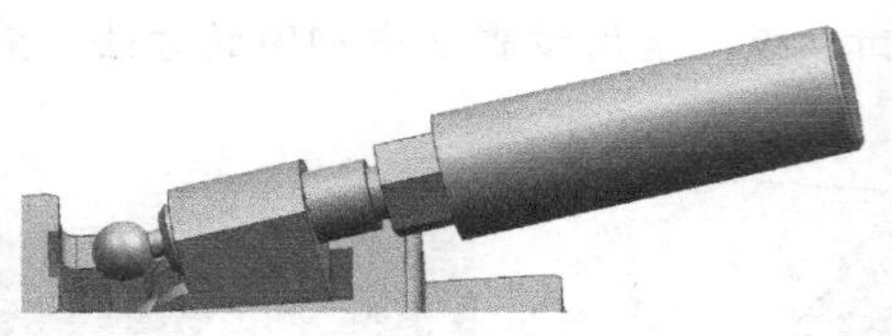

图 7-28　添加丝杆

[8] 添加托，装在丝杆端部，可以采用贴合及平行等配对方法，最后使托的左端面和活动钳身上的斜面贴合，如图 7-29 所示。

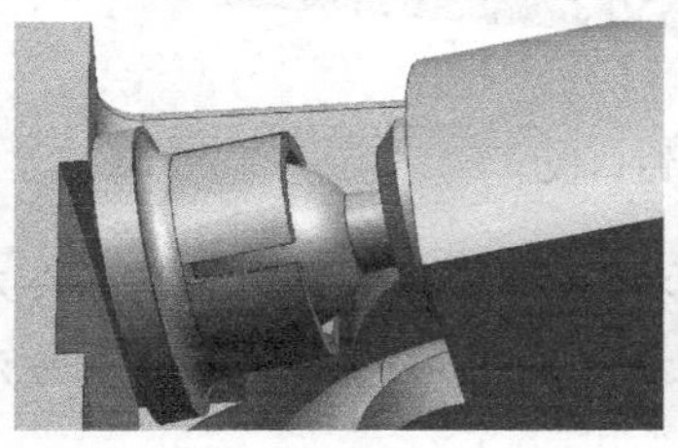

图 7-29　添加托

[9] 最后将手用虎钳上的标准件进行装配，标准件可以按照装配图中的规格尺寸建模完成，装配完成后的手用虎钳，如图 7-30 所示。

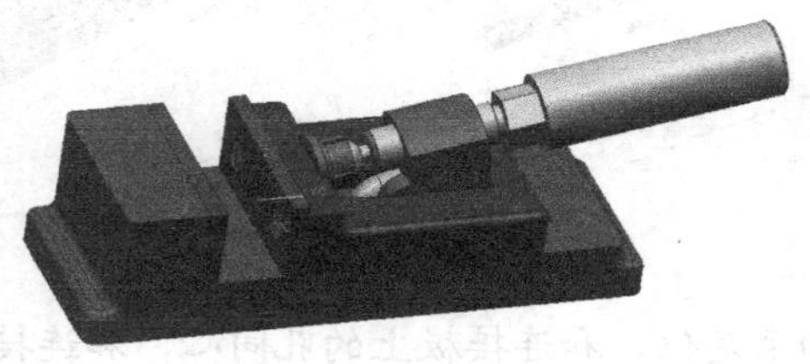

图 7-30　手用虎钳

7.3 应用拓展

前面介绍的是 UG NX6.0 装配方法的基本操作，该系统还提供了装配的很多编辑功能和应用拓展。

7.3.1 装配组件阵列

组件阵列是在装配过程中用对应的关联条件快速生成多个组件的方法。在装配多个同参数的部件时，利用组件阵列可以快速建立组件和组件配对条件的布局。

选择【装配】/【组件】/【创建阵列】命令，或者单击装配工具条上的图标，系统弹出如图 7-31 所示的【创建组件阵列】对话框。

创建阵列的方法有两种：从实例特征和主组件阵列，其中主组件阵列包括线性阵列和圆形阵列。

1. 从实例特征创建阵列

从实例特征创建阵列是根据模板组件的配对约束生成各组件的配对约束。它的实现必须满足两个条件：一是模板组件必须具有配对约束；二是基础组件上与模板组件相配对的特征必须存在阵列引用集。这类阵列主要用于加螺钉、垫片到孔特征引用集中。

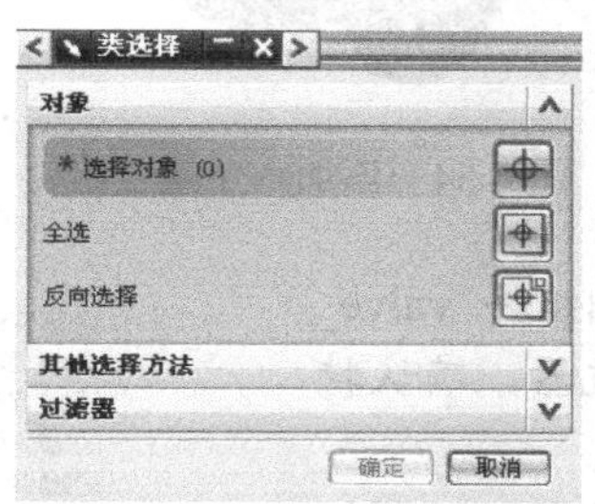

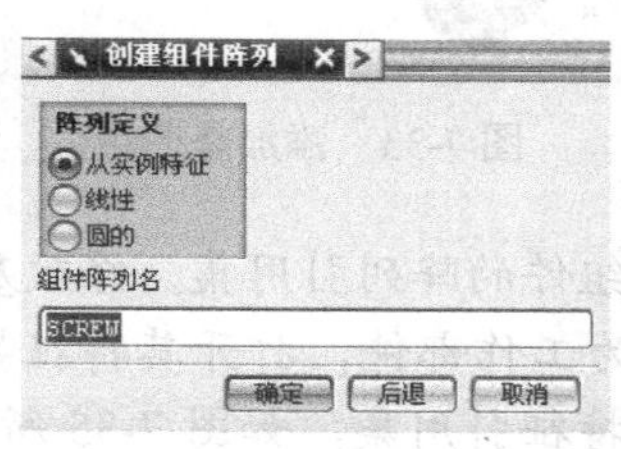

图 7-31 【创建组件阵列】对话框

如图 7-32 所示为一阀体，在这个实例中，阀盖 1 和阀芯 2 将用 6 个垫圈 3 和螺栓 4 连接起来，下面利用从实例特征创建阵列的方法来完成它。

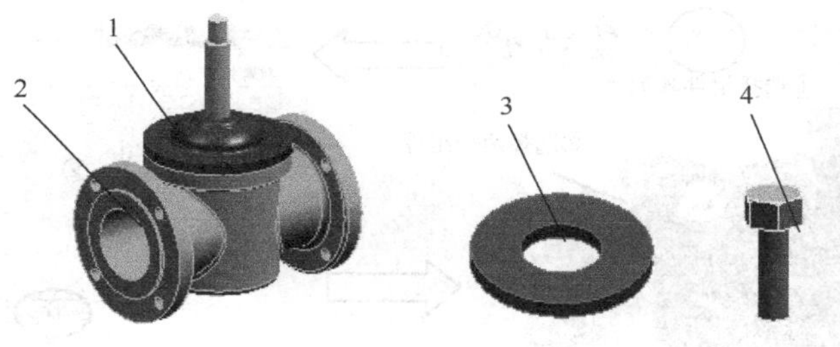

图 7-32 阀体

实例文件 UG NX6.0 实用教程资源包/Example/7/fati （文件夹）
操作录像 UG NX6.0 实用教程资源包/视频/7/fati.avi

设计过程

[1] 启动 UG NX6.0，打开文件 valve_assm.prt，选择【起始】/【建模】命令，进入建模模块，同时确认“开始”/“装配”选中。

[2] 添加垫圈组件。选择图标添加该目录下的文件 washer.prt，利用“配对约束”方法将该组件装配到阀盖的一个孔中，如图 7-33 所示。

添加的模板组件 washer.prt 和 hex_bolt.prt 必须与基础组件 valve_yoke.prt 建立配对约束，这是实现从实例特征创建阵列的必备条件之一。

[3] 添加六角螺栓组件。选择图标添加该目录下的文件 hex_bolt.prt，利用“配对约束”方法将该组件装配到阀盖的一个孔中，如图 7-34 所示。

图 7-33　添加垫圈组件　　　图 7-34　添加六角螺栓组件

[4] 检查基础组件的阵列引用集。修改基础组件 valve_yoke.prt 为工作部件，打开其特征导航器，确认特征中存在特征引用集，如图 7-35 所示。

实例d 简单孔 (9)
圆形阵列 (10)
实例[1] (10)/简单孔 (9)
实例[2] (10)/简单孔 (9)
实例[3] (10)/简单孔 (9)
实例[4] (10)/简单孔 (9)
实例[5] (10)/简单孔 (9)

图 7-35　基础组件的特征引用集

[5] 组件阵列。修改装配体为工作部件，将加入的模板组件 washer.prt 和 hex_bolt.prt 进行阵列，要求基础组件 valve_yoke.prt 的每个孔中都相应装配一套。操作过程如图 7-36 所示。

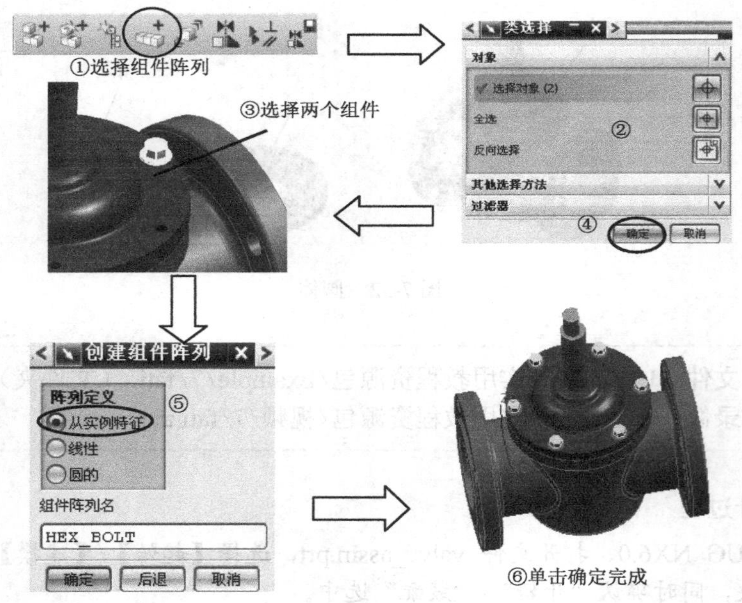

图 7-36　模板组件阵列过程

2. 主组件阵列

主组件阵列是对装配中的一个组件进行线性或圆形阵列，它与建模中的特征引用非常类似。如图 7-37 所示为创建主组件阵列。其中线性阵列方向定义有四种：面的法向、基准平面法向、边、基准轴。圆形阵列轴定义有三种：圆柱面、边、基准轴。

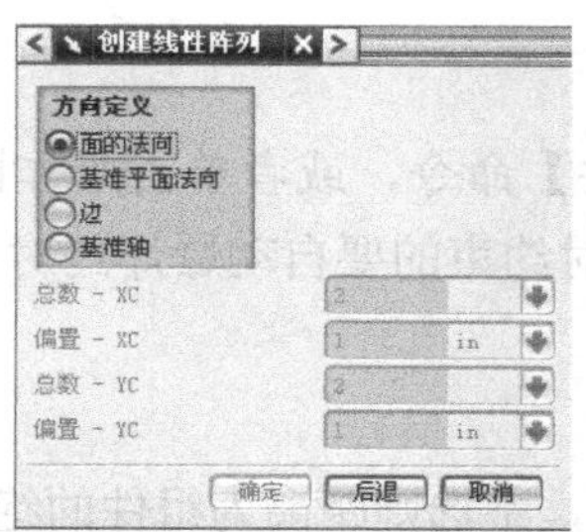

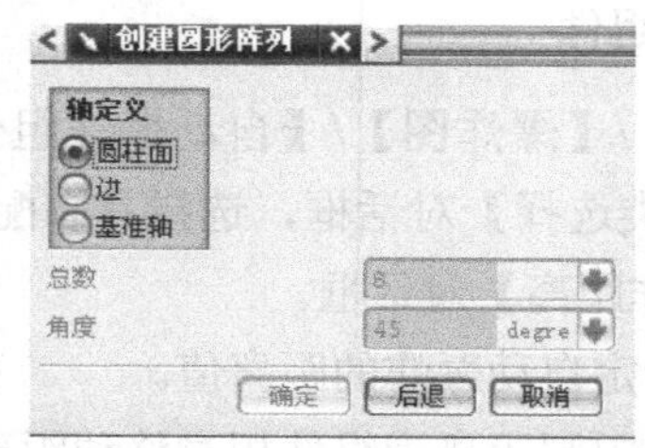

图 7-37　创建主组件阵列

7.3.2　装配爆炸视图

为了更清晰地观察装配中各组件的结构以及位置关系，可以建立装配爆炸视图，将指定的组件或子装配从它们真实位置移动。爆炸图和其他视图一样可以插入二维图纸中。

爆炸视图是装配环境中的一个相对比较独立的功能，选择【装配】/【爆炸图】/【显示工具条】命令或单击装配工具条上的图标，系统出现如图 7-38 所示的爆炸图工具条。

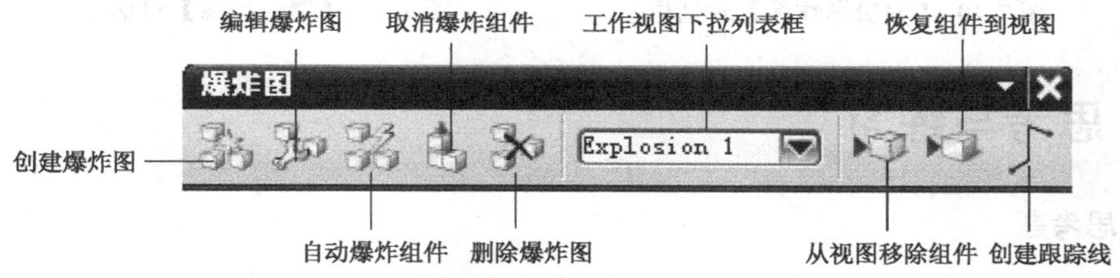

图 7-38　爆炸图工具条

1. 创建爆炸图

选择【装配】/【爆炸图】/【创建爆炸图】命令，或者单击爆炸图工具条上的图标，系统弹出如图 7-39 所示的【创建爆炸图】对话框，在对话框中输入爆炸图名或单击“确定”按钮接受默认的爆炸图名，此时屏幕左下角显示出该爆炸图名，表示当前视图为该爆炸图。

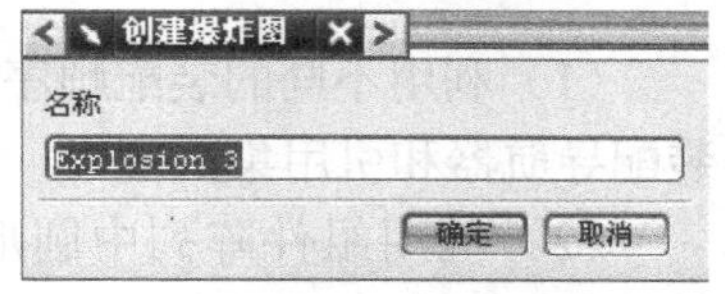

图 7-39　【创建爆炸图】对话框

爆炸图创建后，其中各组件仍保持在原位置，将组件从装配位置移走的方法有两种：编辑爆炸图和自动爆炸组件。

2. 编辑爆炸图

选择【装配】/【爆炸图】/【编辑爆炸图】命令，或者单击爆炸图工具条上的图标，系统弹出如图 7-40 所示【编辑爆炸图】对话框。

编辑爆炸图首先要选择移动的对象，可以选择一个或多个，然后单击“移动对象”选项，屏幕出现动态手柄，通过它确定对象新的位置；也可以单击“只移动手柄”选项，通过移动手柄到合适位置来帮助移动对象。

3. 自动爆炸组件

选择【装配】/【爆炸图】/【自动爆炸组件】命令，或者单击爆炸图工具条上的图标，系统显示【类选择】对话框，选择具有配对约束的要自动爆炸的对象后，系统弹出如图 7-41 所示【爆炸距离】对话框。

距离：用于指定自动爆炸的距离值。

添加间隙：选中则距离为组件相对移动距离，不选则距离为组件的绝对移动距离。

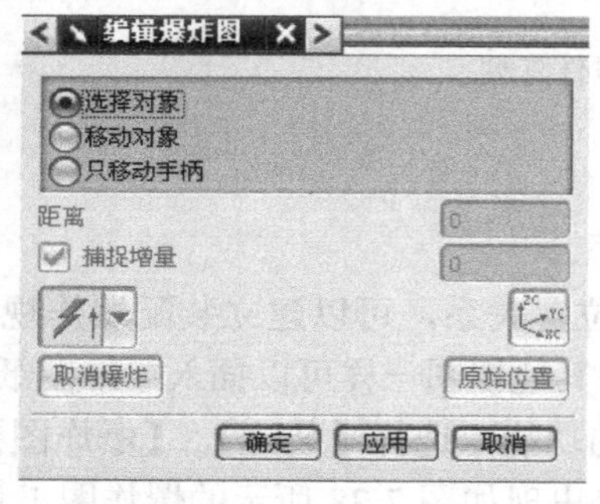

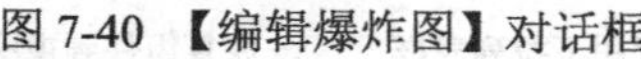
图 7-40 【编辑爆炸图】对话框

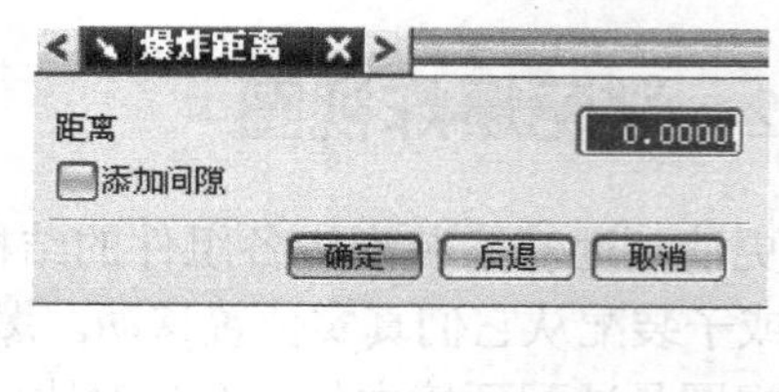

图 7-41 【爆炸距离】对话框

7.4 思考与练习

1. 思考题

（1）UG 装配有什么特点？它如何实现数据的相关性？

（2）UG 中有哪些创建装配体的方法？各用于什么场合？

（3）在 UG 装配中，如何灵活使用装配导航器和部件导航器？

（4）组件阵列有哪些方法？各用于什么场合？

2. 操作题

（1）利用不同的装配顺序和配对定位方式，演练 7.2.1 中的独轮车的装配，并综合体会装配导航器和引用集的使用。

（2）利用组件阵列中圆形阵列的方法完成 7.3.1 中阀体装配中所有螺钉垫片和螺钉的安装。

（3）完成手用虎钳各组成零件的建模，并按照本章介绍的装配方法完成手用虎钳的装配，注意体会装配配对约束的用法。

第 8 章

创建工程图

绘制产品的工程图是从模型设计到生产的一个重要环节，也是从概念设计到现实产品的一座桥梁和描述语言。因此在完成产品的零部件建模、装配建模及其工程分析之后，一般要绘制其平面工程图作为加工、制造、检验的依据。

与建模功能比较起来，UG NX6.0 制图功能同样强大，使用也比较方便。由于所绘制的平面工程图与三维实体模型具有相关性，所以用户不必担心因产品零件结构改变而需要重新绘制图纸的问题。

UG 制图基于建模应用中生成的三维模型，建立二维工程图。在制图应用中建立的图与三维模型完全相关。对模型做的任何改变自动地反映在图纸的视图中。这种相关性可随时按需要对模型做改变。除相关性外，制图还有以下优点。

- 具有一个直观的、易于使用的、图形化的用户界面。
- 主模型方法支持并行工程。当设计员在模型上工作时，制图员可以同时进行制图。
- 可根据模型结构使用不同的投影方法、选择不同图幅、选择合适比例建立各种视图，如模型视图、局部放大视图、剖视图等，并且具有可以建立完全相关的有自动消隐线处理与画剖面线的剖切视图的能力。
- 正交视图自动对准。
- 在平面工程图中加入文字说明、标题栏、明细栏等注释。提供多种绘图模板，也可自定义模板。
- 从图形窗口能够完成大多数制图对象的编辑（如尺寸、符号等）。
- 用户可控制的图更新。
- 可以利用打印机或绘图机输出平面工程图。

8.1 UG 制图的一般过程

从一个已存在的三维模型建立二维图的过程类似于图板上的绘图过程。

1. 建立一张新图

进入制图模块，或选择【插入】/【图纸页】命令，在弹出的图纸页对话框中规定各种图参数，如尺寸大小、比例、名称、设置。建立一张新图纸。

2. 读入模型视图

读入模型视图作为建立其他正交视图的基础。该视图将决定其相关投影视图的正交空间与视图对准。选择【插入】/【视图】/【基本视图】命令或在图纸布局工具条中单击图标，从视图清单中选择一个视图，如图 8-1 所示。

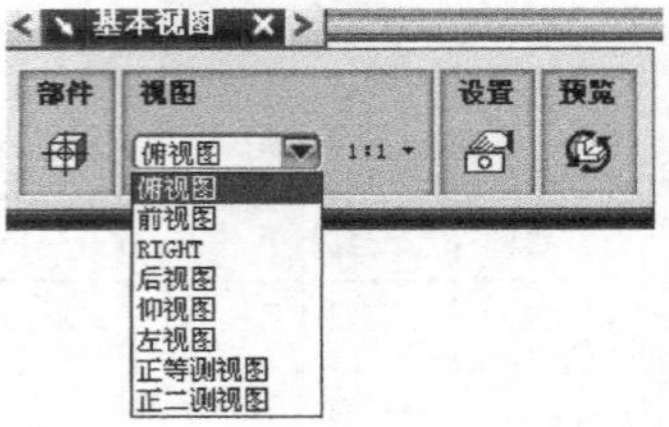

图 8-1　读入模型视图

3．加正交视图

在读入模型视图之后，通过动态拖拽指针或从【插入】/【视图】子菜单中选择相应选项，添加正交视图、向视图和放大图。正交视图与模型视图按相同的比例建立，并与模型视图对准。

4．加剖视图

在图上加各种剖视图，如简单剖切、阶梯剖切、旋转剖切和半剖切等。

为了建立简单剖切，选择【插入】/【视图】/【剖视图】命令或从图纸布局工具条中，选择要剖切的视图样式，建立剖切线，剖切线相关到被剖切视图，将剖切视图放在图纸上合适的位置。

5．加轴测图

选择【插入】/【视图】/【基本视图】命令，从视图清单中选择正等测图放在图纸中合适的位置。

6．添加尺寸

选择【插入】/【尺寸】命令，从子菜单中选择相应的选项，在图上建立各种尺寸。如果编辑模型，尺寸更新将反映所做的修改。

7．加注释与标记

从【插入】菜单中或从制图注释工具条中选择选项，可添加各种注释到图上。

8．加图框和标题栏

通过选择【格式】/【图样】/【调用图样】命令添加图框和标题栏到图上。

8.2 首选项

为了适应不同的工作任务，以及软件本身功能上的需要，可以通过设置首选项对 UG 软件做适当的调整，其中许多设置同时具有编辑、修改功能。制图模块首选项主要用于制图中的一些默认控制参数的设置，一般通过以下几个途径实现。

图 8-2　制图首选项工具条

① 用户默认文件：ug_metric.def 或者 ug_English.def 文件中的制图部分相关参数，通常由系统管理员按照国家标准或者企业标准统一设定。

② 部件文件：在部件文件内通过执行【首选项】菜单中相应的命令来设置，其结果影响整个部件文件，如图 8-2 所示。

③ 制图应用参数：其预设置也可以通过选择【文件】/【实用工具】/【用户默认设置】命令来实现，如图 8-3 所示。制图应用参数的预设置，应用于所有的参数，如果在这个环节设置得合适，就可以避免在以后的制图中再次修改，可以提高制图效率。

④ 部件文件内特定的对象：改变部件文件中个别对象的首选项，这种方式既可以设置又可以编辑、修改。

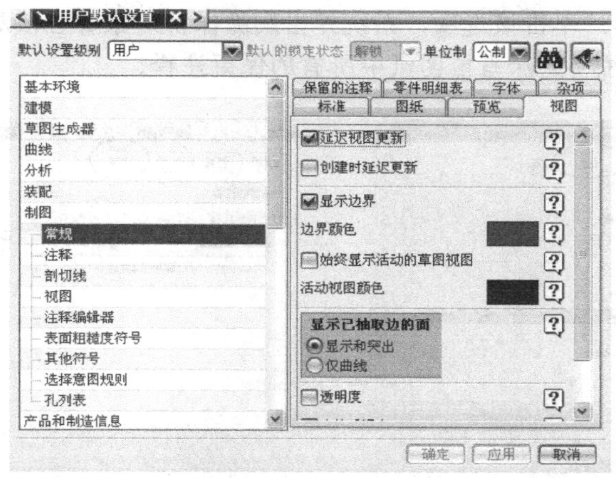

图 8-3 【用户默认设置】对话框

8.2.1 制图参数首选项

制图参数首选项可以用于随后的添加视图和注释工作，也可以修改已有的视图和注释。要定义随后准备做的工作，可以设置制图参数首选项。

1．制图首选项

选择【首选项】/【制图】命令，则弹出【制图首选项】对话框，其中有【常规】、【视图】、【预览】、【注释】四个选项卡。

① 【视图】选项卡如图 8-4 所示。其中各项的作用如下。

- 延迟视图更新：选中该选项，则图纸初始化时并不更新视图。如果要更新视图，可以选择图纸布局工具条上的图标。
- 创建时延迟更新：与延迟视图更新选项的意义类似，区别在于仅控制初始创建时的图纸。
- 显示边界：选中该项，则当前图纸中所有视图的边界线按照设置的边界颜色显示，反之，隐藏视图边界。
- 边界颜色：用于设置视图边界的显示颜色。
- 显示和突出：强调显示抽取的边缘线和表面。
- 仅曲线：仅显示抽取的边缘线。
- 小平面视图上的选择：选中该选项，在选择视图进行操作时，装载小平面组件。
- 小平面视图上的更新：选中该选项，在更新视图时，装载小平面组件。

②【注释】选项卡如图 8-5 所示。其中各项的作用如下。

- 保留注释：选中该选项，在实体修改以后，与之相关联的注释依然保留。该选项为系统默认，建议用户不要随意修改。
- 颜色：用于设置保留注释的颜色。

- 线型：用于设置保留注释的线型。
- 线宽：用于设置保留注释的线宽。
- 删除保留的注释：单击该选项，系统弹出删除保留对象警告信息对话框，此时再单击“是”按钮，系统将删除当前图纸中所有的保留注释。

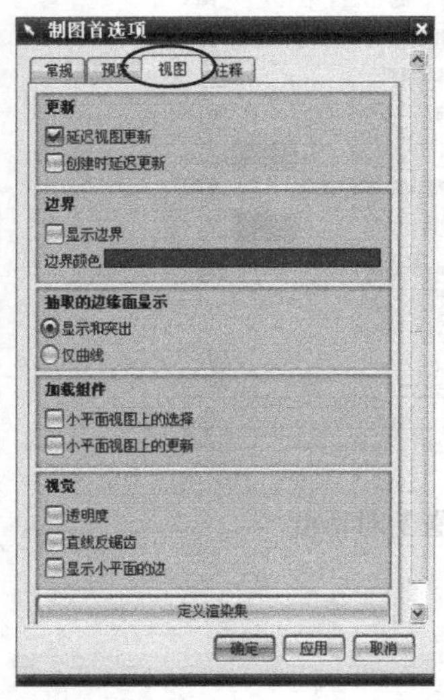

图 8-4 【视图】选项卡

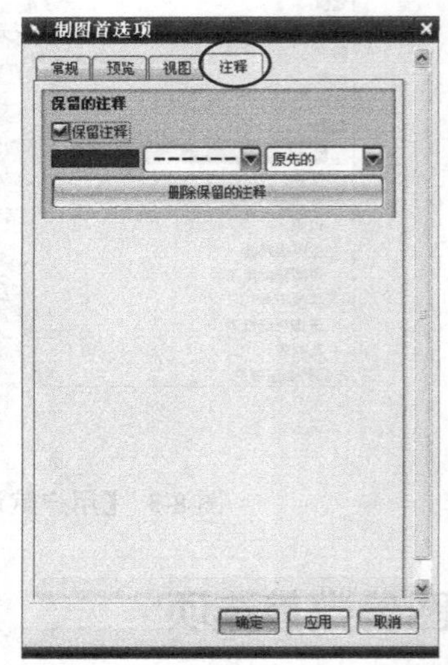

图 8-5 【注释】选项卡

③ 【预览】选项卡如图 8-6 所示。

图 8-6 【预览】选项卡

当加载视图时，该视图共有四种显示方式：边界、线框、隐藏线框及着色显示，如图 8-6 所示。

2．视图首选项

选择【首选项】/【视图】命令，或单击制图首选项工具条上的图标，则弹出【视图首选项】对话框，如图 8-7 所示，单击不同的选项卡，可以分别控制隐藏线、可见线、光顺边的显示等。下面对其中几个常用的选项卡进行介绍。

（1）常规

【常规】选项卡如图 8-7 所示。

- 轮廓线：用于控制视图中的轮廓线是否显示。
- UV 栅格：用于控制图中 UV 网格线的显示与否。UV 网格线是描述片体或实体表面轮廓的曲线。
- 中心线：选中该选项，则新创建的视图中自动添加模型的中心线。

（2）隐藏线

【隐藏线】选项卡如图 8-8 所示。

- 仅参考边：选中该选项，仅仅显示被引用的隐藏线，比如标注、定位参考边。
- 隐藏线：选中该选项，则视图中显示隐藏线，可以设置隐藏线显示的颜色、线型和线宽。

- 边隐藏边：选中该选项，系统显示被其他边重叠的隐藏线。
- 自隐藏：选中该选项，实体自身的隐藏线同样显示。不选中该选项，视图仅显示被其他实体遮盖的隐藏线，而自身的隐藏线不显示。
- 小特征：用于控制细节特征的显示，有三种选择，分别是全部显示、简化和隐藏。

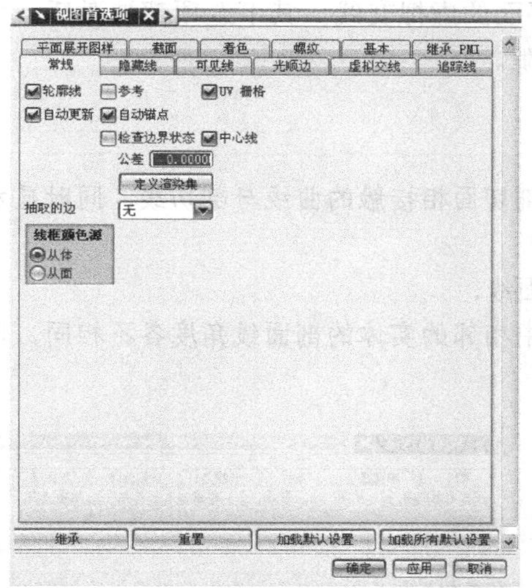

图 8-7 【视图首选项】对话框

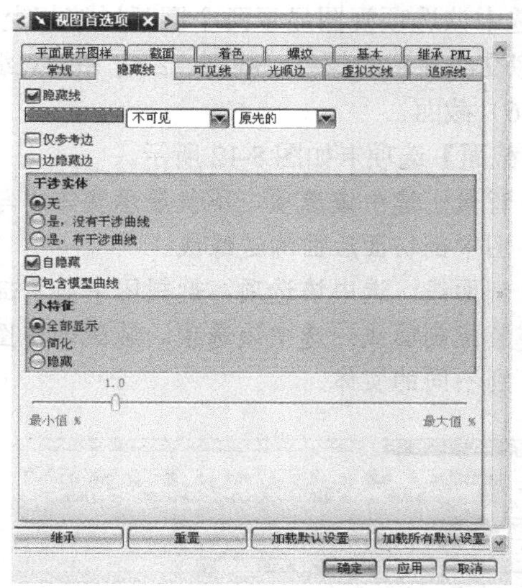

图 8-8 【隐藏线】选项卡

（3）可见线

【可见线】选项卡如图 8-9 所示。

该选项可以设置可见线显示的颜色、线型和线宽。

（4）光顺边

【光顺边】选项卡如图 8-10 所示。

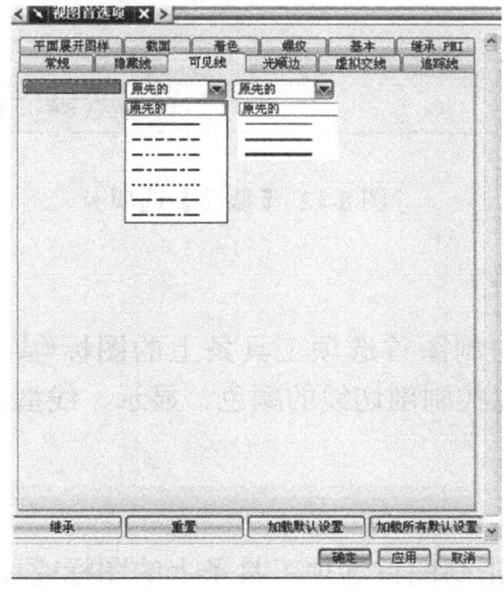

图 8-9 【可见线】选项卡

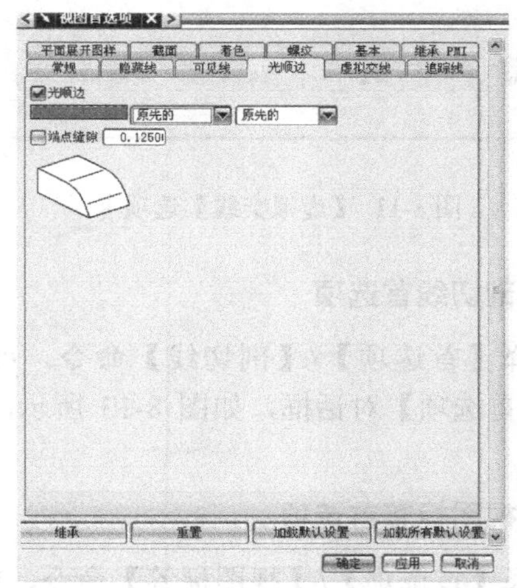

图 8-10 【光顺边】选项卡

选中该选项，视图中显示光顺边，其下所有选项都被激活，可以设置光顺边显示的颜色、线型、线宽和端点缝隙。光顺边指的是相切的相邻表面的交线。

（5）虚拟交线

【虚拟交线】选项卡如图 8-11 所示。

选中该选项视图显示两个圆弧过渡相交平面的虚拟交线，其下选项都被激活，可以设置虚拟交线显示的颜色、线型、线宽和端点缝隙。

（6）截面

【截面】选项卡如图 8-12 所示。

- 背景：选中该选项，不仅显示实体中与剖切面相接触的曲线与剖切线，同时显示剖视图中剖切面后面的边缘线。
- 剖面线：选中该选项，剖视图中显示剖面线。
- 装配剖面线：选中该选项，装配剖视图中相邻的实体的剖面线角度各不相同，以便区别不同的实体。

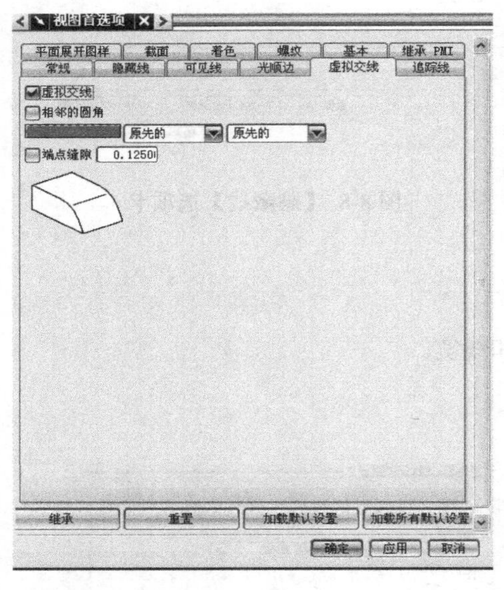

图 8-11 【虚拟交线】选项卡

图 8-12 【截面】选项卡

3. 剖切线首选项

选择【首选项】/【剖切线】命令，或单击制图首选项工具条上的图标，则弹出【剖切线首选项】对话框，如图 8-13 所示，可以控制剖切线的颜色、显示、线型、线宽和样式等。

4. 视图标签首选项

选择【首选项】/【视图标签】命令，或单击制图首选项工具条上的图标，则弹出【视图标签首选项】对话框，如图 8-14 所示，可以设置视图标签的前缀、格式、位置、比例因子等。

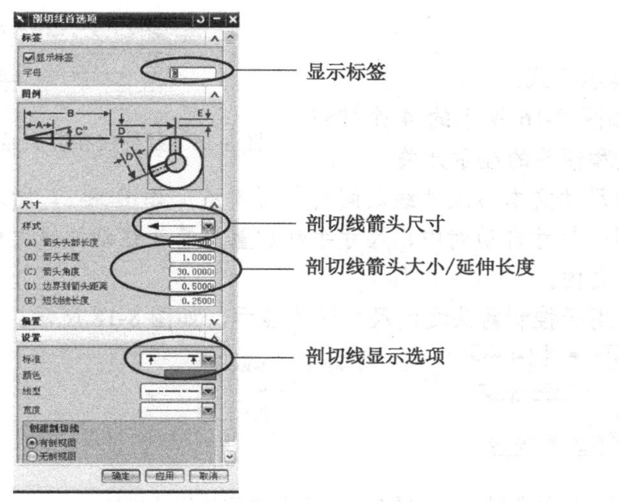

图 8-13 【剖切线首选项】对话框

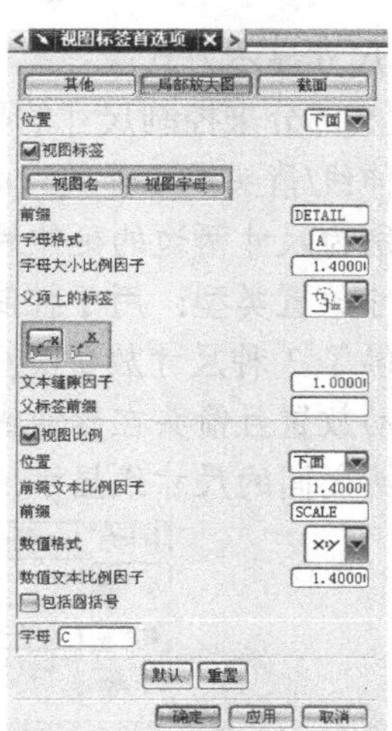

图 8-14 【视图标签首选项】对话框

8.2.2 注释参数首选项

选择【首选项】/【注释】命令，或单击制图首选项工具条上的图标A，则弹出【注释首选项】对话框，如图 8-15 所示，单击不同的选项卡，可以进行各种不同注释的设置。

1．尺寸

【注释首选项】对话框中【尺寸】选项卡如图 8-15 所示，可以完成尺寸显示方式设置、尺寸精度公差设置、倒角标注设置、窄尺寸设置等。

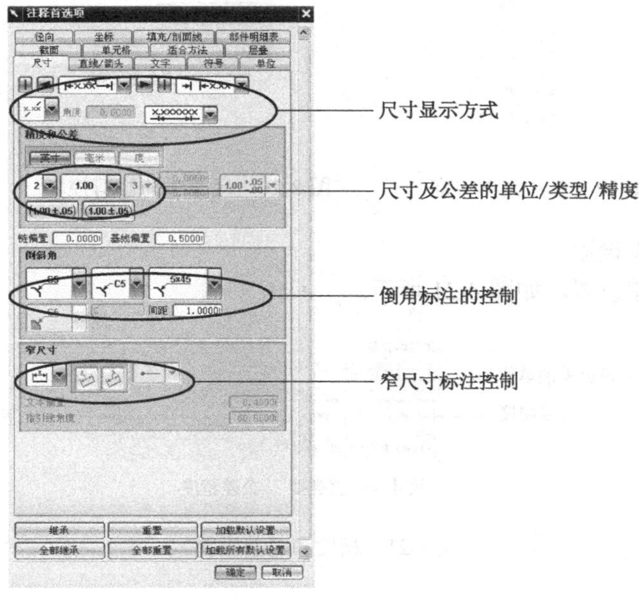

图 8-15 【注释首选项】对话框

（1）尺寸显示方式

通过5部分来控制尺寸的显示方式。

图 8-16　延伸线和箭头显示开关

- 延伸线/箭头显示开关：如图 8-16 所示的 4 个按钮分别为尺寸两边的延伸线和箭头的显示开关。
- 尺寸放置类型：用于控制尺寸文本与尺寸线之间的位置关系。如图 8-17 所示，系统提供了 3 种尺寸放置类型：尺寸自动对中、尺寸手动放置且箭头在延伸线之外、尺寸手动放置且箭头在延伸线之内。
- 箭头之间的尺寸线显示：用于控制箭头之间尺寸线的显示，如图 8-18 所示。

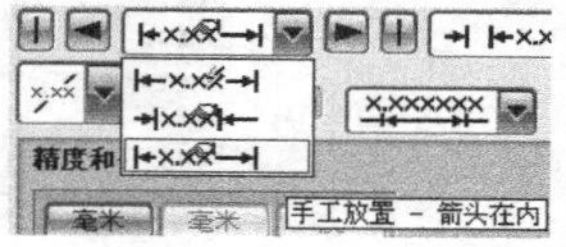

图 8-17　尺寸放置类型

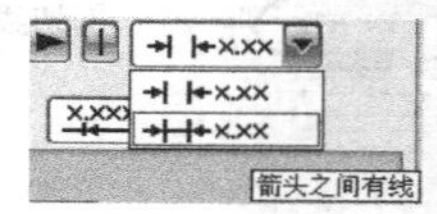

图 8-18　箭头之间的尺寸线显示

- 尺寸文本方向：用于控制文本相对尺寸线的方向，如图 8-19 所示，系统通过下拉列表框提供了 5 种方式，即文本水平、文本与尺寸线对齐、文本在尺寸线上、文本与尺寸线垂直及文本与尺寸线呈一定角度。
- 尺寸线的修剪控制：用于控制尺寸线是否随着文本的长度进行延伸，如图 8-20 所示，共两种方式。

说明：当鼠标指向某选项并停留几秒钟后，系统会自动弹出浮动框，显示该选项的意义。

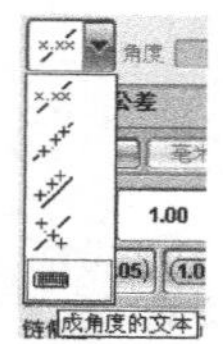

图 8-19　尺寸文本方向

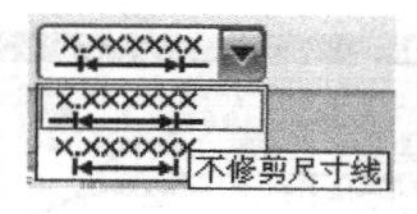

图 8-20　尺寸线的修剪控制

（2）精度和公差设置

尺寸精度和公差设置，如图 8-21 所示。

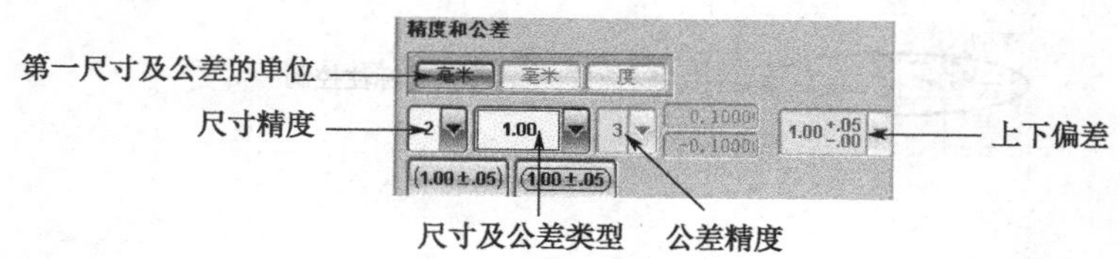

图 8-21　精度和公差设置

2．单位

【注释首选项】对话框中的【单位】选项卡如图 8-22 所示。

常用的设置主要有尺寸显示、公差显示、单位设置、角度尺寸格式、角度尺寸中零的显示及小数点的形式等。

3. 文字

【注释首选项】对话框中的【文字】选项卡如图 8-23 所示。文字预设置里可以设置文字的对齐位置、文本位置等，系统提供了 4 种文字类型，即尺寸、附加文本、公差、常规等，可以给每种文字类型设置不同的属性，也可以通过单击 应用于所有文字类型 使所有文字类型的属性相同。

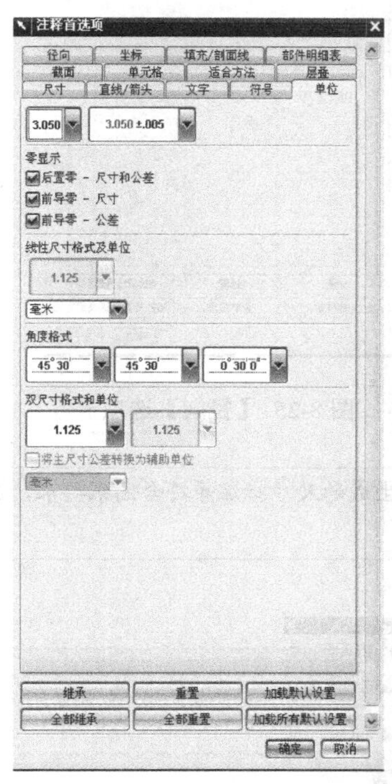

图 8-22 【单位】选项卡

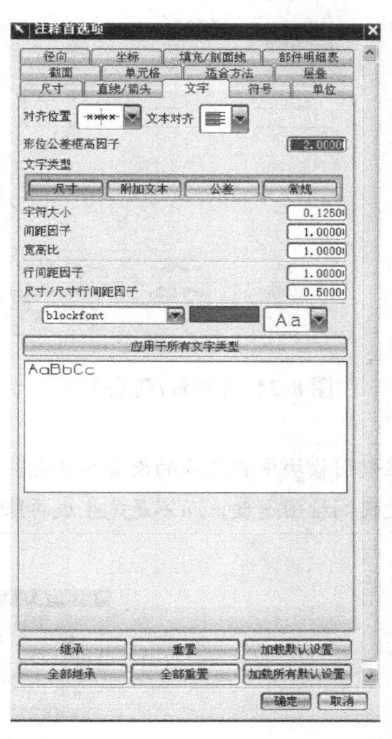

图 8-23 【文字】选项卡

4. 直线/箭头

【注释首选项】对话框中的【直线/箭头】选项卡如图 8-24 所示。通过该对话框，可以设置箭头形状、引导线方向和位置、引导线和箭头的显示参数、引导线和箭头的显示属性等。

5. 径向

【注释首选项】对话框中的【径向】选项卡如图 8-25 所示。通过该对话框，可以设置符合相对尺寸的位置、直径符号、半径符号与尺寸文本间距、文本位置、折叠半径线角度等参数。

除了以上列出来的选项卡，还有【符号】、【坐标】、【部件明细表】等选项卡，如图 8-26 所示为【填充/剖面线】选项卡。

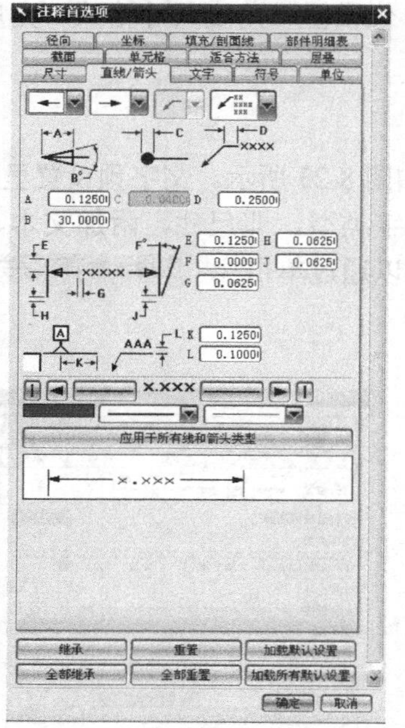

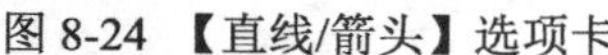

图 8-24 【直线/箭头】选项卡

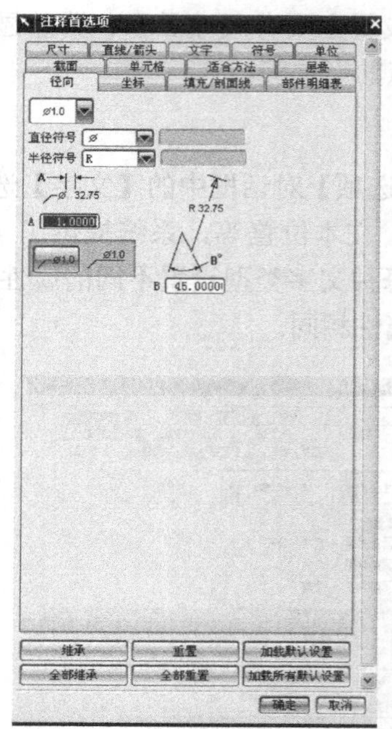

图 8-25 【径向】选项卡

在制图模块中首选项的设置很重要，可以让后续生成的尺寸标注等符合图纸要求，这样可以大大提高绘图速度，而不是先生成再修改。

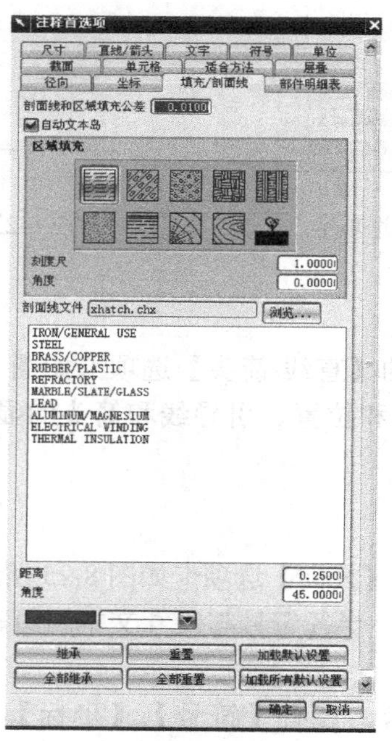

图 8-26 【填充/剖面线】选项卡

8.3 建立与编辑图纸与视图

用户可以使用 UG NX6.0 中的制图应用模块，快速创建三维部件的二维工程图，可以创建图纸，添加视图，并可以对所创建的图纸和视图进行编辑。

8.3.1 建立与编辑图纸

UG NX6.0 的制图应用模块可以创建新图纸、打开已有的图纸、删除已存图纸、编辑已存图纸等。一个部件可以包括一张图纸，也可以包括多张图纸。

1. 新图纸

在制图应用中选择【插入】/【图纸页】命令，或在部件导航器中图节点上单击右键，选择【插入图纸页】命令，如图 8-27 所示。建立一张新图纸页，定义图纸参数：图纸尺寸、比例、图纸页名称、单位、投影角，如图 8-28 所示。

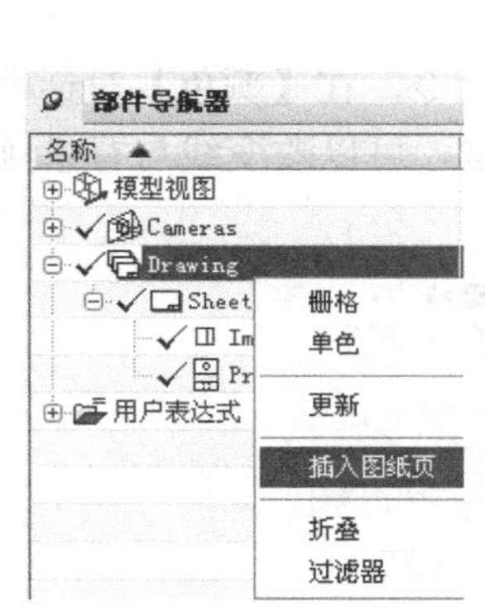

图 8-27 插入图纸页

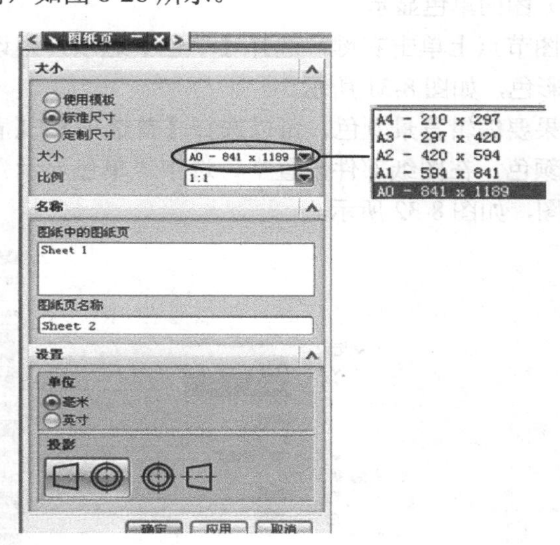

图 8-28 设置新图纸页

按国标（GB）单位应选毫米，投影角应选第一角投影。可选择【文件】/【实用工具】/【用户默认设置】命令，在【制图】下的【常规】选项对应的面板中的【标准】选项卡下，单击【Customer standard】按钮，在弹出的对话框中就可以进行默认设置了。

2. 打开已存图纸页

在图纸页节点上单击右键，在弹出的菜单中选择【打开】命令打开该图纸，利用图节点可以设置图纸的栅格显示和单色显示。

（1）栅格

在图节点上单击右键，选择【栅格】选项，则在图纸上显示栅格，如图 8-29 所示。

如果要编辑栅格，可以选择【首选项】/【栅格和工作平面】命令，弹出【栅格和工作平面】对话框，在该对话框中可以设置栅格的类型、间距和颜色等，如图 8-30 所示。

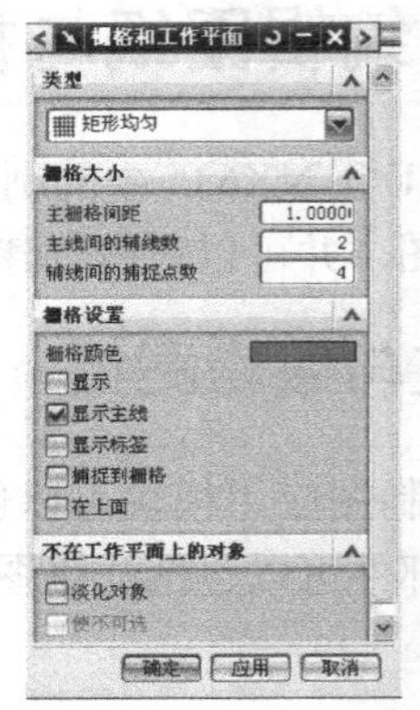

图 8-29　显示栅格　　　　图 8-30　【栅格和工作平面】对话框

（2）图的单色显示

在图节点上单击右键，选择【单色】选项，则该图纸中的所有内容显示为单色，否则显示为彩色，如图 8-31 所示。

如果要编辑背景颜色，可以选择【首选项】/【背景】命令，在【颜色】对话框中单击需要的颜色，在图纸部件设置中，选中“单色显示”复选框，可以改变线与背景颜色，显示单色图，如图 8-32 所示。

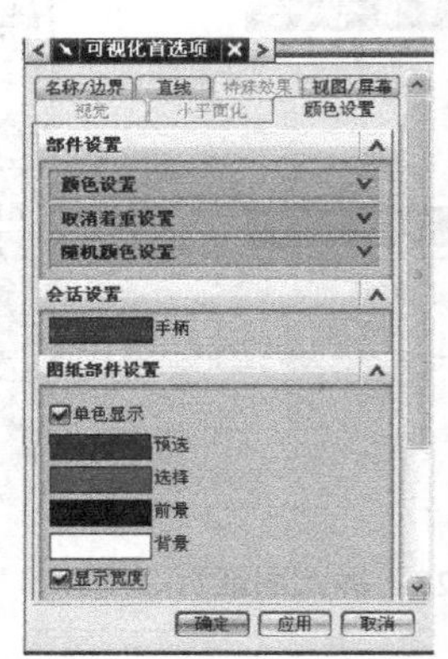

图 8-31　单色显示　　　　图 8-32 【可视化首选项】对话框

3．删除已存图纸

在部件导航器中单击图纸节点或者在图纸虚线框上单击右键，在弹出的菜单中选择【删除】命令，删除该图纸。也可选中图纸虚线框，按 Delete 键或选择【编辑】/【删除】命令删除图纸，如图 8-33 所示。

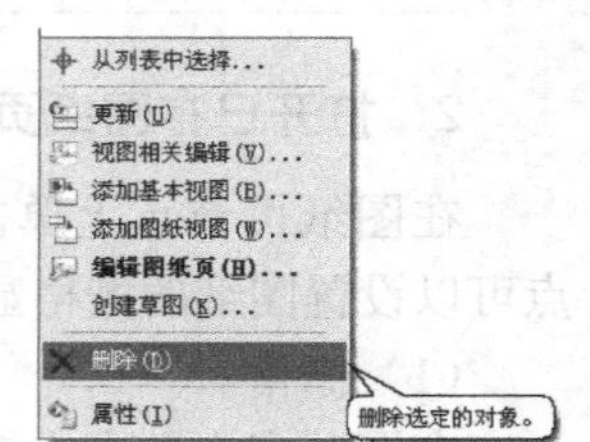

图 8-33　删除已存图纸

4．编辑已存图纸

在部件导航器该图纸页节点上单击右键，在弹出的菜单上选择【编辑图纸页】命令，如图 8-34 所示，弹出【图纸页】对话框，如图 8-35 所示。利用对话框上的选项可以修改当前图纸页的尺寸大小、比例、图纸页名称、单位及投影角。

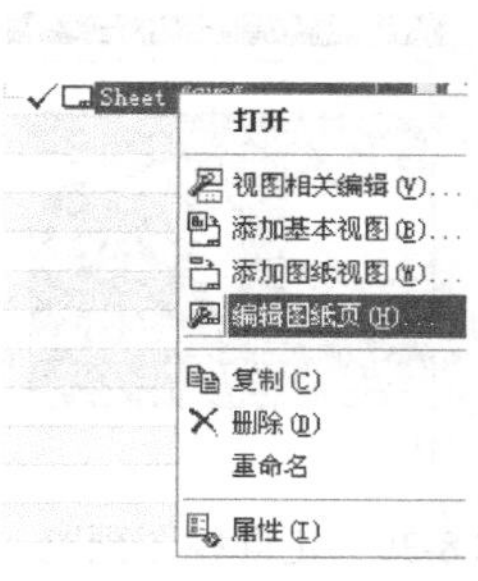

图 8-34　编辑已存图纸

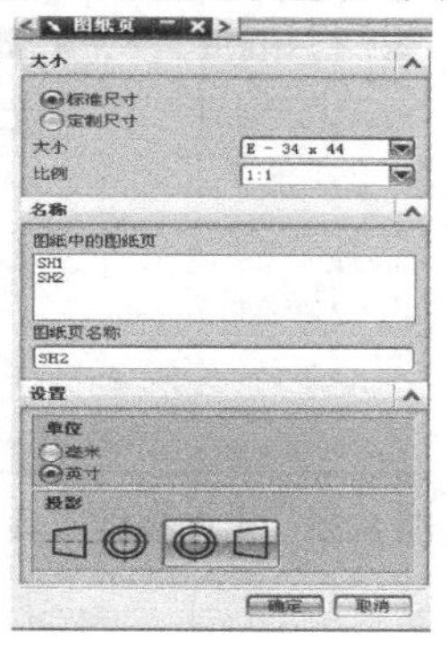

图 8-35　【图纸页】对话框

8.3.2　建立与编辑视图

用户创建了图纸后，就可以在此基础上添加视图，进一步标注尺寸及技术要求，逐步完成一张标准图样。

1．基本视图

基本视图就是添加到图纸页上的独立视图，该视图将用于投射其他视图。

实例文件	UG NX6.0 实用教程资源包/Example/8/jibenshitu.prt
结果	UG NX6.0 实用教程资源包/Example/8/jibenshitu-end.prt
操作录像	UG NX6.0 实用教程资源包/视频/8/ jibenshitu.avi

操作步骤：

- 选择建立基本视图，如图 8-36 所示。
- 通过相应的下拉箭头选择模型视图，系统默认为俯视图，并选择需要添加的视图比例，默认情况下为 1：1，用户可以在比例下拉箭头处选择其他比例或自己输入比例，如图 8-37 所示。

图 8-36　建立基本视图

图 8-37　基本视图的建立

- 定向视图，利用该对话框可以定义法向矢量、*X* 方向等，如图 8-38 所示，并可以通过定向视图预览模型方位，如图 8-39 所示。

图 8-38 定向视图工具

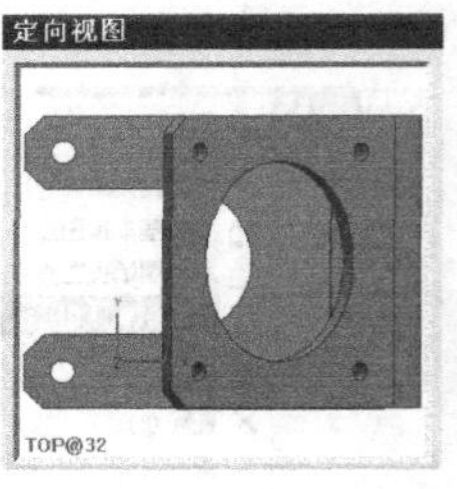

图 8-39 定向视图预览

2．投射视图

投射视图是沿着某一方向观察实体模型而得到的投影视图。在 UG 的制图模块中，投射视图是从一个已存的基本视图或父视图沿着一条铰链线投射得到的，投射视图和已存视图之间存在相关性。

实例文件 UG NX6.0 实用教程资源包/Example/8/tousheshitu.prt
结果 UG NX6.0 实用教程资源包/Example/8/tousheshitu-end.prt
操作录像 UG NX6.0 实用教程资源包/视频/8/tousheshitu.avi

建立投射视图步骤如图 8-40 所示。

- 生成基本视图后系统会自动入【投射视图】对话框，用户可以选择铰链线方向，或在系统默认的自动判断模式下进行投射，并选择投射视图放置位置。
- 当系统已存在一个父视图，用户想在此基础上增加投射视图，可以单击图纸工具条上的投射视图。

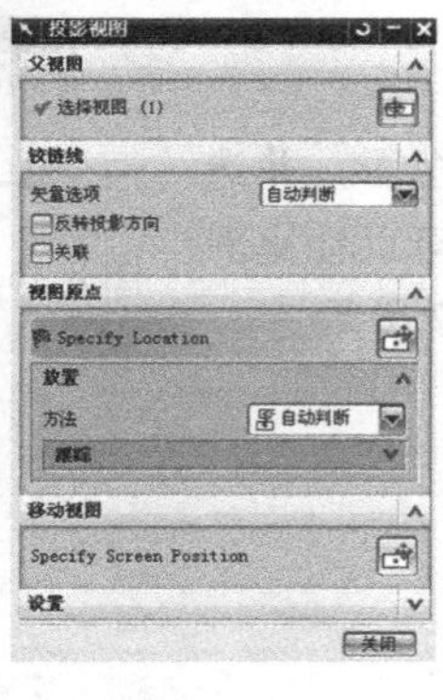

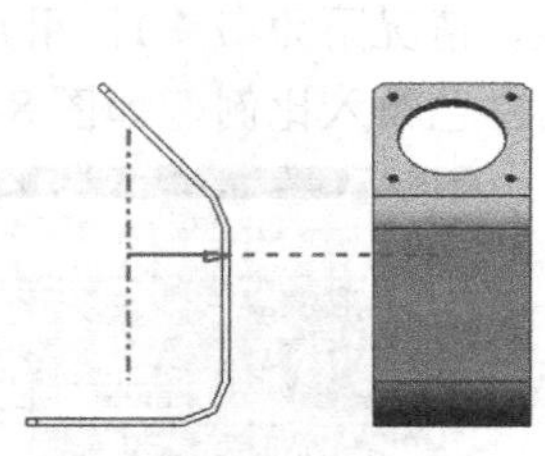

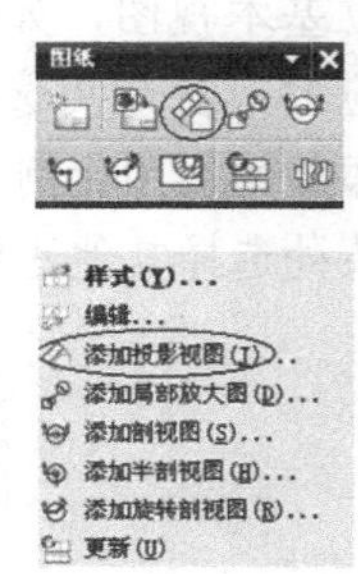

图 8-40 投射视图的创建

【例 8-1】 练习生成基本视图和投射视图，如图 8-41 所示。

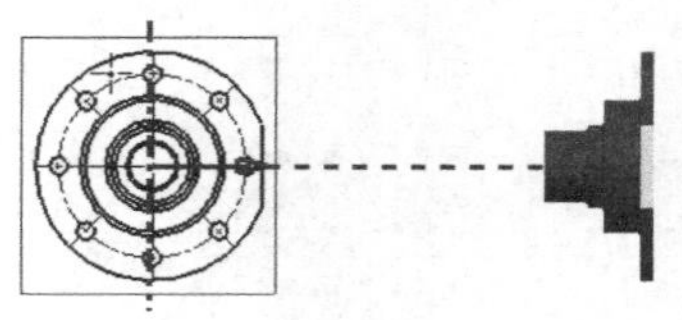

图 8-41 创建视图练习

3．局部放大图

局部放大图用来表达主要视图中的细节结构，有利于看图和标注尺寸，可以显示为圆形或矩形边界。

创建局部放大图时，其显示特性（例如隐藏线或光顺边等）与父视图一致。创建以后，可以编辑它的设置。

实例文件 UG NX6.0 实用教程资源包/Example/8/jubushitu.prt
结果 UG NX6.0 实用教程资源包/Example/8/jubushitu-end.prt
操作录像 UG NX6.0 实用教程资源包/视频/8/jubushitu.avi

建立局部放大图的步骤如下。

[1] 在父视图的边界单击右键并选择【添加局部放大图】命令，如图 8-42 所示。

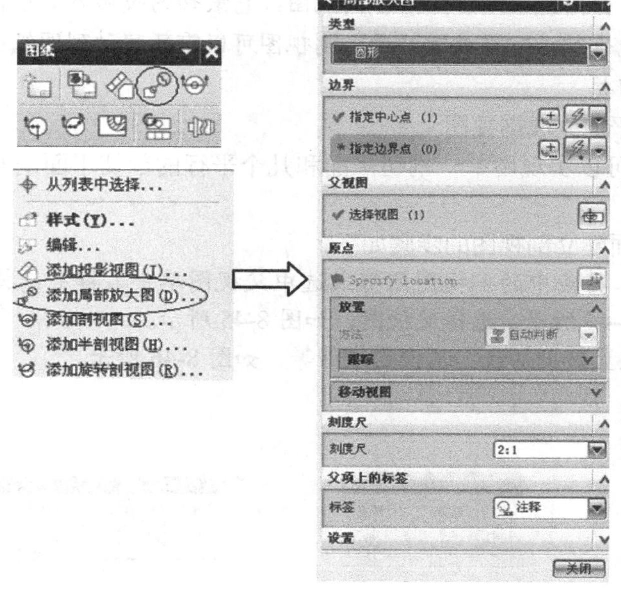

图 8-42 【添加局部放大图】命令

[2] 从选项工具条中选择圆形或矩形边界选项。

[3] 定义视图边界。

[4] 设置放大比例。

[5] 放置视图。

【例 8-2】练习创建局部放大图，如图 8-43 所示。

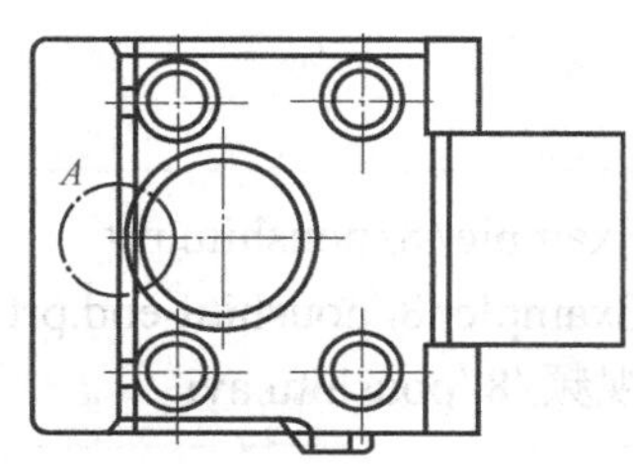

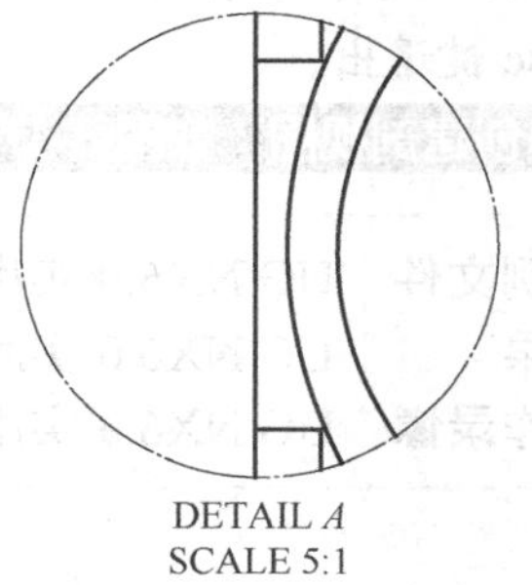

图 8-43 建立局部放大图

4. 剖视图

剖视图是利用剖切面剖开机件，来反映机件的内部结构，剖切线的符号表示剖切位置和剖切后的投影方向。

剖视图有以下特点。

- 剖视图的相关性：剖视图与父视图的剖切线符号以及实体模型相关。
- 剖切线的相关性：若剖切线的段定位在实体的特征处，它们将与这些实体特征相关。
- 折线的相关性：若折线定义在实体的特征处，它们将与这些实体特征相关。
- 剖视图投影：当图纸中添加了一个剖视图，它最初的投影方向在剖切线符号的前面或后面，与折线平行，一旦放置好后，剖视图可以重新移动到图纸的任何位置，但仍保持与父视图相关。

（1）单一剖切平面生成剖视图

用剖视图命令可以实现用单一剖切平面和几个平行的剖切平面剖开机件，得到机件的全剖视图。

用单一剖切平面建立剖视图的步骤如下。

[1] 选择图纸工具条中的剖视图图标或选中父视图单击右键并选择【添加剖视图】命令，如图 8-44 所示，选择父视图，如图 8-45 所示。

[2] 根据需要设置好剖切线、不剖切组件等，如图 8-46 所示。

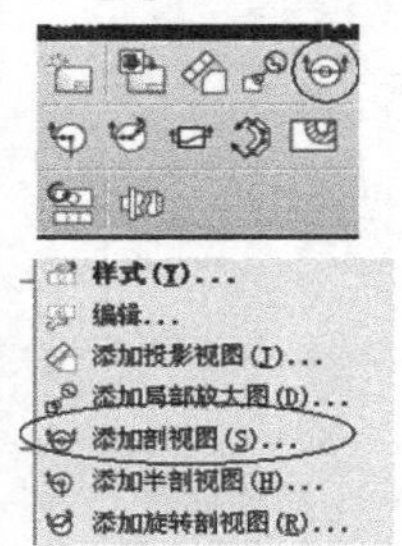

图 8-44　建立剖视图

图 8-45　选择父视图

图 8-46　设置剖视图各选项

[3] 根据需要设置剖面线类型（此选项要在首选项注释设置里修改）。

[4] 定义剖切位置。

[5] 根据需要定义铰链线。

[6] 在图纸中投射剖视图。

[7] 按 Esc 键退出。

【例 8-3】练习创建剖视图，如图 8-47 所示。

实例文件	UG NX6.0 实用教程资源包/Example/8/poushitu.prt
结果	UG NX6.0 实用教程资源包/Example/8/poushitu-end.prt
操作录像	UG NX6.0 实用教程资源包/视频/8/poushitu.avi

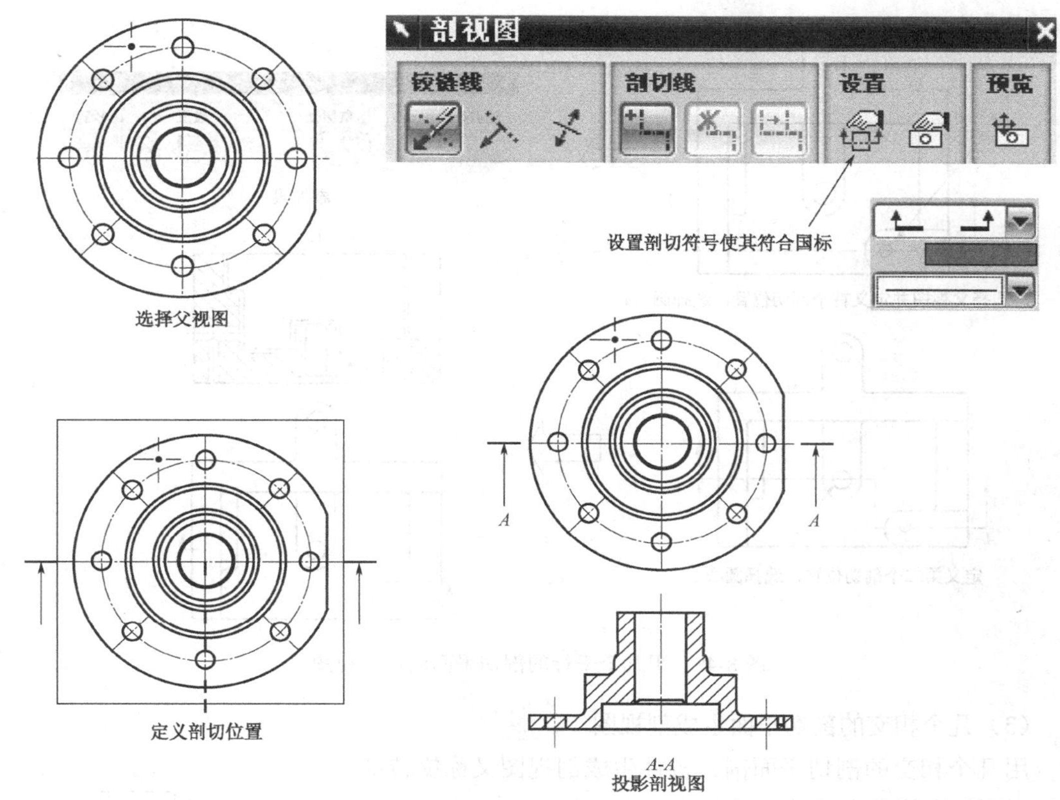

图 8-47 建立剖视图

（2）几个平行的剖切平面生成剖视图

用几个平行的剖切平面生成剖视图又称阶梯剖，创建阶梯剖与创建单一剖切面生成剖视图类似，不同的是在定义剖切线时通过增加段定义多个点确定剖切位置和折弯，所有折弯和箭头段正交于切割段建立。建立阶梯剖视图的步骤如下。

[1] 在父视图边界单击右键，选择【添加剖视图】命令。
[2] 在视图对象上选择一个点定义第一个剖切位置（可借助捕捉点工具条）。
[3] 移动动态剖切线到切割位置点。
[4] 单击左键放置剖切线。
[5] 根据需要定位剖切位置。
[6] 选择添加段，添加剖切位置。
[7] 选择下一个点并单击左键。
[8] 继续利用添加段添加位置和折弯。
[9] 移动指针到剖视图要放置的位置，单击左键放置视图。

【例 8-4】练习用几个平行的剖切平面建立剖视图，如图 8-48 所示。

实例文件	UG NX6.0 实用教程资源包/Example/8/jietipou.prt
结果	UG NX6.0 实用教程资源包/Example/8/ jietipou-end.prt
操作录像	UG NX6.0 实用教程资源包/视频/8/ jietipou.avi

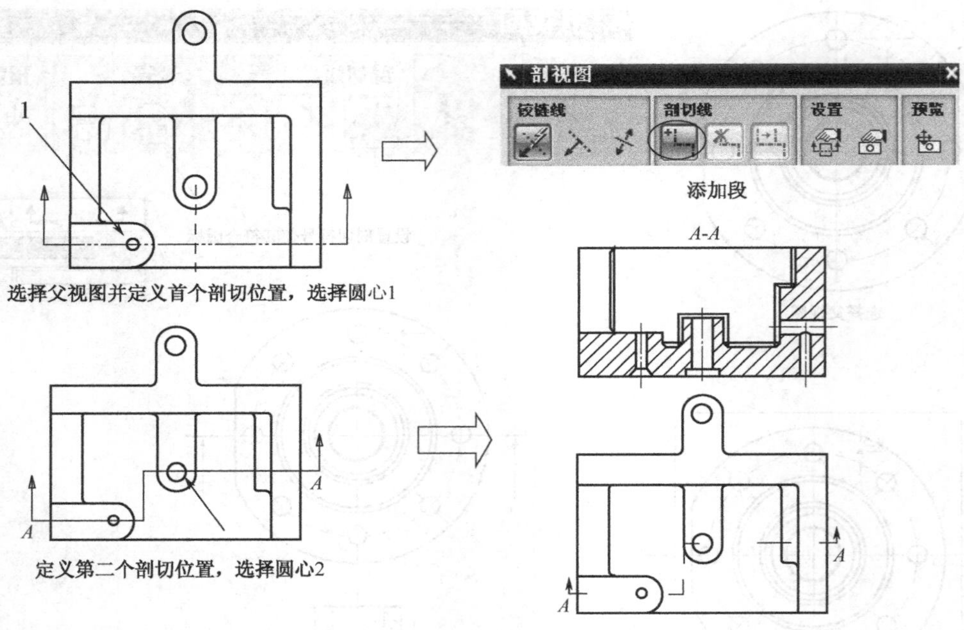

图 8-48　用几个平行的剖切平面创建剖视图

（3）几个相交的剖切平面生成剖视图

用几个相交的剖切平面剖开机件生成剖视图又称旋转剖，剖切平面的交线垂直于某一基本投影面。

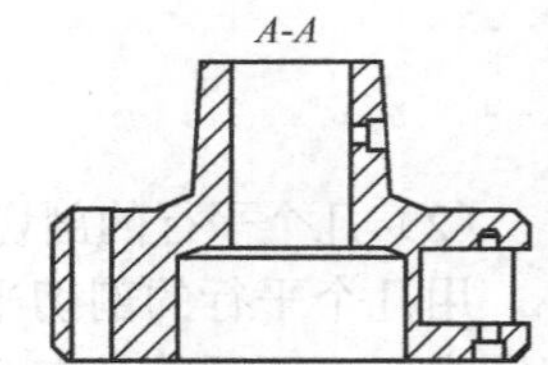

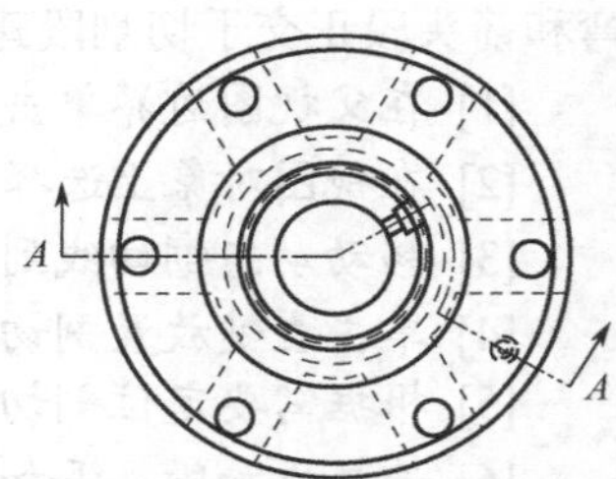

图 8-49　用几个相交的剖切面生成剖视图

建立旋转剖视图的步骤如下。

[1] 在父视图边界上单击右键并选择【旋转剖视图】命令。

[2] 选择旋转点。

[3] 定义第一段位置。

[4] 定义第二段位置。

[5] 选择【添加段】命令。

[6] 选择第 3 个小孔中心。

[7] 如果需要则加更多段。

[8] 移动段到需要位置。

[9] 移动指针到视图要放置的位置。

[10] 单击左键放置剖视图。

【例 8-5】练习用两个相交的剖切平面生成剖视图，如图 8-49 和图 8-50 所示。

实例文件	UG NX6.0 实用教程资源包/Example/8/xuanzhuanpou.prt
结果	UG NX6.0 实用教程资源包/Example/8/xuanzhuanpou-end.prt
操作录像	UG NX6.0 实用教程资源包/视频/8/xuanzhuanpou.avi

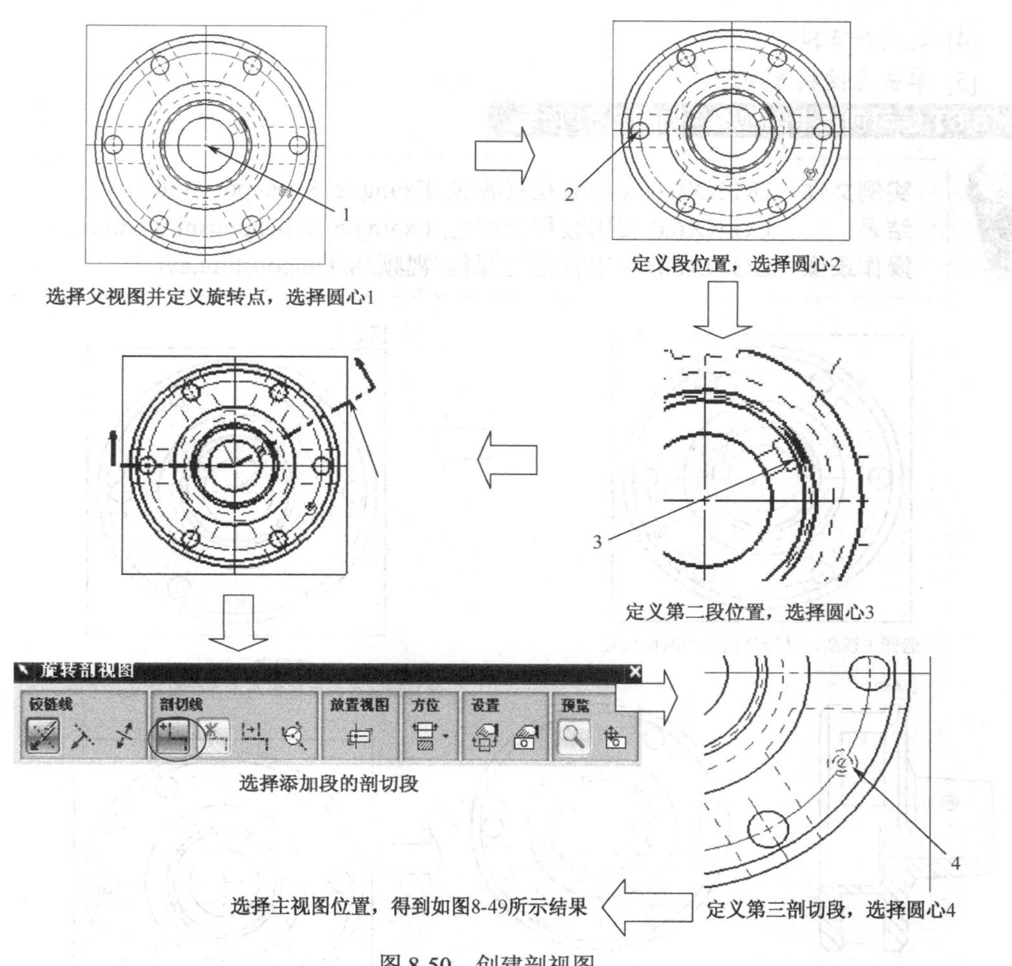

图 8-50 创建剖视图

设计过程

[1] 选择父视图，指定旋转点时一定要捕捉到立体的圆心，即相交剖切平面的交点位置。接着指定第一段剖切位置，也要捕捉到小孔的圆心。

[2] 接着指定下一剖切段，仍然指定需要剖切的小孔的圆心，在此基础上还有小孔需要剖切，添加段，选择旋转小孔的圆心。总之在一次剖切中可以尽量多地反映立体的内部结构。

（4）半剖视图

如果零件的内外形状都需要表示，同时该零件又左右对称时，可以以已存视图为父视图，建立半剖视图，即一半为剖视图，另一半为视图。在半剖视图中剖切线只有一个箭头、一个折弯和一个剖切线。

建立半剖视图的步骤如下。

[1] 在父视图边界单击右键并选择【添加半剖视图】命令。

[2] 定义剖切段位置。

[3] 若需要，定义折页线。

[4] 定义折弯段位置。

[5] 单击左键放置视图。

【例 8-6】练习创建半剖视图，如图 8-51 所示。

实例文件 UG NX6.0 实用教程资源包/Example/8/banpoushitu.prt
结果 UG NX6.0 实用教程资源包/Example/8/banpoushitu-end.prt
操作录像 UG NX6.0 实用教程资源包/视频/8/banpoushitu.avi

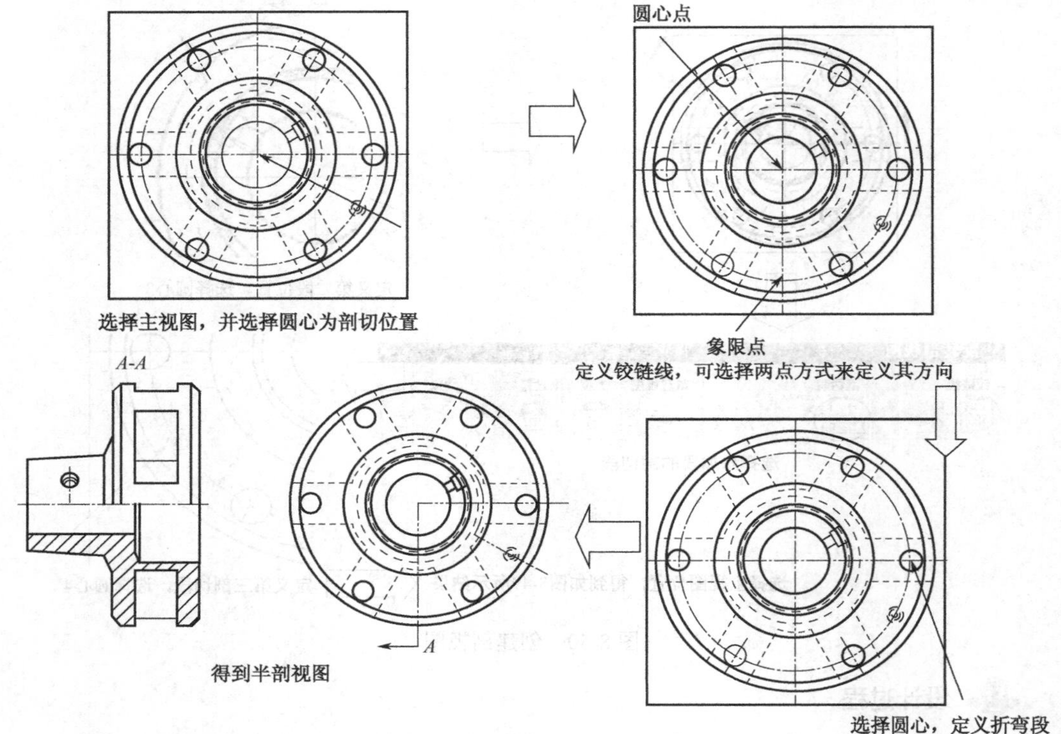

图 8-51 半剖视图的建立

设计过程

[1] 选择主视图为父视图，并指定圆心为剖切位置，注意一定要捕捉到圆心位置。

[2] 定义铰链线，可以用选择两点的方式确定方向，由于零件为回转体，可以捕捉圆。

[3] 定义半剖的折弯段，需要指定圆的圆心。

（5）折叠剖视图

通过折叠剖视图，可以创建一个无折弯的多段剖视图。折叠视图与父视图为正交对齐。视图会在剖切线段与段相连的位置自动生成点画线作为剖切线，如图 8-52 所示。

（6）展开剖

创建有对应剖切线的展开剖视图，该剖切线包括多个无折弯段的剖切段。段是在与铰链线平行的面上展开的，如图 8-53 所示。

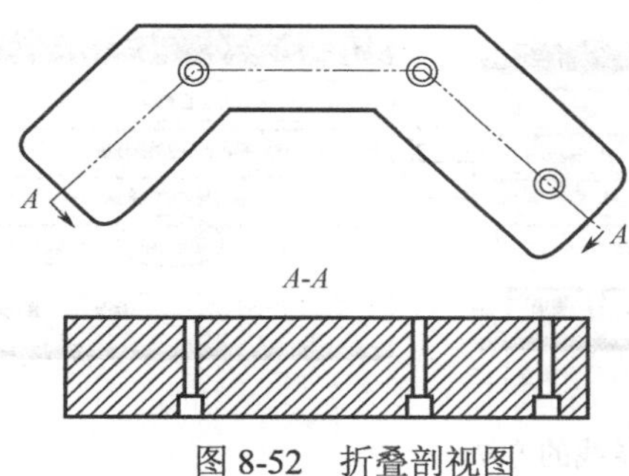

图 8-52　折叠剖视图

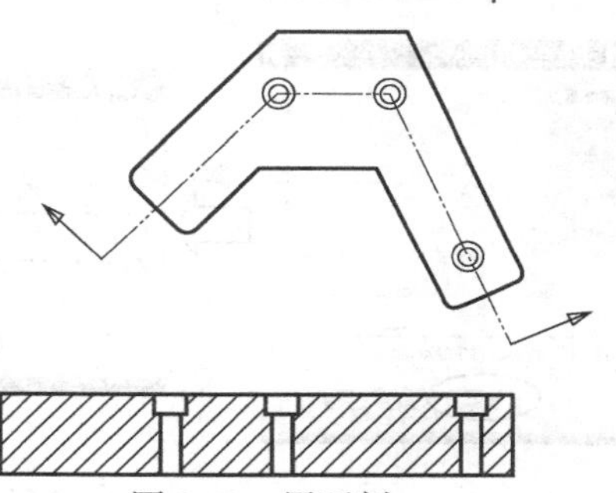

图 8-53　展开剖

（7）局部剖视图

局部剖视图用于通过移除部件的一个区域以便观察部件的内部结构。局部剖视图的建立方法和其他剖视图的建立方法不同，需要剖切之前在扩展成员视图中先建立样条曲线，建立局部剖视图的步骤如下。

[1] 单击图纸工具条上的图标。

[2] 需要局部剖的视图范围内单击右键，选择【扩展】命令，并生成一段封闭的边界曲线。

[3] 定义基点，即拉伸的参考起点。

[4] 指定拉伸方向或接受默认方向。

[5] 选择局部剖视图的定义边界曲线。

[6] 修改边界曲线。

[7] 选择应用或单击右键。

【例 8-7】创建局部剖视图。

实例文件	UG NX6.0 实用教程资源包/Example/8/jubupoushitu.prt
结果	UG NX6.0 实用教程资源包/Example/8/jubupoushitu-end.prt
操作录像	UG NX6.0 实用教程资源包/视频/8/jubupoushitu.avi

设计过程

[1] 选择需要做局部剖的视图，并在视图范围内单击右键，选择【扩展】命令，并用曲线工具条中的样条线命令生成边界曲线，如图 8-54 所示。

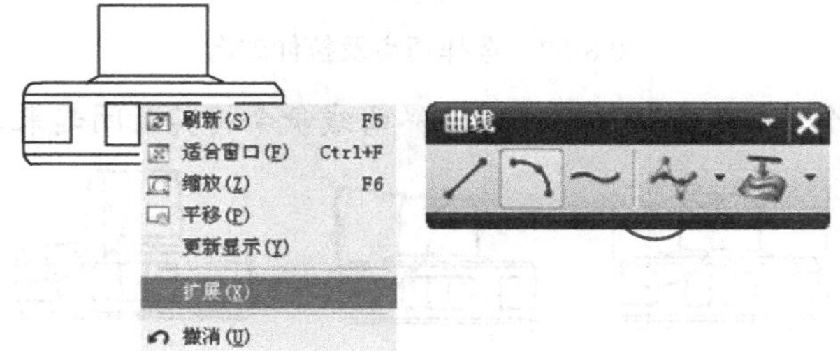

图 8-54　选择样条线

[2] 选择构建样条线的方法，如图 8-55 所示。

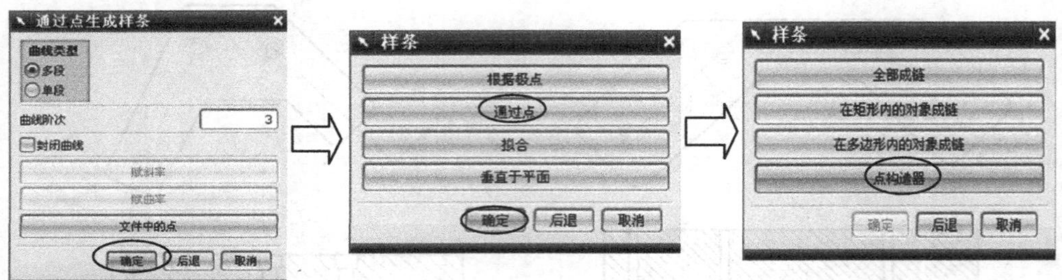

图 8-55　构建样条线的方法

[3] 在需要做局部剖的范围内构建样条线，如图 8-56 所示。

注意：创建样条曲线需要在扩展视图中创建，这样在该视图上建立的曲线才与该视图相关，并且只出现在该视图中。

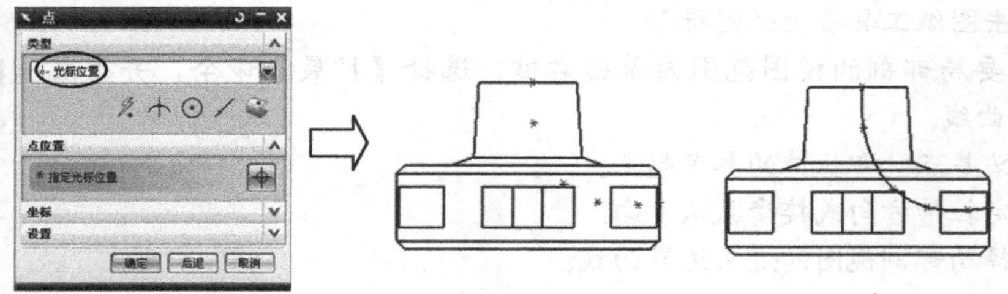

图 8-56　创建样条线

[4] 选择局部剖命令，并选择父视图，根据提示依次定义基点、拉伸方向，如图 8-57 所示。

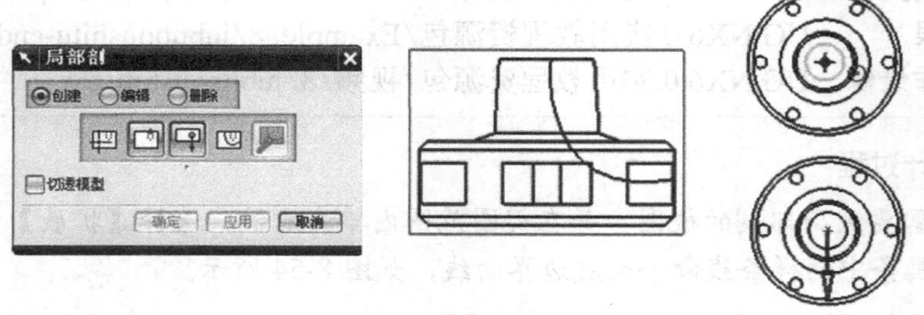

图 8-57　选择基点及拉伸方向

[5] 选择样条线作为截断线，并用修改边界曲线命令将其封闭起来，如图 8-58 所示。

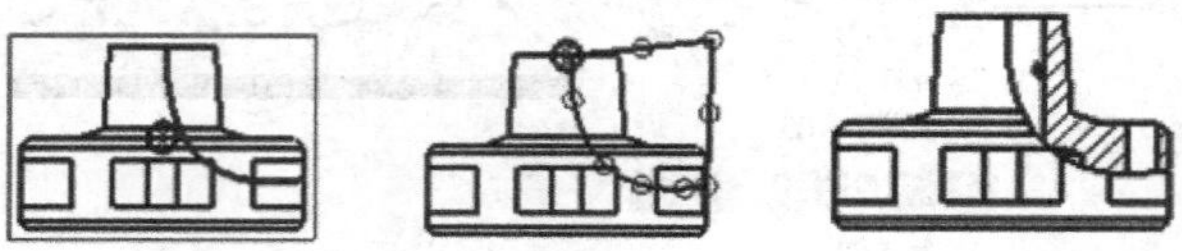

图 8-58　建立局部剖视图

5．断开视图

利用该命令可以对图纸中已存的视图进行断开操作，以建立断开视图。当较长的机件

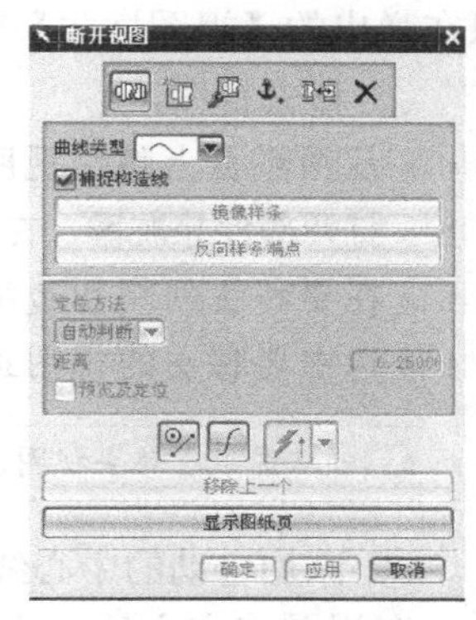

图 8-59 【断开视图】对话框

沿长度方向的形状一致或按一定规律变化时，例如轴、杆、型材等可以断开后缩短表示。

一旦选择视图，视图会以扩展视图模式显示。【断开视图】对话框如图 8-59 所示。

该对话框上各参数的意义如下。

- （断开区域）：用于指定断开区域的边界。
- （替换断开边界）：用于已经定义的区域边界。
- （移动边界点）：用于移动已经定义的边界点。
- （定义锚点）：用于确定断开视图两部分的相对位置。
- （距离）：单击该按钮，对话框上出现距离文本框，输入相应距离值，则断开视图两部分之间相距给定距离。
- （删除）：删除已建立的断开区域边界。

【例 8-8】打开文件 Example\8\broken.prt，练习创建断开视图。

实例文件	UG NX6.0 实用教程资源包/Example/8/broken.prt
结果	UG NX6.0 实用教程资源包/Example/8/broken-end.prt
操作录像	UG NX6.0 实用教程资源包/视频/8/broken.avi

设计过程

[1] 打开文件，进入制图模块，视图中已经添加了两个基本视图，其中的主视图如图 8-60 所示。

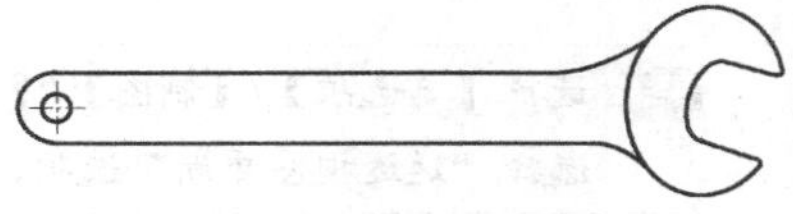
图 8-60 主视图

[2] 单击断开视图按钮，选择需要断开的视图，选取后，系统立即进入扩展显示。

[3] 定义视图左端和右端的区域边界和锚点，如图 8-61 所示。

[4] 单击 显示图纸页 按钮，则显示创建的断开视图，如图 8-62 所示。

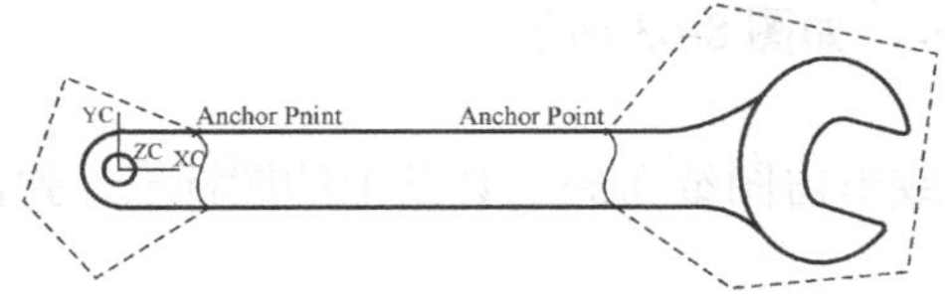

图 8-61 定义视图左端和右端的区域边界和锚点

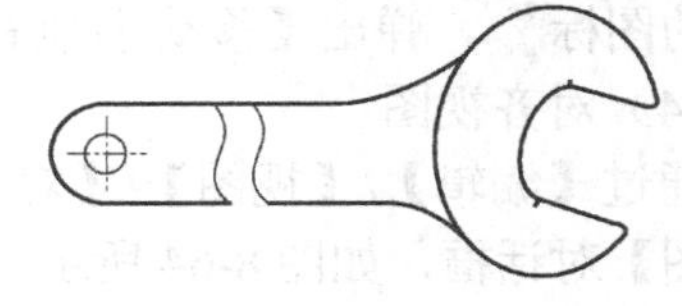
图 8-62 显示断开视图

> 注意在选择边界点时可以按下捕捉工具条上的（点在曲线上），就可以捕捉轮廓线上的点了。

6. 编辑视图

（1）编辑已存视图

编辑已存视图包括编辑样式、移去视图、添加自动中心线等操作。

① 编辑样式。

在视图边框上单击右键，在弹出的菜单中选择【样式】命令，或双击视图边框，就可以在弹出的【视图样式】对话框中编辑视图的样式了。

② 移去视图。

- 从图纸页上移去视图，有以下几种方法。
- 打开部件导航器，在要移去的视图节点上单击右键，从弹出的菜单中选择【删除】命令。
- 在要移去的视图边框上单击右键，从弹出的菜单中选择【删除】命令。
- 选中要移去的视图边框，按 Delete 键也可删除视图。

📖 从图纸上移去视图，所有与这个视图相关的制图对象或视图修改都将被删除。

③ 添加自动的中心线。

在视图建立之后，可以为视图添加自动的中心线。其中的孔或轴必须是正交或平行于视图平面的。

选择【插入】/【符号】/【实用符号】命令，或单击制图注释工具条上的图标，弹出【实用符号】对话框，在“类型”栏中选择图标，选择要添加自动中心线的视图，单击确定按钮，自动中心线添加完成。

（2）更新视图

如果部件的建模进行了修改，在制图中就要对视图进行实时更新。

通过【编辑】/【视图】/【更新】命令，在弹出的对话框中，选择要更新的视图进行更新。或单击图纸布局工具条上的图标，在弹出的对话框中，选择要更新的视图，单击确定按钮完成更新。

📖 选择【首选项】/【制图】/【更新】命令，打开【制图首选项】对话框，在【视图】选项卡中，选择“延迟视图更新”选项，就可以延迟视图的更新。

（3）移动视图

通过【编辑】/【视图】/【移动/复制视图】命令，在弹出的对话框中，选择要移动的视图进行移动。或将指针放在视图边框上，通过拖拽鼠标来移动视图。或单击图纸布局工具条上的图标，弹出【移动/复制视图】对话框，如图 8-63 所示。

（4）对齐视图

通过【编辑】/【视图】/【对齐】命令，或单击图纸布局工具条上的图标，弹出【对齐视图】对话框，如图 8-64 所示。

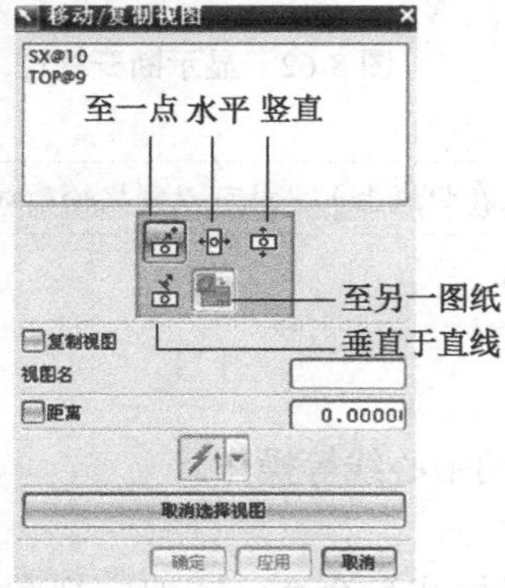

图 8-63 【移动/复制视图】对话框

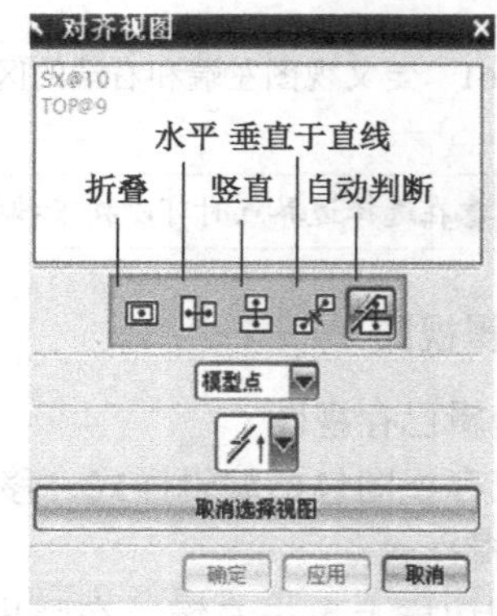

图 8-64 【对齐视图】对话框

（5）定义视图边界

通过【编辑】/【视图】/【视图边界】命令。或打开部件导航器，在要更改视图边界的视图节点上单击右键，或单击工具条上的图标，或在要定义视图边界的视图边框上单击右键，从弹出的菜单中选择【视图边界】命令。

弹出【视图边界】对话框，在对话框中包含视图名、视图边界类型、锚点、边界点等信息，如图 8-65 所示。视图边界类型有以下几种。

- 截断线/局部放大图：利用在扩展视图中绘制的曲线作为截断线或细节视图的边界。
- 手工生成矩形：利用建立的矩形定义视图边界，用于在特定视图中消隐不要的几何体。
- 自动生成矩形：在视图建立或更新之后，视图边界自动调整尺寸，用于在特定视图中显示所有的几何体。
- 由对象定义边界：在视图中选择对象，由被选择的对象调整视图边界的大小。

（6）编辑剖切线

选择【编辑】/【视图】/【剖切线】命令，或单击制图编辑工具条上的图标，弹出【剖切线】对话框，如图 8-66 所示。

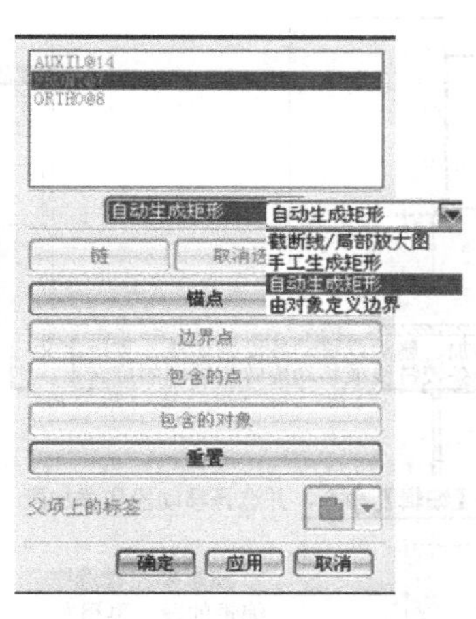

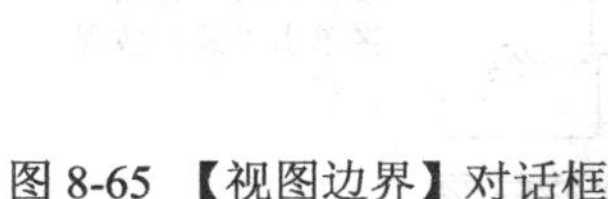

图 8-65 【视图边界】对话框

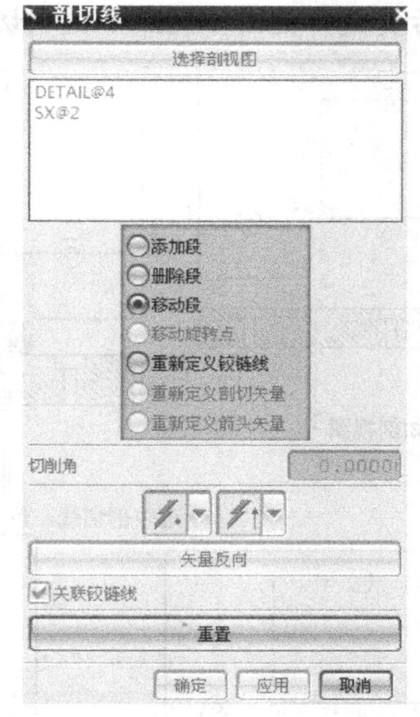

图 8-66 【剖切线】对话框

① 添加段。

在剖切线上添加剖切线段，可以把简单的剖视变为阶梯剖视，其中的折弯线段在视图中自动添加。

② 删除段。

从剖切线上删除其中一段切割线，可以把阶梯剖视变为简单的剖视，其中的折弯线段在视图中自动删除。

③ 移动段。

把剖切线移动到部件的不同特征上，同时折弯线段和箭头也移动到新的位置。

④ 移动旋转点。

改变旋转剖视图的旋转点到部件的不同特征上。

（7）关联铰链线

剖切线与用于定义它们的特征是相关的，对剖切线或特征的改变都会引起剖切视图的改变。

【例 8-9】练习编辑剖切线，如图 8-67 所示。

实例文件	UG NX6.0 实用教程资源包/Example/8/bianjipouqiexian.prt
结果	UG NX6.0 实用教程资源包/Example/8/bianjipouqiexian-end.prt
操作录像	UG NX6.0 实用教程资源包/视频/8/bianjipouqiexian.avi

设计过程

[1] 已知视图由于剖切线的位置不合适，导致剖视图的轮廓线出现问题，可以选择已存视图，单击剖切线后单击右键，选择【编辑】命令。

[2] 选中需要移动的一段单击左键放到合适的位置，调整剖切线以满足要求。

[3] 最后要更新视图才能显示出剖切线改动的结果。

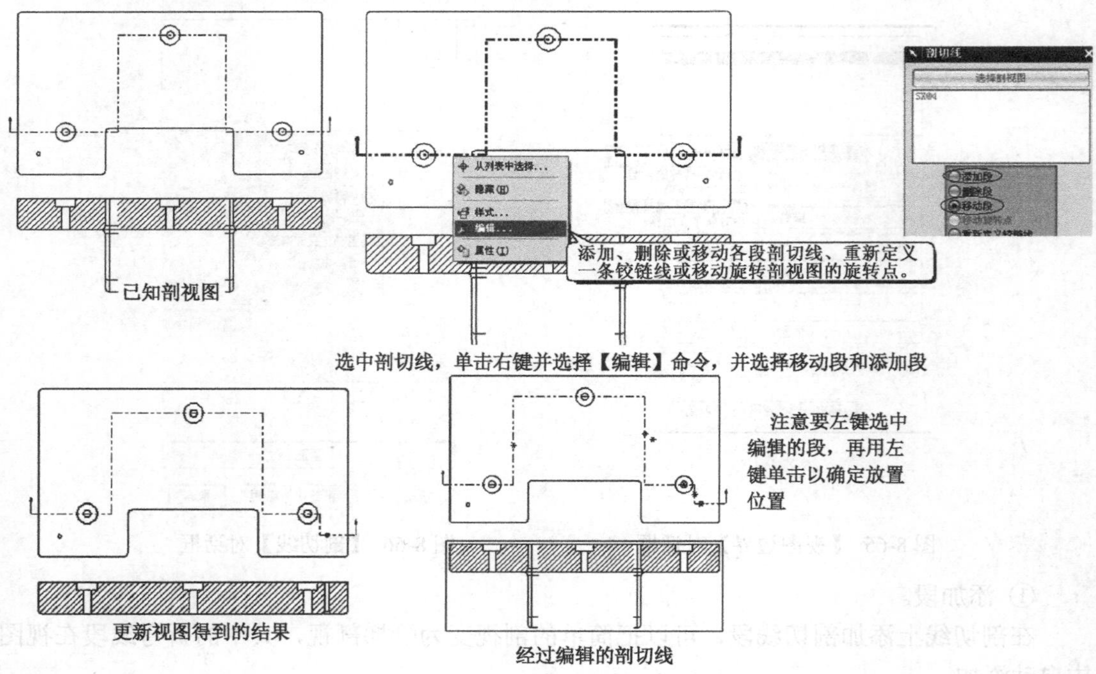

图 8-67 编辑剖切线

（8）编辑视图中的剖切组件

选择【编辑】/【视图】/【视图中的剖切组件】命令，或单击制图编辑工具条上的图标，弹出【视图中剖切】对话框，如图 8-68 所示，可以控制不同视图中组件的剖切，选择装配的组件是剖切还是非剖切。

【例 8-10】编辑视图中的剖切组件，如图 8-68 所示。

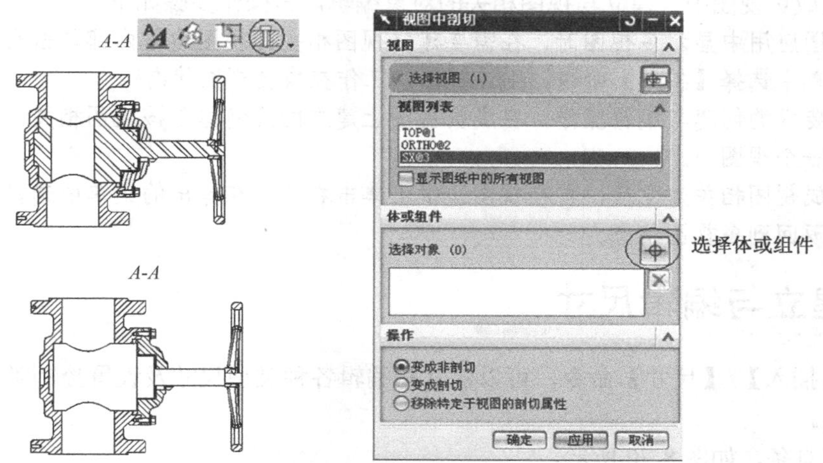

图 8-68　编辑视图中的剖切组件

7．视图相关编辑

选择【编辑】/【视图】/【视图相关编辑】命令，或单击制图编辑工具条上的图标，或在部件导航器的视图节点上单击右键，则弹出【视图相关编辑】对话框，如图 8-69 所示。

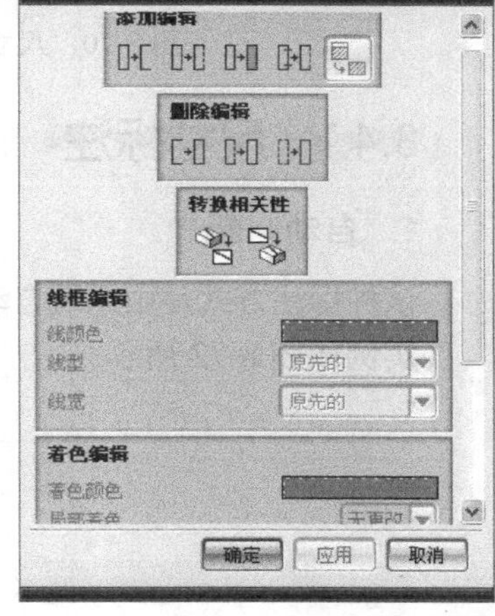

图 8-69　【视图相关编辑】对话框

它可以执行以下操作。

（1）添加编辑

- 擦除对象：从选择的视图中擦除整个几何对象。
- 编辑完全对象：从选择的视图中编辑整个对象的颜色、线型和线宽。
- 编辑着色对象：选择编辑的对象修改其着色颜色及透明度等。
- 编辑对象段：从选择的视图中编辑对象段的颜色、线型和线宽。

（2）删除编辑

- 删除选择的对象擦除：可以在视图上对以前所做的对象擦除操作进行删除，该对象线段恢复显示。
- 删除选择的修改：删除选择的在视图上做的视图相关编辑。
- 删除所有的修改：删除所有的在视图上做的视图相关编辑。

（3）转换相关性

- 模型转换到视图：可以转换模型中单独存在的对象到指定的视图中，并且对象只会出现在该视图中。
- 转换视图到模型：可以转换视图中单独存在的对象到模型视图中。

（4）视图相关编辑

在扩展成员视图中，建立与视图相关的对象编辑，其操作步骤如下。

- 在制图应用中显示多视图时，在需要建立视图相关的视图边框内部单击右键，在弹出的菜单中选择【扩展】命令，则该视图“工作在成员视图状态”。
- 执行要求的创建与编辑操作，在成员视图上建立的几何体与该视图相关，并且只显示在这一个视图中。
- 当完成视图相关建立后，再在视图边框上单击右键，在弹出的菜单中选择【扩展】命令，返回到多视图状态。

8.4 建立与编辑尺寸

选择【插入】/【尺寸】命令，可以建立和编辑各种类型尺寸及设置控制类型尺寸显示的局部参数。

尺寸工具条，如图 8-70 所示。

选择任何尺寸标注命令，系统都会弹出动态工具条，如图 8-71 所示。

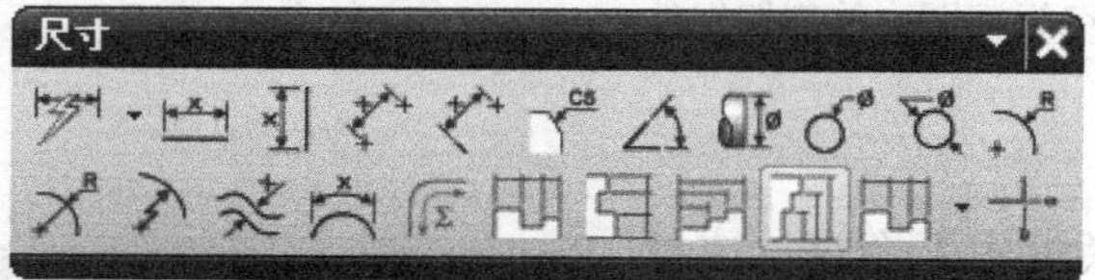

图 8-70　尺寸工具条

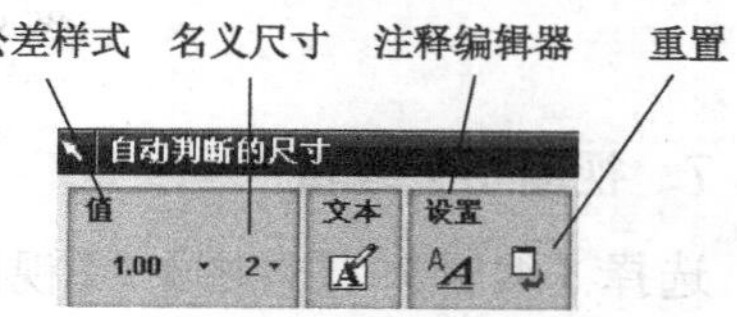

图 8-71　动态工具条

8.4.1 尺寸标注

1. 自动判断

该种标注方式是由系统自动判断实施的，具体操作可能是其他所有方式中的任意一种。实例如图 8-72 所示。

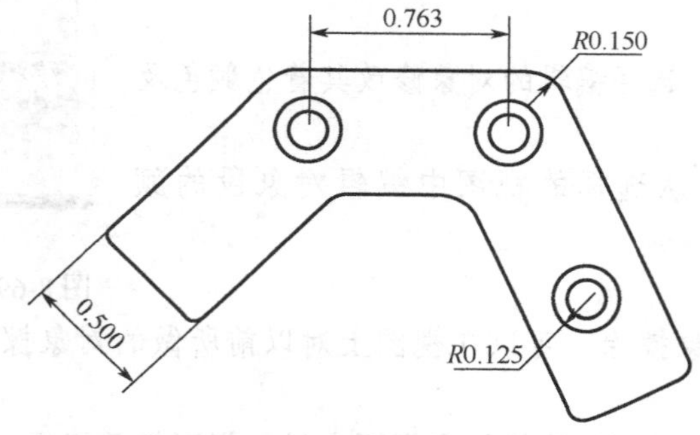

图 8-72　自动判断尺寸

2. 水平

选取一条直线、两条平行线或依次指定两点，可标注水平尺寸。

3. 成角度

选取两条非平行直线，即可标注两条直线的夹角。角度大小为选择的第一条直线沿逆时针方向旋转到选择的第二条直线的夹角。

4. 垂直

首先选取一条直线，再指定一点，即可标注点到直线的距离。

5. 圆柱形

选取两个对象或两个点，即可在两个对象之间标注圆柱形的尺寸。圆柱形的尺寸与水平尺寸的差别是在尺寸之间多了一个直径符号。

6. 过圆心的半径

选取圆或圆弧，即可从圆或圆弧中心引出的箭头线标注半径尺寸。

7. 水平链

它的用法与其他尺寸的标注类似。不同的是下一个尺寸与上一个尺寸共用一个尺寸界线。可以编辑整个尺寸集或尺寸集中的每一个尺寸，如图 8-73 所示。

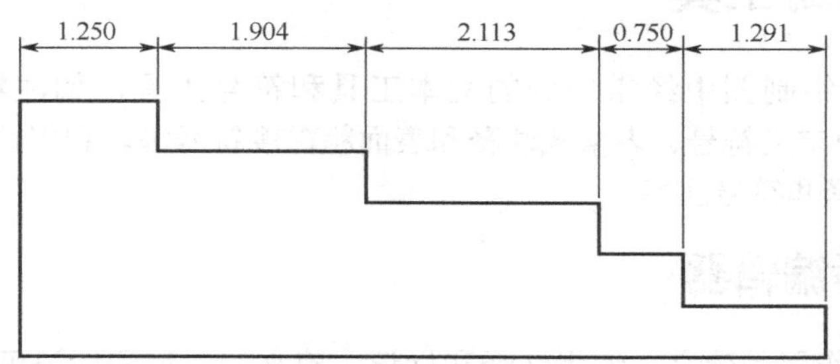

图 8-73 水平链

8. 竖直链

标注竖直链与标注水平链的方法相同。

9. 水平基线

标注水平基线与标注水平链的方法类似，不同的是把选取第一标注点的位置作为基线位置，如图 8-74 所示。

10. 竖直基线

标注竖直基线与标注水平基线的方法相同。

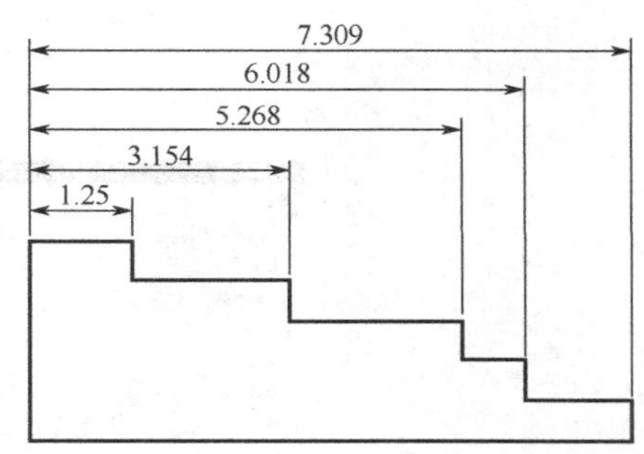

图 8-74 水平基线

8.4.2 模型参数

选择【插入】/【特征参数】或【形位公差参数】命令，或单击制图注释工具条上的特征参数图标或形位公差参数图标，弹出对应的对话框，分别如图 8-75 和图 8-76 所示，可以从三维模型继承相关尺寸到图上。

可继承的模型参数如下。

- 几何尺寸与公差符号。
- 孔和螺纹特征参数。
- 草图尺寸。

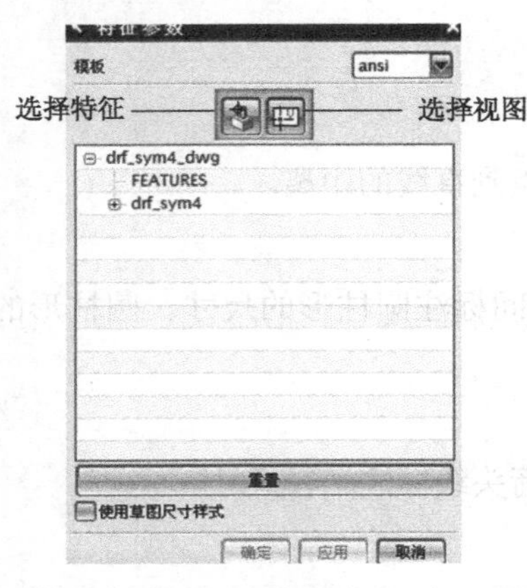

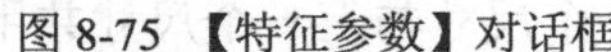

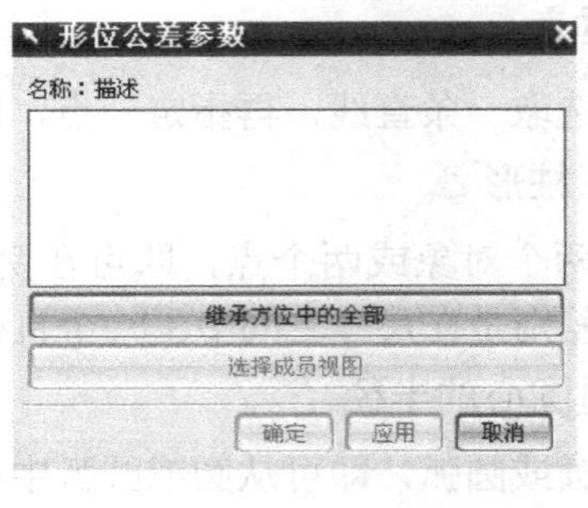

图 8-75 【特征参数】对话框　　图 8-76 【形位公差参数】对话框

8.5 其他辅助工具

在本节主要介绍制图中经常用到的文本工具和符号工具，如注释编辑器、实用符号、ID 符号、用户定义符号、表格式注释和表面粗糙度符号等。利用这些工具可以方便地为图纸添加文本注释和符号注释。

8.5.1 注释编辑器

注释编辑器的作用是建立、编辑注释和标记。建立的注释和标记可以包括表达式、部件属性和对象属性的值。

选择【插入】/【注释】命令或单击工具条图标，显示注释编辑器工具，如图 8-77 所示。

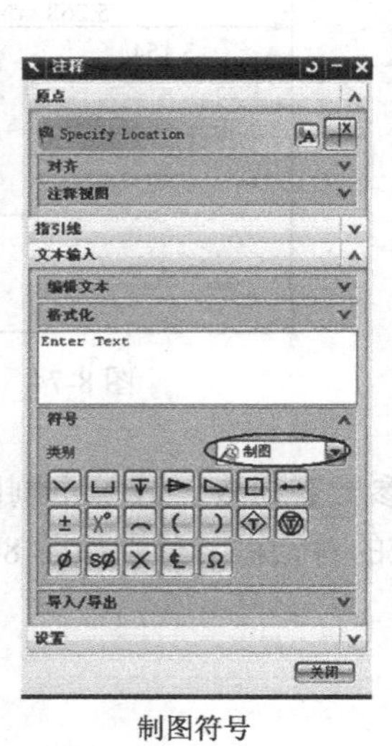

制图符号

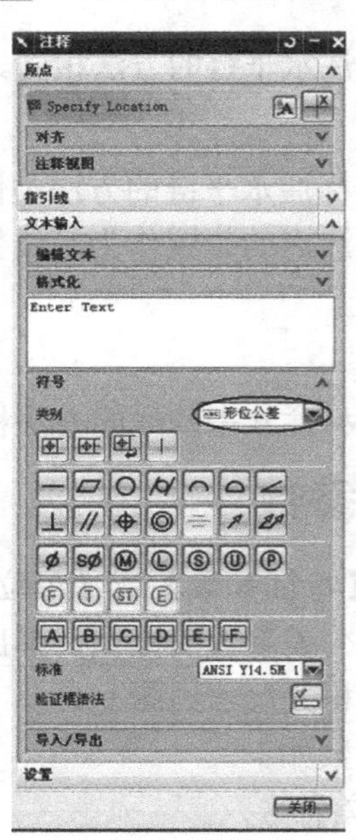

形位公差符号

图 8-77 注释编辑器

注释编辑器工具提供建立注解、标记和符号的选项，也提供对全注释编辑对话框的存取。指引线可以将文本从目标体引出，文本输入框可以让用户定义注解、输入注释文本和符号。用户可以选择类别输入制图符号或形位公差符号。

> 在标注前应做好预设置工作，这样在添加注释时就可以直接在文本框中输入了；常用的符号可以在注释编辑器中直接选取，这样可以提高作图速度。

1. 注释样式

单击【注释】对话框中“设置”里的图标A，可以打开【样式】对话框，如图 8-78 所示。

> 利用注释编辑器可以方便地插入文本、编辑文本以及插入符号。在插入文本或符号前预设置文本和符号的大小、格式，在输入时可以提高速度。

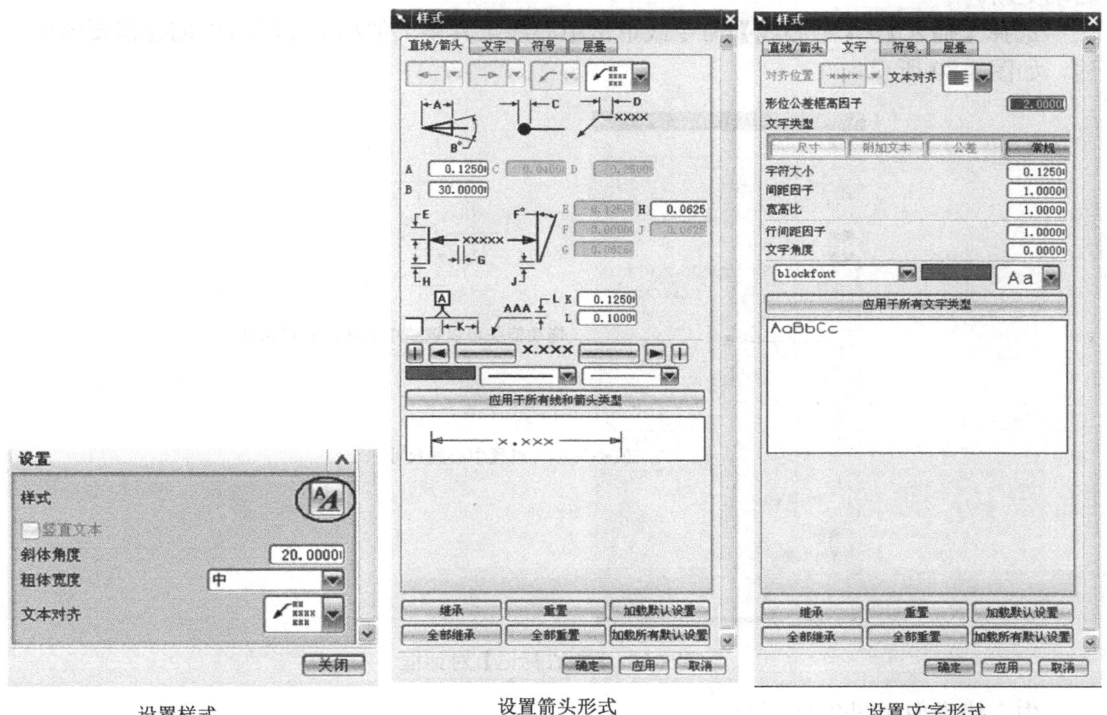

设置样式　　设置箭头形式　　设置文字形式

图 8-78 【样式】对话框

2. 放置文本

输入文本后单击目标体，可以把文本放置在指定位置上；若拖动目标体可以添加指引线。放置文本可以选择对齐形式及指引线形式等，如图 8-79 所示。

“对齐”选项中可以选择自动对齐形式，包括关联、非关联等。

“指引线”选项中可以设置指引线类型。

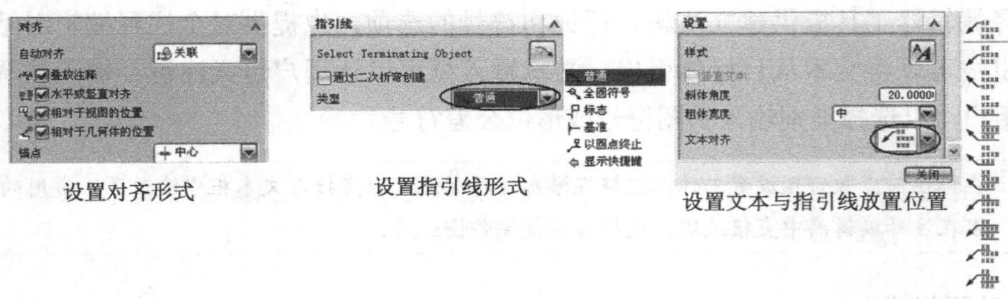

图 8-79　放置文本形式

8.5.2　中心线符号

利用中心线工具条中的符号，可以创建中心标记、螺栓圆标记、圆形中心线标记等。这些符号与视图对象相关，当视图对象的尺寸或位置改变时，这些符号的尺寸或位置也会自动更新。

选择【插入】/【中心线】命令或单击中心线工具条上的相应图标可以创建需要的中心线，如图 8-80 所示。

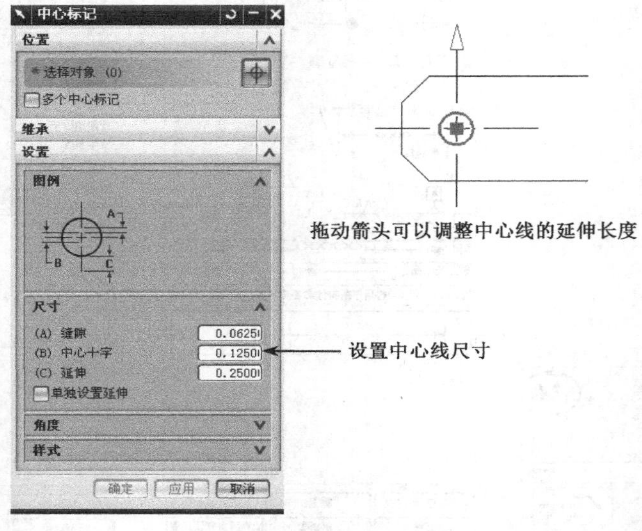

图 8-80　【中心标记】对话框

中心线类型如图 8-81 所示。

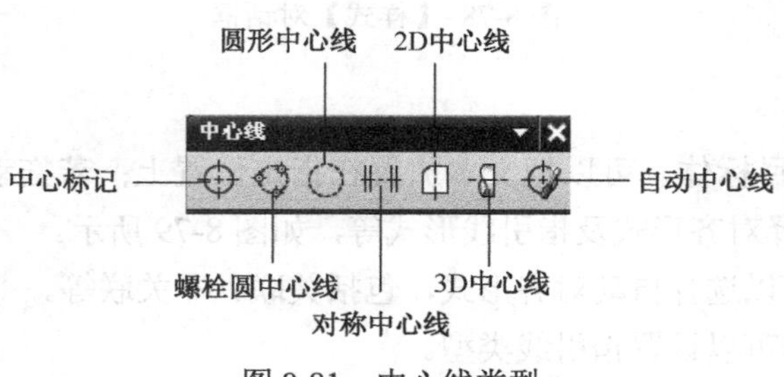

图 8-81　中心线类型

📖 运用自动线命令可以方便地为一个视图自动添加上中心线。单击自动中心线按钮，选择想要添加中心线的视图，完成后系统将自动为该视图添加线型中心线和圆柱中心点。

8.5.3 标识符号

标识符号又称 ID 符号。利用【标识符号】对话框可以在图上建立和编辑标识符号。

选择【插入】/【符号】/【标识符号】命令或单击工具条图标，显示【标识符号】对话框，如图 8-82 所示。

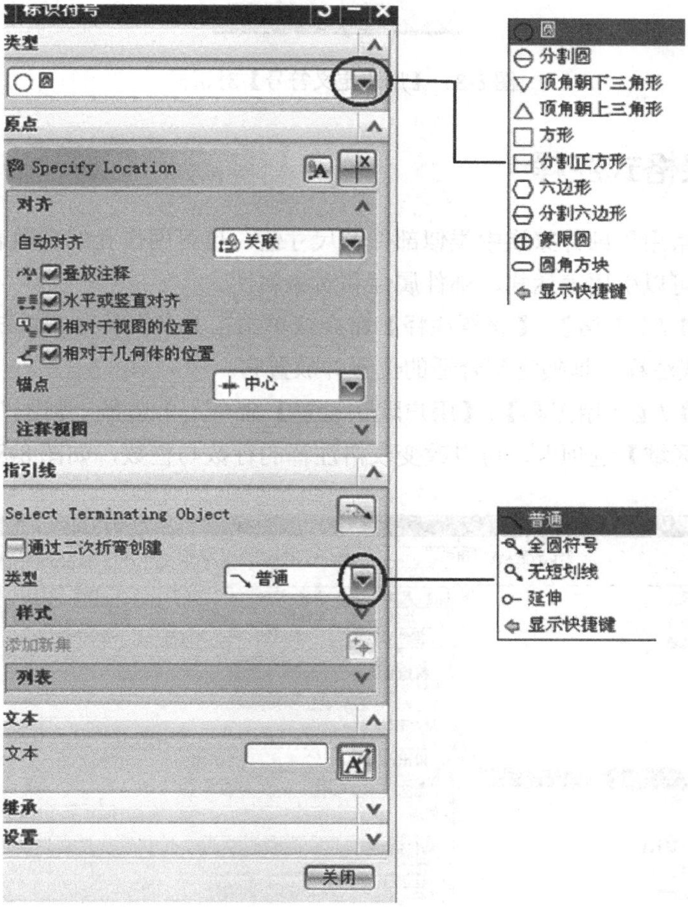

图 8-82 【标识符号】对话框

8.5.4 用户定义符号

用户定义符号是用于简单制图、加工和制造的符号。利用【用户定义符号】对话框可以选择符号或调整符号的尺寸。

选择【插入】/【符号】/【用户定义符号】命令或单击工具条图标，显示【用户定义符号】对话框，如图 8-83 所示。

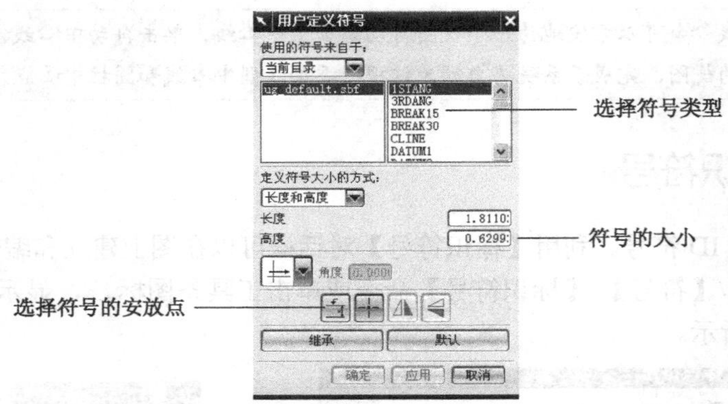

图 8-83 【用户定义符号】对话框

8.5.5 表格式注释

表格式注释常用于部件家族中类似部件的尺寸值，也可用作孔的参数表和清单。

表格式注释可以引用表达式、部件属性和对象属性。

选择【插入】/【表格】/【表格注释】命令或单击工具条图标，系统将建立一个默认5行5列的表格式注释。拖拽它到合适的位置并放置它。

选择【文件】/【实用工具】/【用户默认设置】命令，再选择“制图”下的“注释”选项，切换到【表区域】选项卡，可以改变表格注释的行数与栏数，如图 8-84 所示。

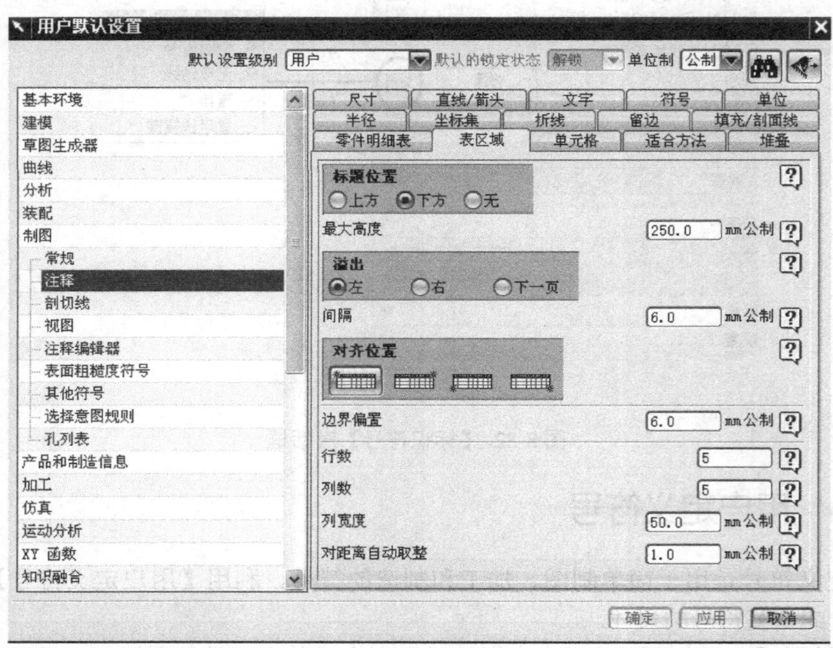

图 8-84 设置注释选项

8.5.6 表面粗糙度

表面粗糙度符号选项在米制图上建立各种 ISO/DIN 表面光洁度符号。表面粗糙度符号可以单独非相关或相关到线性模型几何体（如边缘、轮廓线和剖切边缘），也可以相关到一个尺寸的相关点。插入表面粗糙度符号的操作步骤，如图 8-85 所示。

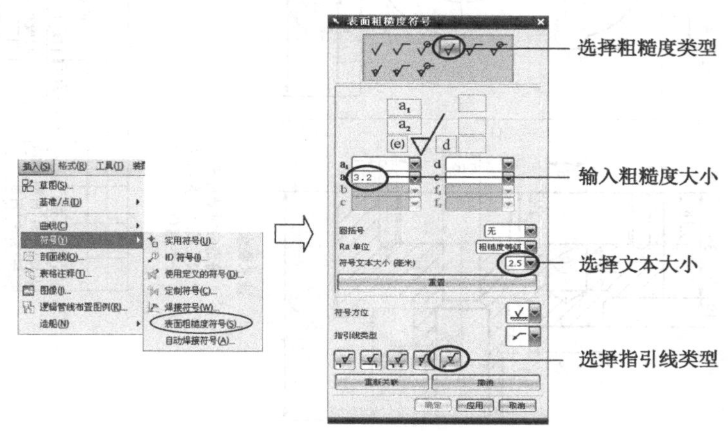

图 8-85 插入表面粗糙度符号

> 选择【插入】/【符号】/【表面粗糙度符号】命令，在弹出的【表面粗糙度符号】对话框中选择合适的样式。如果【符号】的下一级菜单中没有【表面粗糙度符号】选项，可以在 UG 的安装目录下，用记事本打开 ugii_env.dat 文件，修改 UGII_SURFACE_FINISH＝ON，再重新启动 UG NX 6.0。

8.6 实例分析

前面介绍了创建新图纸、添加视图及各种剖视的方法，以及添加图样中各种注释的方法，下面根据实例介绍工程上的具体应用，也就是说当零件的三维建模完成后，从三维转换到二维的过程。

8.6.1 实例：创建齿轮油泵泵体工程图

实例文件 UG NX6.0 实用教程资源包/Example/8/bengti_dwg.prt
结果 UG NX6.0 实用教程资源包/Example/8/bengti_dwg-end.prt
操作录像 UG NX6.0 实用教程资源包/视频/8/bengti.avi

启动软件 UG NX6.0，打开文件 Example\8\bengti_dwg.prt，绘制泵体工程图，结果如图 8-86 所示。

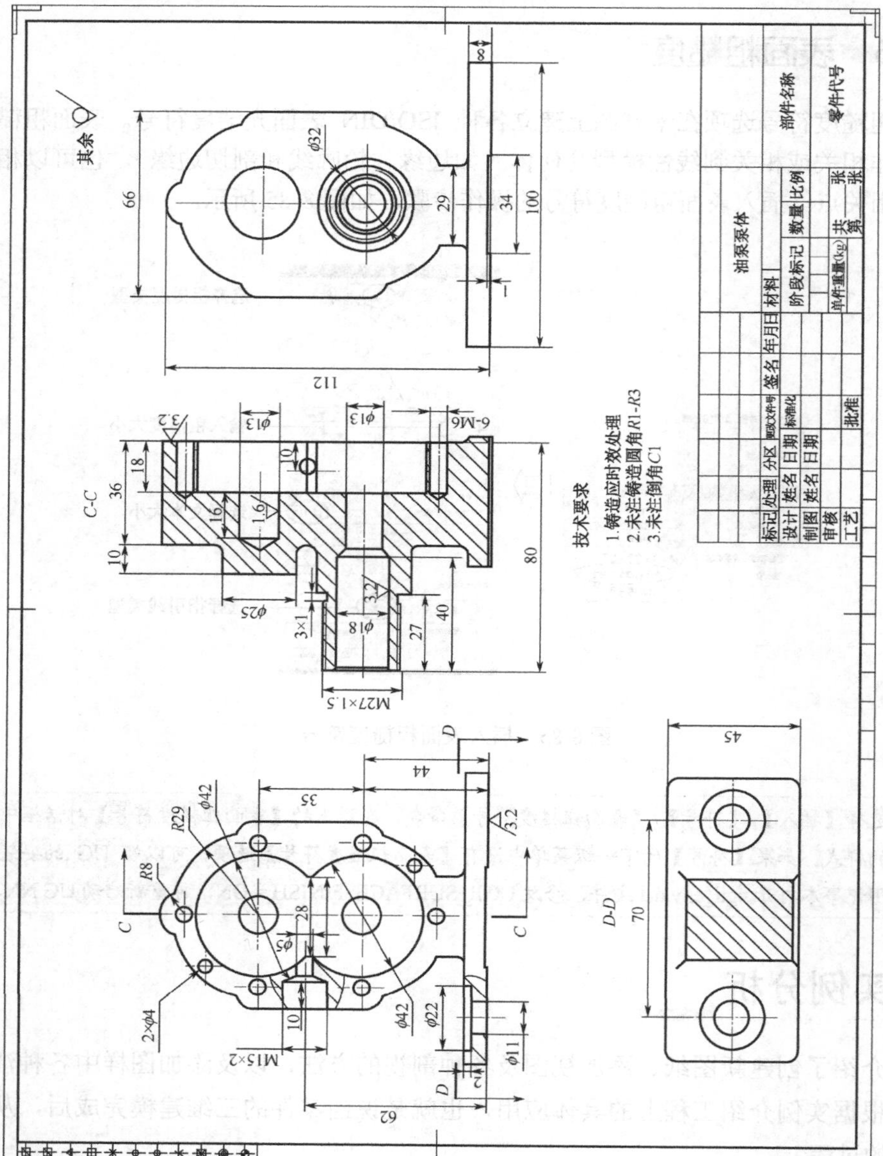

其余

C-C

D-D

技术要求

1.铸造应时效处理
2.未注铸造圆角R1-R3
3.未注倒角C1

						油泵泵体		
标记	处理	分区	更改文件号	签名	年月日	材料		部件名称
设计	姓名	日期	标准化			阶段标记	数量 比例	
制图	姓名	日期						
审核						单件重量(kg)	共 张 第 张	零件代号
工艺			批准					

图8-86　泵体的平面工程图

 设计过程

[1] 启动 UG NX6.0，打开资源包中的部件文件 bengti_dwg.prt，选择【开始】/【制图】命令，进入制图应用模块。

[2] 新建 A3 图纸，并添加基本视图和投射视图，如图 8-87 所示，添加了泵体的三个视图。为了将中间的视图做成全剖视图以反映内部结构，先将其删除，把其中一个视图作为父视图添加剖视图。

[3] 导入 Example\8 图纸模板 drf_moban.prt。操作过程如图 8-88 所示，结果如图 8-89 所示。

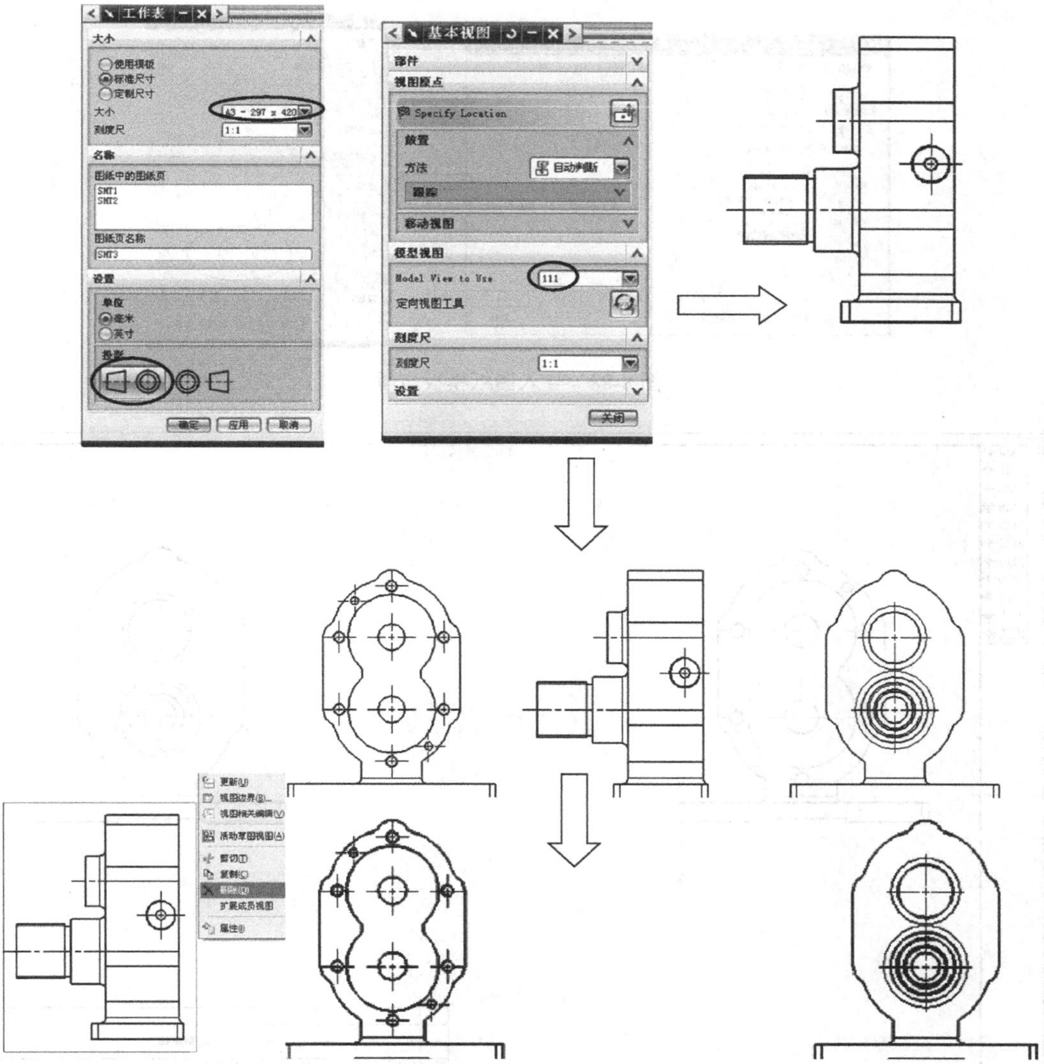

图 8-87　创建图纸和视图

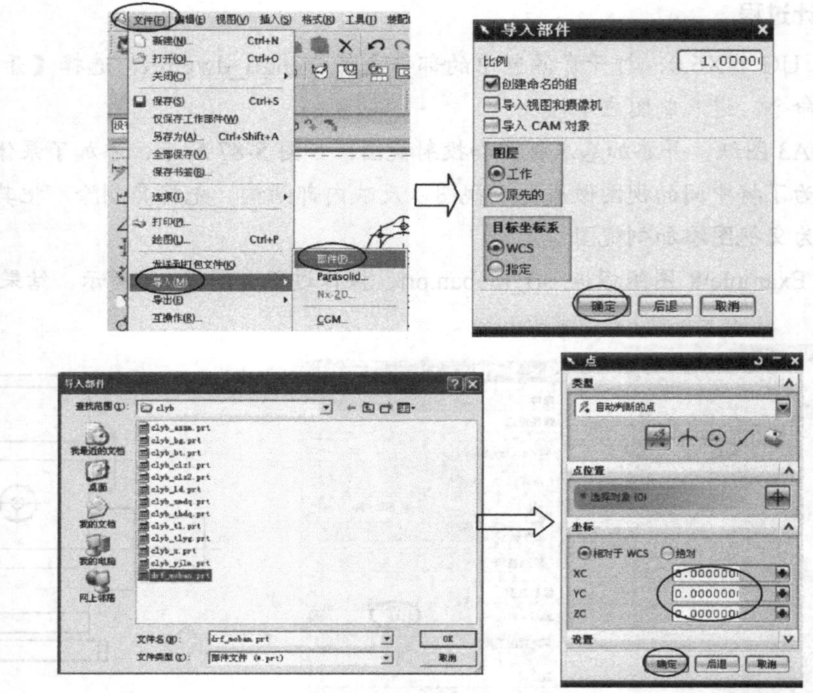

图 8-88　导入图纸模板步骤

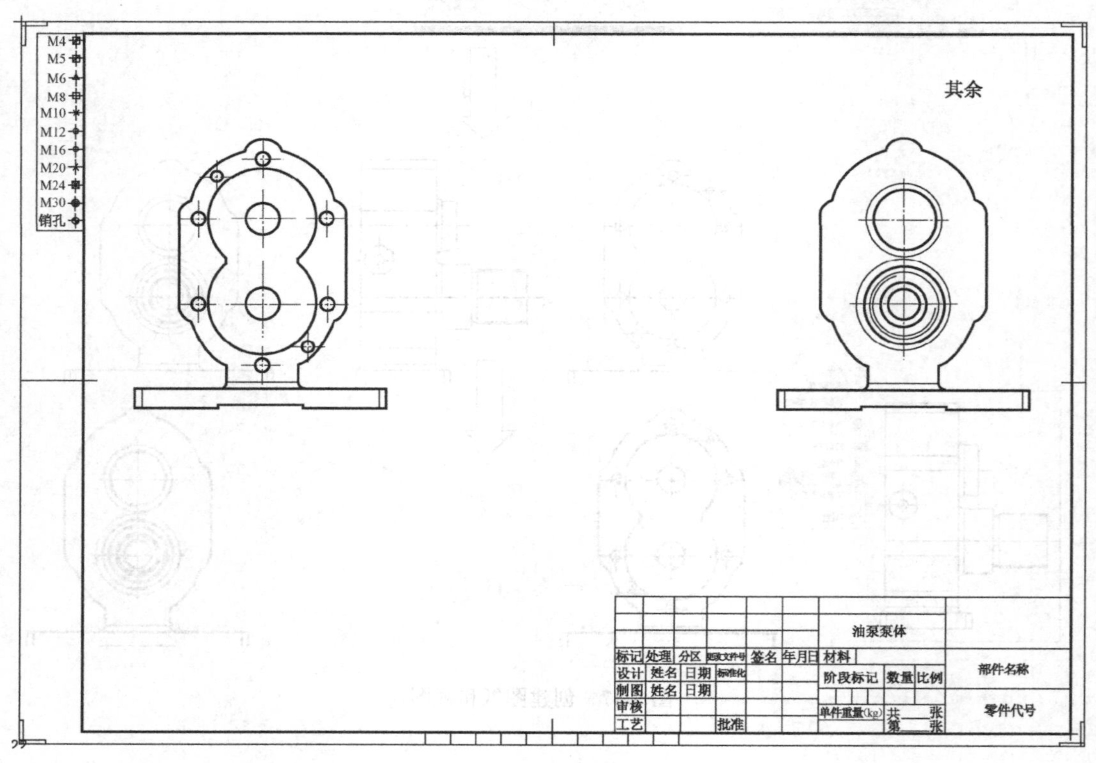

图 8-89　导入图纸模板

[4] 添加简单剖视图，操作过程如图 8-90 所示。

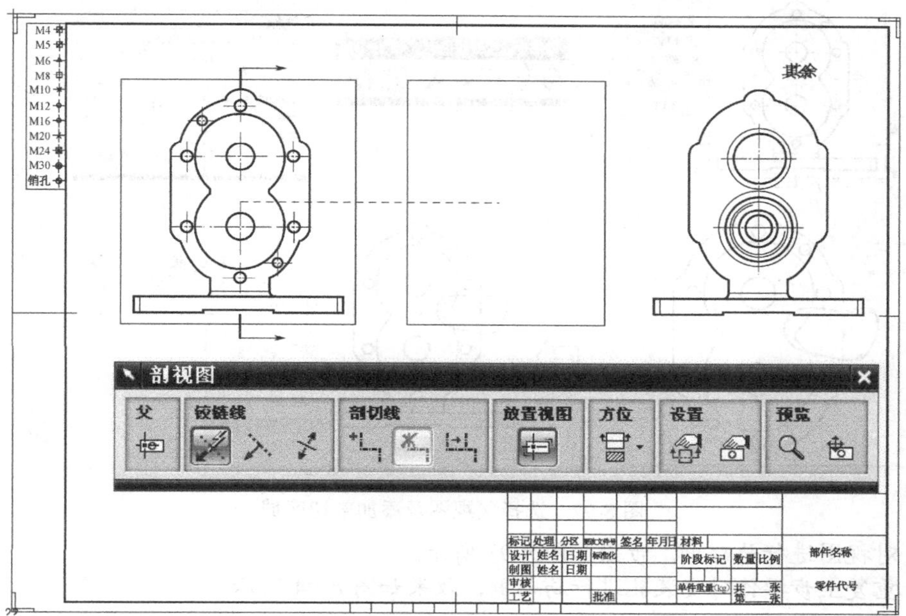

图 8-90 创建全剖视图 1

[5] 重复上步操作创建另一全剖视图，效果如图 8-91 所示。

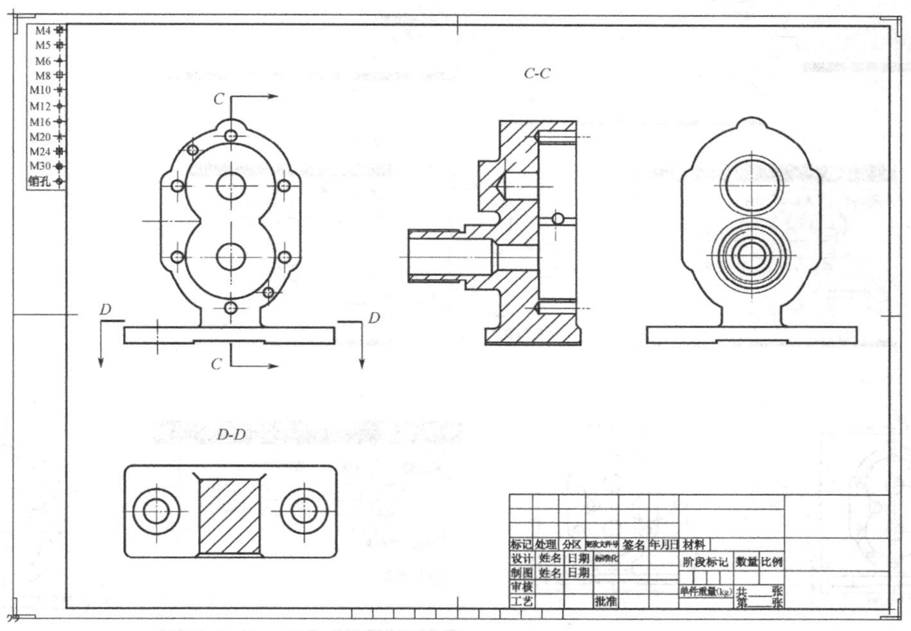

图 8-91 创建全剖视图 2

[6] 对主视图中的进出油孔进行局部剖，在需要做局部剖的视图区域内单击右键进入扩展状态，用曲线中的艺术样条线创建剖切区域，操作过程如图 8-92 所示。

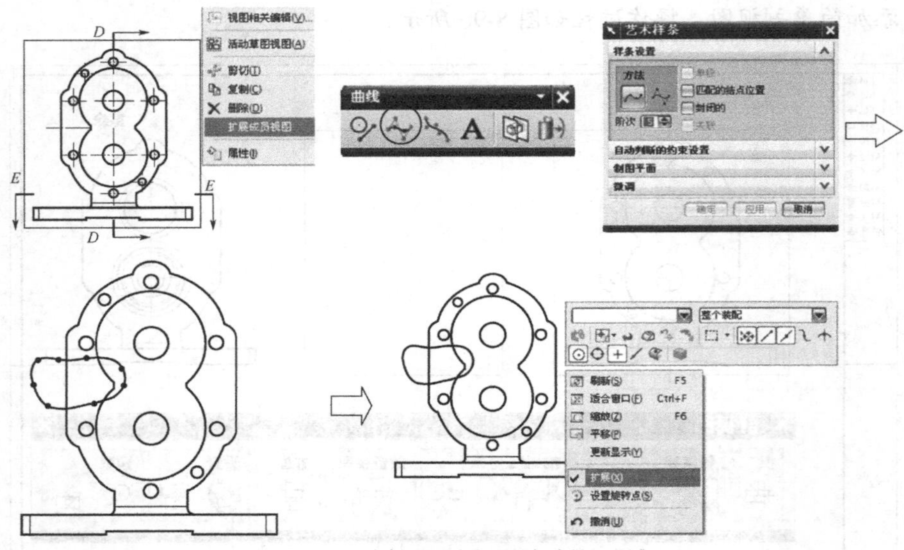

图 8-92　选择父视图及添加剖切区域

[7] 对视图进行局部剖，步骤如图 8-93 所示。

[8] 重复上步操作对安装孔进行局部剖，效果如图 8-94 所示。

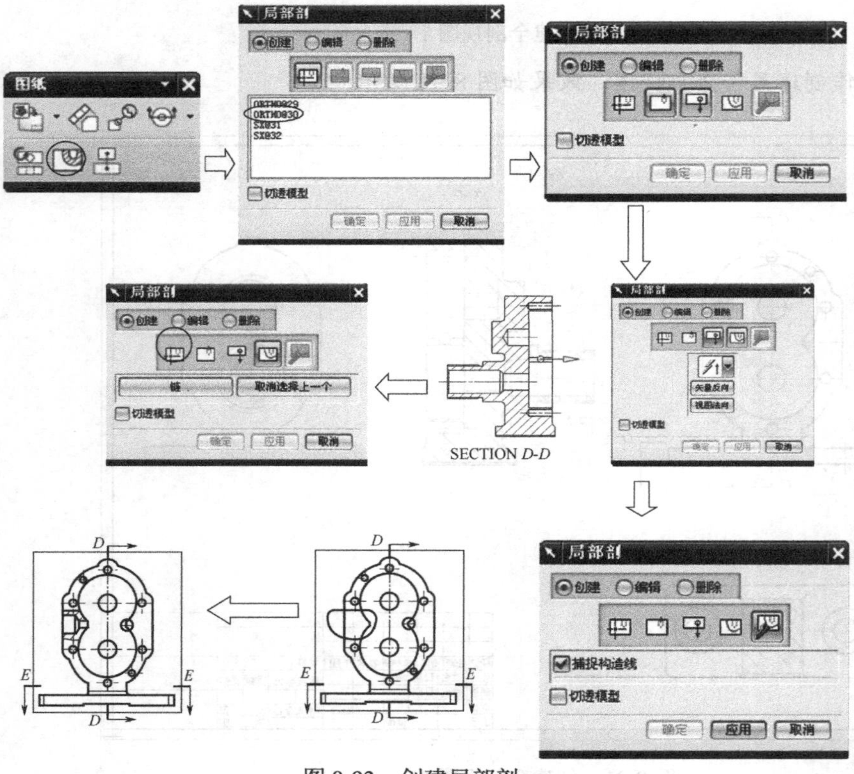

图 8-93　创建局部剖

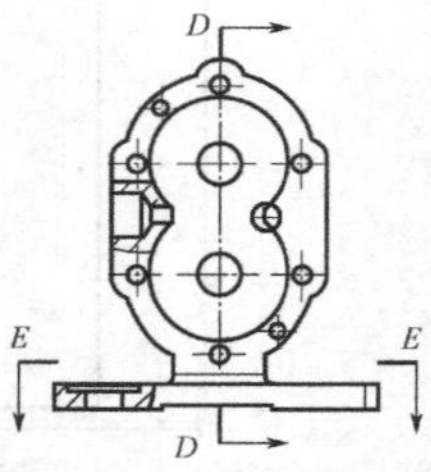

图 8-94　创建局部剖

[9] 标注基本外形尺寸。标注复杂零件的尺寸应该首先标注基本外形尺寸。基本外形尺寸决定了零件的基本形状和大小，操作结果如图 8-95 所示。

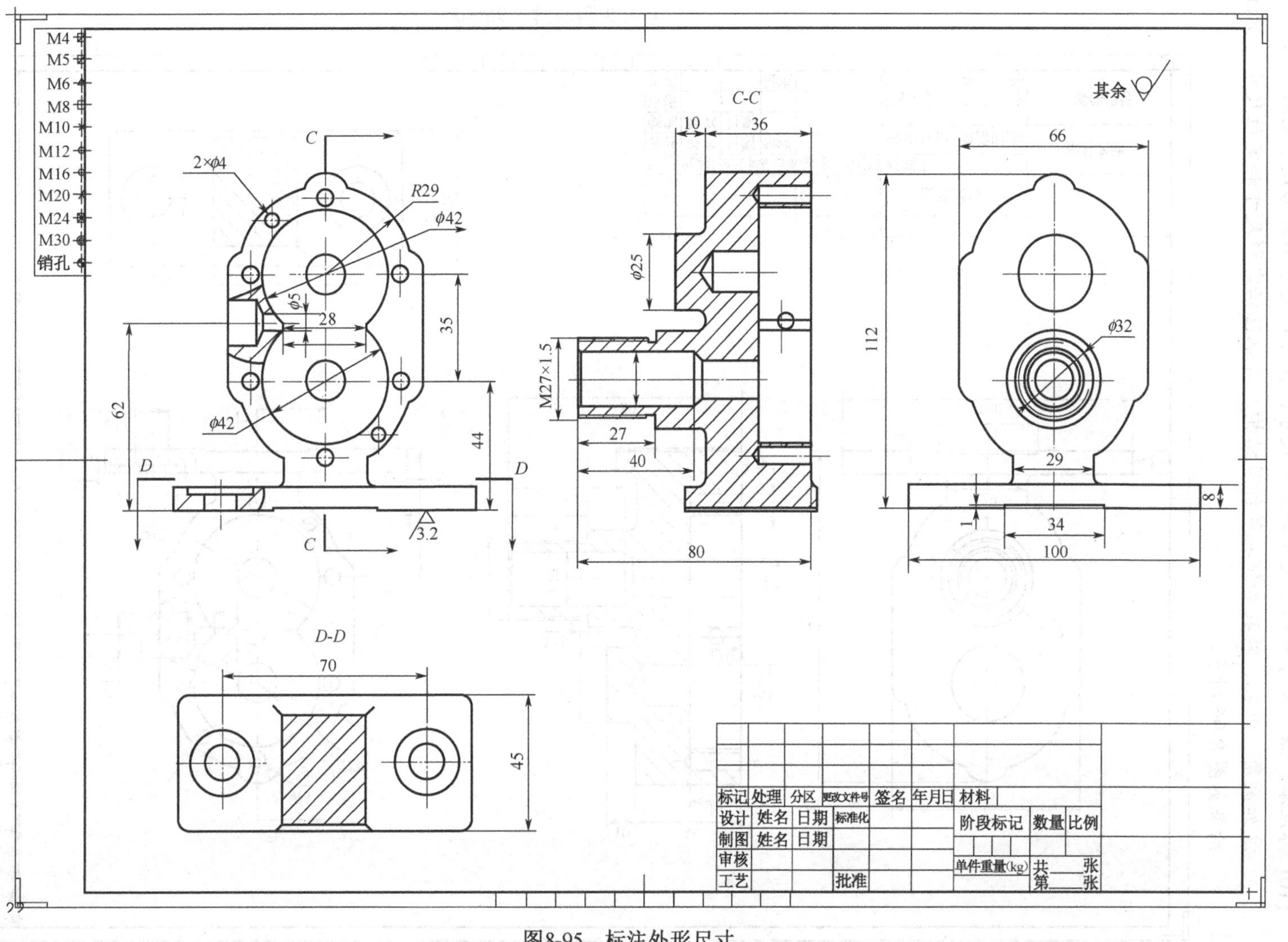
M4
M5
M6
M8
M10
M12
M16
M20
M24
M30
销孔
C
2×φ4
R29
φ42
φ5
28
35
62
φ42
44
D
3.2
C
C-C
10
36
φ25
M27×1.5
27
40
80
其余
66
112
φ32
29
8
1
34
100
D-D
70
45
标记 处理 分区 更改文件号 签名 年月日 材料
设计 姓名 日期 标准化 阶段标记 数量 比例
制图 姓名 日期
审核
工艺 批准 单件重量(kg) 共 张 第 张

图8-95　标注外形尺寸

[10] 标注零件细节尺寸和细节尺寸的定位尺寸。在标注完基本外形尺寸之后就需要标注如倒角、沉孔、螺孔和销孔等细节结构，其中包括定形尺寸和定位尺寸，标注结果如图 8-96 所示。

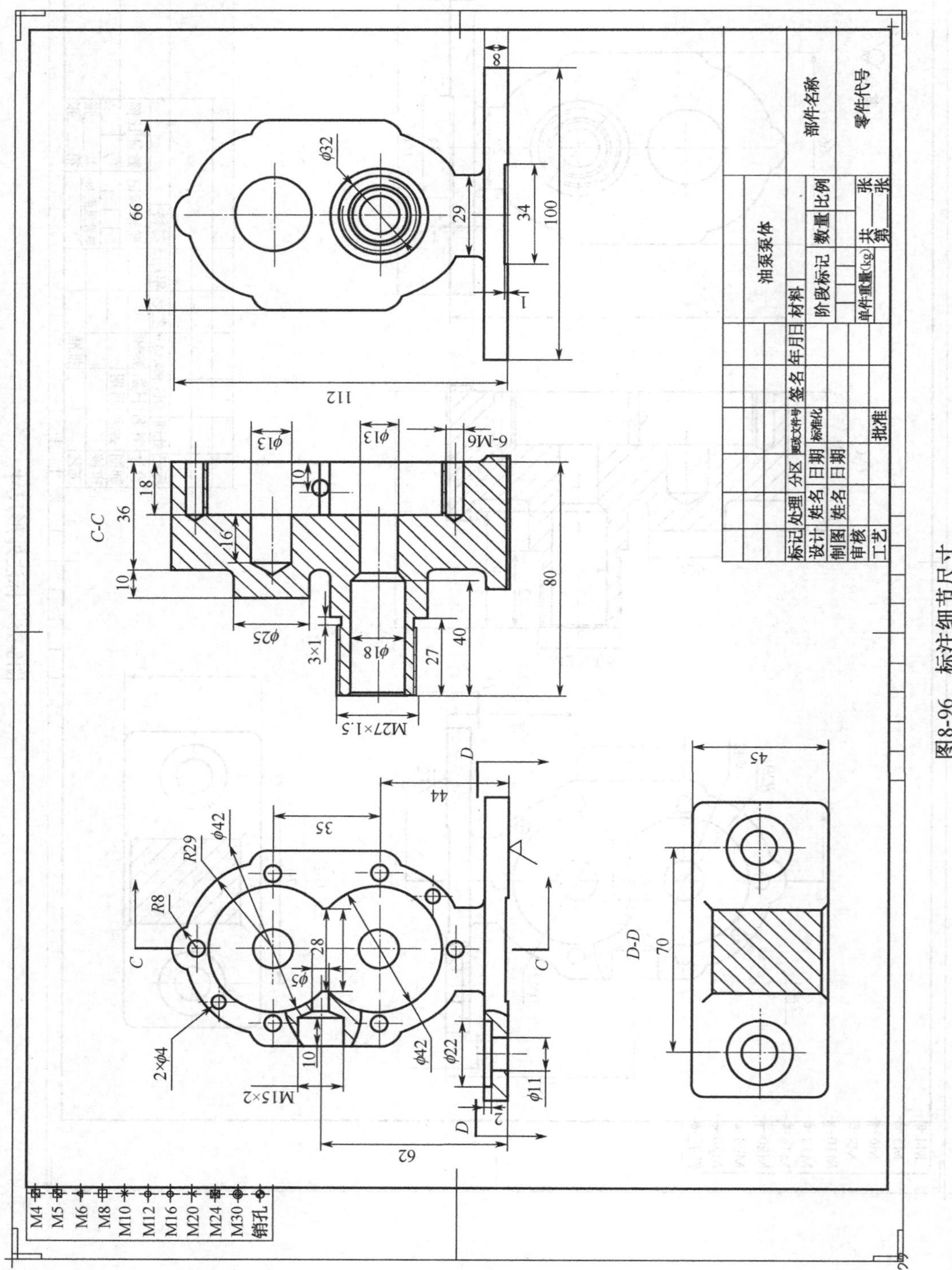

图8-96 标注细节尺寸

[11] 标注表面粗糙度，标注结果如图 8-97 所示。

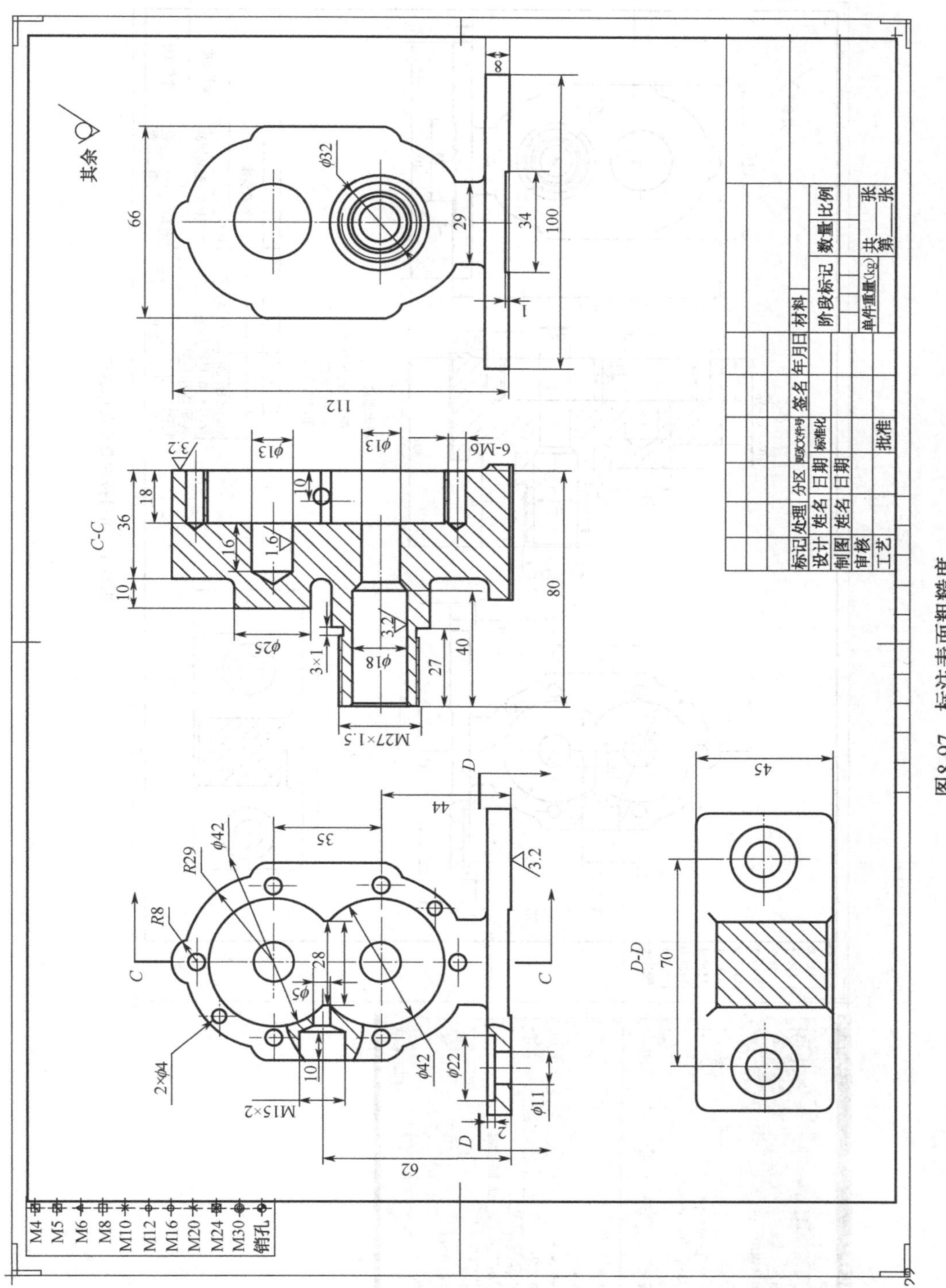

图8-97 标注表面粗糙度

[12] 填写技术要求和标题栏，如填写零件名称和单位名称等，操作步骤如图 8-98 所示。

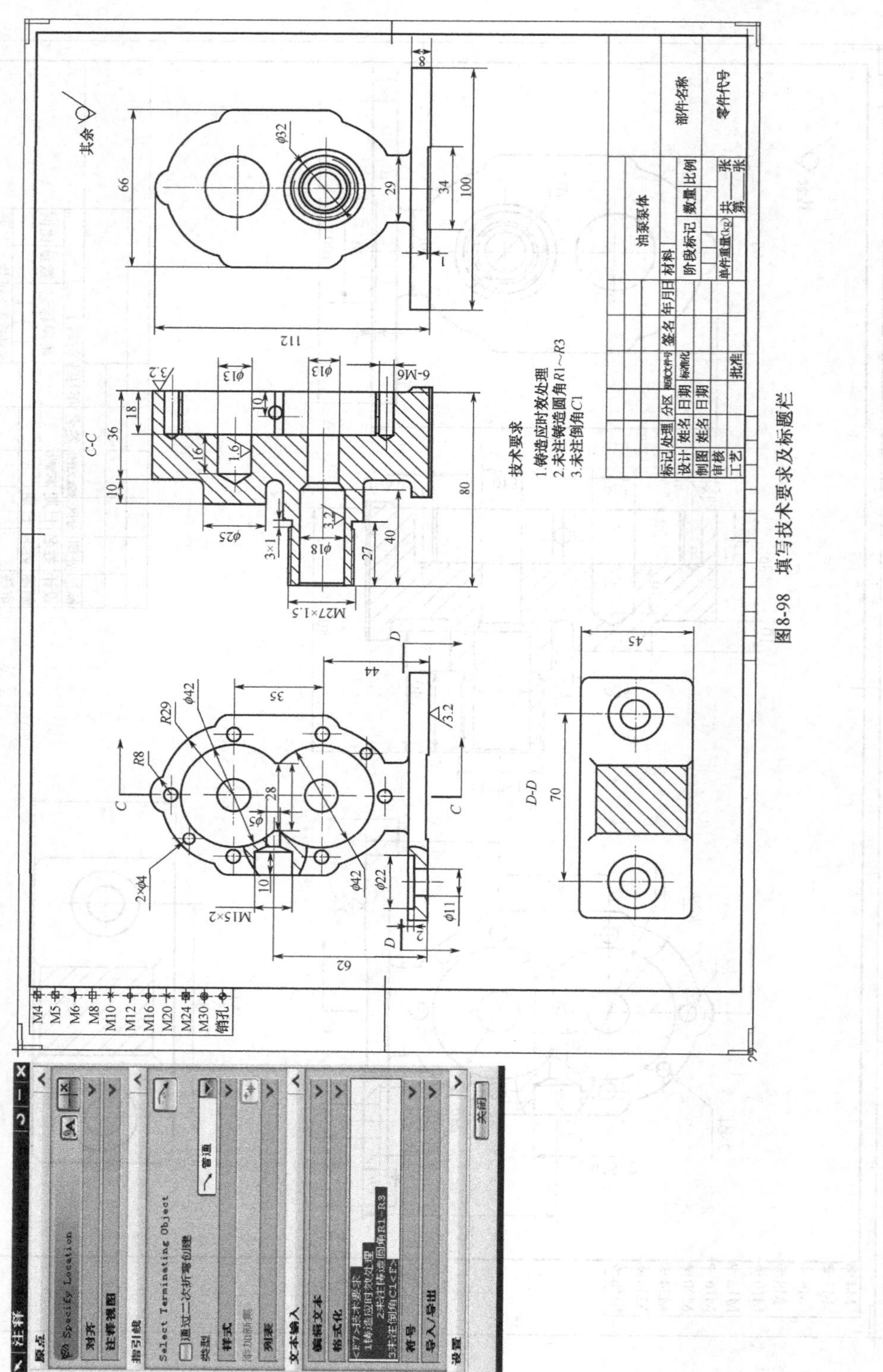

图8-98 填写技术要求及标题栏

8.6.2 项目实现：创建手用虎钳钳身工程图

实例文件 UG NX6.0 实用教程资源包/Example/8/huqian（文件夹）
操作录像 UG NX6.0 实用教程资源包/视频/8/01-qianshen.avi

设计过程

[1] 启动 UG NX6.0，打开资源包中的部件文件 Example\8\01-qianshen.prt，选择【开始】/【制图】命令，进入制图应用模块。

[2] 新建 A3 图纸，参数设置如图 8-99 所示，比例设为 1:1，投影视角选择第一象限角，单击确定按钮。

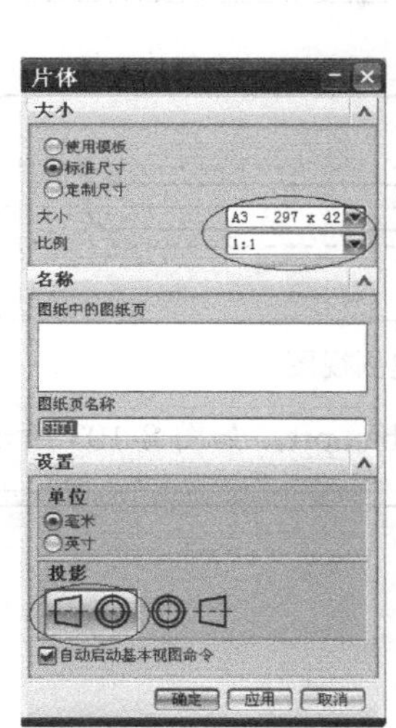

图 8-99 图纸设置

[3] 添加 RIGHT 视图为基本视图，并投射俯视图和右视图，如图 8-100 所示。

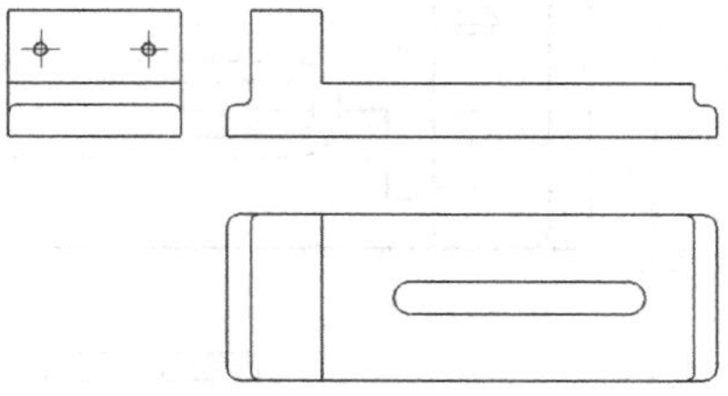

图 8-100 添加三视图

[4] 双击俯视图的边框，在弹出的【视图样式】对话框中设置俯视图的隐藏线以虚线显示，并添加螺纹孔和对称中心线，如图 8-101 所示。

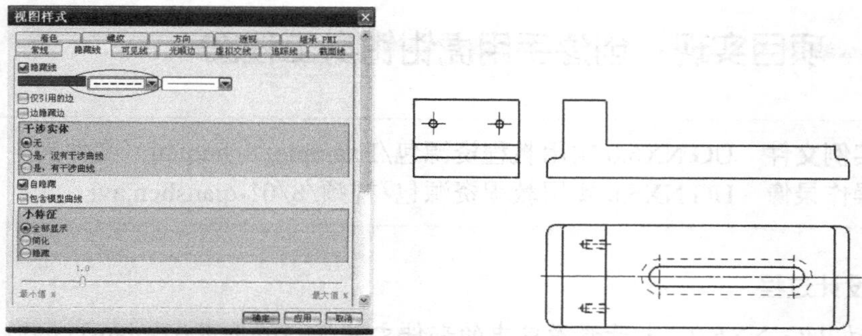

图 8-101　显示隐藏线并添加中心线

[5] 删除主视图，然后以俯视图为父视图创建剖视图，剖切位置如图 8-102 所示。

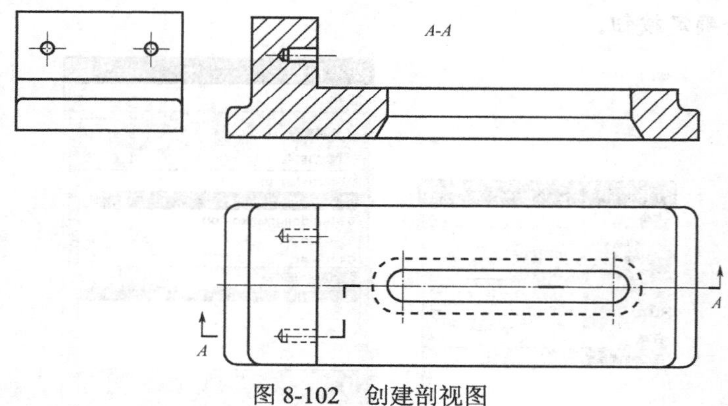

图 8-102　创建剖视图

[6] 按照图 8-88 的步骤导入图纸模板 drf_moban.prt，如图 8-103 所示。

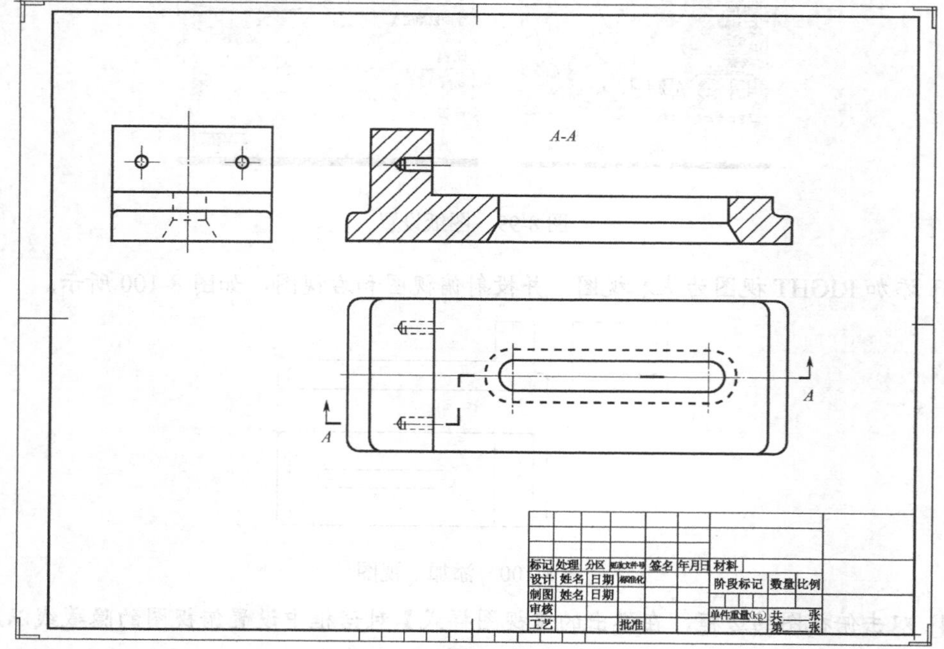

图 8-103　导入图纸模版

[7] 尺寸标注。标注复杂零件的尺寸应该首先标注基本外形尺寸，基本外形尺寸决定了零件的基本形状和大小；然后标注细节尺寸，如倒角、圆角、螺孔等细节结构，标注结果如图 8-104 所示。

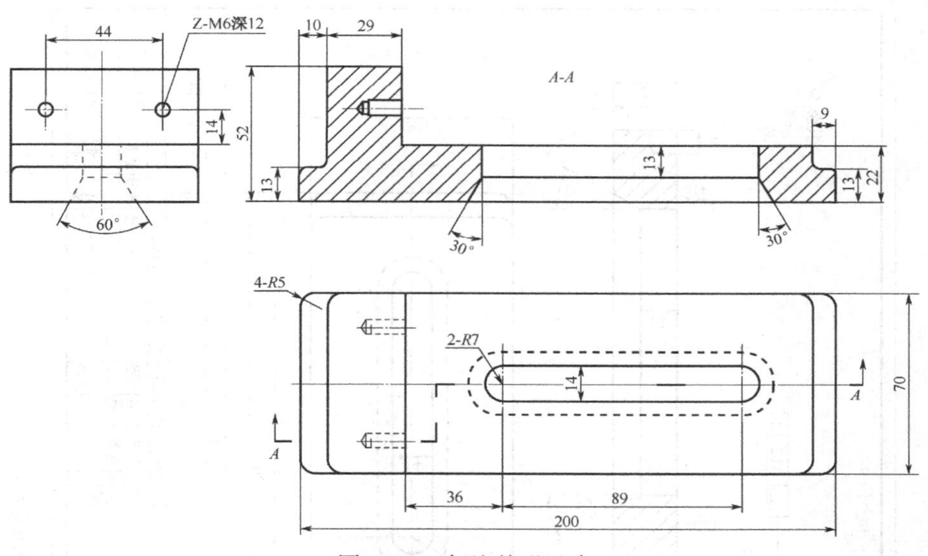

图 8-104　标注外形尺寸

[8] 标注表面粗糙度和形位公差，标注结果如图 8-105 所示。

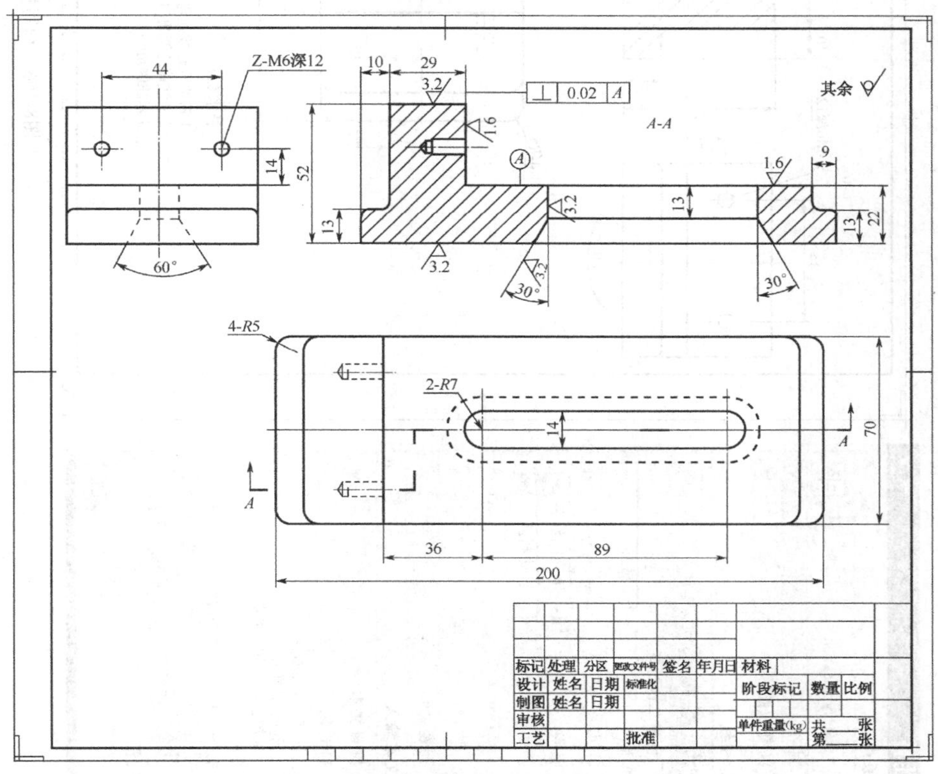

图 8-105　标注表面粗糙度和形位公差

[9] 填写技术要求和标题栏，如填写零件名称、材料和单位名称等，操作步骤和结果如图 8-106 所示。

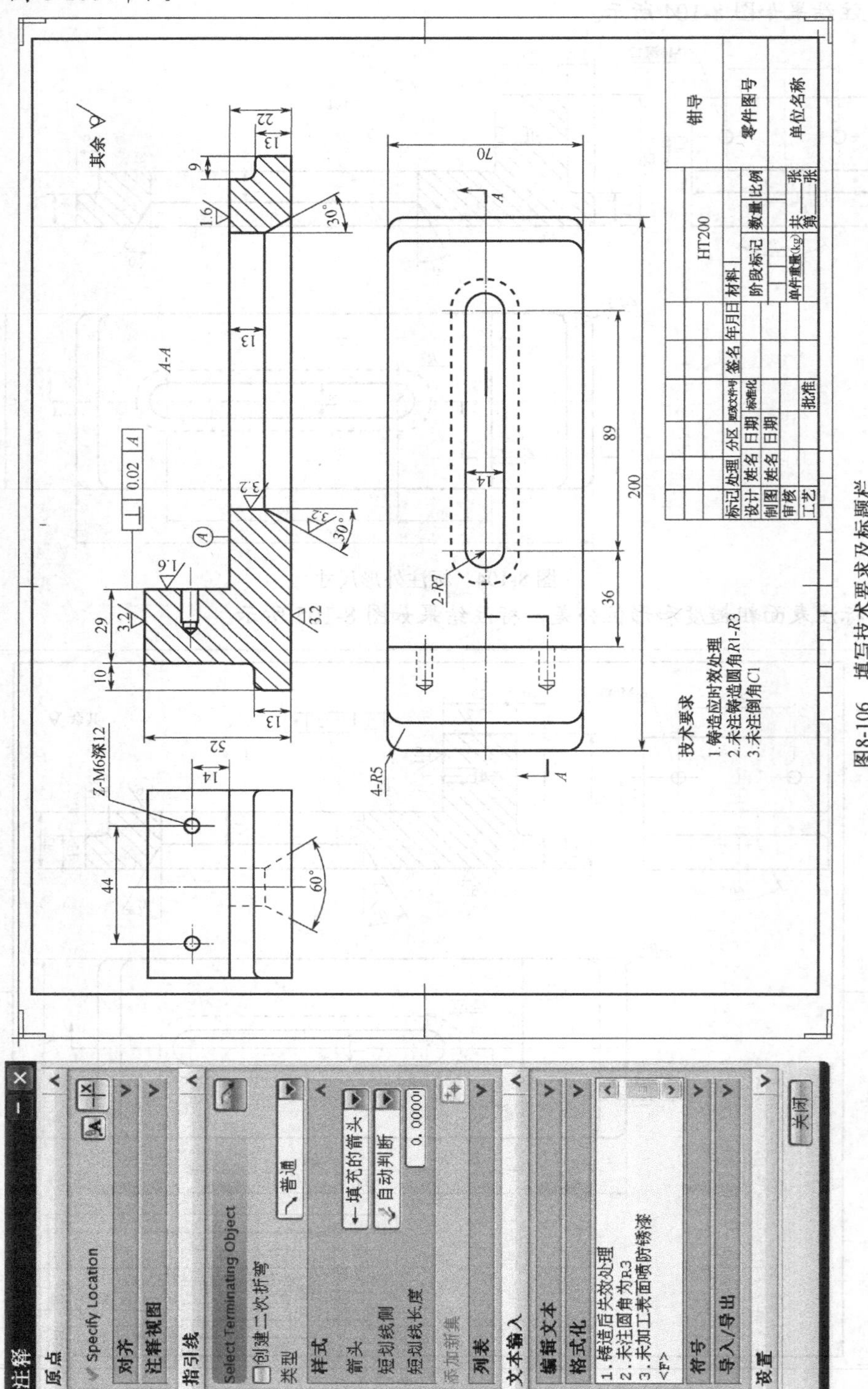

图 8-106 填写技术要求及标题栏

8.6.3 项目实现：创建手用虎钳装配工程图

装配图的视图与简单零件的视图相似，它也可以产生正交视图、细节视图、剖视图等。一般来说，装配剖视图与零件剖视图没有什么不同，只是装配中每个组件的剖切符号不同，以便在剖视图中区分不同的组件。

实例文件 UG NX6.0 实用教程资源包/Example/8/huqian（文件夹）
操作录像 UG NX6.0 实用教程资源包/视频/8/huqian_assm.avi

设计过程

[1] 启动 UG NX6.0，打开资源包中的部件文件 huqian_assm.prt，选择【开始】/【制图】命令，进入制图应用模块。

[2] 选择资源板，从 Drawing Templates（Metric）添加 A3 图纸模板，操作步骤如图 8-107 所示。

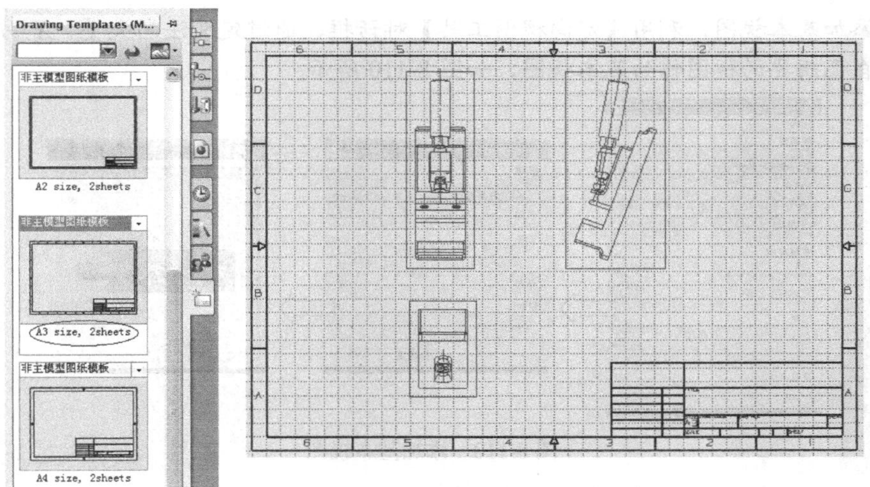

图 8-107 添加图纸模版

[3] 删除图模板中带有的视图，并关闭栅格，操作步骤如图 8-108 所示。

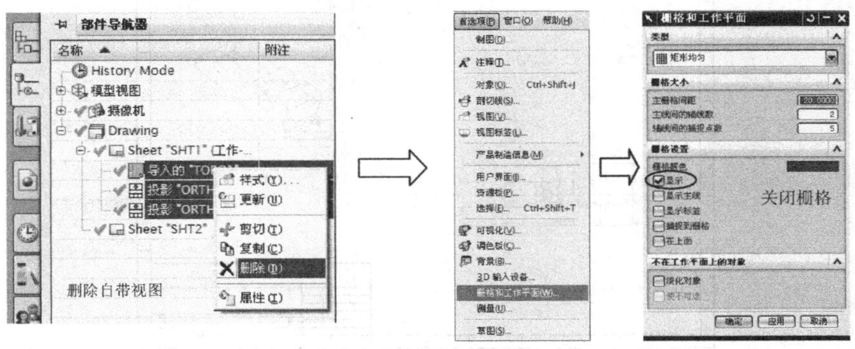

图 8-108 删除自带视图并关闭栅格

[4] 编辑图纸的比例（1:1.5）和投影方式（第一象限角），如图 8-109 所示。

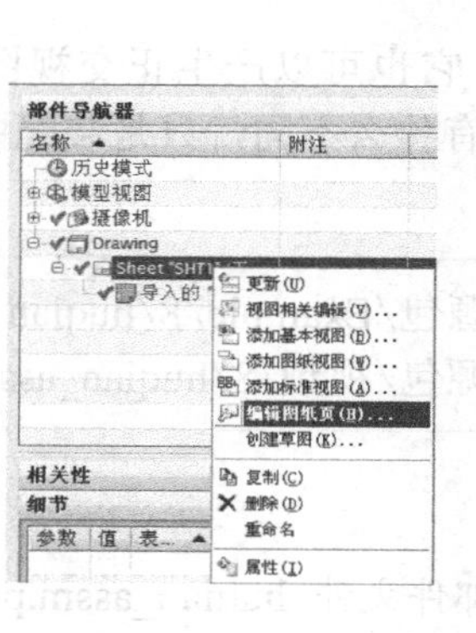
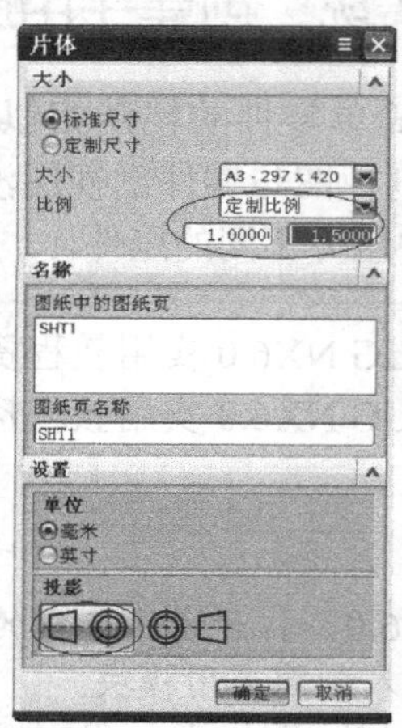

图 8-109 编辑图纸

[5] 添加基本视图，利用【定向视图工具】对话框，通过定义法向矢量、X 方向，找到自己想要的视图作为基本视图，如图 8-110 所示。

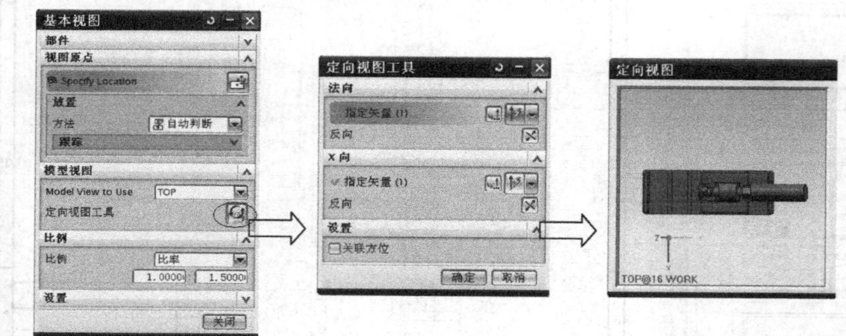

图 8-110 添加基本视图

[6] 同样方法添加轴测图，轴测图采用 1:2 的比例，结果如图 8-111 所示。

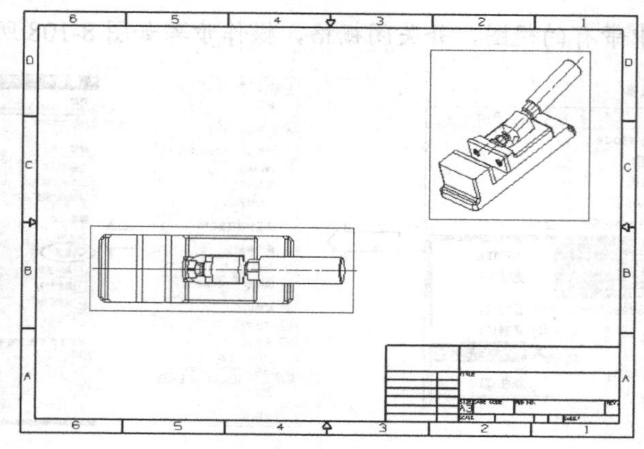

图 8-111 基本视图和轴测图

[7] 双击基本视图的边框，在弹出的【视图样式】对话框中设置光顺边不显示，如图 8-112 所示。

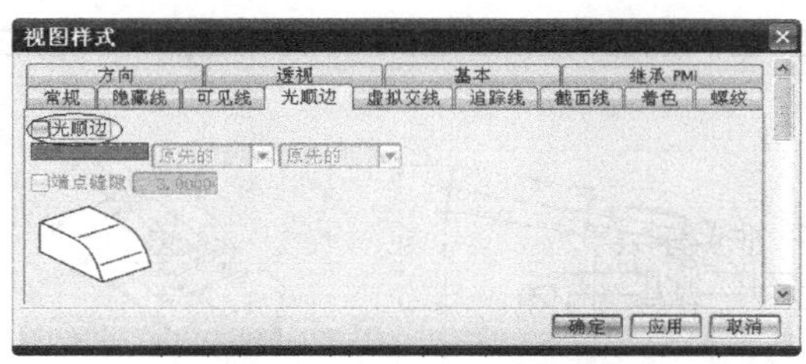

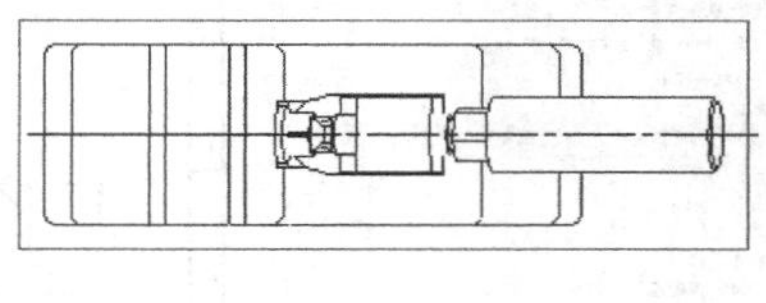

图 8-112　设置光顺边不显示

[8] 设置轴类零件为不剖切零件，如图 8-113 所示。

图 8-113　设置不剖切组件

[9] 添加全剖主视图，最终操作结果如图 8-114 所示。

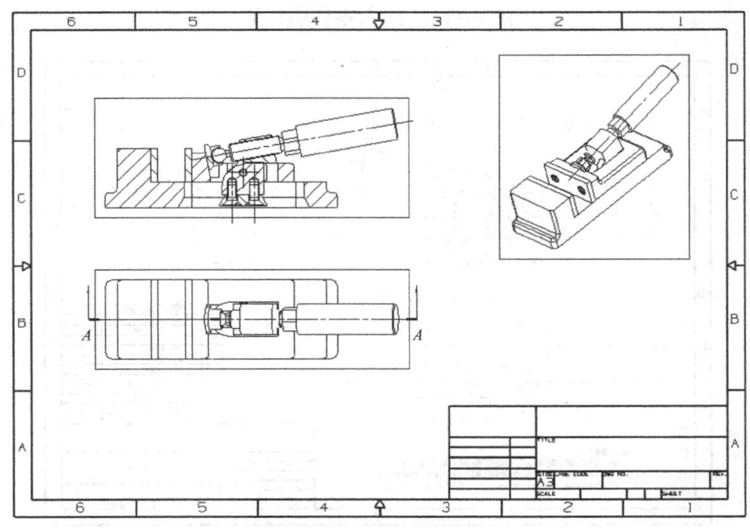

图 8-114　添加全剖主视图

[10] 预设置注释首选项，如尺寸、箭头、文字、单位等，然后标注轮廓及主要尺寸，隐藏视图边框，操作结果如图 8-115 所示。

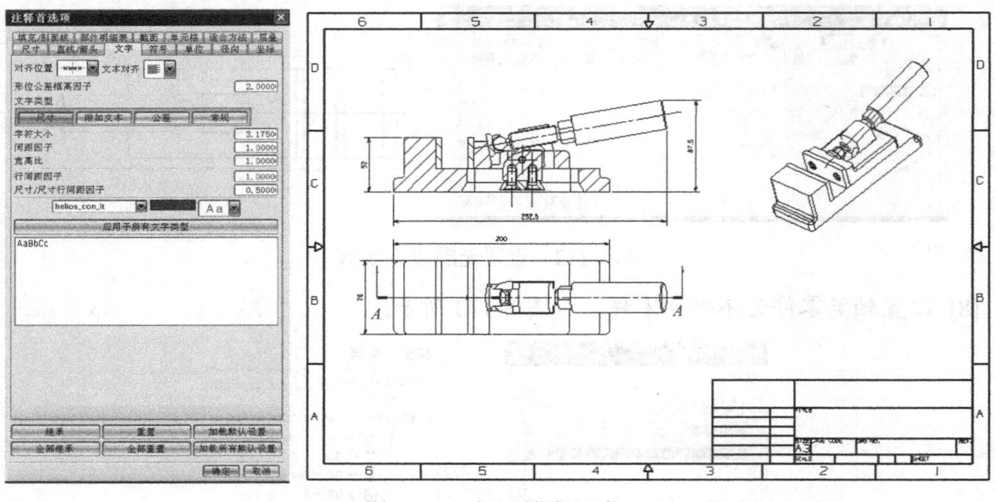

图 8-115　标注轮廓尺寸

[11] 插入零件明细表，如图 8-116 所示。

[12] 填写标题栏、技术要求，自动添加零件序号，若摆放不满意可手动调整序号位置，最终结果如图 8-117 所示。

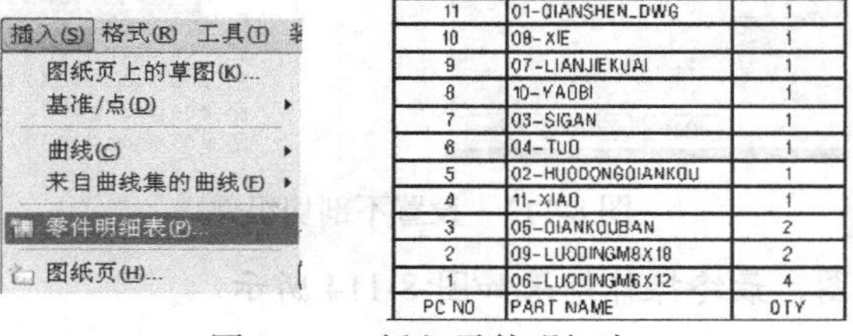

PC NO	PART NAME	QTY
11	01-QIANSHEN_DWG	1
10	08-XIE	1
9	07-LIANJIEKUAI	1
8	10-YAOBI	1
7	03-SIGAN	1
6	04-TUO	1
5	02-HUODONGQIANKOU	1
4	11-XIAO	1
3	05-QIANKOUBAN	2
2	09-LUODINGM8X18	2
1	06-LUODINGM6X12	4

图 8-116　插入零件明细表

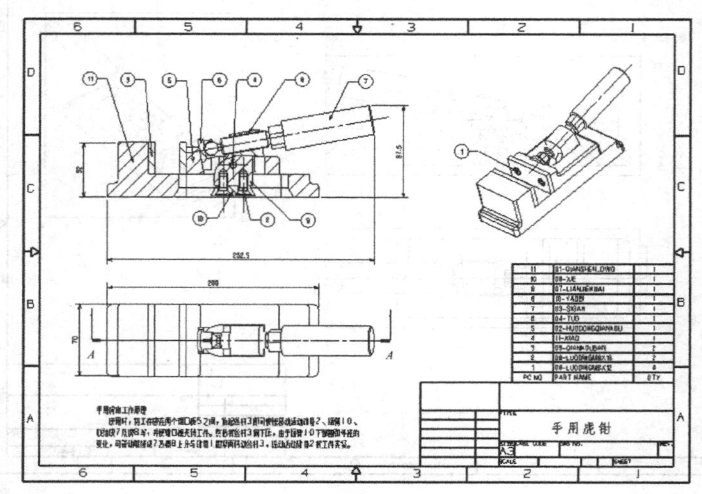

图 8-117　最终完成图

8.7 思考与练习

1. 思考题

（1）UG NX6.0 中的工程制图参数预设置包括哪些内容？
（2）如何插入基本视图和投影视图？
（3）在创建局部放大图时，需要注意哪些操作细节？
（4）尺寸标注的一般操作方法和步骤是什么？
（5）零件图和装配图在绘制过程中有哪些差别？
（6）思考如何将制图与建模配合起来，以提高工程设计效率。

2. 操作题

（1）按照本章给出的工程图完成齿轮油泵泵体的三维建模并生成工程图。
（2）按照图 8-118 完成支架三维建模，然后由模型生成工程图。

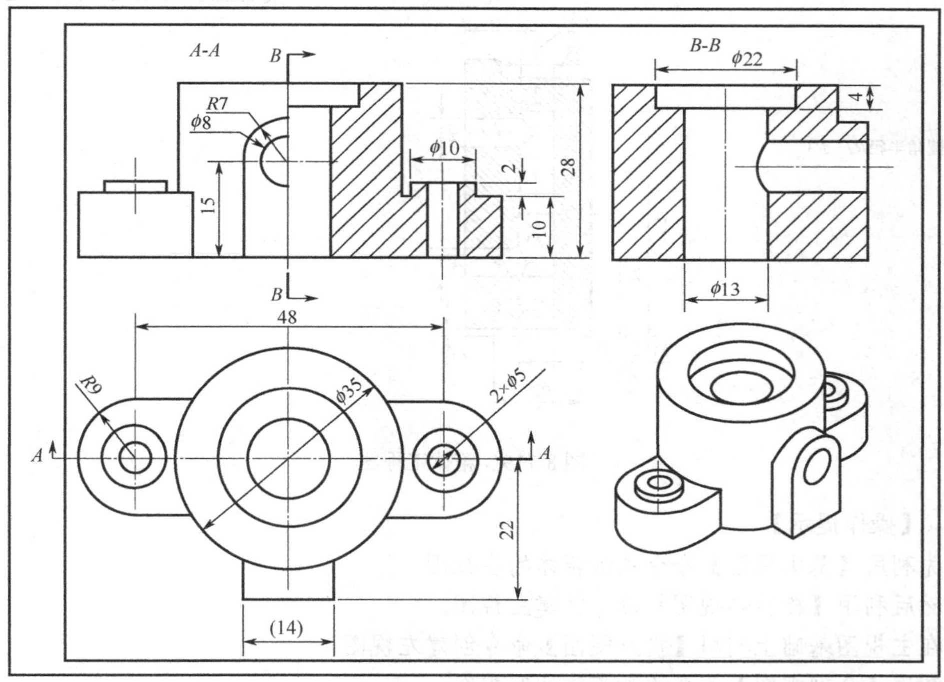

图 8-118　支架工程图

【操作提示】

- 先利用【基本视图】命令添加支架的俯视图。
- 然后利用【半剖视图】命令创建主视图。
- 利用【全剖视图】命令创建左视图。
- 最后对注释进行首选项设置，并标注尺寸。

（3）完成箱体的三维建模并按照图 8-119 生成工程图。

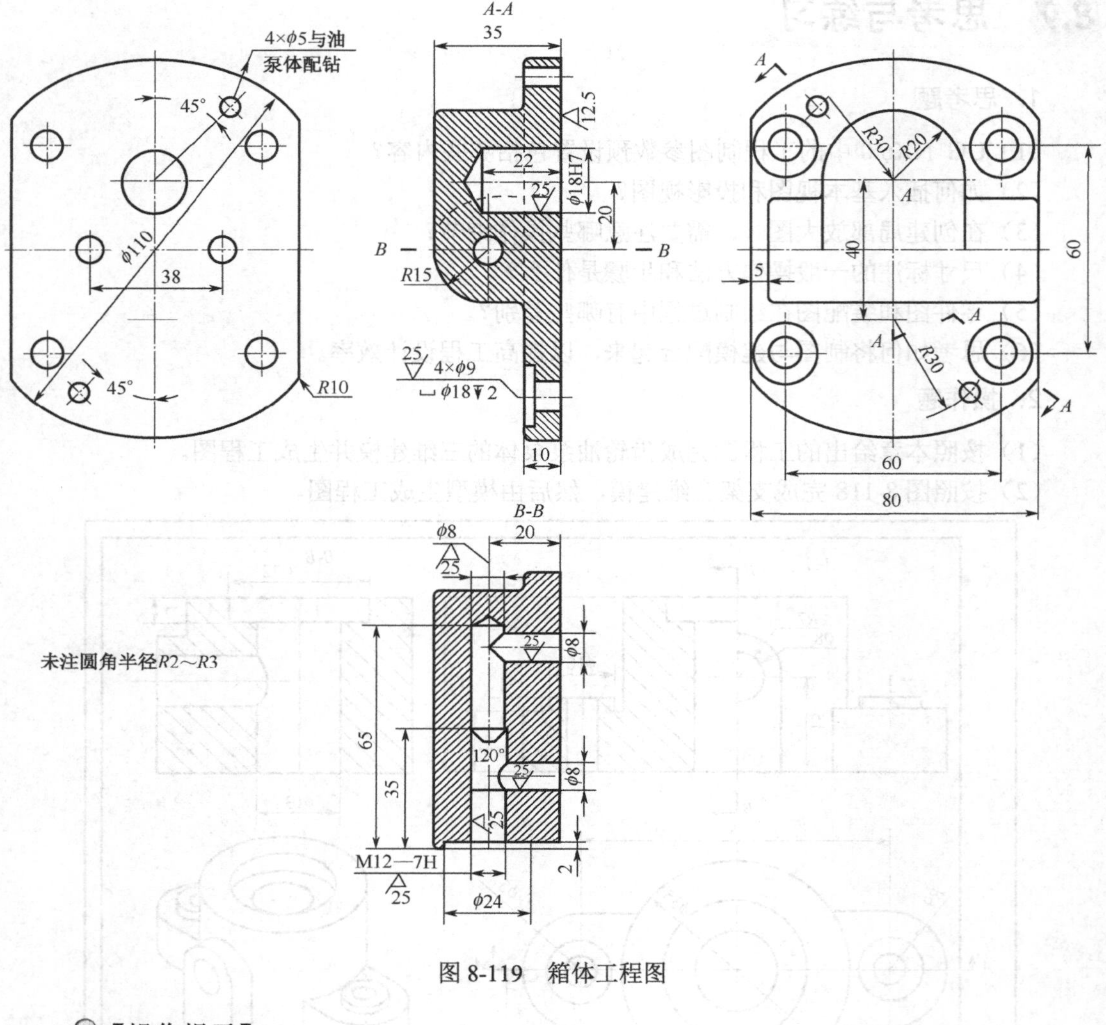

图 8-119　箱体工程图

【操作提示】

- 先利用【基本视图】命令添加箱体的右视图。
- 然后利用【旋转剖视图】命令创建主视图。
- 在主视图基础上利用【投影视图】命令创建左视图。
- 利用【全剖视图】命令添加箱体的俯视图。
- 最后对注释进行首选项设置，并标注尺寸。

第 9 章

曲线与曲面

自由形状特征（Free Form Features）是 CAD 模块的重要组成部分，是高端软件的重要标志。绝大多数实际产品的设计都离不开自由形状特征。现代产品的设计主要包括两大类：设计、仿形。一般的设计过程：根据产品造型效果（或三维真实模型），进行曲面数据采样、曲线拟合、曲面构造，生成计算机三维实体模型，最后进行编辑和修改等。几何体的形成：点构建线，线构建面，面构建体。因此，曲面设计的基础是曲线设计。在构造曲线时应该尽可能仔细精确，避免缺陷，如曲线重叠、交叉、断点等，否则就会造成后续曲面设计和加工出现问题。

在 UG NX6.0 中，曲线功能在 CAD 应用模块中涉及的内容包括空间点和各种曲线的创建方法，以及相关的操作和编辑方法。本章将介绍如何建立空间中的各种曲线，它可以作为在实体造型建模过程中的辅助线（如扫描的引导线等）。

本章将介绍两种曲线，非相关参数化解析曲线和相关参数化解析曲线。两者的区别是非相关参数化解析曲线是指在部件导航器中不出现节点，而相关参数化解析曲线是指在部件导航器中出现节点，可以通过节点进行编辑。

该部分内容在“3.5 知识拓展”中已做了相关介绍，在此不再赘述。

9.1 非相关参数化解析曲线

非相关参数化解析曲线主要包括基本曲线和二次曲线。

基本曲线（Basic Curve）包括直线、圆弧、圆、倒圆角和修剪，是建模中的基本曲线。

二次曲线主要包括椭圆（Ellipse）、抛物线（Parabolas）、双曲线（Hyperbolas）和一般二次曲线（General Conic）。

9.2 相关参数化解析曲线

相关参数化解析曲线是指在创建过程中部件导航器中出现特征的解析曲线。从 NX3.0 版本开始，NX 允许用户创建关联直线特征、关联圆弧特征和关联圆特征。用户可以使用不同类型的约束，创建多种类型的相关基本曲线。相关基本曲线可与其他几何体保持关联，其特点如下。

- 相关基本曲线中的点、直线、圆弧和圆是相关参数化的;

- 相关基本曲线可用于产生相关的三维框架；
- 相关基本曲线是具有时间戳的独立特征；
- 相关基本曲线的交互操作和使用与后面要讲的草图曲线类似。

直线最方便、最直接的绘制方法是通过如图 9-1 所示的【直线】对话框绘制。

1. 直线

选择【插入】/【曲线】/【直线】命令，或单击曲线工具条上的图标，弹出如图 9-1 所示的【直线】对话框，默认状态下直线画在 *X-Y* 坐标面上。

注意：需要将【直线】对话框中"设置"选项里的"关联"选中，才能画出参数化曲线并出现在导航器中。

2. 圆弧

选择【插入】/【曲线】/【圆弧/圆】命令，或单击曲线工具条上的图标，弹出如图 9-2 所示的【圆弧/圆】对话框。

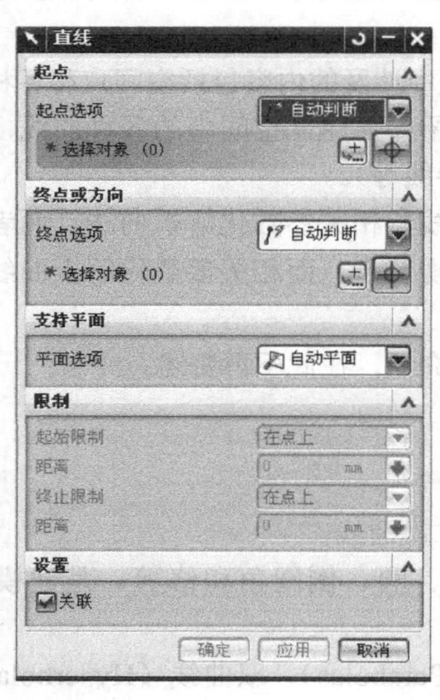

图 9-1 【直线】对话框

图 9-2 【圆弧/圆】对话框

同样需要将"设置"选项中的"关联"选中，才能画出参数化的圆弧。

单击曲线工具条上的图标，并按下关联图标，则绘制的直线或圆弧就作为特征出现在部件导航器中了，根据需要可以方便地编辑相关参数，如图 9-3 所示。

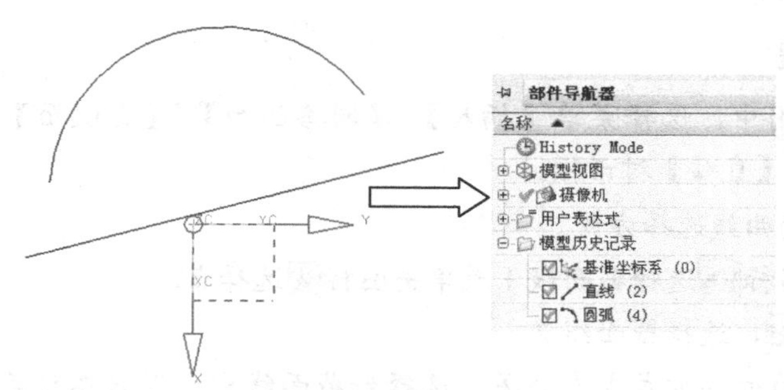

图 9-3　参数化直线和圆弧

9.3 曲面

曲面功能包含在建模应用和工业设计（外观造型设计）应用中。它是 NX/CAD 模块的重要组成部分，也是体现 CAD/CAM 软件建模能力的重要标志。因为大多数实际产品的设计都离不开自由曲面，这正是 NX 复合建模的特点和灵活性。

9.3.1 主片的创建

在自由形状特征建模过程中，需要基于已存曲线建立主片体（Primary Sheet）。NX6.0 提供了强大的主片体构建功能。自由形状建模就是在主片体的基础上进一步操作所完成的，因此，主片体的构建是自由形状建模的基础。

1．直纹面概述

直纹面用于通过两条轮廓线创建一个直纹体（Ruled）（片体和实体）。两条轮廓线称为截面线（Section String）。

如图 9-4 所示，直纹面仅支持两个截面对象。其所选取的对象可为多重或单一曲线、片体薄体边界、实体表面。若为多重线段，则系统会根据所选取的起始弧及起始弧的位置定义向量方向，并会按所选取的顺序产生片薄体。且如果所选取的曲线都为闭合曲线，则会产生实体。还可以选择一个点或者一条线的端点作为第一条截面线。不过只有在对齐方式是参数对齐或者弧长对齐的时候才可以选择点作为第一条截面线，这是因为其他对齐方式不能对选择点进行参数化。直纹面操作过程如图 9-5 所示。

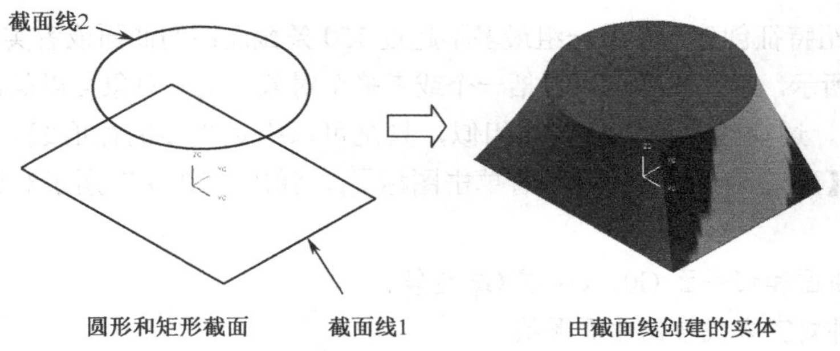

图 9-4　创建直纹面

设计过程

[1] 在建模应用中，选择菜单【插入】/【网格曲面】/【直纹面】命令或者单击图标，弹出【直纹】对话框。

[2] 设置合适的曲线选择方式。

[3] 左键单击图标选择截面线 1 或单击图标选择点。

[4] 单击图标，选择截面线 2。

[5] 选择所用的对齐方式或者公差。选择好截面线和设置好参数后，单击确定按钮，创建直纹面。

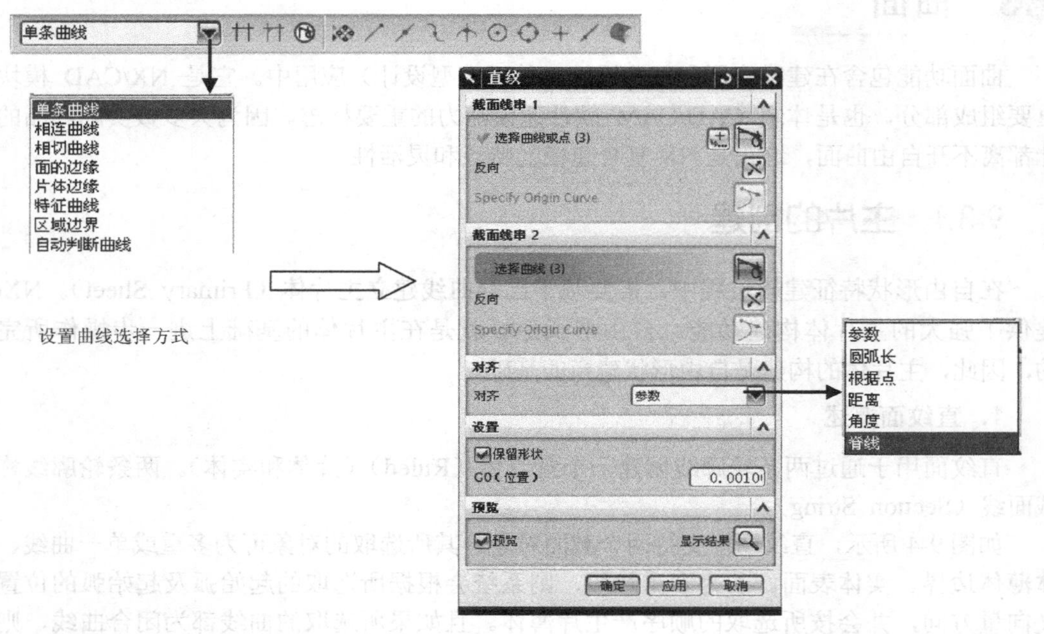

图 9-5　直纹面操作过程

2. 通过曲线组特征

通过曲线组特征创建一个或一组最多不超过 150 条截面线的曲面或者实体。

如图 9-6 所示，截面曲线可以包括一个或者多个对象，这些对象可以是曲线、实体边界或者实体表面。过曲线特征与直纹面相似，只是可以指定更多的截面线。选择【插入】/【网格曲面】/【通过曲线组】命令或者单击图标，弹出如图 9-7 所示对话框。还可以进行以下设置。

- 指定新曲面和切平面 G0、G1 或 G2 连续。
- 通过各种对齐方式控制曲面形状。
- 指定单个或者多个补片。
- 指定新曲面垂直于最后的截面线。

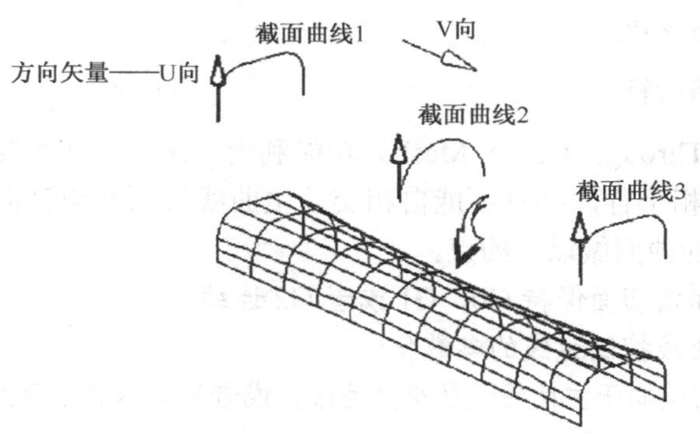

图 9-6　过曲线面特征

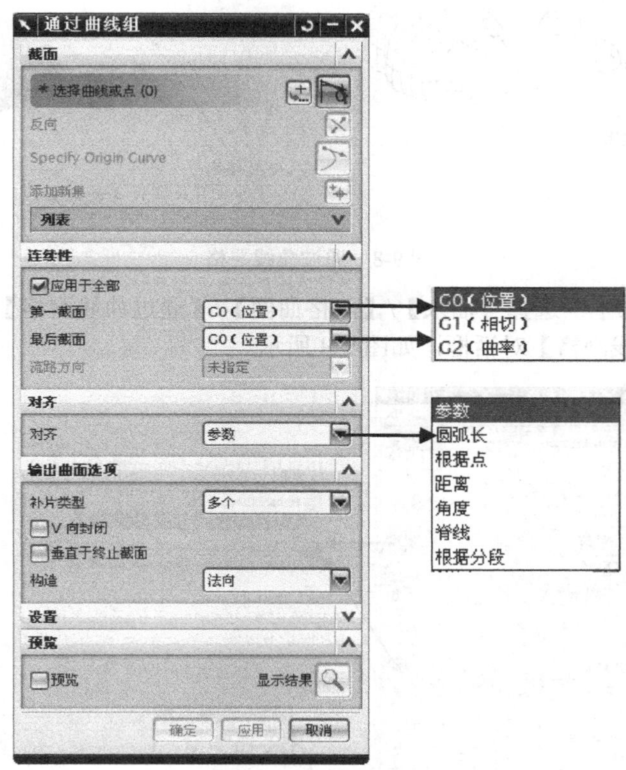

图 9-7　【通过曲线组】对话框

过曲线面的操作步骤如下。

[1] 在选择工具条中，设置曲线选择方式。

[2] 单击第一条截面线的上端后单击鼠标中键将截面线添加至曲面。然后继续添加定义曲面的截面线。在列表框中，可以删除或者对截面线重新排序。也可以在手柄球上单击右键反转截面线方向或者删除截面线。

[3] 选择对齐方式。

[4] 设置输出曲面选项。

3. 通过曲线网格特征

通过曲线网格（Through Curve Mesh）功能利用一组主曲线和交叉曲线创建一个体。每一组线必须大致互相平行，并且不能自相交。主曲线必须和交叉曲线大致垂直。同时，用户还可以对所生成的曲面做以下约束。

- 使新得到的面和相切面保持 G0、G1 或者 G2 连续；
- 利用一个样条曲线控制过线的参数化；
- 控制新得到的面偏向于主曲线还是交叉曲线，或者平均偏向于两组线，如图 9-8 所示。

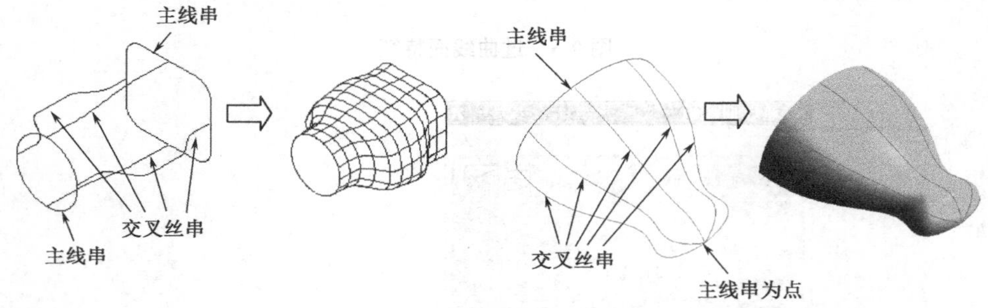

图 9-8　通过曲线网格

具体操作步骤如下：选择【插入】/【网格曲面】/【通过曲线网格】命令或者单击图标，进入【通过曲线网格】对话框，如图 9-9 所示。

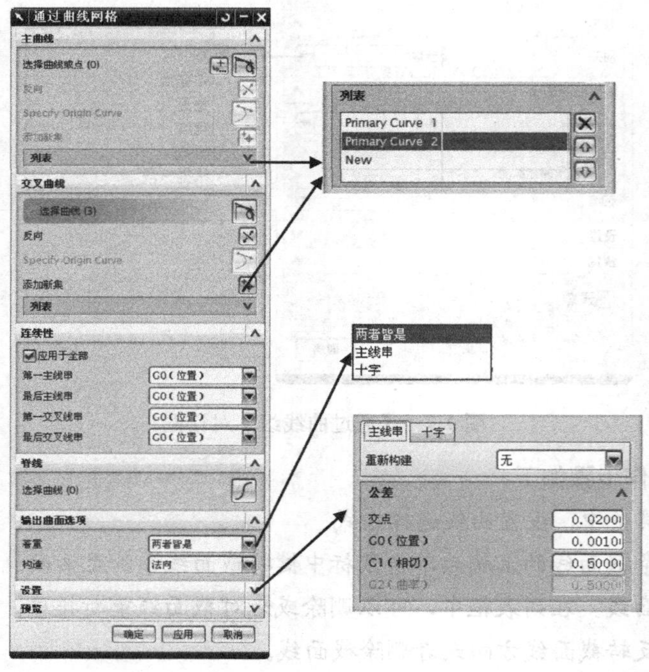

图 9-9　【通过曲线网格】对话框

设计过程

[1] 在选择工具条中，设置选择方式。

[2] 选择主线串，然后单击中键确认。选择完毕后单击中键结束主线串选择。

[3] 选择交叉线串，每选择一条后单击中键确定，选择完毕后单击中键结束交叉线选择。

[4] 如果构建的片体与其他曲面邻接，连续性条件。

[5] 设置输出曲面操作中的强调和构造。

[6] 设置过曲线网格的公差。

[7] 单击确定按钮，创建过曲线网格面。

4．扫描面特征

扫描特征使截面线（Section）沿着引导线（Guide）扫描，并以对齐方式、定位方法和缩放方法等控制其形状，以得到较为满意的体特征。

9.3.2 过渡片体的构建

自由形状建模过程中，在主片体构建完毕后，需要在主片体连接处建立光滑过渡的片体，以保证曲面质量。NX6.0 提供了强大的过渡片体功能，包括二次截面片体特征、桥接特征、面倒圆、软倒圆和 *N* 边曲面操作。用户可以通过这些功能创建过渡片体，并控制其连续性，以保证片体质量。

1．桥接曲面

桥接（Bridge）特征利用桥接创建一个连接两个面的过渡曲面。

可以在桥接曲面和定义曲面之间指定相切连续性或曲率连续性来控制桥接片体的质量。也可以用可选的侧面或线串（至多两个，任意组合）或拖动选项来控制桥接片体的形状。

具体操作步骤如下：在建模应用中，选择菜单【插入】/【细节特征】/【桥接】命令或者单击图标桥接（Bridge），弹出如图 9-10 所示的【桥接】对话框。

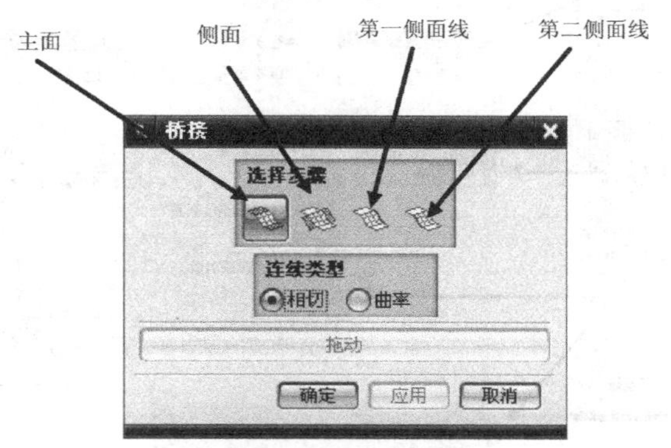

图 9-10 【桥接】对话框

设计过程

[1] 选择连续类型（斜率或曲率）。

[2] 选择需要桥接的两个主曲面。

[3] （可选项）选择一个或多个侧面和/或侧面线串，来控制桥接曲面的侧面形状。

[4] 选择“应用”，创建桥接片体。如果还未指定侧表面或侧面线串，使用拖动（Drag）按钮来控制桥接曲面的形状。

2. 面倒圆

面倒圆（Face Blend）功能用于在两组曲面之间创建相切圆角。

面倒圆命令创建与两组输入面相切的面倒圆，其倒圆的截面线可以是修剪或不修剪的球形、圆锥、圆盘等。用户可以在实体或在片体上创造面倒圆，其选择的面可以是不相邻的和/或其他片体的一部分。面倒圆采用下述两种方式之一控制交叉截面的起始方向。

滚动球（Rolling Ball）：此方式创建的面倒圆，就好像用与两组输入面恒定接触的球滚动出来的一样。倒圆横截面平面由两个接触点和球心决定。

扫掠截面（Swept Section）：此方式沿着脊线扫掠横截面。倒圆横截面的平面始终垂直于脊线曲线。

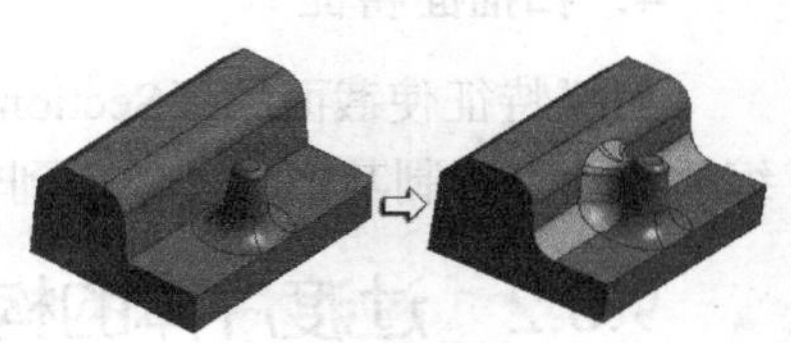

图 9-11 面倒圆操作效果

面倒圆如图 9-11 所示。

具体操作如下：在建模应用中，选择菜单【插入】/【细节特征】/【面倒圆】命令或者单击图标，弹出图 9-12 所示的【面倒圆】对话框，可以进行相关设置。

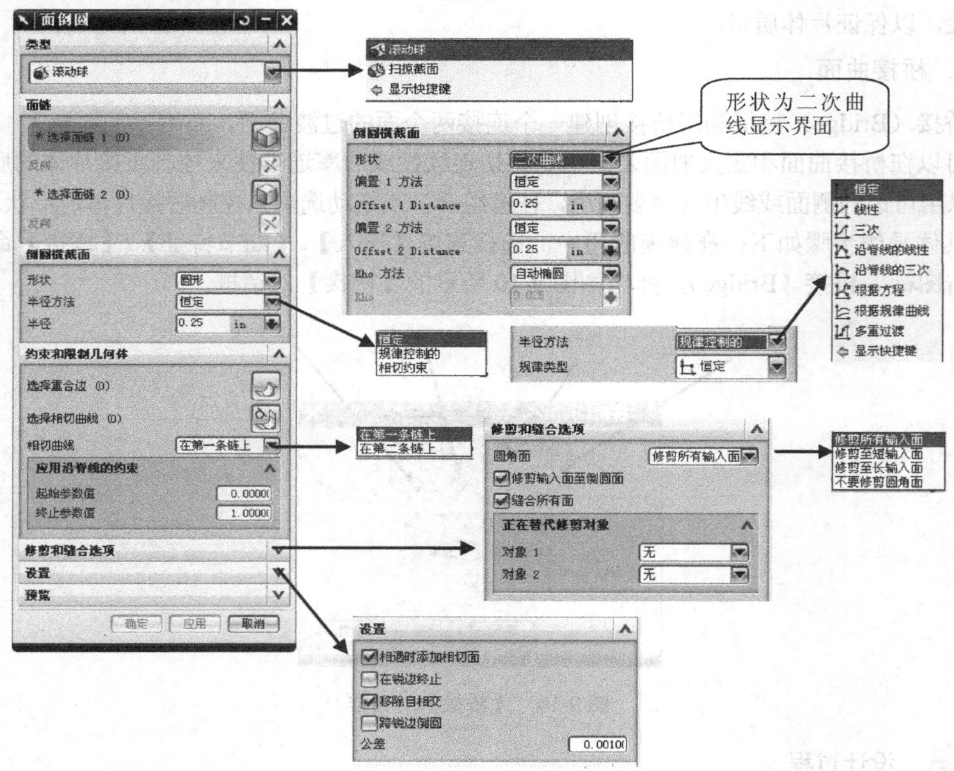

图 9-12 面倒圆操作

3. 软倒圆

软倒圆（Soft Blend）操作用于在两组曲面之间创建过渡曲面。

如图 9-13 所示，软倒圆用于创建其横截面形状不是圆弧的圆角，横截面与两个选择面相切连续或者曲率连续。

软倒圆的作用及其对话框与面倒圆类似，区别在于：

- 面倒圆只能在一组曲面上定义相切线串，而软倒圆在相邻的两组曲面上均要求使用相切线串（曲线或边，两者不可混用）。
- 软圆角与相邻曲面可采用相切连续和曲率连续两种光滑过渡方法。
- 软圆角必须使用脊线。
- 软圆角必须定义相切线串，因此圆角的定义是唯一的，无须使用帮助点。

具体操作步骤如下：在建模应用中，选择菜单【插入】/【细节特征】/【软倒圆】命令或者单击图标，弹出如图 9-14 所示的【软倒圆】对话框。

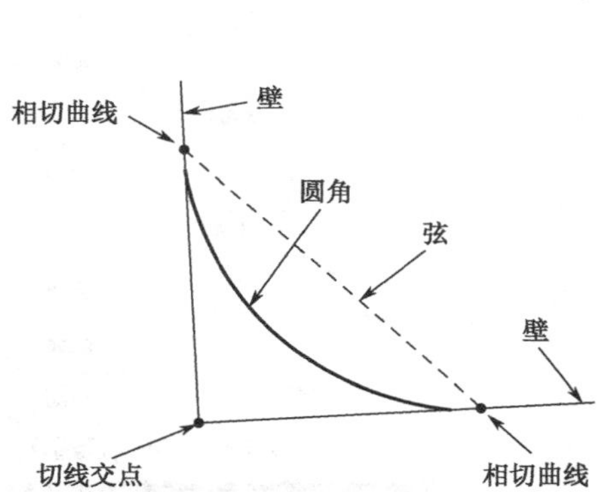

图 9-13　软倒圆横截面示意图

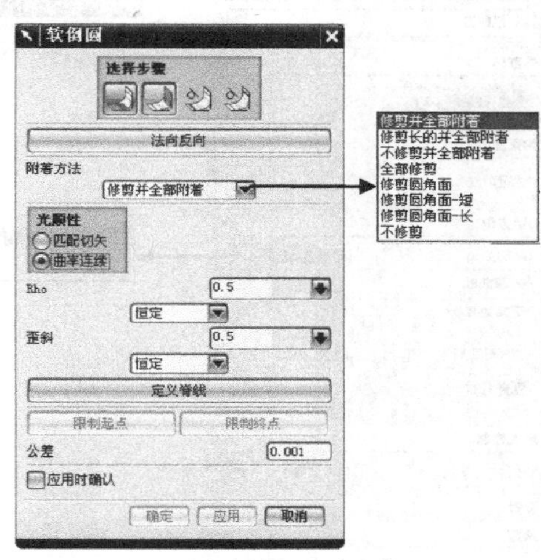

图 9-14　【软倒圆】对话框

4. *N* 边曲面

N 边曲面（N-Side Surface）操作通过使用任意数目的曲线或边建立一个曲面。

N 边曲面用形成闭合的任意数量曲线构建曲面。用户可以指定曲面与外侧表面的连续性以控制曲面外形，形状控制选项也可以使用户通过移动中心点和改变中心点处的尖锐度而保证连续性约束。该选项可用来创建 *N* 边曲面特征，如图 9-15 所示。

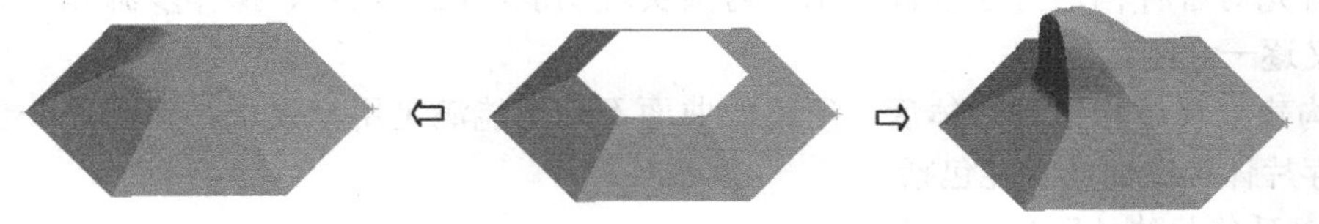

图 9-15　*N* 边曲面操作效果

具体操作步骤如下：在建模应用中，选择菜单【插入】/【网格曲面】/【N 边曲面】命令或者单击图标，弹出如图 9-16 所示的【N 边曲面】对话框，并根据相关设置完成操作。

设计过程

[1] 选择 *N* 边曲面的类型。

[2] 单击“边界曲线”选择图标，选择形成封闭环的轮廓曲线或曲线。

[3] 单击“边界面”选择图标，选择边界面，以约束生成片体的边界。

[4] 使用 UV 方向选项和匹配选择、UV 方位-脊线、UV 方位-矢量，指定曲面 U/V 方向的起始方向。

[5] 如果需要将面修剪到边界线或者边，打开“修剪到边界”选项。

[6] 单击应用按钮，创建曲面。

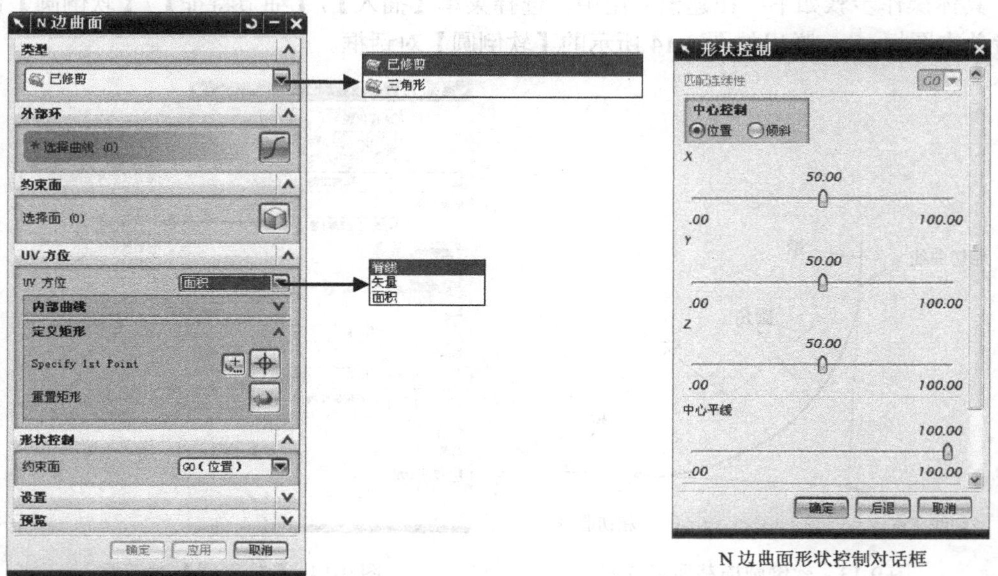

图 9-16　*N* 边曲面操作

9.4 基于已存片体构造的曲面方法

基于已存片体构造曲面，在已存片体的基础上进一步编辑与修正，以使曲面符合用户需求。首先对各种构造方法进行介绍，对其实现功能、应用场合、操作步骤和对话框中各选项意义逐一介绍。

在构建主片体和过渡片体后，所得的曲面不一定能满足用户要求，需要进一步修正。基于已存片体构造曲面功能包括：

- 延伸片体（Extension）；
- 规律延伸片体（Law Extension）；
- 曲面扩大（Enlarge）；

- 偏置曲面（Offset Surface）;
- 粗略偏置（Rough Offset）;
- 整体成型（Global Shaping）;
- 缝合片体（Sewing）;
- 修剪的片体（Trimmed Sheet）;
- 修剪与延伸（Trim and Extend）。

1. 缝合

缝合（Sewing）功能是可以把两个或多个的片体或者实体缝合为一个片体或实体。如果是缝合片体，片体之间的缝隙必须在公差允许范围内。如果要缝合的片体封闭，则形成一个实体，如图 9-17 所示。

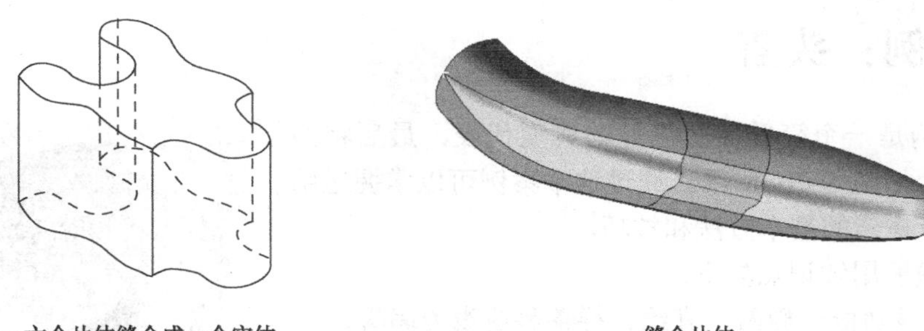

图 9-17　缝合操作

2. 补片

补片（Patch）功能是可以用一个片体取代一个片体或实体的表面，形成不规则孔和不规则圆角等。补片操作可以用一个片体（工具片体）取代另外实体的表面或片体的一部分面（目标体），如图 9-18 所示。

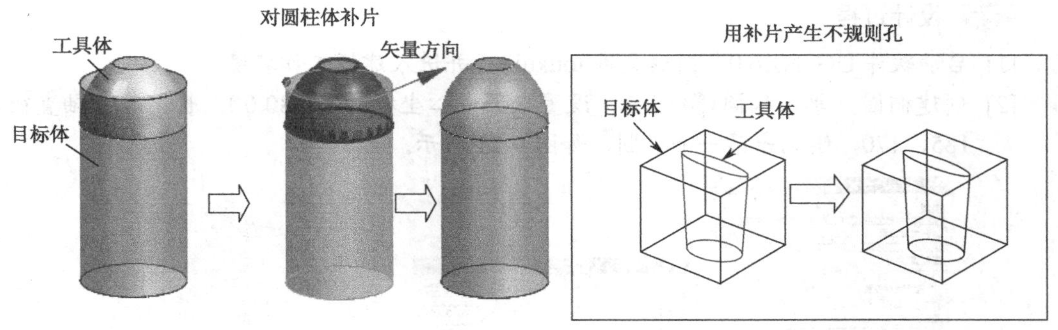

图 9-18　补片体应用

3. 偏置曲面

偏置曲面（Offset）功能是由一组或多组片体创建另外一个曲面，新产生的曲面与原曲面的距离可以是常数或可变距离，偏置的方向可以控制，如图 9-19 所示。

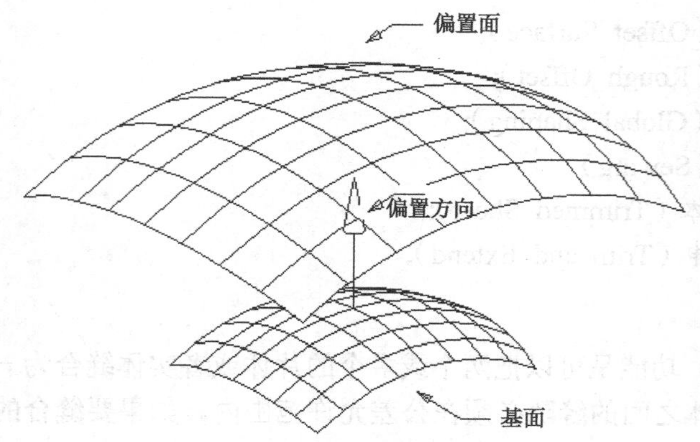

图 9-19 偏置曲面

9.5 实例：头盔

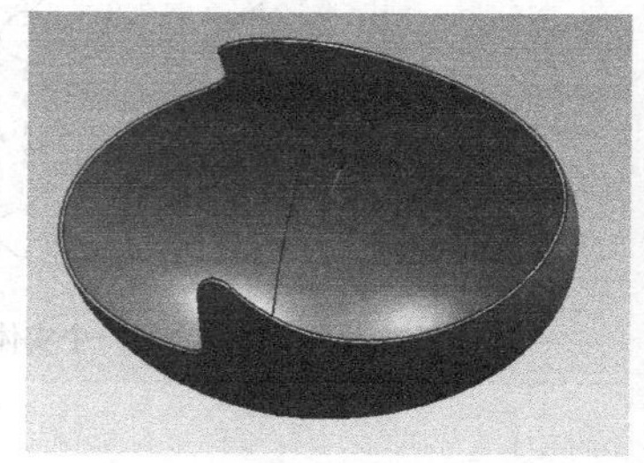

图 9-20 头盔模型

头盔案例是一个简单曲面创建的典型代表，最后将曲面转化实体，如图 9-20 所示。通过这个案例可以掌握运用曲线框架进行搭建的基本方法和技巧。

案例建模所用知识点如下。

- 创建曲线功能：椭圆、直线、样条和曲线的编辑。
- 创建扫掠曲面。
- 成型特征：创建拉伸曲面。
- 特征操作：缝合曲面、抽壳和修剪体。

实例文件 UG NX6.0 实用教程资源包/Example/9/toukui.prt
操作录像 UG NX6.0 实用教程资源包/视频/8/ toukui.avi

设计过程

[1] 启动软件 UG NX6.0，新建文件 toukui.prt 并进入建模工作环境。

[2] 创建椭圆，单击椭圆图标，设置椭圆中心坐标为（0,80,0），长、短半轴直径为 185、170，绘制出第一个椭圆，如图 9-21 所示。

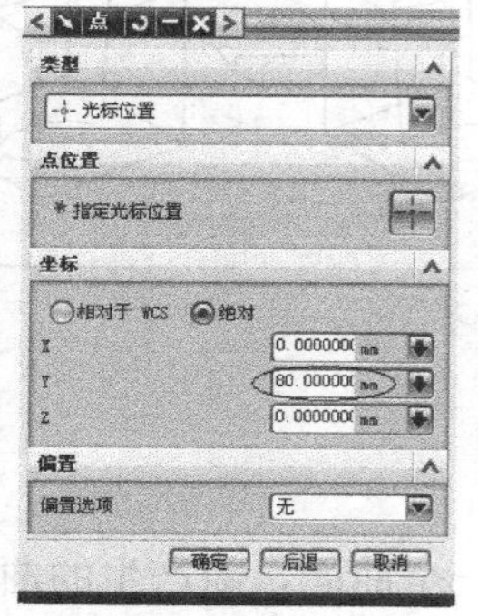

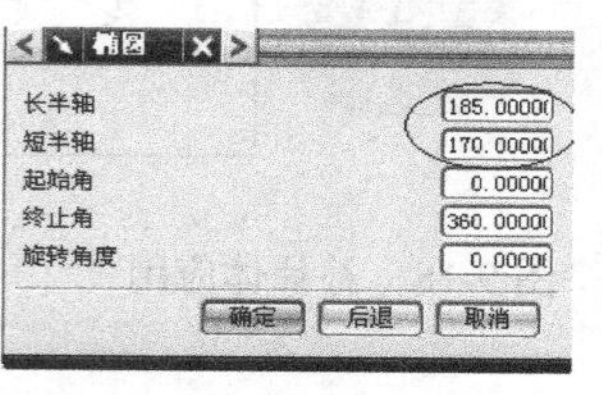

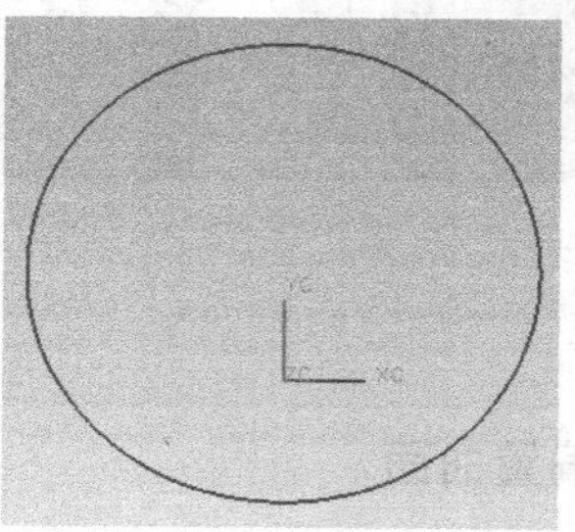

图 9-21 创建第一个椭圆

[3] 旋转工作坐标系，绕+*YC* 轴：*ZC* -->*XC* 旋转 90°，如图 9-22 所示。

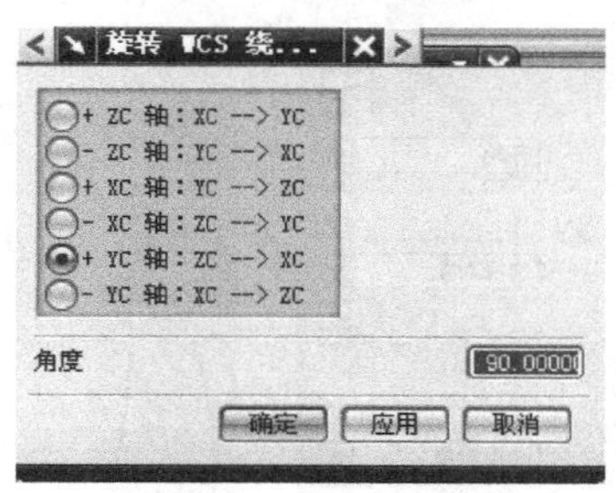

图 9-22 旋转工作坐标系

[4] 创建第二个椭圆：方法同步骤 2，设置椭圆中心坐标为（0,80,0），长、短半轴直径为 130、170，绘制出第二个椭圆，如图 9-23 所示。

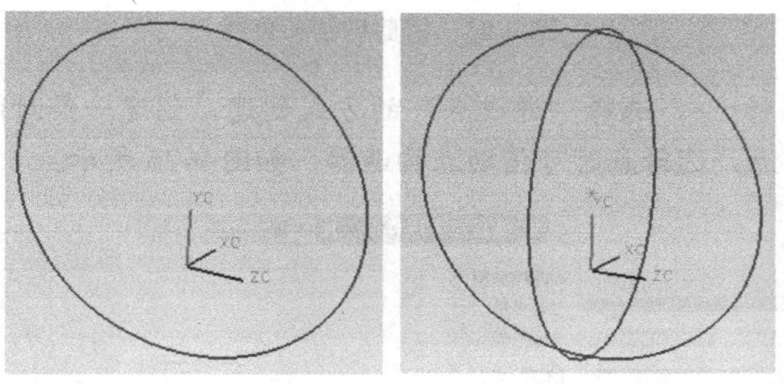

图 9-23 绘制第二个椭圆

[5] 创建过原点的 *YC* 平面的两条直线曲线，单击基本曲线图标，在弹出的【基本曲线】对话框中选择“无界”，通过输入两条直线的任意两个点的坐标，创建两条没有边界、充满屏幕的直线，如图 9-24 所示。

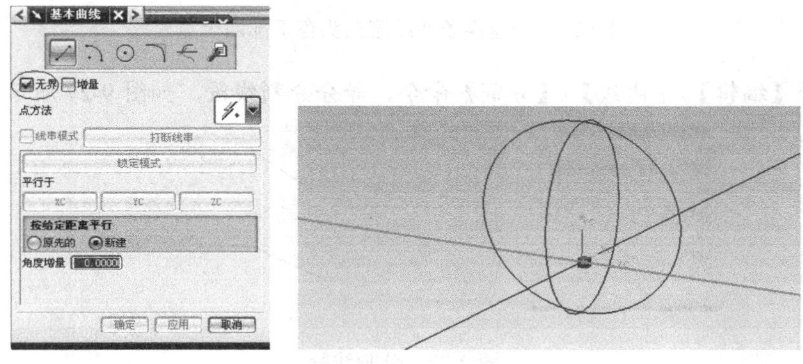

图 9-24 创建过原点的 *YC* 平面的两条直线

[6] 用基本曲线里的修剪功能，修剪椭圆的下半部分和直线椭圆外多余部分，如图 9-25 所示。

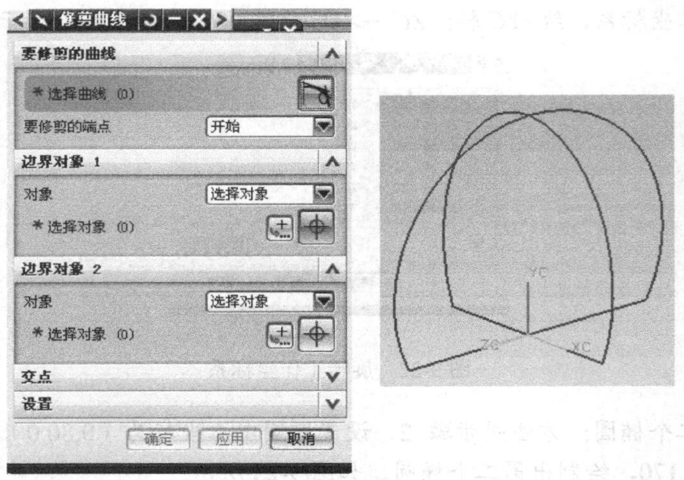

图 9-25　修剪椭圆和直线

[7] 单击样条图标～，选择“通过点”的方式创建，创建一条封闭的样条曲线连接头盔下部四个点，选择点时可借助点构造器，如图 9-26 所示。

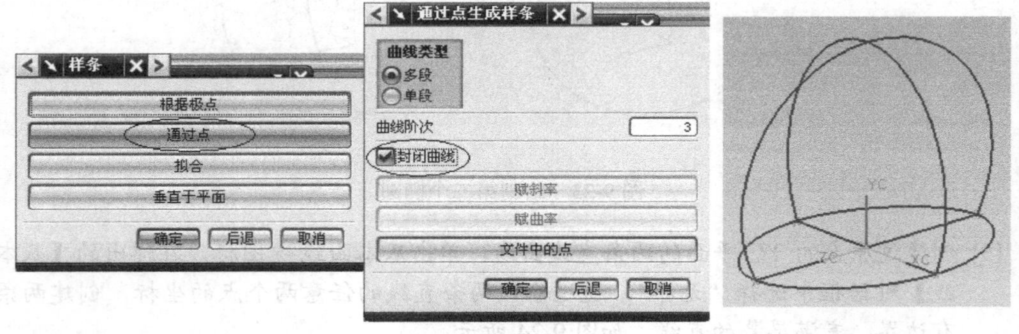

图 9-26　创建样条曲线连接头盔下部四个点

[8] 选择【编辑】/【曲线】/【分割】命令，等分分割线段，如图 9-27 所示。

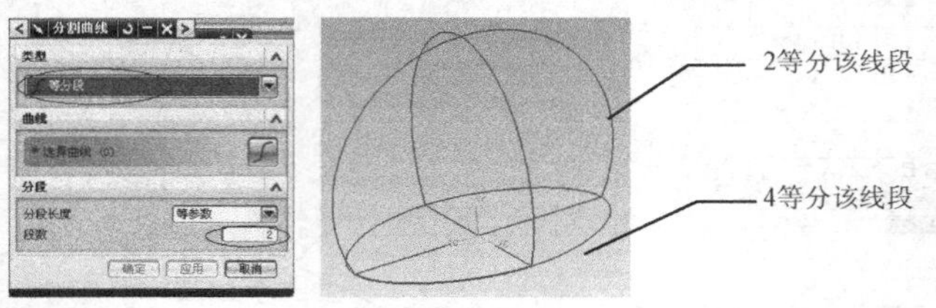

图 9-27　分割线段

[9] 旋转工作坐标系，绕+*YC* 轴：*ZC* -->*XC* 旋转 90°。可双击坐标系，高亮后选 *XC* 和 *ZC* 之间的活动手柄小球，在弹出的动态输入框里，角度设置为 90°，确认即可，如图 9-28 所示。

[10] 创建直线：单击基本曲线图标，在弹出的【基本曲线】对话框中选择“线串模式”，用点构造器分别输入两条直线的两个端点坐标，{(–230,160,0)，(–70,95,0)}，{(–70,95,0)，(–125,–85,0)}，结果如图 9-29 所示。

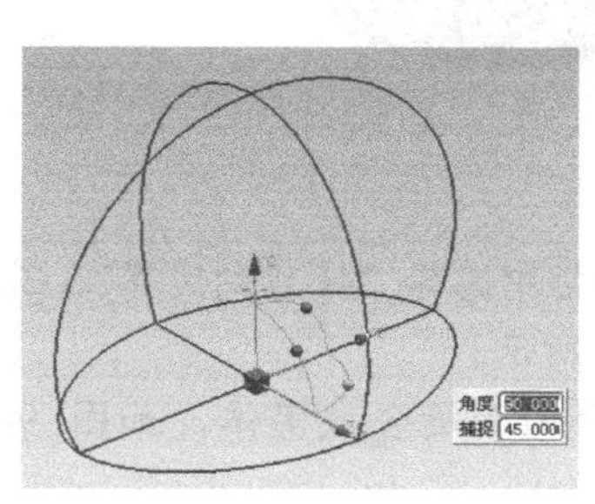

图 9-28　旋转工作坐标系

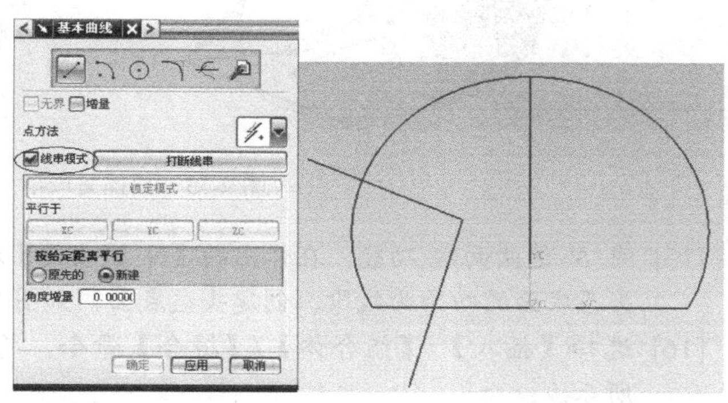

图 9-29　创建直线

[11] 创建如图 9-30 所示的样条曲线，注意其光顺性。

[12] 利用基本曲线的倒圆功能，修剪并倒圆直线和样条曲线，结果如图 9-31 所示。

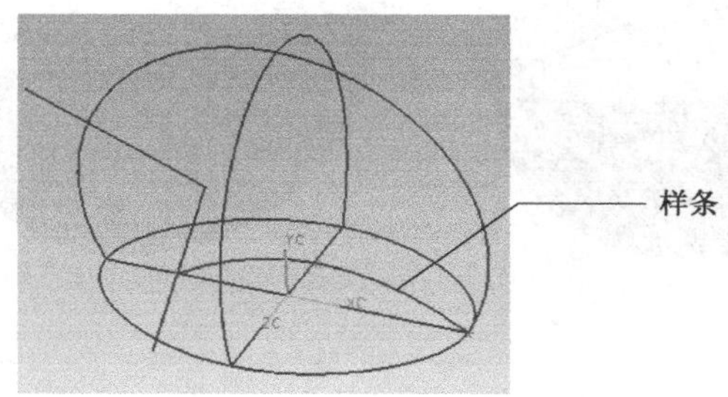

图 9-30　创建样条曲线

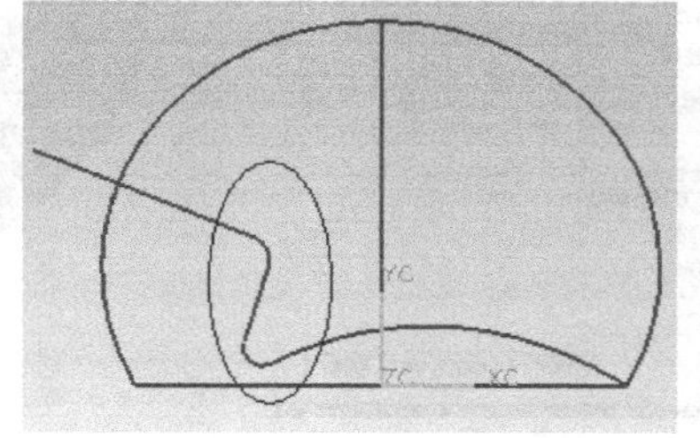

图 9-31　倒圆直线和样条曲线

[13] 用扫掠功能扫描片体，引导线和截面线如图 9-32 所示。

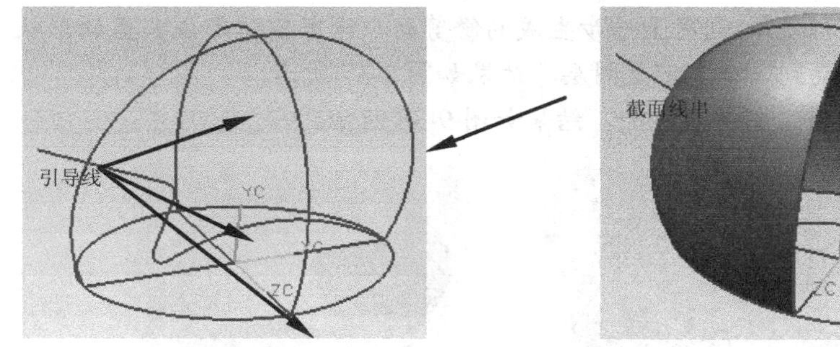

图 9-32　扫描片体

[14] 用同样的方法扫描出头盔的另一半，引导线和截面线如图 9-33 所示。

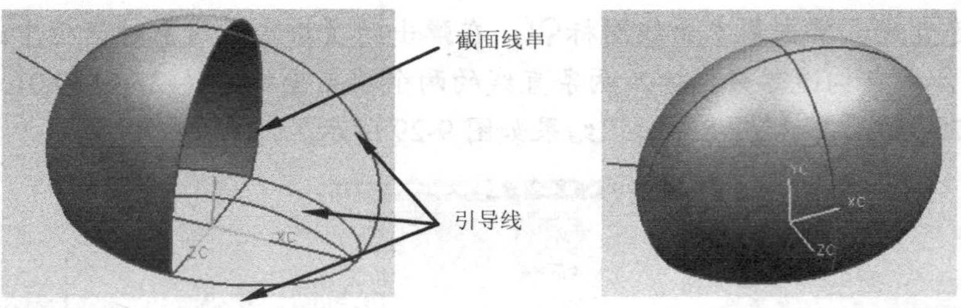

图 9-33　扫描另一半

[15] 用 *N* 边曲面功能，在弹出的【N 边曲面】对话框中选择“修剪到边界”，选择头盔底面的四条曲线段，创建头盔底面，如图 9-34 所示。

[16] 选择【插入】/【组合体】/【缝合】命令，将三个曲面缝合成实体，如图 9-35 所示。

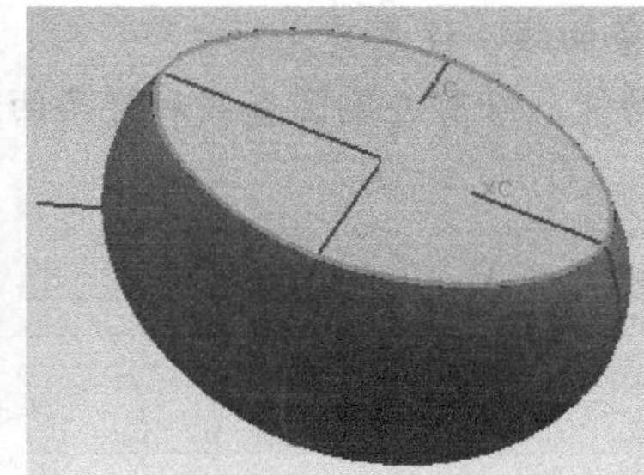

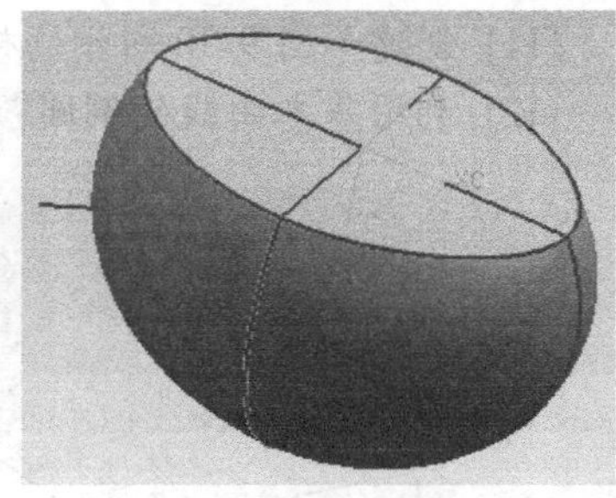

图 9-34　创建头盔底面　　　图 9-35　缝合片体

[17] 单击拉伸图标，拉伸前面所生成的曲线，起始距离为–200，终止距离为 200，生成的片体作为修剪面，如图 9-36 所示。

[18] 单击修剪体图标，利用上一步生成的修剪面，修剪实体形成头盔的形状，将曲线和修剪面移动到一个不可见图层，结果如图 9-37 所示。

[19] 单击抽壳图标，将头盔抽壳，结果如图 9-38 所示。

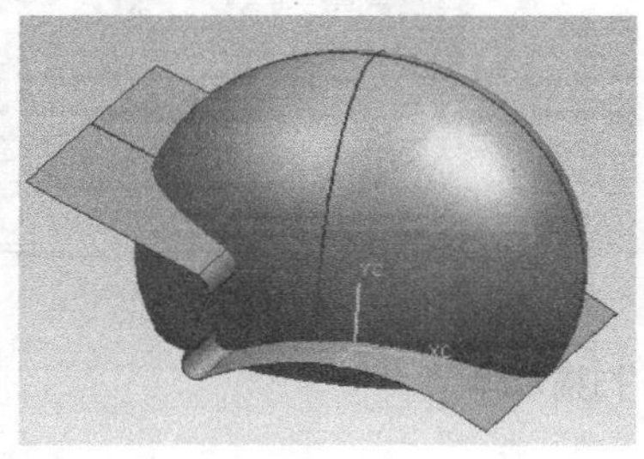

图 9-36　拉伸修剪面　　　图 9-37　修剪实体

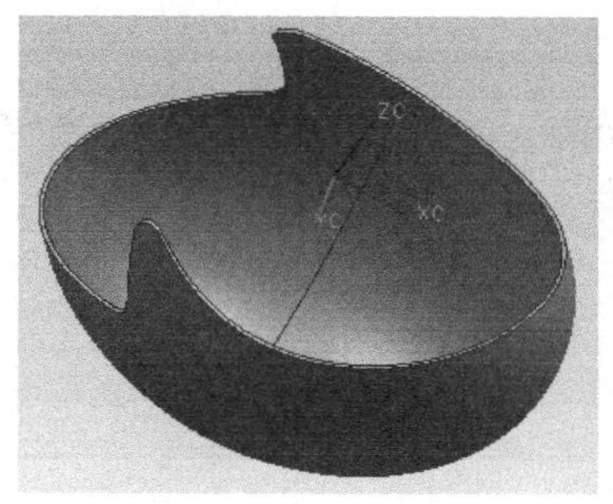

图 9-38　抽壳效果

9.6 思考与练习

（1）非参数化曲线主要包括哪几种？参数化曲线有什么特点？

（2）自由形状特征的主要应用有哪些？

（3）曲面的类型有哪些？

（4）构建如图 9-39 所示 5 段圆弧，并采用通过曲线的方法构建曲面。

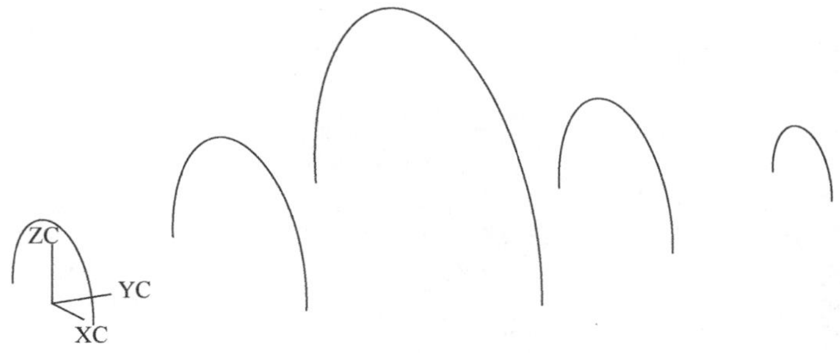

图 9-39　通过曲线构建曲面

反侵权盗版声明